「国民食」から「世界食」へ

日系即席麺メーカーの国際展開

川邉 信雄［著］

文眞堂

目　　次

序章

即席麺はなぜ「世界食」になったのか

第1節　日系即席麺メーカーの国際展開――問題提起

即席麺の世界的普及

本書の研究対象は，言うまでもなく「即席麺」である。かつて「国民食」といわれたこの即席麺は，国際的な業界団体である世界ラーメン協会の推定によれば，2016年世界で974億6000万食が消費される「世界食」となっている。

その消費量を国・地域ごとに見ていくと，第1位が中国で385億食，第2位はインドネシアで130億食，3位は日本で57億食，4位がベトナムで49億食，5位はインドで43億食，以下10位まではアメリカ，韓国，フィリピン，タイ，ブラジルと並んでいる。上位10カ国は，米国とブラジルを除いて，アジアの国々で占められている。しかしながら，11位から20位までになると，マレーシア，ネパール，メキシコ，台湾，ミャンマーのアジア諸国と並んで，ナイジェリア，ロシア，サウジアラビア，オーストラリア，イギリスなど，ヨーロッパ，北米，アフリカ，中東の国々が名を連ねている。もともとはラーメンやラーメンのようなスープ麺が存在しない国や地域でも，即席麺が受け入れられているのが分かる（表序-1参照）。

また，上位20カ国の1人当たりの年間即席麺消費量では，韓国が76食で第1位，第2位は香港の59食（中国本土との人口と消費量の差を考慮して別表記），第3位はベトナムの53食，第4位は51食のインドネシア，第5位はタイで49食，第6位はネパールの47食，第7位はマレーシアの46食，以下日本，フィリピン，台湾，中国とつづき，10位以内はすべてアジアの国である。アジアの国のなかで1人当たりの消費量の少ないのはミャンマーの10.6食，

表序-1　各国の即席麺消費量（2016年）

順位	国／地域名	総消費量（億食）	1人当たり消費量（食）
1	中国／香港	385.2	中国 27.7 香港 59.3
2	インドネシア	103.1	50.5
3	日本	56.6	44.7
4	ベトナム	49.2	52.6
5	インド	42.7	3.3
6	アメリカ	41.0	12.7
7	韓国	38.3	76.1
8	フィリピン	34.1	33.9
9	タイ	33.6	49.9
10	ブラジル	23.0	11.0
11	ナイジェリア	16.5	9.0
12	ロシア	16.2	11.3
13	マレーシア	13.9	45.8
14	ネパール	13.4	47.1
15	メキシコ	8.9	7.0
16	台湾	7.7	32.7
17	ミャンマー	5.7	10.6
18	サウジアラビア	5.1	16.2
19	オーストラリア	3.8	15.9
20	イギリス	3.6	5.6
その他		73.0	—
合　計		974.6	—

出所：世界ラーメン協会ホームページ「インスタントラーメンの世界総需要」（http://instantnoodles.org/jp/noodles/market.html）。

インドの3.3食くらいである。しかし，1人当たり消費量が10食以下のアジアの国は他にも多く，今後の需要の開拓の余地はまだまだあると考えられる。とくにインドは，すでに人口は10億人を超え，2050年には中国を抜いて16億100万人になるという予測もあり，市場として将来が期待されている。また，人口が1億人を超えているパキスタンとバングラデシュは，表序-1には登場していないが，やはりかなりの規模の市場を形成しており，今後の拡大が期待されている[1]（各国の消費量の推移については，巻末付表2を参照のこと）。

即席麺は，主食代わりにまたスナックとして日常的に多くの人々に消費されている一般消費財的な加工食品といえるが，他にもいろいろな場面で使われている。すなわち，調理は簡単であり，寒さにも強く，保存も利くので，野戦食として理想的といわれ，世界中の軍隊に兵食として採用されている。また，災害時などにも役立っている。日清食品が国内の災害地にキッチンカーを派遣して，被災者に多くの即席麺を提供し続けていることはよく知られている。また，世界ラーメン協会は，インド洋の津波，米国のハリケーン，パキスタンでの地震など，自然災害が発生するたびに，その被災者に即席麺を提供して救援活動を行っている。内戦や貧困で生まれる避難民などの救済のためにも提供されている。このように，即席麺は世界のいろいろな場面で供され，世界の人々のライフスタイルや食生活を変えてきたといっても過言ではない[2]。

即席麺とは

こうした性格をもつ食品である即席麺が，いまや世界的に普及しつつある様子がうかがえるが，では，そもそも「即席麺」と何なのか，その定義を見ておこう。一般的な即席麺の定義については，1965年9月に告示され翌10月に施行された日本農林規格（JAS）によって明確に定められた。当初は，「インスタント（即席）ラーメン」と呼ばれたように，即席麺としての種類はラーメンに限られていた。しかしながら，その後，即席ラーメンのみならず即席和風麺や即席カップ麺などが市場に出回るようになり，2004年4月に表序-2のように最終改正が行われている。

さらにこの改正では，現在人気の高まっている「生タイプ即席麺」が登場したために，生タイプ即席麺の定義も，次のように規定されている。「小麦粉又はそば粉を主原料とし，これに水，食塩又はかんすいなどめんの弾力性，粘性などを高めるものを加えて練り合わせたものを製めんした後，蒸しまたは茹で，有機溶液中で処理したものを，加熱殺菌したもののうち，調味料を添付したものであって，簡便な調理操作により食用に供するものをいう。」生タイプ即席麺に添付される調味料やかやくについての規定もあるが，これは即席麺類の規定に準じたものとなっている。

さらに，中華，和風，カップ，そして生めんタイプそれぞれについて，その成分，加工方法，容器や包装，さらには品質や賞味期限や消費期限などについての詳細な規定がなされている[3]。

大半の即席麺は小麦を主原料としている。最近では，米粉を原料とする

表 序-2　即席麺類の日本農林規格（JAS）

用語	定義
即席めん類	次に掲げるものをいう。 1．小麦粉又はそば粉を主原料とし，これに水，食塩又はかんすいその他めんの弾力性，粘性等を高めるものを加えて製めんしたもの（かんすいを用いて製めんしたもの以外のものにあっては，成分でんぷん粉がアルファ化されているものに限る）のうち，調味料を添加したもの又は調味料で味付けしたものであって，簡便な調理操作により食用に供するもの（平成9年3月31日農林水産省告示第478号）第2条に規定する生タイプ即席めん及びチルド温度帯で保存するものを除く）。 2．1にかやくを添付したもの
即席中華めん	即席麺のうち，小麦粉又はこれに植物性たん白若しくは卵粉等を加えたものを原料とし，かん水を用いてつくられたものをいう。
即席和風めん	即席麺のうち，小麦粉（デュラムセモリナの占める重量の割合が30%未満のものに限る。この欄において同じ。）若しくは小麦粉及びそば粉又はこれらにやまのいも粉，植物性たん白若しくは卵粉等を加えたものを原料としてつくられたものをいう。
即席カップめん	即席めん類のうち，食器として使用できる容器にめんを入れ，かやくを添付したものをいう。
調味料	直接又は希釈して，めんのつけ汁，かけ汁等として液状又はペースト状で使用されるもの（香辛料などの微細な固形物を含む）をいう。
かやく	ねぎ，メンマ等の野菜加工品，もち等の穀類加工品，油揚げ等の豆類の調製品，チャーシュー等の畜産加工食品，わかめ，つみれ等の水産加工食品，てんぷら等めん及び調味料以外のものをいう。

注：2004年4月15日最終改正。
出所：（社）日本即席食品工業会監修（2004）『インスタントラーメンのすべて—日本が生んだ世界食！』日本食料新聞社，資料1～9より。

フォーなどの即席麺も出回っている。その他の成分としては，塩，グルタミン酸ソーダ（SMG），植物油（主にパーム油），スープ（チキン，ビーフ，ポークなどの味付き）からなる。成分も重要であるが，簡便な調理操作によって食べることができるという点が，即席麺の大きな特徴といえる[4]。

即席麺の誕生と成長

この即席麺は，一般的には日清食品の創業者の安藤百福が自宅の庭に研究小屋を建て，1年にわたる試行錯誤の末に，1958年に開発したものであるといわれている。彼は，妻のてんぷらをヒントに麺を油で揚げて乾燥させる製法を確立し，1958年8月，48歳のときに世界初の即席麺「チキンラーメン」を発売したのである。戦後の闇市でラーメン屋台の長い行列を見て，家で簡単に食べられたらと思ったのが即席麺開発の出発点であったという。お湯をかければ2分でできるチキンラーメンはたちまち評判となった[5]。

その後この即席麺業界には，東洋水産，サンヨー食品，明星食品，エースコック，ハウス食品など多数の企業が参入し，競争が激化した。しかも，日本国内における即席麺需要は飽和状態となり，量的な発展は望めなくなってきた。それは，即席麺に使われる原料小麦使用量が，1975年をピークに一進一退を繰り返すようになっていた状況にもみることができる。その後は大きな市場の伸びは見込めないというのが業界の一致した見方となり，各社は海外市場の開拓に目を向けるようになった。その海外への進出過程で，進出先の現地企業が新たに即席麺事業に進出をするようになり，競争は日系企業同士だけではなく現地，あるいは第三国の多国籍企業を巻き込んだ競争へと発展した。

日本発・世界市場へ

その後，高級品の開発などの努力により，2004年度には即席麺の国内生産量は3年連続で過去最高を更新し，55億3000万食と前年度に比べ0.7％増えた。しかしながら，国内の少子高齢化の傾向は明確になり，2005年度の国内生産量は54億4000万食と，前年度と比べ1.6％減少し，その後，伸びは止まってしまっている[6]。

日本の人口は2010年に初めて減少に転じた。国土交通省によると2050年には日本の人口は3000万人以上減少し，そうなると国内1日当たりの摂取カロリー量は2005年に比べて26％から28％減少するという。その一方では，2050年までは世界の人口は増え続け，いろいろなモノやサービスの消費は拡大すると予想されている。そこで，従来は国内市場を中心にビジネスを展開してきた日本の食品企業や小売企業なども海外展開によってその成長を取り込むことが必要になってきているのである。

従来は，スイスのネスレのように，もともと国内市場の小さな国で誕生した企業は，早い時期から海外に市場を求めて多国籍化するという議論が一般的になされてきた。しかし，国内市場の縮小という問題をも考慮した，新たな視点も多国籍企業や国際経営の研究において必要になると思われる[7]。

1960年代から80年代にかけて，日本の二輪車や四輪車，カメラ，家庭電器，時計などがアジアのみならず欧米にも集中豪雨的に輸出され，これらの国々と経済摩擦を引き起こした。これらの製品の技術は欧米から導入され，その技術を商品化したり改善したりして世界の市場で受け入れられた。しかし即席麺の場合は，こうしたさまざまな製品が世界に受け入れられたのとは根本的に異なる。即席麺は，カラオケ，ゲームソフトなどとならぶ日本で発明され商品化されたいわば日本発の商品である[8]。

2000年12月に発表された富士総合研究所の「世界をうならせた20世紀最大の『日本産』」のアンケート調査によれば，第1位がインスタントラーメン，第2位がカラオケ，第3位がヘッドフォンステレオ，第4位が家庭用ゲーム機，第5位がCDとなっている。また，1999年10月の日本能率協会総合研究所による「20世紀の日本人の食生活を代表すると思われる食品」のアンケート調査でも，第1位インスタントラーメン，第2位ハンバーガー，第3位レトルトカレー，第4位パン，第5位カレーライスとなっている。これをみれば，インスタントラーメンは，食生活だけでなく私たちの生活そのものを変えた商品となっていることが分かる。

日系企業は世界市場でどのように行動したのか

一方で，即席麺が世界的に消費されるようなった背景には，日本の即席麺メーカーの海外企業への技術供与，さらには海外直接投資が大きな役割を果たしたと思われる。2016年12月末現在，日本の即席麺メーカーの全額出資または現地資本との合弁による即席麺の製造，販売，統括投資会社は19カ国／地域で，44社存在している（表序-3参照）。

このように今や「世界食」になり，多くの国や地域の人々の食文化や食生活を変えた即席麺であるが，その中心ともいうべき日系即席麺メーカーの国際的な展開については，ほとんど体系的な研究はなされていない。世界的に知られた商標付き包装製品となった米国の飲料のコカ・コーラ，スープのハインツやキャンベル，シリアルのケロッグやクエーカーオーツ，英国のチョコレートのキャドベリーやラウントリー，スイスのインスタントコーヒーのネスレなどの

表 序-3　日系即席麺メーカーの海外進出状況

（2016年12月末現在）

企業名	進出国	現地法人名	所在地	進出年月	進出形態
エースコック	ベトナム	エースコックベトナム	ホーチミン	1994年7月	合弁
	ミャンマー	エースコックミャンマー	ヤンゴン	2015年3月	全額出資
東洋水産	アメリカ	マルチャンインク	カリフォルニア	1972年12月	全額出資
	アメリカ	マルチャンバージニアインク	バージニア	1989年4月	全額出資
	アメリカ	マルチャンテキサスインク	テキサス	2012年7月	全額出資
	メキシコ	マルチャンメキシコ	メキシコ	2004年6月	全額出資
	中国	海南東洋水産	海口市	1988年10月	全額出資
サンヨー食品	アメリカ	米国サンヨー	カリフォルニア	1978年2月	全額出資
	中国	康師傅控股有限公司	天津	1999年6月	合弁
	ナイジェリア	オラムサンヨーフーズ	ラゴス	2013年7月	合弁
	ロシア	キングライオン	エフレモフ	2011年3月	合弁
日清食品	アメリカ	アメリカ日清	カリフォルニア	1970年7月	合弁
	メキシコ	メキシコ日清	ゼルマ	2004年10月	全額出資
	ブラジル	ブラジル日清	サンパウロ	1975年5月	合弁
	インド	Accerated Freeze Drying Co., Ltd.	コーチン	1987年2月	合弁
	インド	インド日清	バンガロール	1988年6月	合弁
	インドネシア	インドネシア日清	ジャカルタ	1992年6月	合弁
	ドイツ	ドイツ日清	ケルクハイム	1993年4月	全額出資
	ハンガリー	ハンガリー日清	ケチクメット	2004年4月	全額出資
	シンガポール	日清シンガポール	シンガポール	1980年6月	合弁
	シンガポール	Nissin Foods Asia	シンガポール	2009年4月	全額出資
	タイ	タイ日清	バンコク	1994年1月	合弁
	タイ	タイプレジデントフーズ	バンコク	2000年5月	合弁
	フィリピン	日清ユニバーサルロビナ	パシグダン	1994年8月	合弁
	中国	珠海永南食品	珠海市	1993年7月	合弁
	中国	広東順徳日清	佛山市	1994年11月	合弁
	中国	山東永南食品	山東省	1995年1月	合弁
	中国	上海日清	上海市	1995年3月	合弁
	中国	港永南食品	深圳市	1999年3月	合弁
	中国	日清食品（中国）投資	上海市	2001年10月	全額出資
	中国	日清（上海）食品安全研究開発有限公司	上海市	2006年11月	全額出資
	中国	東莞日清包装有限公司	東莞市	2013年10月	全額出資
	中国	福建日清	廈門市	2014年4月	全額出資
	香港	香港日清	香港タイポ	1984年10月	全額出資
	香港	味楽食品	香港タイポ	1985年10月	全額出資
	香港	永南食品	香港タイポ	1989年3月	全額出資
	香港	日清（香港）管理有限公司	香港タイポ	2001年7月	全額出資
	ロシア	マルベンフード	キプロス	2008年12月	資本提携
	ベトナム	ベトナム日清	ビンズン	2011年3月	全額出資
	トルコ	日清ユルドゥズ	イスタンブール	2012年9月	合弁
	ケニア	ジェイクアット日清	ナイロビ	2013年1月	合弁
	コロンビア	コロンビア日清	ボゴダ	2013年3月	全額出資
	モロッコ	マグレブ日清	カサブランカ	2014年2月	全額出資
	アメリカ	明星USAインク	カリフォルニア	1991年4月	合弁

注1：清算したり撤退したものは掲載していない。
　2：Nissin Foods Asiaはシンガポール明星食品が2009年4月に名称変更したもの。
出所：各社ホームページより。

国際展開についての研究と比べれば，大きく遅れている[9]。また，同じ日本発の食品であるキッコーマンや味の素の研究と比べてもその差は顕著である[10]。

企業の国際展開はきわめて多様であるといわれる。しかしながら，その研究対象は現在でも欧米企業が中心である。日本でも多くの企業が国際展開をしたり多国籍化したりしているが，その研究はあまり幅広くはない。初期の頃は繊維企業が中心であり，その後，電機・電子や自動車関連の企業の研究が中心となっている。つまり，日本発の商品である即席麺のメーカーの国際展開に関する研究は意外にも非常に少ないのである。本書はこうした多国籍企業研究の空白の一部を埋め，日系即席麺メーカーの国際展開の過程とその特徴を明らかにすることを目的としている。

企業の国際展開というとき，その活動には技術供与，輸出入，そして海外直接投資，戦略提携など多様な形態がある。本書では，これらの諸形態について触れるが，分析の中心は，「製造・販売・研究開発など付加価値を生み出すための資産を海外に持ち，それらを管理する」という意味での直接投資，つまり多国籍化が中心になる[11]。

第2節　先行研究による分析の状況

文化変容の視点

これまでの日系即席麺メーカーの国際展開についての研究を見ると，いくつかの流れがある。まず，森枝卓士の研究のように，文化的な変容という視点から研究されたものがある。この研究では，まず中国的な麺が日本で，そしてアジアの国々でどのように受容されていったのか，また商品としての即席麺がどのように変容していったのか，その過程が議論されている。そうした議論を踏まえて森枝は，即席麺がインスタントラーメンの開発から始まり，まず日本国内で国民食としてどのように普及したのかについて，以下のような興味深い議論を展開している。

「当時の食状況などを調べてみると，現在のように，カレーやラーメンが『国民食』と言えるほど広く食べられていた訳ではなかったようだ。その普及の経緯をみていると，『国民食がインスタント化された』のではなく，『インスタント化によって国民食となった』と考えた方が自然なように思われるのである。」[12]

この指摘は，非常に重要である。インスタントラーメンが開発された時には，すでに屋台，大衆食堂，ラーメン専門店で「支那そば」「中華そば」といわれる手づくりのラーメンが提供されていた。しかし，それらは主に都市の労働者や学生の間で食されており，国民食と言えるようなものではなかったのである[13]。

即席麺として発達したラーメンは，一般には食堂などの店で供される比較的長い歴史をもつラーメンとは異なるものであると理解されている。日清食品ホールディングス社長CEOの安藤宏基は，次のように述べている。

「インスタントラーメンには独特な香ばしさや風味があって，街の店のラーメンとは一線を画している。どちらが本物でどちらがニセモノという問題ではない。二つは違う食べ物なのである。その点は消費者もよく理解していて，カップヌードルとラーメン専門店のラーメンとどちらが美味しいか，と比較する人はいない。第一，食べるオケージョンが違うし，値段も違う。それぞれに良さがあるということだろう。」[14]

つまり，カレーがカレールーの発明により加工食品化，インスタント化して国民食となったのと同様に，ラーメンもインスタント化によって，国民食となったのである。

この食品のインスタント化は経済発展の段階と大きな関係を持っている。かつては，食べ物の多くは家庭内で母親がつくるものであった。しかしながら，経済が発展して所得が向上し，ライフスタイルが変化するにつれて，食事や食べ物の外注化が次第に増えると同時に，簡便化が要求されるようになる。こうした動きは，最初に高度大衆消費社会が形成された米国において，19世紀末から20世紀初めにかけて生じている[15]。

即席麺が消費者に受け入れられるようになるには，経済発展によりある程度所得が上昇し，時間の節約意識が高まることが前提である。また，所得の低い国や地域では値段が安価な袋麺が好まれるが，所得が向上するにつれてより簡便性の高いカップ麺（スナック麺）が普及するようになることが知られている。また，現地の屋台や店で売られる麺より，近代的な加工食品としての即席麺の方が価格の高い場合もある。さらに，重要なことは，日本から即席麺の製造技術が輸出されるが，即席麺の味は現地で受け入れられやすいように変えられていることである。この点は，その味がそのまま海外へも浸透したマクドナルドやケンタッキー・フライドチキンとは大きく異なる[16]。

海外においても，世界的に普及した即席麺についての文化的な研究がいくつかみられる。食習慣はその国や地域の文化であり，最も保守的な側面を持つものである。そのため，文化人類学の分野において，例えば，Errington, Fujikura and Gewertz の研究がある。この研究では，即席麺が，なぜ，どのようにして日本，米国，そしてパプアニューギニアにおいて，便利で，安く，味が比較的よい加工食品として消費者に受け入れられていったのかが，フィールド調査をベースに分析されている。同時にこの研究では，今後世界人口の増加が予想されるなかで，即席麺の果たす役割や問題点が提起されている。またこうした分析の枠組みのなかで，日清食品，東洋水産，ネスレ（「マギー」を製造・販売する）の経営活動について触れられている部分がある[17]。

各メーカーの国際展開について

第2の研究は，数は少ないが，個別の即席麺メーカーの国際展開を分析した研究である。いうまでもなく，日系即席麺の国際展開をリードしてきたのは日清食品であった。日清食品のグローバル展開についての先駆的な研究といえるものには，大塚茂や斎藤高宏の研究がある。しかしながら，これらは食品としての即席麺の国際化という視点から日清食品について研究しており，紙幅のかなりの部分を即席麺産業の発展に割いている。そのため，企業戦略や成長戦略としてのグローバル展開という視点というよりも，もう少し広い食品産業という分析の枠組みのなかで，日清食品の国際化の過程や特徴を分析したものということができる[18]。また，上野明も1980年代後半までに積極的にグローバル化を進めていた日本企業16社の分析のなかに，日清食品のグローバル化の事例研究を含めている[19]。

ところが，日清食品のグローバル展開についての研究は，1990年代なかば以降まったくといっていいほどなされなくなった。2006年になってやっと鶴岡公幸の研究が現れている。この論文は，サンヨー食品と中国市場，日清食品と中国市場，エースコックとベトナム市場，各社が進出している米国市場，そしてマルチャンとメキシコ市場を中心に分析がなされている。初めての包括的な日系即席麺の国際展開に関する研究といえるものであろう[20]。

また，エースコックのベトナムでの展開を詳細に分析したものもいくつかある。例えば，杉田俊明の研究は，エースコックの市場参入から人材の育成にいたるまでを経営的な側面から詳細に分析している[21]。

木山実の即席麺の国際特許競争に関する研究も有用なものである。これは，即席麺がグローバル化する過程で，日系即席麺メーカーの技術的優位性を探るという観点から，各国の即席麺に関する特許申請の動向を分析したものである。同時に，日系企業の国際展開の概要もまとめている[22]。

上位5社に注目

このように，「世界食」にまで発展した即席麺の国際的な展開を扱った研究は，断片的でまだまだ未開拓な分野ということができる。そのため本書では，現在国際展開をしている日清食品，明星食品，東洋水産，サンヨー食品，エースコックの上位5社を中心に，1970年代から現在に至るまでの国際展開の史的分析を行う。

これら上位5社の概要を表 序-4にまとめている。2008年に日清食品が明星食品を買収したとき，日清食品ホールディングスが設立され，既存の日清食品と明星食品がその事業会社となった。そのため，日清食品ホールディングスについては，セグメント別の内訳を見なければならない。同社の『営業報告書』によれば，日清食品ホールディングスの2016年3月期のセグメント別売上高と従業員数は，日清食品が2236億1200万円と1514名，明星食品が416億900万円と449名，低温事業が598億1000万円と550名，米州地域が482億8000万円と3214名，中国地域408億8300万円と2773名，その他538億8800万円と2700名となっている。

東洋水産についても，2016年3月期の売上高3832億7600万円のうち，国内即席麺事業が32.32%，海外即席麺事業が20.18%となっている。残りについては，低温食品事業，水産食品事業，加工食品事業，冷蔵事業，その他となっ

表 序-4　日系即席麺メーカー5社の概要

会社名	日清食品 ホールディングス	日清食品 株式会社	明星食品 株式会社	東洋水産 株式会社	サンヨー食品 株式会社	エースコック 株式会社
設立	2008年10月	1948年9月	1950年3月28日	1953年3月	1953年11月	1954年1月
資本金	251億2200万円	50億円	31億4362万円	189億6900万円	5億円	19億2435万5000円
売上高	4681億円（連結）	2236億円	496億円	3833億円（連結）	778億2300万円（単体）	934億円
従業員数	1万1200名（連結）	－	607名（連結）	4696名（連結）	6248名（連結）	5937名（連結）
商品・シリーズ		チキン・ラーメン カップヌードル 焼きソバUFO 出前一丁 麺職人 ラ王　など	一平ちゃん 究超 中華三昧 チャルメラ	赤いきつね・緑のたぬき 麺づくり 四季物語 マルちゃん正麺	サッポロ一番 カップスター デュラムおばさん	スパーカップ ワンタンメン 焼きそばJANJAN わかめラーメン
マーケットシェア 2014年（金額） 2015年（生産量）		 38.9% 43.3%	 7.5% 8.0%	 22.2% 24.6%	 10.7% 15.0%	 8.7% 8.0%

注：エースコックについては2015年12月期のデータ。それ以外は，2016年3月。

出所：各社ホームページ。マーケットシェアについては，以下による。2015年のデータは，「国内シェア102品目―冷凍食品、マルハニチロ首位」『日経産業新聞』2016年7月25日。2014年のデータについては，日刊経済通信社調査出版部（2015）『酒類食品産業の清算・販売シェア―需要の動向と価格変動（2015年版）』日刊経済通信社，2015年12月，901頁の表17-21より。

ている。

これら5社は，日本国内においては寡占体制を構築している。2015年の日本における即席麺の生産量は，56億4492万食であった。各社のシェアは以下のとおりである。第1位の日清食品が43.3%，第2位の東洋水産が24.6%，第3位のサンヨー食品が15.0%で，上位3社で82.9%を占めている。明星食品とエースコックはそれぞれ8.0%で，上位5社で98.9%を占める。また，金額でみた場合，2014年の国内総販売額5285億円に占めるシェアは，第1位日清食品38.9%，第2位東洋水産22.2%，以下，サンヨー食品10.7%，エースコック8.7%，そして明星食品7.5%となっている。上位5社で88%を占めている[23]。金額ベースでみても，5社の寡占体制は変わらない。もっとも，明星食品は日清食品ホールディングス・グループ，エースコックはサンヨー食品グループに属しているので，実際には上位3社の寡占体制といえるのかもしれない。

また，各社はそれぞれ独自の経営戦略を展開している。小暮真弘・岩坪友義は，各社の経営戦略とそれに対する消費者の評価を，次のようにまとめている[24]。

日清食品は，販売・一般管理費に多くの資金を投入し，核となる製品を生み出すことに成功している。その事業構造は「技術指向型」と呼ばれている。消費者の日清食品に対する評価は「マルチブランド型」で，消費者の評価はすべての点において高い。東洋水産は，リーダー企業である日清食品とは一線を画した戦略を採って，和風麺分野に重点を置き，その事業構造を「市場指向型」としている。東洋水産に対する消費者の評価は「和風特化型」であり，味，品ぞろえの豊富さに対して評価が高い。明星食品は，キャンペーンなど販売促進に力を入れており，地道な顧客獲得戦略を展開し，事業構造を「堅実志向型」とする。消費者の明星食品に対する評価は，価格の安さにあり「価格満足型」である。サンヨー食品は経営戦略としては，「サッポロ一番」ブランドに偏っているのと，衰退製品である袋麺が主力商品の「基盤技術指向型」の事業構造を持つ。消費者の評価は価格の安さにあり，「単一ブランド型」という。そして，エースコックについては，既存製品で伸び悩んでおり，新たな切り口で市場を開拓しようとしている「新規市場開拓型」の事業構造をもつ。消費者のエースコックの評価については，パッケージデザインが評価されている「パッケージデザイン特化型」と指摘している[25]。

本書も，これら5社を中心に国際展開について分析するが，かつてメキシコやブラジルで即席麺の生産・販売をしていたサントリー，現在でもペルーの現地子会社が即席麺の生産・販売を行い，東欧やインド，アフリカで単独あるいは合弁で即席麺事業を展開している味の素などの日系企業にも触れる。また，海外では，韓国の「農心」，台湾の「頂新」や「統一企業」，東南アジアではタイの「サハ・パタナ」，インドネシアの「インドフード」，フィリピンの「ユニバーサル・ロビーナ」などの即席麺メーカーが存在する。これらのいくつかは，日系の上位企業と同様に国際展開を行っているので，現地ならびに第三国で日系企業と競合関係が生まれることになる。そのため，こうした海外企業についても必要に応じて言及している[26]。

第3節　議論の枠組み

多国籍企業研究の進展——3つの問い

なぜ企業が国境を越えて国際展開し多国籍化していくのかについては，いろいろな理論や研究方法が発展されてきた。とりわけ，1960年代には，米国の統合化されたビッグビジネスの多国籍化が急速に進んだ。そのため，スティーブン・ハイマーを嚆矢とする多国籍企業研究は，こうした米国企業の多国籍化を分析することから始まった。その後のレイモンド・バーノンらによる研究も，ハイマーと同じように，米国企業の多国籍化の背景には，統合化した企業の持つ資金力，技術力，そして経営力などにおける優位性や寡占体制における競争戦略があることを明らかにしたのである[27]。

ところが1970年代になって，ヨーロッパや日本の企業が多国籍化するようになってくると，単に優位性のみならず，関税などの市場の失敗や取引コストといった視点から，企業の海外進出を説明するいわゆる「内部化理論」が登場してくる[28]。

これらの既存の理論を総合化して構築されたのが，ジョン・H. ダニングの

OLI (Ownership, Location and Integration) パラダイムであった。これは，多国籍企業は経営上の優位性をもち，特定の資源を有する地域に，関税や輸入規制などの市場の失敗に対応したり，取引コストを節約したりするために海外に進出するというものである。まさに，特定の企業が，特定の場所に，特定のタイミングでいかに，なぜ進出するかを説明しようとするものである[29]。

日本においても，日本企業の国際展開，とりわけアジア進出を分析した研究が多くある。最もよく知られているのが，日本企業のアジア進出を考察した赤松要によって提唱され，小島清によって拡充・精緻化された「雁行形態論」である。また，田口信夫は，日本企業の「プッシュ要因」とアジア受入国の「プル要因」という視点から説明をおこなっている。この他にも，山下彰一や安保哲夫らの研究グループによる，日本型の経営や生産システムの移転に関する研究などがある[30]。

これらの研究は，主に企業の海外直接投資を対象としたものが多い。本書では，国際展開という時には，海外直接投資が研究の中心になるが，輸出や技術供与なども含む。一般的によく知られたウプサラ・ステージ・モデルでは，企業の国際展開は，間接輸出，直接輸出，海外販売子会社，海外生産会社，さらには研究開発活動といった段階を経ると指摘されている[31]。こうした国際展開のプロセスのなかで，企業はなぜ，どのようにしてそれぞれの形態を選ぶのかが重要になってくる。

ここで重要になるのは，以下の3点である。第1は，なぜ企業が他国に進出をするのかという点である。多国籍企業の持つ優位性，受入国の持つ強み，そして市場の失敗や取引コストの低下といった一般的な問題である。これに加えて，日本のような後発国の企業の多国籍化は，急速な経済発展に伴う産業構造や競争優位の中身の変化によることが指摘される。

第2の重要な点は，多国籍企業がある特定の国にどのように進出するのか，参入形態の問題がある。つまり，自ら工場などを最初から立ち上げるグリーンフィールドか既存企業のM&Aか，単独出資か合弁か，合弁ならマジョリティかマイノリティ所有か，また業種によってはエリアフランチャイズのような形態かといった問題である。

第3は，海外に設立された現地法人・子会社に，本社の技術・経営移転をいかに進めるかという問題である。もっとも，最近では海外現地法人の資源の内部的蓄積による自立化と，親会社と他の現地法人の関係の変化を扱った研究も増えている[32]。

しかしながら，上記の研究の対象となっている製品や産業分野は，アメリカ企業の場合には自動車，電機，化学などの企業である。これらの企業はいわば産業財や耐久消費財を製造・販売しており，規模の経済や範囲の経済によって統合的ビッグビジネスになったものが多い。彼らは，加工・製造のためにコストの低い国や市場の存在する国への進出を果たそうとした。

反対に，これらの研究には，消費者が日常的に購入する食品や日用品などの一般消費財の企業を対象にしたものは比較的少ない。この理由は，これらの製品の多く，なかでも食品は国内市場向けのものであったため，日本の食品企業の多くが，まず国内市場向けの製品作りのための原材料となる農産物の輸入から始まり，続いて最終製品づくりの加工・製造のために労働コストの低い国へ進出していったことによる。ところが，近年，少子高齢化で国内市場が縮小することが懸念され始めている。そのため，アジアをはじめとする成長を取り込むために，海外市場を求めて国際展開をする動きがみられるようになってきた。

ランドマーク商品として

一方，商品史の分野において，近年，私たちの社会生活に大きな影響を与えた商品を「ランドマーク商品」として，それらがいつ，なぜ，どのようにして日本社会に受け入れられ，私たちの生活にどのような影響を与えたのかを研究する動きがある。こうした研究を主導している石川健次郎は，次のように指摘している。

「単なるヒット商品，ベストセラー商品，ロングセラー商品とは違って，生活スタイルや価値観の変化にとってランドマークとなるような商品，つまりその商品が世に出ることによって，それまでのスタイルを一変させた，変容の画期となった商品という意味で，ランドマーク商品と呼ぼう。ランドマーク商品とは，その出現によって，それ以前の生活スタイルを大きく変え，生活の利便化，効率化，安楽化，安値化，簡明化つまり労働の軽減と自由時間の増大に決定的な影響を与え，多様な生活スタイルを実現させ，その背景となる価値観の変容をも促すほどのパワーを持った商品のことである。」[33]

こうしたランドマーク商品の代表的なものとして，自動車や家電製品といった耐久消費財，紙おむつなどの日用品，さらにはクレジットカードやコンビニ，住宅ローン，そしてインスタント食品，缶詰食品，冷凍食品，レトルト食品が取り上げられている。すでに述べたように，日本人の間では食生活を含む生活に大きな影響を与えたモノとして即席麺は非常に大きく認識されている。一方で，こうした商品のマイナスの影響についても，触れられている。例えば，インスタントラーメンについては，栄養偏在，食事マナーの劣化，食事時間の不規則性，カップ容器公害といった点が指摘されている。

しかしながら，こうしたランドマーク商品を国際展開という視点から考えた場合，製品の性格に関して２つの大きな問題が生じてくる。１つは，海外で発明・商品化された商品が国内市場に導入される場合と，その国にもともと長い歴史のなかで存在していた商品とでは，その意味合いがかなり違ってくるのではないかという点である。海外で発明・商品化された商品，とりわけ日用品の典型的な商品である食品の導入は大きな抵抗を受ける可能性が強い。例えば，日本では明治以降の近代化過程で，伝統的な清酒，醤油，足袋などの商品とウィスキーやワインなどの洋酒，キャラメルやチョコレートなどの洋菓子，ケチャップやソースなどの調味料といった西洋発の商品とでは，異なった産業としての発展がみられたのと同時に，異なる経営活動やマーケティング活動がみられた[34]。

自動車や家電のような耐久消費財とは異なり，即席麺のような商品が国際展開をするときには，高度な技術の移転というようなものはあまり要求されない。むしろ装置産業的特色を持っているといえるが，その設備はそれほど大規模でもないし，大きな資本を必要とするものでもない。

さらに，食品とか化粧品などは，どの国においてももともと長い伝統を有しており，きわめてドメスティックな性格をもっている。そのため，どの国の消費者も味や美に対してはかなり保守的な面をもっている。というのは，国によって異なる「味の尺度」や「美の尺度」を有しているからである。食の場合は，いわばそれぞれの国の伝統的な「おふくろの味」といわれるものが存在し，海外から参入する場合はその味に近づけることが重要になる[35]。人々の食生活は，それぞれの国の文化，習慣，生活の知恵などに大きく規定されている。そのため，一朝一夕でそうした伝統的なものが壊されるものではない。また，自動車や家電製品などでは，品質と価格が重要になってくる。それに対して食品の場合には，品質と価格に加えて独自の味による「おいしさ」が重要である。しかしながら，このおいしさはすべての人に共通ではない。それぞれの国や地域，さらには個々の家庭においてもおいしさの中身は異なってくるのである[36]。

経済の発展段階と即席麺の特徴との関わり

もう1つ重要な点は，加工食品の発展と経済の発展段階との間に相関関係があるということである。経済発展の段階から見て，加工食品に対する需要が高まるのは，1970年代当時は，1人当たりGDPが500ドルに達した頃といわれていた。これが1990年代になると，1000ドルから1500ドル程度といわれるようになっている。伝統社会においては，食事は家庭の主婦が準備をするものであった。ところが，経済発展にともなって女性の社会進出が見られるようになり，人々の生活様式も次第に変わってくる。余暇が生じるとかえって，時間を大切にしたり節約したりすることが求められるようになる。この結果，加工食品への需要が増加するのである。

同時に，メーカー側から見て，即席麺は単価が安いので，輸送コストを考えると輸出よりむしろ消費地での現地生産が適している。そのため，さまざまな国や地域の経済発展によって生じた需要を，いかにタイミングよく取り込むかということが重要になる[37]。

しかしながら，こうした加工食品の持つ性格から，即席麺のような商品の国際展開においては，さまざまな問題が生じる。この問題について示唆を与えてくれるのが，冷凍食品を例にとり，これがパキスタンやインドに導入されうるのかどうかという議論を展開した川満直樹の論文である。この論文では，ある商品の需要はその国の経済・社会状況，その社会固有の価値観等に大きく左右されると指摘している。具体的には，商品の普及の障害となる要因には，経済的，社会的，文化的，宗教的なものがあるとしている。同論文では，主に経済的要因以外の文化的要因や宗教的要因について，社会階層制，男女間の役割，さらにはイスラム教とヒンズー教の性格といった視点から具体的に議論をしている。つまり，新たな加工食品の需要については，こうした経済的な要因以外のものの影響が大きいのである[38]。

さらに，加工食品においては商標付き包装製品としての商品の特性も大きな意味を持つ。即席麺は，第2次産業革命によって誕生したシリアルや飲料のような加工食品，石鹸，化粧品，塗料，衛生用品，タバコなどと同様の，商標付き包装製品の性格を色濃く有している。これらの商品に特徴的なことは以下の3点である。

まず，最も重要な特徴は，これらの商品が小売業者の店頭の棚に直接置かれ，それを頻繁に消費者が購入する最寄り品であるという点である。これらの商品の多くは，製造業者の商標の付いた個別包装が誕生する前は，工業化されたものでなかったため，ばら売りされていた。しかし，工業化されることによって，包装が最終工程に含まれるようになった。その結果，製品にメーカーの商標をつけ，全国的・国際的に製品を販売し，その商標によって全国的・国際的に広告を行うようになっている。そのため，これらの製品のメーカーは他の商品に比べて広告に大きく依存する。

一方で，これらの商品は，冷蔵技術の必要性や実演販売や割賦販売といった製品固有のマーケティングサービスや流通施設への依存が小さい。これが第2の特徴である。

商標付き包装製品である加工食品の第3の特徴は，製造，マーケティング，マネジメントへの重要な三つ叉投資が，他の産業における大規模企業に比べて少額なことである。その理由は，これらの企業の製品や販売や流通が，製品固有の人員や施設をあまり必要とせず，プラントの最適規模も多くの場合きわめて小さかったことによる。このことによって，海外での展開や関連製品系列への多角化にあまりコストがかからず，リスクが比較的少ないと言える[39]。

マーケティングの重要性

したがって，こうした商標付き包装製品の特徴や文化的な側面も持つ即席麺のメーカーにとっては，マーケティング活動がきわめて重要になる。マーケティング活動については，E. ジェローム・マッカーシーが提唱したマーケティングの 4P といわれる，製品（Product），価格（Price），流通経路（Place），販売促進（Promotion）のミックスから説明されうる。もっとも，近年では，4P に修正を加えたものがみられるようになったが，現在でもこの 4P で十分説明できると思われる[40]。国際展開をしている日系即席麺メーカー 5 社についての情報の多寡があるため，各社について均等に説明することは難しいが，得られた情報をできる限り有効に利用して，各社の動きを 4P から明らかにすることが必要になる。

しかしながら，日系即席麺メーカーの国際展開を説明する際には，4P だけでは十分ではない。第 1 に考慮しなければならないのは，すでにみたように経済発展の段階である。即席麺を受け入れるためには経済がある程度発展し，人々が簡便な加工食品を求める需要が発展しなければならないと考えられるからである。

第 2 は，各国における食文化・食生活についても考慮しなければならない。単なる製品開発ではなく，伝統的な食文化・食生活への適応が必要となってくるためである。麺，スープ，具材といった構成要素や生産ラインなどは国や地域を超えて利用できるが，現地の消費者に受け入れられるように味をどのように変えていくのかが大きな問題になってくる。日本でも関西と関東で味が異なるとよく言われるが，中国などでは 1 国内でさらに多様な味に対する嗜好が存在するといわれている。

第 3 には，食品については，受入国の多くで，長い伝統の中で食品製造業者が育っている。そのため，現地国民の生活やそれを支える商工業者を守るという現地政府の規制がきわめて強い国も多い。こうした規制をどのようにして乗り越えていくのか，企業にとっては参入のための交渉などが非常に重要になってくる。

このため，従来のようにミクロ的に企業の動きだけみていては，食品企業の場合は説明がつかないことが多い。ミクロな企業の動きと，受入国の経済発展の段階や政治・経済・文化環境を結び付けるメゾ・レベルの分析枠組みが必要になってくるのである[41]。

4つの視点

こうした文化的な側面や政府の規制も含め，企業経営という点からは，日系即席麺メーカーが国際展開をしたときに，どのような問題にぶつかり，これらの問題をどのように直面し，これらの問題をどのように解決していったのかについて，以下のような点について説明することが重要になってくる。

第1に，それぞれの日系即席麺メーカーが国際展開を，いつ，どこで行なったのか。この進出の場所とタイミングを決める要因は何かを明らかにすることである。そのためには，日本のプッシュ要因と受入国のプル要因を明らかにすることが必要となる。

第2は，日系即席麺メーカーが国際展開をする時に，どのような形式をとるのかということである。輸出，技術供与，直接投資，直接投資の場合はグリーフィールドかM&Aかなど，参入形態とその理由を明らかにすることである。

第3は，日系即席麺メーカーが国際展開した時に，どのような問題に直面し，それらの問題をどのように解決したのかである。即席麺メーカーについてのこうした分析のためには，その製品特性から，4Pからなるマーケティングミックスを枠組みとして考察する。

第4は，きわめて保守的な性格を持つ受入国の食生活に入り込むには，どのような障害があるのかを明らかにすることである。この点には，受入国の歴史的な発展と政治・経済・文化・宗教などのマクロ的・非経済的な側面も分析することが重要となる。

こうした問題意識を持って日系即席麺メーカーの国際展開を歴史的にみると，国や地域によってその展開の形態や進出のタイミングがそれぞれ異なるのが分かる。ほとんどの日系即席麺メーカーは，まず所得が比較的高く日系人の多い米国やブラジルといった南北アメリカに，1970年代から展開を始めている。それに続いて，1980年代以降，急速に経済発展すると同時にもともと麺文化の根付いている東南アジアへの進出がみられた。さらに，1990年代になると改革開放によって経済発展をとげた13億人の大市場である中国への進出がみられる。その他の地域では，経済発展の段階や食文化，規制の問題などからなかなか具体的な進展がみられていない。欧州への進出の試みは，比較的早くから一部の日系即席麺メーカーに見られるが，パスタ文化に馴染んだ欧州では即席麺を根付かせるのに苦労している。さらに，人口規模が将来中国を超えるといわれるインドでも，麺文化がもともと存在しないので即席麺の浸透には困難をともなったが，次第に定着しつつある。インドと同じように麺文化のもともとなかったアフリカや中東とならんで，中央アジアなどでも，経済発展とともに即席麺の需要が急速に伸びることが期待され始めている。

こうした地域別の食文化，経済発展の段階，そして規制といったことを考慮した結果，南北アメリカ，東南アジア，中国，その他の地域に分けて議論することが必要になり，国や地域別に分析することが必要になってくると思われる。

第4節　資料と構成

資　料

この分野の研究の資料となる学術的な文献としては，すでに紹介したもの以外にも，即席麺の国際展開に直接的・間接的に関連した学術的なものがある(巻末の参考文献を参照)。

また，それぞれの即席麺メーカーの国際展開について，大きな流れの分かるものに社史があるが，社史は限られた企業しか発行していない。日清食品については，以下のものがある。日清食品株式会社社史編纂室（1992）『食足世平—日清食品社史』，日清食品株式会社広報部編（1998）『食創為世—40周年記念誌』，そして，日清食品株式会社社史編纂プロジェクト（2008）『日清食品50年史—創造と革新の譜』日清食品株式会社。明星食品については，株式会社エーシーシー編（1986）『めんづくり味づくり—明星食品30年の歩み』がある。

また，各社の経営者が自らの言葉でつづったものも有益である。

これも，日清食品関係が多い。安藤百福（1983）『奇想天外の発想—日清食品の奇跡の秘密』講談社。日清食品株式会社社史編纂プロジェクト（2008）『日清食品創業者・安藤百福伝』日清食品株式会社。安藤宏基（2009）『カップラーメンをぶっつぶせ—創業者を激怒させた二代目社長のマーケティング流儀』中央公論新社。同（2014）『勝つまでやまない方程式』中央公論新社。同（2016）『日本企業CEOの覚悟』中央公論新社。

サンヨー食品については，井田純一郎「サンヨー食品株式会社」立教大学経済学部産学連携教育推進委員会／立教経済人クラブ産学連携委員会編（2004）『成長と革新の企業経営―社長が語る学生へのメッセージ』（財）日本経営史研究所[42]。

さらに，各社の細かな動きについては，『日本経済新聞』『日経産業新聞』『日経流通新聞』『日経金融新聞』などの新聞記事，『週刊東洋経済』『週刊ダイヤモンド』『日経ビジネス』などの雑誌記事の利用も欠かすことができない。

基本的には，資料は2016年末までに入手したものを使用している。ただし，必要に応じて一部直近のものも参照している。

構　成

本書の構成は，上記の分析の枠組みにそって，日系即席麺メーカーの国際展開の節目となる戦略の変化や進出地域の変化などにもとづいて，国と地域を章の単位としている。序章に続いて，第1章では，即席麺メーカーの国際展開の背景を理解するために，日本においてなぜ，どのようにして即席麺産業が生成・発展したのかについてみる。第2章では，日系即席麺メーカーが最も早く進出した南北アメリカ，とくに米国とブラジルを中心に考察を行っている。第3章では，1970年代以降発展したシンガポール，マレーシア，タイ，インドネシア，そしてベトナムなど東南アジア諸国を対象に分析を行っている。第4章では，世界最大の人口を抱え，麺文化の伝統の古い香港を含む中国での展開を考察している。第5章では，パスタ文化が存在し，進出の難しかったヨーロッパ，麺文化の存在していないインド，そして最後のフロンティ市場ともいうべきアフリカ・中東市場について分析を加えている。最後の終章では，序章での問題提起や議論の枠組みに合わせて，本研究の分析結果のまとめ，本書の意義，そして今後の展望や研究課題についてまとめている。

［注］

1　鶴岡公幸（2006）「日系即席麺製造業の海外事業展開」『宮城大学食産業学部紀要』第1巻第1号，1-2頁。

2　速水健朗（2011）「インスタントラーメンと共産ゲリラを巡る話」『本』第36巻第11号。鶴岡公幸（2006）「日系即席麺製造業の海外事業展開」9頁。

3　こうした規定については，以下を参照。（社）日本即席食品工業協会監修（2004）『インスタントラーメンのすべて―日本が生んだ世界食！』日本食糧新聞社，の巻末に掲載されている資料1から資料9。

4　即席麺の成分とそれぞれの特徴と役割については，以下を参照。Errington, F., Fujikura, T. and Gewertz, D. (2013), *The Noodle Narrative: The Global Rise of an Industrial Food into the Twenty-First Century*, University of California Press, とくに第1章。

5　日清食品の製品開発や初期の発展については，以下を参照。安藤百福（2008）『魔法のラーメン発明物語―私の履歴書』日経ビジネス文庫，日本経済新聞社。木山実（1999）『食品企業の発展と企業者活動―日清食品における製品革新の歴史を中心として』筑波書房。

6　「即席めん―『新分野開拓』今後のカギに（点検シェア攻防本社調査）」『日経産業新聞』2005年7月27日。

7　高田正澄（2010）「第Ⅱ部第1章 ネスレ株式会社―すべてのステークホルダーに信頼される，だれもが認める，栄養，健康，ウエルネスのリーダー企業へ」新井ゆたか編著『食品企業のグローバル戦略―成長するアジアを開く』ぎょうせい，14頁。日本の国内市場の縮小といった，日本的な要因による国際展開についての視点からの研究としては，以下のようなものがある。沈金虎（2011）「グローバル化と少子・高齢化時代の日系食品企業の海外進出」『京都大学生物資源経済研究』第16号。川邉信雄（2012）「日系コンビニエンス・ストアのグローバル戦略―2005年以降のアジア展開を中心に」『文京学院大学経営学部経営論集』第22号第1号。同（2014）「即席麺の国際経営史―日清食品のグローバル展開」『文京学院大学経営学部経営論集』第4巻第1号。

8　こうした技術や製品の改良や商品化については，以下を参照。Kawabe, N. (1979), "'Made in Japan': The Changing Image," Soltow, J. ed., *Essays in Economic and Business History*, Michigan State University Press. 増田辰弘（1998）「連載 アジアで動くリンケージ・ビジネス（35）〈最終回〉―世界の食卓に広がった“出前一丁”」『技術と経済』12月号，52頁。

9　こうした問題意識については，食品産業全般についても，すでに1990年代初めに，斎藤高宏の以下の優れた研究の中でも指摘されている。斎藤高宏（1992）『わが国食品産業の海外直接投資―グローバル・エコノミーへの対応』農業総合研究所，24-28頁。例えば，多国籍企業の極めて包括的かつ体系的な優れた以下のような研究書でも，即席麺については全く触れられていない。Fitzgerald, R. (2016), *The Rise of the Global Company: Multinationals and the Making of the Modern World*, Cambridge University Press, および Jones, G. (2005), *Multinationals and Global Capitalism: From the Nineteenth to the Twenty-first Century*, Oxford University Press.（安室憲一・梅野巨利訳『国際経営講義―多国籍企業とグローバル資本主義』有斐閣，2007年。）橘川武郎・黒澤隆文・西村成弘編（2016）『グローバル経営史―国境を超える産業ダイナミズム』名古屋大学出版会。安部悦生編著（2017）『グローバル企業―国際化・グローバル化の歴史的展望』文眞堂，においては，ユニリーバとキッコーマンの海外戦略に関する章が，含まれている。また，以下のものは米・英・独3カ国の食品企業の国際展開について比較史的な観点から詳しく論じている。Chandler Jr., Alfred D. (1990), *Scale and Scope: The Dynamics of Industrial Capitalism*, Harvard University Press.（安部悦生・川辺信雄・工藤章・西牟田祐二・日高千景・山口一臣訳『スケール・アンド・スコープ―経営力発展の国際比較』有斐閣，2005年。）例えば，ネスレについては，田中重弘（1988）『ネスカフェはなぜ世界を制覇できたか』講談社。コカ・コーラの国際展開については，以下参照。河野昭三・村山貴俊（1997）『神話のマネジメント―コカ・コーラの経営史』まほろば書房。また，製品開発という視点から日本コカ・コーラと日本ペプシコを比較した研究もある。多田和美（2014）『グローバル製品開発戦略―日本コカ・コーラ社の成功と日本ペプシコ社の撤退』有斐閣。Giebelhaus, A.(1994), "The Pause That Refreshed the World: The Evolution of Coca-Cola's Global Marketing Strategy." 英国における米国のシリアル企業の活動については，Collins, E. J. T. (1994), "Brands and Breakfast Cereals in Britain" を参照。Giebelhaus (1994) と Collins (1994) はともに，次の文献に収録されている。Jones G. and Wilkins, M. eds. (1994), *Adding Value: Brands and Marketing in Food and Drink*, Routledge.

10　例えば，味の素もキッコーマンも限定的とはいえ第2次世界大戦前にすでに米国へ進出していたことは知られている。味の素株式会社（2009）『味の素グループの百年―新価値創造と開拓者精神』味の素株式会社。Kinugasa, Y. (1984), "Japanese Firms' Foreign Direct Investment in the U.S.," in Okochi, A. and Inoue, T. eds., *Overseas Business Activities*, University of Tokyo Press, pp. 54-55, 57. 林廣茂（2012）『AJINOMOTO グローバル競争戦略―東南アジア・欧米・BRICs に根付いた現地対応の市場開拓ストーリー』同文舘出版。キッコーマンについては，茂木雄三郎（2000）『キッコーマンのグローバル経営―日本の食文化を世界に』生産性出版，がある。前掲，斎藤高宏（1992）『わが国食品産業の海外直接投資』には，アメリカにおける日系食品企業についてはキッコーマン，アジアでの展開については味の素，そしてヨーロッパへの進出についてはサントリーの，事例が取り上げられている。

11　海外直接投資や多国籍企業の概念については，以下を参照。Caves, R. E. (1996), *Multinational Enterprise and Economic Analysis*, Cambridge University Press.（岡本康雄・周佐喜和・長瀬勝彦・姉川知史・白石弘幸訳『多国籍企業と経済分析』千倉書房，1992年。）

12　森枝卓士（1998）「インスタントラーメンはいかにして，国際的に受け入れられたか―あるいは，インスタントラーメンの変容」『文化交流』第20巻3号。

13　ラーメンが，どこでどのように誕生したかなど，その起源や日本におけるラーメンの浸透については，以下の文献を参照のこと。小菅桂子（1998）『にっぽんラーメン物語―中華ソバはいつどこで生まれたのか（改訂版）』講談社文庫。石毛直道（1994）『石毛直道の文化麺類学　麺談』フーディアム・コミュニケーション。Kushner, B. (2014), *Slarp!: A Social and Culinary History of Ramen: Japan's Favorite Noodle Soup*, LEIPEP-Boston, Global Oriental. Solt, G. (2014), *The Untold History of Ramen: How Political Crisis in Japan Spawned*, University of California Press.（町下祥子訳『ラーメンの語られざる歴史』図書刊行会，2015年。）

14　安藤宏基（2009）『カップヌードルをぶっつぶせ！―二代目社長のマーケティング流儀』中央公論新社，145頁。かつて，『暮らしの手帳』は「即席ラーメンは･･･実は，中華そば屋のラーメンと似て非なる，全く別の麺類である」と評したという。即席麺が独自の麺類として世界に受け入れられたといえる。加藤正樹（2014）「日本が生んだ世界食　インスタントラーメン」『明日の食品産業』6月号，35-36頁。加藤正樹（2013）「日本が生んだ世界食　インスタントラーメン―その歴史と知的財産戦略」『知財研フォーラム』第95号，32頁。

15　Strasser, S. (1989), *Satisfaction Guaranteed: The Making of the American Mass Market*, Pantheon Books.（川邉信雄訳『欲望を生み出す社会―アメリカ大衆消費社会の成立史』東洋経済新報社，2011年。）

16　森枝卓士（1998）「インスタントラーメンはいかにして，国際的に受け入れられたか」。もちろん，宗教的な意味合いから，マレーシアやインドではマクドナルドのメニューの内容や調理法が多少は変更されている。

17　Errington, F., Fujikura, T. and Gewertz, D. (2013), *The Noodle Narrative* 参照。

18　斎藤高宏（1992）『わが国食品産業の海外直接投資』。同書では，日系即席麺の国際展開については，断片的にしか取り扱われていなかったが，その重要性については触れられていた。翌年，斎藤は，同書のなかで取り扱われたキッコーマン，味の素，サントリーの事例研究に匹敵するものとして，日清食品の事例研究を行っている。斎藤高宏（1993）「わが国食品企業の国際化―即席めん企業のパイオニア，日清食品」『農総研究』第18号。大塚茂（1995）「インスタントラーメンの国際化」『島根女子短期大学紀要』第33号。

19　上野明（1988）『新・国際経営戦略論―日本企業16社にみる成功の条件』有斐閣。

20　日清食品の中国進出については，例えば片山覚（2008）「第5章第2節 消費財メーカーの中国市場での流通戦略―日清食品」川邉信雄・櫨山健介編『日系流通企業の中国展開―「世界の市場」への参入戦略』早稲田大学産業経営研究所，産研シリーズ，第43号，がある。

21　鶴岡公幸（2006）「日本即席麺製造業の海外事業展開」。杉田俊明（2010）「新興国とともに発展を遂げる経営―ケース研究　エースコックベトナム」『甲南経営研究』第50巻第4号。なお現地人材の育成という点から，ベトナムエースコックを扱った以下の研究もある。北井弘（2008）「事例1 エースコック―現地人材の活用でベトナム即席麺トップシェア」『人事実務』No. 1045。

22　木山実（2014）「第13章 海外即席麺市場における特許出願動向とイノベーション」斎藤修監修／下渡敏治・小林弘明編『グローバル化と食品企業行動』フードシステム学叢書，第3巻，農林統計出版株式会社。

23　「国内シェア102品目―冷凍食品，マルハニチロ首位」『日経産業新聞』（2016年7月25日）。日刊経済通信社調査出版部（2015）『酒類食品産業の生産・販売シェア―需要の動向と価格変動（2015年版）』日刊経済通信社，901頁の表17-21参照。

24　小暮真弘・岩坪友義（2008）「消費者評価から見た主要即席麺メーカー5社の位置付け」『経営行動科学』第21巻第2号。

25　同上論文，とくに，149頁の図12参照。

26　日系の上位4社とこれら海外の有力企業で，世界の即席麺市場の70%を占めるという。内田俊二（2002）「急成長するアジア・中国の即席麺市場―繁栄を続ける21世紀の“麺ロード”」『Asia Market Review』2002年12月1日，31頁。

27　Hymer, S. (1976), *The International Operations of National Firms*, MIT Press.（宮崎義一訳『多国籍企業論』岩波書店，1979年。この訳書の第I部に，MITの博士論文が収録されている。）米国企業の優位性にもとづく多国籍化については以下を参照。Vernon, R. (1996), “International Investment and International Trade in the Product Cycle,” *Quarterly Journal of Economics*, Vol. 80, No. 2.

28　Rugman, A. M. (1981), *Inside the Multinationals*, Croom Helm.（江夏健一・中島潤・有澤孝義・藤沢武史訳『多国籍企業と内部化理論』ミネルヴァ書房，1993年。）長谷川信次（2002）『多国籍企業の内部化理論と戦略提携』同文舘。

29　Dunning, J. H. (1977), “Trade, Location of Economic Activity and the MNE: A Search for an Eclectic Approach,” Ohlin, B. *et al.* eds., *The International Allocation of Economic Activity*, London: Macmillan.

30　小島清（1985）『日本の海外直接投資』文眞堂。田口信夫（1982）『日本の海外投資と東南アジア』長崎大学東南アジア研究所。安保哲夫・上山邦雄・公文溥・板垣博・河村哲二（1991）『アメリカに生きる日本的生産システム』東洋経済新報社。公文溥・安保哲夫編著（2005）『日本型経営・資産システムとEU―ハイブリッド工場の比較分析』ミネルヴァ書房。Yamashita, S., ed. (1991), *Transfer of Japanese Technology and Management to ASEAN Countries*, University of Tokyo Press.

31　Johanson, J. and Vahlne, J. E. (1977), “The Internationalization Process of the Firm: A Model of Knowledge Development and Increasing Foreign Market Commitments,” *Journal of International Business Studies*, Vol. 8, No. 1. もっとも，最近ではグローバル化の進展，新産業の発達，情報通信（IT）技術の発展などにより，こうした漸次的・段階的ではなく急速に国際展開をする「ボーングローバル企業」のようなものが出現するようになっているため，このウプサ

ラ・モデルの再考察を指摘する研究もある。Cavusgil, S. T. and Knight, G. (2009), *Born Global Firms: A New International Enterprise*, Business Press.（中村久人監訳／村瀬慶紀・萩原道雄訳『ボーングローバル企業論―新タイプの国際中小・ベンチャー企業の出現』八千代出版，2013年。）

32　例えば，川邉信雄（2011）『タイトヨタの経営史―海外子会社の自立と途上国産業の自立』有斐閣。

33　石川健次郎（2004）「第1章 何故，商品を買うのだろうか―商品史のドア」石川健次郎編著『ランドマーク商品の研究―商品史からのメッセージ①』同文舘，10-11頁。

34　鳥羽欽一郎（1982）「日本のマーケティング―その伝統性と革新性についての一考察」『経営史学』第17巻第1号。川邉信雄（2014）「マーケティング―辻本福松と森永太一郎」宮本又郎・加護野忠男・企業家研究フォーラム『企業家学のすすめ』有斐閣。Kawabe, N. (1989), "The Development of Distribution Systems in Japan before World War II," Hausman, William J. ed., *Business and Economic History*, Business History Conference.

35　日清食品株式会社社史編纂プロジェクト（2008）『日清食品50年史―創造と革新の譜』日清食品株式会社，116頁。

36　こうした国際展開の特徴については，グローバル統合・ローカル適応フレームワーク（I-R分析）によって明らかにされている。以下参照。Prahalad, C. K. and Doz, Y. (1987), *The Multinational Mission: Balancing Local Demands and Global Vision*, New York: Free Press. Bartlett, C. and Ghoshal, S. (1989), *Managing Across Borders: The Transnational Solution*, Boston: Harvard Business School Press.（吉原英樹監訳『地球市場時代の企業戦略』日本経済新聞社，1990年。）

37　戸田青児（1999）「インタビュー 日本企業の対アジア戦略―日清食品」『ジェトロセンサー』12月号，32頁。

38　川満直樹（2011）「ランドマーク商品の海外展開」石川健次郎編著『ランドマーク商品の研究④―商品史からのメッセージ』同文舘。

39　アルフレッド・D.チャンドラーJr.（2005）『スケール・アンド・スコープ』123-126頁。即席麺産業の寡占化と広告の役割についての研究もある。木山実は，加工食品において広告費比率が高い要因としては，「その取扱い製品がおおむね加工度が高く，需要者も一般消費者であり，製品の差別化効果が高く，広告の効果も見込めることがあげられる」と指摘している。木山実（1989）「第4章　食品工業における寡占形成と広告の機能」日本大学農獣医学部食品経済学科編『現代の食品産業』農林統計協会，63頁。

40　McCarthy, E. Jerome (1960), *Basic Marketing*, Richard D. Irwing, Inc. 例えば，ローターボーンらは，4Pは売り手側の視点であるとし，買い手側の視点も導入する必要があるとして，4C（Consumer, Customer Cost, Communication, Convenience）を提唱している。Schullz, Dan E., Tannenbaum, Stanley I. and Lauterborn, Robert F. (1993), *Integrated Marketing Communication*, NTC Business Books, a dividison of NTC Publishing Group.

41　二神恭一（2008）『産業クラスターの経営学―メゾ・レベルの経営学への挑戦』中央経済社。

42　また，東洋水産については，高杉良（1990）『燃ゆるとき』実業之日本社，および，同（2011）『新・燃ゆるとき』講談社文庫，が参考になる。これらはビジネス小説で，前者は創業者の森和夫の波乱万丈の人生と東洋水産の米国進出とマルチャンInc.の運営やその問題点を扱ったものである。後者は，東洋水産のマルチャン・バージニアInc.の運営や問題点を中心に描かれている。各種データは架空のものではなく，実際のものが使われており，内容は劇化されているが，同社の米国での経営の様子を具体的に理解することができる。

第 1 章

日本における即席麺産業の生成と発展

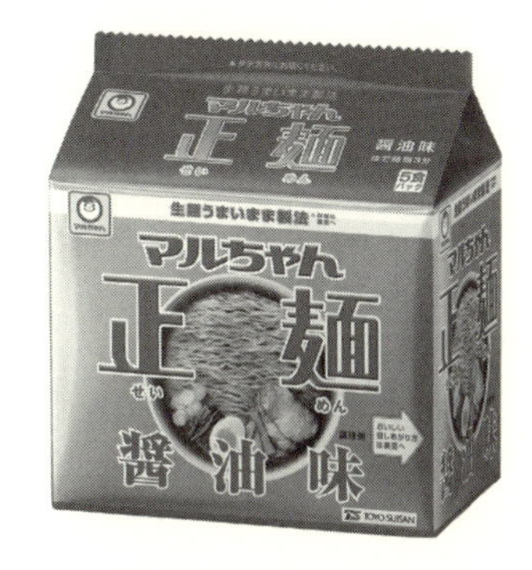

第1章扉写真

（左列上段）安藤百福の研究小屋

安藤百福は，戦後の食糧難の時代に，パン食を進めようとしていた米国および日本国政府に対抗して，小麦粉を利用した健康によい即席麺を開発しようとして，この自宅庭の研究小屋に閉じこもる。妻の天ぷら調理からヒントを得て，この小屋で，1958年に即席ラーメン「チキンラーメン」の開発に成功した。

（左列中段）発売当時のカップヌードル

1960年代末までには袋麺の成熟化が進んでいた。この成熟化を打ち破るように登場したのがファッショナブルな「カップヌードル」であった。発泡スチロール製の縦長カップに味付け麺を収納し，冷凍乾燥した具材を添え，1食ごとにフォークが添付されていた。1つの容器が包材，調理器具，そして食器の3つの機能を有していた。

（左列下段）「世界ラーメン協会」の設立

1997年3月，世界9カ国主要メーカー10社と日本即席食品工業協会が東京に集まり，「世界ラーメン協会」が設立された。模倣や過当競争による市場攪乱が生じ，消費者の即席麺離れが世界的に生じるのを避けることを目的とするものであった。その結果，即席麺の品質向上を目指し，食品の国際規格を作成することが提唱された。

（右列上段）発売当時のチキンラーメン

お湯を注ぐだけで，2分間で食べることができる「チキンラーメン」は，「魔法のラーメン」と呼ばれた。その製品としての革新性と品質のみならず，当時台頭してきたスーパーマーケットを販路として開拓したり，テレビなどでの広告宣伝活動を行なったりするなど，積極的なマーケティング活動を展開し一躍ヒット商品になった。

（右列下段）マルちゃん正麺醤油味

2011年11月，東洋水産は生麺に遜色のないノンフライ新製品「マルちゃん正麺」シリーズを投入した。「東日本大震災」後の「内食」の傾向にマッチし，カップ麺におされていた袋麺の保存食としてのニーズを高めた。乾燥麺でありながら，生麺のようななめらかでコシのある食感を追求して，主婦層を中心に新たな需要を掘り起こした。

写真提供：日清食品ホールディングス株式会社，東洋水産株式会社。

日系即席麺メーカーの海外進出を見る前に，まず日本国内における即席麺の産業の生成と発展について見ておくことにしよう。すなわち，1958年の日清食品によるチキンラーメンの開発から現在にいたるまでの即席麺業界の動きを，製品開発や市場の変化など業界に大きな影響を与えた要因を考慮しながら追っていく。そうすることによって，なぜ，どのようにして日系即席麺メーカーが海外とのかかわりをもち，進出していったのかが，よりよく理解できる。

第1節では即席麺の開発と業界の黎明期について見る。第2節では，多くの即席麺メーカーが誕生し，商標権や特許権をめぐる係争が生じ，業界団体が結成される過程を分析する。第3節では，袋麺市場が飽和化するなか，カップヌードルの登場により業界が新たな発展を遂げる経緯を考察している。第4節では，競争の激化のなかで多種多様な即席麺が開発されるが，なかでも高級即席麺をめぐる業界の競争動向について議論をしている。第5節では，安全・安心・健康重視の高まりのなかでの，新たな健康志向の商品開発の動きを見る。

第1節　インスタントラーメンの発明と業界の黎明期

安藤百福による出発

1958年8月に，安藤百福は即席麺「チキンラーメン」を開発し販売を始めた。しかし，その即席麺開発の構想は敗戦後の1945年に遡る。疎開先から大阪に帰った彼は，食べ物のない憐れな状況をみて，大いに心を痛めた。ある時，大阪駅前の焼け野原になった場所で，何軒かのラーメンの屋台の前にできた長い行列が目に焼きついたという。日本では，昔は夜泣きそばがあって，麺類はそばとかうどんが好まれていた。しかし，ラーメンは家庭で作る技術がなかった。安藤は，「このラーメンを工場生産で作ることができて，家で食べられるようにできれば，将来，喜ばれる仕事になるのではないか，と思って，企業として（事業化を）考えた」と回顧している。

安藤は，何にもまして人間が生きていくには食べ物が大切と考え，それまでいろいろな商売をやっていたのを捨て，泉大津市で手始めに塩を作りだした。

また，造幣廠の跡を借り，戦地から帰った若者を200人くらい雇い入れて，干しイワシを作ったりした。

1948年9月には，安藤百福は中交総社を資本金500万円で設立している。翌1949年5月にはこれをサンシー殖産と商号を変更した。安藤百福は，当時の食糧難，栄養難を何とかしたいと，同月には大阪泉大津市に「国民栄養化学研究所」設立し，栄養食品の開発にとりかかり，病院食などを作り始めた。当時はまだ食糧難で栄養失調の人が多かった時代である[1]。こうして，厚生省や農林省にも出入りするようになった。当時，占領軍はパン食を普及させようとし，厚生省が広報活動を行っていた[2]。安藤は，こうした状況をおかしいと考え，日本人の食べ物は昔からうどん，そば，そうめんなど，麺類が中心ではなかったかと主張した。そうすると役所から何ができるか研究してみたらどうか，と言われた。そこで，自ら即席ラーメンに取り組むことになったのである。最初は他の人に開発を頼んだが，うまくいかなかったという。結局，自ら研究開発を行うことになったのである[3]。

即席ラーメンの開発に当たっては，安藤は5つの条件を挙げている。それはそのまま即席麺が1つの産業として発展し，世界へ飛躍する要因でもあった。それらは，① 安価であること，② 調理が簡便であること，③ 衛生的であること，④ 保存性のあること，そして ⑤ おいしいことであった。

商品化の決め手となったのは保存技術であった。日本人はあっさりしたものを好むので，昔はラーメンよりそばが好きだった。ところが戦後は，栄養不足にもかかわらず，てんぷらなどはあまり手に入らなかった。そのため，日本人は脂っこいラーメンを好きになったという。

ラーメンに保存性を持たせるためには，乾燥の技術を完成しなければならなかった。乾燥には天日，真空乾燥といろいろある。コスト面では天日が一番効果的である。しかし，天日で乾燥すると熱の伝導が鈍いので復元力がなく，熱湯で戻すのに復元時間がかかりすぎて，消費者に時間を待たせずに調理する手軽さはなくなる。

その時間を短縮するには，孔（穴）を多く作って，乾燥した麺に湯が短時間に浸透するようにしなければならない。安藤は，その孔をあけるにはどうしたらよいか考えていたが，妻がてんぷらを揚げているところからヒントを得て，その手法を思い付いた。水分を含んだ具材をてんぷらなべの中に入れると，高温の油で熱せられて水分が飛散する。その瞬間に空洞ができる。そこで水分と熱量のバランスさえ取れば，即席面に適した多孔質形成が可能ではないかと考えたのである。また，この多孔化によって半年経っても品質の変化が少ない常備食となった。

次に，商品開発のターゲットとして，「保存性」のほかに「簡便性」「おいしさ」「衛生的」「価格」を設定したという。簡便性については，「お湯をかけて２分で調理ができるまさに魔法のラーメン」であった。衛生的なのは油熱で乾燥処理し密封するからで，菌類は皆無となった。「おいしさ」は食品である以上，消費者に受け入れられるための重要な要素であった。価格は販売当初は生麺や乾麺と比べて割高であったが，生産性の向上で物価の優等生と呼ばれるまでになった。

５つの条件をクリアして，安藤は1958年８月に「チキンラーメン」を世に出したのである。加工食品の場合には，販売に際しては味の開発と価格設定とが重要になる。まだ食べ物の少ない時代であった。インスタントラーメンに主食的性格を持たせれば，そして誰でも手の届く価格設定をすれば売れると思われた。大阪市十三の1000平方メートルの敷地いっぱいに建設された２階建ての田川工場で生産が始まった。すぐに，フル生産しても需要に追い付けない状況になった。そのため，発売の翌年の1959年早々には敷地１万5000平方メートルの本格的な高槻工場の建設にとりかかり，同年末には操業を開始している。

安藤が「チキンラーメン」を開発する以前にも，簡便性をもった即席麺らしきものが製造・販売されていた。それでも，この「チキンラーメン」が即席ラーメンの嚆矢とされることについて，当時競争企業であった明星食品の社史『めんづくり味づくり』は，客観的に次のように述べている。

「まず第１の理由は，α化されためんに味つけをしたあと油揚げをするという手法を工業的に確立し，量産を可能にしたことである。第２の理由としては，商品の完成度が段違いであったことがあげられる。めんも味も大分異質なものであった。そして，もう１つの理由は，熱湯を注いだだけで食べられるという特性を，テレビ，ラジオ等の新しい，強いマスメディアに乗せてアピールし，それまで徐々に醸成されつつあった消費者のインスタント食品に対する受容性を，一気に発酵させたことである[4]。」

終戦から1950年までの5年間は飢餓からの脱出の時代であった。ところが，1950年代入ると，1950年に勃発した朝鮮戦争による「特需景気」が生まれ，日本が経済復興のきっかけをつかむ機会となった。特需景気に続いて，鉱工業生産の伸びよりも消費支出の伸びの方が上回った1952年の「消費景気」，消費の伸びよりも民間設備投資の伸びの方が高まりを示した1953年の「投資景気」と，好況に沸いた。食に続いて，衣服類，家具類，什器類など衣と住への要求が急速に充足されていった。

日本では1950年代半ばから高度成長が始まった。1956年度の『経済白書』が「もはや戦後ではない」という表現を使うところまで，日本は復興を遂げていた。「神武景気」「岩戸景気」といわれた好況が続くなかで，消費生活は大きな質の転換を見せ始めていたのである。自動炊飯器が開発されて飛ぶように売れ，洗濯機，冷蔵庫，テレビが「三種の神器」ともてはやされた。団地が出現し，マイホーム主義が広まっていった。即席カレー，中華スープ，炒飯の素などが売れ，コーラや缶ビールが登場した。テレビの料理番組が始まり，週刊誌がブームになった。そしてスーパーマーケットが胎動をはじめたのである。

日本の場合，第二次大戦の前と後では人々の生活様式や食文化が大きく変化した。戦前は，生活を質素にするために勤倹貯蓄が美徳とされていた時代で，食べることも質素にすることが奨励された。

ところが戦後，アメリカの影響を大きく受けて，日本独自の生活様式や食生活も大きく変わることを余儀なくされた。1つの大きな変化は，「利便性」が追求されたことである。即席麺の発売に先立って，即席カレー，粉末ジュース，即席スープ，チャーハンの素などが発売されヒットしていた。また，森永製菓のインスタントコーヒーが1960年8月に発売されている。即席ポタージュスープは1954年に発売されているが，翌1955年にはラーメン用中華スープが登場している。この中華スープは業務用向けであったが，後の即席麺発展の準備をなしたものといえる[5]。

高度成長期は，家庭の電化，女性の社会進出が進んだ時期であった。家事労働の軽減化が図られていた時期に，食品の加工化によるインスタント化が進んだともいえる。また，この時期は人々の所得が急増しただけではなく，ジニ係数が大幅に小さくなり，所得の平等化が進行した。つまり，所得額の増加と分配の平等化が同時に進み，その結果強固な中間層が大量に創出され，1970年には日本人の90%が自分は中流階級に属すると感じるようになった。つまり，「1億総中流」といわれる格差の非常に少ない平等な社会である「大衆消費社会」が実現した。こうした時代において，即席麺はまさに近代性の象徴となり，国民の誰もが即席麺を食べるようになったのである[6]。

この時期は，「大衆消費社会」の象徴とも言うべきスーパーマーケットが誕生し，テレビ放送もスタートした。チキンラーメンは宣伝にテレビを使い，販売にスーパーも使って，爆発的に売れた。関西テレビの30秒スポット広告（スター千一夜）は日清食品が初めてであった。「手かずマイナス，おいしさプラス」「煮込み三分，味一流」など，テレビのコマーシャルソングやスポット広告とともに売上げは急成長を遂げることになった。さらに，『朝日新聞』に一段の小さな広告をした。また，1950年代に人気のあったダイハツの軽三輪トラック「ミゼット」が100台くらい並んで町を行進し，チキンラーメンの宣伝をしたのである[7]。

このように，即席ラーメンの受容される条件は，すでに整えられていたのである。即席ラーメンの需要の中心となったのは，子供の間食用，独身男性用，共働き夫婦用，夜間勉強中の学生向けであった[8]。

パイオニアたち

チキンラーメンの爆発的人気により，多くの企業が即席麺事業に参入し，まさに群雄割拠の様相を呈することになった。これらの多くの企業の中から独自の製品や製法を考案し，生産・マーケティング・マネジメントへの三つ又投資を行い，パイオニア企業として発展していったのが，現在国際展開を進めている上位5社の企業なのである。そして，これらの企業の創業者はそれぞれ個性の強い人物でもあった。アルフレッド・D. チャンドラーJr. は，ある産業が形成される過程を次のように一般化している。

「新しい一連の改善された製品や製法の開発の過程において最初に発明家，通常は特許を得た個人が登場した。次にパイオニアが登場する。彼らは，ある製品や製法を商業化するために，つまりそれらを一般の使用に供するために必要な設備への投資を行う企業家であった。一番手企業家は，新規のあるいは改善された製品や製法に固有の規模か範囲，あるいは両者の生み出す競争上の優位を達成するために必要な生産・流通・マネジメントへの3つの相互に関連した投資をおこなったパイオニアやその他の企業家である。[9]」

こうして，即席麺産業には多くの企業が参入した。そのなかから安藤百福とならぶような何人かの優れた企業者が誕生したのである。1959年12月には福岡の泰明堂（現マルタイ）が棒状麺である「即席マルタイラーメン」を，後に袋麺の主流となるスープ別添で販売している。

エースコック（エース食品を経て現エースコック）は，村岡慶二が1948年にパンの製造・販売からスタートした個人企業であった。1954年に「梅新製菓株式会社」が設立され，ソフトビスケットの製造・販売を開始している。同社は，1959年3月に即席麺の製造を開始し，「ぶたぶた　子ぶた　おなかがすいた（ブー）　こいつにきめた（ブー)」のコマーシャルソングと共に「エースコックの味付ラーメン」を発売している。1963年には，同社の代表的なブランドとなる「ワンタンメン」が発売されている。この製品は現在も続いているロングセラー商品である。同社は，1964年に社名を「エースコック株式会社」に改称し，現在に至っている[10]。

1960年4月には，明星食品が「明星味付ラーメン」で市場参入を果たし，丸紅飯田（現・丸紅）が「ベニーラーメン」を発売している。続く5月には松永食品が「トノサマラーメン」を，宝幸水産が「ほにほラーメン」を発売した。1960年9月の時点で，20種以上の即席ラーメンが市場に出回っていた[11]。

現在は日清食品ホールディングス・グループの傘下にある明星食品は，1950年に設立され，食糧庁委託の乾麺製造を開始している。創業に重要な役割を果たした奥井清澄は戦前には会社勤めをしていたが，終戦後自分の事業を行いたいと思い，1947年4月に匿名組合「協和商会」を設立している。これに，たまたま知り合いになっていた後に明星食品の社長になる八原昌元・昌之兄弟と，兄弟の親代わりになってくれていた伯父の八原昌照が加わり，4人が組合員となった[12]。

この組合が事業について試行錯誤しているうちに，乾麺の製造をやらないかという話が舞い込んだ。当時の乾麺の製造は，戦後の厳しい食糧統制のもとで，食糧庁の委託加工という制度がとられていた。当時，井の頭公園の近くにあった横河電機の旧工員寮が，戦後外地から引き揚げてきた人たちの寮になっていた。その寮に「引揚者互助会」が組織され，乾麺の委託加工をしようとしていたが，資金難に陥り，肩代わりをしてくれる人を探していたのである。

そこで，奥井たちは食糧難の時代であることを考慮して乾麺の生産に乗り出したのである。登記に必要な100万円がなく，渋沢栄一の孫である渋沢正一から金を借り，足りない分は東京信託銀行（後の三井信託銀行，現三井住友信託銀行）から借りた。社名は会社所在地となったところが「明星台」と呼ばれていたことにちなんで「明星食品」とし，1950年3月に設立登記を終えている。代表取締役社長は八原昌照，代表取締役専務は奥井清澄であった[13]。

1952年に乾麺の統制が撤廃された。それにともない，明星食品は棒状の中華乾麺，手もみの生中華麺，ひやむぎ，茹麺などの製造を手掛け，「乾麺屋」から「麺屋」へ変身を図った。1954年2月に自社開発した「移行式自動乾燥装置」は，同社を日本最大の麺製造会社へと発展させた。

1956年には八原昌照が会長となり，奥井清澄が社長に就任している[14]。1959年夏に即席麺開発に着手し，1960年には「明星味付ラーメン」を発売したのである。明星食品に即席ラーメンの話を持ち込んだのは，食品専門商社の東京食品株式会社（1961年東食，2007年カーギルジャパンと商号変更）本社食品課長をしていた穴沢彰であった。当時，即席ラーメンの製造会社は，日清食品をはじめ関西出身であった。そのため，東京では品薄状態で，穴沢は関東で即席ラーメンを製造する会社を探していたのである[15]。

日清食品が即席麺の製造特許をいくつか持っていたため（後掲，表1-3），明星は日清食品と同じ製法で即席麺を作ることはできなかった。そこで，カップ入り「明星叉焼麺」の開発に力を入れ，テストマーケティングを行うところまでいったが，最終的には販売を断念した。そのあと，同社は即席ラーメンを紙カップに入れることをあきらめ，1962年4月にはスープ別添の「支那筍入り明星ラーメン」を発売している。これは，麺はそのまま乾燥させ，その乾燥させた麺に別包装した粉末スープを添付した即席麺である。同時に，棒状の中華乾麺で，のり，紅ショウガなどの具と，ポリエチレン製の成型小ボトルに入れた液体スープを別添していた「明星冷やし中華」も発売している。1962年6月，「スープ付き明星ラーメン」が出荷され，従来の「明星味付ラーメン」の製造は中止された。1966年には，同社の代表的な製品となる「明星チャルメラ」を発売している[16]。

1959年から1960年にかけては，明星食品のほか，大栄食品，光食品，日産食品，グルサン，大阪ハム，石川食品，スター等が続き，総合商社の三井物産や丸紅飯田までが乗り出している。1961年になると，さらに東洋水産，富士製麺（現サンヨー食品）が加わり，日本水産，日本冷蔵，極洋捕鯨，日ロ漁業といった大手水産会社も競って名乗りを上げ，同年にはメーカー数は100社を超えている。

「サッポロ一番」で知られるサンヨー食品は，乾麺製造に加えて1961年4月，即席麺製造を開始している。同時に，「食べてはりますか，おいしおます」の広告でもって，販売を行っている。

サンヨー食品は，もともと泉屋という屋号で酒類販売を営んでいた井田文雄と井田毅の親子が，酒類による事業拡大は難しいと思い，事業の多角化の一環として乾麺製造業に進出したのである。そして，1953年11月前橋市にうどんとそばの乾麺の製造と販売を事業内容とする富士製麺株式会社を設立した。

乾麺づくりを選んだ理由は，第1に1952年6月に麺類の主原料である小麦粉の統制が解除され，麺類の製造・販売が自由化され自主的な営業が可能になったこと，第2に地元である群馬県が全国有数の小麦の生産地であったことである。

1955年以降の高度成長期に入ると食生活の洋風化，簡便化などが進展した。そうした環境の変化に対応するために，富士製麺は乾麺事業からの脱皮を図るために，事業の柱となる新商品を模索し始めたのである。チキンラーメンの発売とその人気に注目した井田毅は，即席麺の将来性を直感し，同社独自のものを開発・製造することを決意した。1961年4月に即席麺の製造・販売に乗り出し，同時に社名をサンヨー食品株式会社に変更している。

当初は，自社ブランドではなくPB商品を製造していたが，自社ブランド商品を作らなくては高い利益率は望めないし，会社も成長できないと考えた。こうして，自社ブランドの第1号商品の「ピヨピヨラーメン」が，1963年にできたのである[17]。

東洋水産の創立者森和夫も，安藤百福に負けずとも劣らない強い個性とカリスマ性をもった経営者であった。森は，1937年農水省水産講習所（後の東京水産大学，現在の東京海洋大学）を卒業し，同年日本油脂に入社している[18]。彼は，1939年，旧満州国西北部のノモンハンで日本軍がソ連の戦車隊に包囲された「ノモンハン事件」の戦いで，九死に一生を得た。この時の経験がその後の人生に大きな勇気と自信を与えたという。そして，終戦直後に日本油脂に復帰した森は，水産部門の泰平水産の身売りを一手に任された。森は，この時水産会社の上役の無責任さと赤字会社の悲哀をいやというほど味わい，「間違っても人に使われまい」と決心したという[19]。

その後，友人と2人で横須賀の冷蔵倉庫会社を買い取って独立し，東洋水産の前身となる横須賀水産会社を設立した。横須賀水産は，1960年に東京水産工業という会社を吸収合併して新会社東洋水産を設立しようとした際に，ある大手商社に仲介を頼んだ。東京水産工業は当時多大な債務を抱えていたので，その商社は債権を肩代わりする代わりに，新会社である東洋水産の株の70%を取得して事実上のオーナーになった。この商社に対して，森たちは東洋水産を手渡さないと交渉に臨み，株を買い戻すことができた。こうした経験から森には「自主独立」という考えが身についたと思われる。同社は，1961年に即席麺事業に参入し，その後「マルちゃん」ブランドの大手食品メーカーとして発展した[20]。

市場の拡大——新規参入と寡占化

1961年当時の即席麺の生産量を見ると，年間5億5000万食であった。これは，1年間に日本人1人当たり6食弱を消費していたことになる。チキンラーメンが開発された1958年の即席麺生産量は1億3000万食であったから，わずか数年でこの業界が急成長したことが分かる。

1962年の後半から1965年かけての時期は，まさに多様化の時代であった。すでに見たように，1962年4月には，明星食品が最初のスープ別添の即席ラーメン「支那筍入り明星ラーメン」を発売したが，これは業界に新たな潮流を生み出すことになった[21]。同年6月になると，明星食品はそれまでの「明星味付ラーメン」を，一斉に「明星ラーメン・スープ付」に切り替えた。ほぼ同時期に東洋水産もスープ別添の「マルちゃんハイラーメン」を発売している。

スープ別添のラーメンは，それまで若者中心であった市場を家庭の主婦にも拡大し，即席麺を国民食へと発展させる大きな力になった。スープ別添により味噌ラーメンや塩ラーメンなど，味のバラエティを生み出すと同時に，この流れは「ワンタンメン」や「焼そば」などへと広がり，さらに「日本そば」「うどん」「スパゲティ」にまでおよび，新しいタイプの即席麺の開発を促し，次々に新製品が登場することになった。

1963年7月，日清食品が「日清焼そば」を発売し，これが夏場商品として脚光を浴びた。8月にはエース食品が「即席ワンタンメン」をヒットさせ，東洋水産は「マルちゃんたぬきそば」で和風麺の基礎を作り，即席麺事業へ主力を移す足掛かりを築いた。1964年初夏には，エース食品の「イタリアン・スパゲティ」と日清食品の「スパゲニー」が発売された。これらはマカロニ業界から名称をめぐって公正引委員会に提訴されるなど話題にはなったが，あまり伸びなかった。

1964年8月，サンヨー食品が塩味の「長崎タンメン」を，当時の人気女優であったミヤコ蝶々と中村玉緒を起用したテレビCMを使って販売した。これが，タンメン・ブームを巻き起こしている。サンヨー食品はこのヒットで，一躍大手メーカーの列に加わり，1965年の後半から明星食品，日清食品，エース食品とならんで「大手4社時代」といわれるようになった。このように，1960年代に入って多種多様な即席麺が出現し，「即席ラーメン」は「即席麺」となって新たな業界の発展をもたらすことになったのである[22]。

スープ別添方式は，さらに多くのメーカーの新規参入を促した。エスビー食品，ヤクルト本社，山崎製パン，国分商店（現・国分），日綿実業（後・ニチメン，現・双日）など，他の食品分野で実績のある企業とくに乾麺メーカーは，冬場の閑散期の商材として即席麺に着目した。スープ別添の場合には，味作りの方をスープ専門メーカーに依存することができたから，即席麺分野に容易に参入することができた。ほとんどのメーカーが1ラインだけの設備で日産能力は1万～3万食程度であった。

メーカー数は，後にみる特許係争の影響で1961年以降一時減少していたが，1963年末には100社を超え，1964年には一挙に360社にもなっていた。メーカーは全国各地に広がったが，とくに激増したのは乾麺メーカーの多い北関東であった。

市場占有率は，『酒類食品統計月報』（1964年9月）によれば，明星食品，日清食品，エースコックの3大メーカーで60%強，これに主要16社を加えた大手19社で80%強であった。いかに零細メーカーが多かったかが分かる。生産量は，1961年が5億5000万食であったが，1963年には20億食に達し，1965年には25億食となっている。

しかしながら，需要拡大の速度を上回る勢いで生産の増強が進められたため，業界は激しい販売合戦に巻き込まれ，値崩れを起こした。1963年には35円の希望小売価格が30円となり，実勢価格は25円というのが実態となった。

1964年，当時の食糧庁長官の要請で日本ラーメン工業協会を作った時には，300社以上から申し込みがあったという。多数のメーカー間の過当競争を避けるため，気心の合ったもの同士が統合化を図り，その数は3分の1に減った。同時に，大手が生産能力を拡大したため，即席麺は供給過剰になり，商品開発力と販売力を持った大手による寡占化が進み，業界メーカー総数90社（うち大手5社）に落ち着いたのである[23]。

販売経路の開拓

即席麺の普及のためには，製品の開発と同時に販売経路の確保が重要であった。次に，即席麺産業初期の販売経路の開拓の様子について見ておこう。日清食品とエースコックはエージェント（総発売元）制を設定している。とりわけ，日清食品の場合，即席麺は新製品であったため，独自に流通経路を確保しなければならなかった。最初の数年間は即席麺が特別に注目を浴びなかったため，特約代理店契約の依頼をしても断られた。そのため当初は，日清食品⇒一次店・二次店⇒小売店⇒消費者という販売経路でもって商品を販売していた。

1960年ごろになり，即席麺への需要が著しく増大したのを機会に，同社は東食・三菱商事・伊藤忠商事の順で特約代理店契約を締結した。特約代理店，特約一次代理店，特約二次代理店の3層の代理店から構成されている。

特約代理店は，三菱商事，東食，伊藤忠商事の3社で，取扱量は4：3：3の割合となっていた。特約代理店の資格獲得ならびに維持の条件としては，販売量が年間20万食という基準があった。

そして，他の食品分野でもみられたように，特約代理店制度のもとに製品の製造・販売の一体化を図るために，近畿，中部，関東，京浜，中国といった地域の問屋を集めて「チキンラーメン会」を設立し，特約一次代理店の傘下に，特約二次代理店から特約三次代理店を含む流通経路を確立した。同時に，この正規の流通経路のなかで，強い販売力を持つ，特約一次代理店，特約二次代理店にリベート制を実施した[24]。

他の即席麺メーカーについても，即席麺事業への参入から1968年ごろまでには，流通経路の構築を行なっていたと考えられる。エースコックの場合も，鈴木洋酒店（東京），アカシア商事（大阪），加藤産業（大阪）を総販売元として，それぞれ特約一次代理店，特約第二次代理店，特約三次代理店，そして小売店に販売される流通組織を構築している。スーパーマーケットに対しては，鈴木，アカシア，加藤の3社から直接商品が供給されている。百貨店については，鈴木の場合は第二次特約店から，加藤の場合は直接販売されている。なお，第二次代理店のなかから月間300ケース（1ケース30食入）以上の販売を達成している店を選んで「エース会」を作っている。これはエースコックとともに進み発展しようという趣旨で作られたものであり，年に数度会合が開かれていた。また，エースコックの場合，第一次・第二次特約代理店に対してリベート制を採っている[25]。

明星食品の場合には，「明星味付ラーメン」を販売した当初は，①明星食品自身の持つ小卸部門，②岡永商店や丹野商店など都内の中堅食品問屋，③新進食糧工業などの業務用の食材問屋，④前原商店などの乾麺卸ルートを利用して販路を確保した。後に，もう1つ新しく明星ラーメンの特約代理店として設定した北洋商会のルートがある。この2つのルートによる振り分けは，明星食品から出荷される即席麺総量中，従来からの乾麺類の代理店には約45%，新しく設定した特約代理店である北洋商会には約55%の割合で分割している。つまり，明星食品の即席麺の55%は，明星食品⇒特約代理店⇒問屋のように流れていく。北洋商会の下には約90の問屋があり，「関東明星会」を結成している。もう1つの従来からの乾麺類代理店ルートにおける代理店は約75店であった[26]。

サンヨー食品については，主要販売先は丸紅飯田（現・マルベニ）と東京ヤマキであった。丸紅飯田は関西総発売元となっている。しかしながら，東京を中心に仙台から名古屋にかけては販売地域に代理店を有し，既存の流通経路を利用している[27]。

国内市場の発展とともに，即席麺メーカーの経営者たちは，次第に海外市場に目を向け始めた。1964年1月，明星インターナショナルが，海外旅行代理業務，輸出入業務を事業目的として資本金100万円で設立された。社長には，原賢治が就任した。原は，奥井清澄が1962年春に東南アジアを旅行したとき，通訳を兼ねて添乗したり，奥井が同年7月パスタ事業に着手するに当たって訪欧した時も，イタリア書房の西村暢夫を紹介するなどした国際通であった。1966年に入ると明星ラーメンの輸出が増大をみせはじめ，1967年にはピーク時に月間20万食に達した。そのため，明星インターナショナルの業務は，次第に輸出業の比重が高くなっていった。1970年1月には明星食品が明星インターナショナルに資本参加し，資本金を400万円としている[28]。

東南アジア市場への進出

1950年代の後半から1960年代前半まで南ベトナムでは内戦が続いていた。1965年，米国は北ベトナムによる南ベトナム解放戦線への援助阻止を主張して，北ベトナム爆撃と南ベトナムへの増派を開始し，ベトナム戦争が開始された。1973年のパリ和平協定による停戦までに，ベトナム戦争に投入された米国軍は最大時56万名に達し，韓国，タイなども軍隊を派遣した。ベトナム，韓国，タイにはもともと麺類を食べる習慣があり，これらの国籍の兵士のための軽便な携帯食糧として，即席ラーメンが使用された。これを契機として，東南アジア各国に即席ラーメンへの嗜好が形成されたといわれるほどである[29]。

即席ラーメンの輸出は業界全体でみると，1966年にはまだ630万食，1億円程度で在外邦人向けが中心であった。1968年夏ごろから，ベトナム戦争の拡大に伴う需要の急増もあって，連日，40万食が神戸港から船積みされた。同

表 1-1　即席麺の輸出量・輸入量の推移

（単位：1,000 万食）

年	輸出量	輸出国数	輸入量	年	輸出量	輸出国数	輸入量
1969	12.5	62		1993	4.7	55	0.5
1970	7.9	61		1994	4.7	51	1.5
1971	7.6	66		1995	6.0	53	1.4
1972	6.6	67		1996	7.0	52	1.6
1973	6.0	59		1997	8.1	53	1.3
1974	5.8	60		1998	8.4	48	2.0
1975	6.8	58		1999	8.6	54	2.3
1976	9.8	66		2000	9.2	43	2.3
1977	8.6	65		2001	8.9	44	2.7
1978	7.6	69		2002	9.1	46	3.4
1979	7.8	74		2003	8.7	41	4.5
1980	8.9	73	0.2	2004	8.3	46	5.8
1981	8.5	80	1.0	2005	8.4	46	6.1
1982	6.3	78	0.2	2006	9.0	47	6.4
1983	7.6	68	0.0	2007	9.2	47	5.2
1984	6.9	67	0.0	2008	8.1	50	5.7
1985	7.3	58	0.0	2009	6.2	50	6.9
1986	3.9	54	1.3	2010	6.0	48	9.0
1987	2.9	55	1.2	2011	5.0	45	10.1
1988	3.7	49	1.7	2012	5.9	48	10.7
1989	5.3	51	0.7	2013	7.6	51	8.5
1990	4.7	50	0.4	2014	7.2	49	5.4
1991	5.3	56	0.3	2015	7.9	48	6.9
1992	5.5	58	0.7	2016	8.7	52	7.4

注1：輸出量・輸入量ともに1月〜12月。
　2：金額は公表されていない。
出所：即席食品工業協会「即席めんの生産数量とJAS格付け数量および1人当りの消費1年の推移」。

年の輸出実績は18億円（500万ドル）で，輸出先も30カ国に広がっていた。1969年からは，政府の輸出統計に「ラーメン」の項目が設けられ，その年の輸出実績は21億6600万円であった。これは即席麺全生産高の約3%に相当し，輸出先は60カ国を超えた。

ところが，1970年になると，輸出量は一挙に半減した。これは，東南アジアを中心に現地生産が開始されたことによる。1969年春ごろから，外貨不足に悩む東南アジア諸国から日本のメーカーに対し製造プラントの発注が相次いだ。『日本経済新聞』（1969年10月3日）は，以下のように報道している。

表1-2　外国企業への技術供与

年	日系企業	供　与　先
1963	明星食品	三養食品工業社（韓国）
1970	明星食品	味王醗酵工業股份有限公司（台湾）
	明星食品	越南天香味精有限公司（ベトナム）
1971	日清食品	ユニバーサル・ロビーナ社（フィリピン）
1975	日清食品	ユナイテッドビスケット社（英国）
1976	明星食品	クグル・コンソリテイテッド社（ケニア）
1977	日清食品	ワンタイフーズ社（タイ）
	ハウス食品	ゼネラルミルズ社（米国）
1978	サンヨー食品	イギリス・ケロック社（英国）
	日清食品	ホワイト・ウイング社（豪州）
	東洋水産	ミューテュカルトレーディング社（米国）[1]
1981	サンヨー食品	サラナパンガ・サリミ・アスリ・ジャヤ社（インドネシア）
1982	日清食品	ビンケル社（西独）[2]
1985	日清食品	ビングレ社（韓国）
1986	明星食品	キャンベル・スープ社（米国）
	明星食品	エルファン・フーズ社（バングラデシュ）
	日清食品	上海市糧食局（中国）
1988	明星食品	ラベルコール社（アルゼンチン）[3]
1989	明星食品	ビスレリー社（インド）

注1：ミューテュカルトレーディング社へは資本技術提携。
　2：ビンケル社については資本撤退し，技術供与契約に切り替え。
　3：ラベルコール社については，1986年に日揮との共同でプラント輸出し，技術指導を開始しているが，技術供与は1988年。
出所：大塚茂（1995）「インスタントラーメンの国際化」『島根女子短期大学紀要』第33巻，114頁の「第2表　外国企業への技術供与の歩み」より。

「ことしの春から引き合いが舞い込み始め，すでに5大陸，12プラントの納入契約が成立した。これまでインスタントラーメンの大半を日本から輸入していた東南アジア諸国で国内生産の気運が盛り上がってきたためで，これを機会に，技術指導などを手始めに日本のインスタントラーメンメーカーが東南アジアに資本進出す動きも活発化しそうである。」

ベトナムへの輸出をきっかけに，1，2年の間に，台湾，香港，南ベトナムなどを中心に需要が急増したのである。しかし，製造プラントの価格は日産5万袋の生産規模のもので1500万円から2000万円であったから，さほど大規模な資本を必要としない。そのため，現地の食品メーカーや華商が即席麺の製造事業に乗り出してきた。その結果，1969年の秋ごろには，大竹麺機（東京）

が統一企業（台南）などから3基，南ベトナムから3基を受注し，上田鉄工（東京）が台湾の国際食品に2基を納入，インドネシア，南ベトナム，タイ向けにそれぞれ1基ずつの納入契約を済ませていた。また，福田麺機はフィリピンのハイランド・インダストリー（マニラ）に1基を納入している。

さらに，この『日本経済新聞』の記事は，これまでの日本の即席麺メーカーの東南アジア進出について，昭和産業と永南公司（香港）との合弁事業と，三共食品（東京）とリマサス商会（ジャカルタ）との合弁事業の2件しかなかったが，エースコックがタイ，台湾で市場調査を進めているほか，各メーカーが東南アジアへの進出を検討していると報じた[30]。

しかしながら，海外へ初めて製造プラントが輸出されたのは，これよりずっと早く1963年のことであった。それは，明星食品が韓国の三養（Samyang）食品工業に輸出したもので，技術料やロイヤルティは無償であった（海外への技術供与については，表1-2参照）。

第2章以下で詳しく分析するように，現地への直接投資による本格的な海外展開は，1970年代に入ってからである。1970年7月に，日清食品は味の素，三菱商事と合弁で，米国にNissin Foods（U.S.A.）Co., Inc.（米国日清）を設立したが，これに他の即席麺メーカーが追随した。なかには，サントリーがハウス食品と技術提携して，1976年にメキシコに「ラーメンメヒカーナ」を設立するなど，業界外からの参入も始まっている。

その後も，技術提携，技術供与，合弁，単独などいろいろな形態での海外進出が続き，進出先も南北アメリカ，東南アジア，ヨーロッパ，中国やインド，アフリカや中東など世界的な展開が見られるのである[31]。

1970年代から海外進出を積極的に進めた日系即席麺メーカーは，1970年代後半には「円高」という試練に立ち向かわねばならなかった。日清食品は，子会社を使って対応した。まず，日清通商が円高を利用してカップ麺原料の有利な買い付けを行う。同社はエビやパーム油などを輸入しているが，親会社の好調に加え親会社以外への売上げも伸ばし輸入量が増えた。しかも，円高をてこに仕入れ先を多様化して仕入れ価格の低下を図った。一方，米国日清はドル安と小麦など安い原料を利用し，米国からの第三国輸出に力を入れた。その第一弾として，香港向け即席麺を年間1800万食，約6億円の輸出を開始した[32]。

また，事業の国際展開に伴い，組織を変革する動きもみられた。例えば，明星食品は，1979年4月に海外事業室を発足させている。室長には，イタリアでの生活体験もある宮本雍久が就任した。それまでは，明星食品本社での海外業務は，総合企画室が担当していた。また，同社は海外事業の進展に伴って，本社の英文名と子会社の明星フードが同一になるため，1979年1月に，明星フードは株式会社ユニ・スターと改称して区別化している[33]。

第2節　業界の混乱と業界団体の設立

即席麺市場は急速に拡大していったが，その過程でいろいろな問題が生じた。第1の問題は，意匠権・商標権や特許など知的財産権の侵害を巡る争いであった。最初に起こったのは意匠・商標の問題であった。第2の問題は，特許紛争であった。そして，第3の問題は過当競争と廉売であった。

意匠・商標をめぐる争い

1959年7月，「チキンラーメン」包装デザインの意匠権が登録された。ところが，1960年2月に，販売されたスターマカロニの即席ラーメンは，商品名も日清食品と同じ「チキンラーメン」であり，包装のデザインも日清食品の「チキンラーメン」に酷似していた。日清食品はスターマカロニとその特約店である仲野商店を，意匠法と不正競争防止法に違反するものとして大阪地方裁判所に告訴した。この日清食品の主張は認められ，大阪地裁は1960年3月に意匠権に関する日清食品の仮処分申請内容について執行することを決定した。

続いて起こったのが，「チキンラーメン」の商標をめぐる係争であった。日清食品の「チキンラーメン」という名称は，1960年9月に特許庁から周知商標として公告決定されていた。そのため，同社はそれまで「チキンラーメン」の名称を使用してきた同業13社に対して警告書を送り，さらにこれらの使用は不正競争防止法違反に当たるとして大阪地裁に提訴している。これに対し，日清食品以外で「チキンラーメン」を名乗るメーカーは，1960年11月「全国チキンラーメン協会」（会長，波多野要蔵グルサン社長）を結成して，「日清食品の商標のチキンラーメンはチキンライスと同じように普通名詞である」と主張して特許庁に異議申し立てをした。1961年5月，特許庁は全国チキンラーメン協会各社から提出されていた商標登録に関する異議申し立てを却下した。そして，1961年9月，「チキンラーメン」の商標登録が確定し，日清食品以外はこの商標を使用できなくなった[34]。

即席麺の製法特許をめぐる紛争

この意匠・商標の係争と並行して，製法特許についての対立も激化した。意匠・商標はラベル・包装を変えれば済むものであったが，特許問題は商品そのものにかかわるものであり，企業の存続を左右するものであった。

日清食品の所有する味付け製法特許権の侵害論争が続き，新聞紙面や各種報道機関をにぎわした。即席麺に至る麺の歴史は2000年を超す長い歴史を持っている。そのため，すでに煮る，焼く，油で揚げるなど多彩な調理技術が発達していた。即席麺の油熱乾燥も，“揚げる”という点では，「伊府麺」「鶏糸麺」などが知られていたが，いずれも1つの調理方法であり，チキンラーメンのような乾燥して湯戻しをするといったインスタント性を追求したものではなかった。

しかし，実際には，日清食品のチキンラーメンの開発以前に，都一製麺が「味付け乾麺の製法」「屈曲製麺の製法」を開発して特許とし，1952年に固形の「中華そば」を発売していた。他にも，いくつかの製法特許が出願され，即席麺ブームが本格化するにつれ，法廷闘争をも含む激しい争いが展開された。なかでも，大和通商の「素麺を馬蹄形の鶏糸めんに加工する方法」(1963年4月登録）と，エース食品の「即席中華麺製造法」(1963年12月登録）が日清食品の特許と激しく争った（表1-3を参照)。

製法特許をめぐる争いは，2つの時期に分かれて生じた。第1期の製法特許係争は，1960年11月に特許公告された日清食品の「即席ラーメンの製造法」に対し，全国チキンラーメン協会系メーカーを中心とする10社が異議申し立てを行ったことに始まる。これら10社は，同時に特許公告された東明商行の「味付け乾麺の製法」には異議申し立てをせず，1961年1月に東明商行と製法使用の契約を結んだ。同社の特許権取得が確定した段階で，1袋10銭の実施

表1-3　即席麺に関連する主要特許一覧

会社名	特許内容
都一製麺	屈曲乾麺の製法
出願	1952年10月24日
公告	1954年7月10日
登録	1954/10/14（第208630）
都一製麺	屈曲麺類製造装置
出願	1954年2月22日
公告	1955年10月7日
登録	1956/1/27（第219140）
大和通商	素麺を馬蹄形上の鶏糸麺に加工する方法
出願	1958年11月27日
公告	1960年9月21日
登録	1963/4/2（第308112）
日清食品（東明商行）	味付乾麺の製法
出願	1958年12月18日
公告	1960年11月16日
登録	1962/6/12（第299525）
日清食品	即席ラーメン製造法
出願	1959年1月22日
公告	1960年11月16日
登録	1962/6/12（第299524）
日清食品（エース食品）	即席中華麺製造法
出願	1960年2月10日
公告	1962年6月5日
登録	1963/12/2（第312834）
明星食品	味付中華麺の製造法
出願	1961年8月14日
公告	1964年5月20日
登録	1970/1/9（第563157）

出所：株式会社エーシーシー編（1986）『めんづくり味づくり―明星食品30年の歩み』明星食品，164頁。

料を払うことが条件であった。これは，「10社協定」と呼ばれた。東明商行の味付乾麺は，「チキンラーメン」より半年も前に売り出されており，1960年には第5次南極観測隊の保存食にもなっていた。

ところが，1961年8月になって，東明商行は2300万円で特許公告中の「味付け乾麺の製法」を日清食品に譲渡した。このため，全国チキンラーメン協会系10社の足並みは乱れ混乱した。というのも，東明商行は特許を受ける権利とともに，10社協定の契約内容そのものを日清食品に継承させたからである[35]。

東明商行が特許を受ける権利を日清食品に譲渡したことを契機に，10社協定のメンバーが発起人となって1961年8月に「関東即席ラーメン工業協同組合」が結成された。日清食品が特許出願していた「味付乾麺の製法」と「即席ラーメンの製造法」はそれぞれ1962年7月に特許査定が下り，特許が確定した。これによって，日清食品と同様の製法によって他社が即席ラーメンを製造することはできなくなった。

日清食品は1962年に特許権が確立すると，即席麺を製造している企業に実施許諾を受けるよう促した。1962年から63年にかけて，日清食品は東洋水産，サンヨー食品など20数社と特許権使用についての許諾契約を交わしている。

こうした動きに対して，エース食品は自社独自の製法特許出願の事実があることを告知するとともに，日清食品の“製法特許独占”に対する異議を表明した。両社の製法の違いは，着味した麺を油熱処理する工程であった。つまり，日清食品の2つの特許製法が着味麺を熱した油のなかで揚げるのに対し，エース食品は着味麺に120℃から200℃の油を吹き付けて処理するものであった。日清食品は，エース食品の1962年6月の特許公告に対し，「進歩性がない」との趣旨で異議申し立てを行った。

その頃，臨時総会を開いた関東即席ラーメン工業協同組合は，日清食品と特許権使用に関する契約を結ぶ方針を決めていた。同組合メンバーである島田屋食品，サンヨー食品，カナヤ食品，東京食品産業，足利製麺，恵比寿産業，川崎製麺工場の7社と日清食品との交渉が開始され，1962年6月になって1食1円の実施料支払いを条件とする特許実施権許諾契約が成立した。

一方で，1963年11月，特許庁はエース食品の特許公告に対する日清食品と日清食品が中心となって結成した全日本即席ラーメン協会からの異議申し立てをそれぞれ却下し，エース食品の特許が成立した。結局，1964年1月，長期にわたった日清食品とエース食品の係争は和解となった。その結果，エース食品の特許権は無償で日清食品に譲渡され，日清食品が保有する特許・実用新案をエース食品は無償で実施しうることになり，両社が裁判所などに提出していた仮処分申請等はすべて取り下げられたのである。

1962年6月には,「素麺を馬蹄形上の鶏糸麺に加工する方法」の製造法特許を出願中の大和通商が,「日清食品の特許は無効」との訴えを大阪地方裁判所に起こした。同社の言い分は，日清食品の「チキンラーメン」は馬蹄形麺の製造法を模倣したというものであった。この「馬蹄形状への加工方法」の特許出願は1960年9月に公告されたが，異議申し立てにより拒絶査定を受け，その後拒絶されて不服審判に継続されていた。

1962年12月，大和通商は大阪地裁に「特許権侵害」を理由として日清食品の製造停止の仮処分を申請した。翌1963年2月には,「素麺を馬蹄形状の鶏糸麺に加工する方法」の特許成立が決定した。しかしながら，同年7月大阪地裁は大和通商の仮処分申請を却下し，その中で鶏糸麺の製法は「チキンラーメン」とは明らかに違うものとの判断を下した[36]。

1962年7月には,「全国即席ラーメン協会」が解散している。同協会は，1960年10月に，大和通商に対抗して結束を強化するために組織化された全国規模の団体であった。日清食品はこれに参加していなかった。この全国即席ラーメン協会の解散と同じ日，日清食品が中心となって，日清の特許の許諾を受けた36社が加盟して「全国日本即席ラーメン協会」が結成され，安藤百福が会長に就任している。

これに対抗して，同年7月にはエース食品を中心に「日本即席ラーメン協会」が結成された。これには自社製品が日清食品の特許に抵触しないとする7社が加盟した。さらに，翌8月には大和通商と第一食品を中心とするグループも「全日本即席ラーメン工業会」(加盟8社）を設立した。これで紛争の中心となった3社がそれぞれ団体を結成したことにより，紛争はますます熾烈となったのである[37]。

さらに，日清食品陣営は，静岡，関東甲信越以北を束ねる「関東即席ラーメン工業協同組合」を設けて団結を強化した[38]。この動きは，各地に波及して群馬，栃木，茨城，埼玉各県のメーカーの「東日本即席ラーメン協会」(加盟14社)，九州地区の「全九州即席ラーメン協会」(加盟20社)，中四国地区の「中四国即席ラーメン協会」(加盟17社）が相次いで誕生している。

こうしたなか，すでに見たように明星食品は日清食品の特許に抵触しないスープ別添方式へ全面的に切り替え，紛争を回避している。

知的財産権をめぐって業界が混乱することを懸念した食糧庁は，1963年9月，長官名で「業界の協調体制確立に関する食糧庁長官の勧告」を出した。その内容は，業界の自主的な協調体制を確立するために「全国組織の協会」を設立し，特許権を相互に尊重して紛争を放棄し，特許実施権の設置をスムースに進めるなどの業務を推進するものであった。

難産の末，1964年1月「日本即席ラーメン協会（仮称）」の第1回設立準備会が開催され，同年6月東京丸の内の東京会館で社団法人「日本ラーメン工業協会」（1971年5月，日本即席食品工業協会と改称）の創立総会が開かれた。加盟企業は59社でほとんどの有力企業を網羅し，初代理事長に安藤百福日清食品社長が就任した。

特許問題は1964年5月の「日本ラーメン特許（のちに国際特許管理と改称）」の設立により，日清食品，大和通商，第一食品工業，都一製麺，村田義夫の各特許権の管理一本化で一応の決着を見た。これらの特許には必ずしも即席麺製造と直接かかわりのないものもあったが，業界一本化のため譲り合ってのことであった。こうして，1960年に始まった商標権問題から製法特許問題へ，約5年の長きにおよぶ紛争は基本的には決着を見た[39]。

特許紛争の新局面

しかしながら，こうした大手メーカーを中心とした事態の収拾に中小メーカーが反発したために，特許紛争は第2段階目を迎えた。1964年7月「日本ラーメン協同組合」が設立され，農林省に認可を求める設立申請書類が提出された。同協同組合は，東日本即席ラーメン協会が全国乾麺協同組合系の即席ラーメンメーカーを糾合した全国組織であった。組合員は当初50数社で，理事長には永井製麺の永井寅之助社長が就任した。

農林省は業界の一本化をのぞみ，2つの「日本」の名称のついた複数の業界団体を認めることに躊躇したが，同年9月には結局「日本ラーメン工業協会」の認可と同時に，「日本ラーメン協同組合」も認可した。11月には特許を一本化してそれを管理代行する特許会社である日本ラーメン特許と日本ラーメン協同組合との間で契約が成立した。日本ラーメン特許には，特許を独占的に実施でき特許権者とほぼ同等の地位を有する「特許専用実施権」が与えられており，独占的ではなく単に特許を実施するだけの権利である「通常実施権」を，日本ラーメン工業協会に許諾した。しかし，日本ラーメン協同組合は無償提供を主張し，特許会社に有償提供の無効を通告した。翌1964年2月には同組合は，特許会社に通常実施権許諾契約の破棄を通告した。

同年8月には，特許庁は日本ラーメン協同組合の顧問や理事長が提出していた（提出当時は「東日本即席ラーメン協会」）日清食品特許の無効審判請求を却下した。同時に特許会社が起こしていた「日本ラーメン協同組合が指導している製法は，日清食品の特許に抵触する」という判定請求に対しては，「抵触しない」との判定を下している。しかしながら，判定には拘束力がなく，結局，独自のブランドを持たない協同組合が，大手ブランドのシェアが拡大し中小メーカーが乱立する業界で生き残っていくためには，特許会社と契約するほかなかったのである。

11月には，東北6県に25〜26社あったメーカーのうち10社が集まって，「東北即席ラーメン協会」が設立されている。会員資格は特許会社の特許許諾書を持っていること，日本ラーメン協同組合に加入しているものは脱会することであった。

12月になると，日本ラーメン協同組合は前橋市で臨時総会を開いた。基本的には特許会社との和解を決め，契約を希望する会社は組合を窓口として個別に契約することになった。同時に，同組合の顧問が自ら特許権を確保できなかったことや報酬の請求などをめぐって組織が分裂状態となった。

結局，1966年7月に日本ラーメン協同組合，関東即席ラーメン工業協同組合，特許会社の3社が中心となり，全国12団体の代表者も加わり，「全日本即席麺中小企業団体連合会」が結成され，会長には関東即席ラーメン工業協同組合の座古紀吉理事長が選出されている[40]。

こうして，特許問題は一応解決したが，この特許問題以降，即席麺メーカー間の競争は一段と激烈さを増した。しかし，それが業界の発展を促進することにもなった。日本即席食品工業協会監修の『インスタントラーメンのすべて』は次のように述べている。

「スープ別添，焼きそば，タンメン，ワンタン麺，和風めんとジャンルを広げた即席めんはいっそう，製品のラインナップを強化し，高品質化していったのである。その背景には，小麦粉や澱粉の品質向上，マイクロ波・熱風・凍結乾燥法，自動包装機などの新技術が加わり，製粉，製麵機械の製造が飛躍的に向上したことがある。また，天然調味料，スープでも，即席麵産業の伸長と歩みを一つにして，噴霧による乾燥・造粒，充てんなどの技術が進歩し，包材，印刷技術といった関連業界も活性化した。」[41]

乱売と過当競争

業界の第3の問題は乱売であった。最盛期の1964年には360社もあったメーカーは次第に淘汰され，大手メーカーによる系列化など整理・統合され，寡占化が進んだ。この寡占化を進める大きなきっかけになったのが，1964年夏に起こった中毒事件である。東京でインスタント焼きそばに食中毒事件が発生した後，大阪・九州などで相次いで即席麵による中毒事件が発生した。新聞をはじめ各種報道機関を通じて，消費者に即席麵に対する悪いイメージを与えることになった。これらの中毒原因は，いずれも油を使って加工処理するため，製造後かなりの期間が経過すると油の変質が生じ中毒症状を引き起こすということであった。これを契機として即席麵の成長率は大幅に低下せざるを得なくなった。この結果，消費者に安心感を与えるために，生産過程に問題のない品質の優れた即席麵に対して，JAS（Japan Agricultural Standard；日本農林規格）マークが付けられるようになったのである。

この頃になると，食数の伸びも大幅に鈍化し，市場飽和を迎えつつあった。第2次黄金時代といわれた1962年，63年には前年比で181.8%，200%と急上昇していたが，1964年には110%，65年には113.6%，66年120%となった。また，1965年は山陽特殊鋼の倒産，山一証券の経営行き詰まりなどが記憶される不況の年であった。1964年から1965年にかけて，即席麵の販売高は約21%しか伸びなかった。このころから即席麵業界でも地方中小メーカーの倒産が日常的に生じただけでなく，年商5億円を超える永安食品，松永食品工業，日本製麵，日産食品などの準大手にまで倒産が波及した。

1964年に生じた中毒事件の混乱の後，業界の再建と発展が図られた。一方，各社はこの機会を逃がすまいとシェア拡大を目指し，業界では再び乱戦が起った。東京南部のスーパーマーケットが，倒産メーカーの製品を1袋9円で販売するといったことが生じ，またもや消費者から販売価格面において信頼をなくしたのである。ラーメン工業協会は即席麺の価格がこのように乱れては倒産するメーカーがますます増加すると憂慮して，1966年4月，公正取引委員会の認可を得て「公正競争規約」を作成し，公正な競争を実現しようとした。しかしながら，実際にはなかなかこの「即席めん類製造業における景品類の提供の制限に関する公正競争規約」は忠実に守られず，テレビコマーシャルなどによる販売競争は一段と激しくなった。4大メーカーは，日清食品が中村メイコ，明星食品が京塚昌子，エースコックが渥美清，サンヨー食品が山田太郎など当時の有名タレントを利用して，コマーシャルに狂奔したのである[42]。

日本ラーメン工業公正取引協議会は，こうした動きに対して再三にわたり警告を発し，即時停止を求めたが，事態は容易には改善されなかった。値引き販売の多くは，高品質化を目指した新製品の市場導入に際して実施されたのではあるが，やがて新製品も旧製品も区別なく日常化して行った。そのため，1966年の12月には公正競争規約の実施細目が改正され，新製品の意味なども細かく定義された。

しかしながら，翌1967年になっても値引き競争の勢いは衰えず，これにさらにリベート制度による値崩れも絡んできた。中小ブランドは，流通マージンを上げることで大手と対抗し，何とか市場を確保してきた。しかし，その大手が高品質化商品でも15円，17円，18円といった安売りのセールを仕掛けてくると，最低品質を維持しようとすると販路確保は困難になり，中小メーカーは対抗策に窮するようになった。

1967年5月には，公正取引委員会は日清食品，明星食品，エースコック，サンヨー食品の大手4社を呼んで，こうした大手の動きは，相手によって有利な利益を与える差別対価による不公正な取引に該当するものであるため，すみやかに中止するように勧告を出した。全日本即席ラーメン工業協会はこれを受けて，6月に理事会を開き，「7月10日出荷分から差別対価を禁止する」ことを決定した。市場は正常化に向かい，各社とも自社同一製品の価格は全国一律となった。しかし，大手，中堅，中小メーカーの間で販売価格が異なり，企業の力の差が出て，安値安定となった。1968年2月，同協会はJAS規格の基準を厳しくし，品質の安定確保に努めた。大手4社のシェアはほぼ70%に達していたが，大手といえども収益は悪化し，増収，減益の傾向にあった。

1968年に入ると，再び倒産が相次いだ。1月には「アサヒダルマEP」で群馬，信越などの地域に強い地盤を持っていた高崎市の富士食品工業が，3月には「トノサマラーメン」で中京市場の60％のシェアを誇っていた名古屋の松永食品工業が，会社更生法の適用を申請した。5月までに，東北地区のナンバーワン食品，東京の第一食品工業など，年商20億円以上の比較的大規模な中堅メーカーの倒産が続いた。一方では，この頃までには東洋水産が上位5社の列に加わり，業界は大手5社時代を迎え，上位5社の市場シェアは84％にもなっていた。

熾烈な価格競争に対して，消費者や流通関係者からも価格の安定を望む声が起き，各社の仕切りやリベートの改正が行われて，1968年末までにはほぼ4円近い値上げとなった。1965年以来下がり続けてきた市場価格が1968年を最低として，以後上昇に向かったのである。1968年9月，原料小麦粉が2.5％値上げされたのに続いて，1970年6月，小麦粉やラードが大幅な値上げとなり，各社1食5円の値上げを実施して，希望小売価格は久しぶりに35円と，「チキンラーメン」が売り出された時の価格と同じになった[43]。

価格競争から品質の向上や差別化へ

日本即席食品工業協会は，設立後，講習会や各種の委員会を通じて，技術向上の努力を続けた。その結果，1960年代後半では即席麺メーカー間の競争も価格から品質の向上・差別化に向かうようになった。この先陣を切ったのが，「長崎タンメン」のヒットで大手メーカーの列に加わったサンヨー食品であった。同社は，1966年1月に発売されたサンヨー食品の「サッポロ一番」は，ガーリックのきいた新しい味で，麺質も改良され，乾燥ネギ入りというのもこれまでにない工夫であった。さらに，ご当地ラーメンの先駆的な役割を果たし，他社と一線を画すものであった。同社は，しょうゆ味に続いて，1968年9月にはみそ味を導入し，「みそラーメンブーム」を引き起こし，1971年には塩味を販売している[44]。好調な売れ行きを見せる「サッポロ一番」をみて，各社はそれまでの自社の主力商品を超えるような，高品質を目指した商品開発を競うようになった。

1966年9月に，明星食品が発売した「明星チャルメラ」はホタテ貝の味をベースにしたもので，麺の原料小麦も特等粉を使用し，「木の実のスパイス」が添付されていた。翌1967年10月には，エースコックの「駅前ラーメン」が100グラムの大判で登場した。乾燥野菜やスパイスなども添付され，高品質化を目指した商品であった。体位の向上した若者にとってそれまでの85グラムではもはやものたりなくなっており，このボリュームは若者たちに支持された。1968年2月には，日清食品も高品質化を図って「出前一丁」を発売している。この時期，現在までロングセラーを誇る製品が次々に生み出された。

また，油乾燥ではなく，熱風乾燥によるノンフライ麺（非油揚げ麺）が登場している。小麦やコメなどに含まれる澱粉は，原料状態のままでは生澱粉（β澱粉）で分子構造が緻密なため，消化酵素が作用しにくく，消化が悪い。これに水を加えて加熱すると分子構造が膨潤化して構造が崩れ，糊化澱粉（α澱粉）となる。従来は，こうしてα化された麺を，文字通り油揚げによらないで，熱風で乾燥させたものがノンフライ麺である。このため，油揚げ麺のような油脂の劣化がないこと，麺の食感が生麺により近いこと，スープの持ち味を生かせることなどメリットが多かった[45]。

このブームの口火を切ったのは，1968年7月に高砂食品の社名を変更して明星食品の子会社となったダイヤ食品（1972年7月解散）が，1968年9月に発売した「サッポロ柳めん」であった。欠落する油脂分のうまみを補うため，ラード，ゴマ，オリーブ油などを成分とする「液体スープ」の個袋が添付されていた。翌1969年2月には明星食品も「中麺」を発売し，ノンフライ麺はブームを呼んだ。7月には，日清食品が味ベース，味エキス，味オイルの「味トリオ」を添付した「生中華」を発売し，続いて8月にはサンヨー食品の「来々軒」，東洋水産の「生味ラーメン」などが登場した。都一製麺，恵比寿産業，大久保製麺（現・ヤマダイ）の3社は，大手メーカーに対応するため，スープを統一したり宣伝を一体化したりして，統一ブランド「清麺」を発売している。

また，1969年9月，明星食品が日本そばでは初めてのノンフライ麺の「のだてそば」を発売した。山芋を使った「とろろつなぎ」で，液体スープの「本がえし」が添付されていた。翌1970年7月には東洋水産が「マルちゃん天ぷらそば」を発売した。これらの商品は，40円という小売価格にも挑戦して注目された[46]。

ノンフライ麺の登場は，新しい乾燥技術の開発だけでなく，液体スープ，それを包装する包材，装置などの開発を促した。

こうしたノンフライ麺の誕生について，元日清食品ホールディングス知的財産部長であった加藤正樹は次のように述べている。

「有吉佐和子『複合汚染』（新潮社，1979年）以来，強まりつつあった食品の安全性への関心の中で，このノンフライめんは油脂酸化がなく安全であるという印象を強め，根強い人気を持つこととなった。合理性や経済性等に代わる価値基準が少しずつ芽生え始めてきていたのである。」[47]

第3節　「カップヌードル」の誕生と新たな発展

1960年代の後半に入っても，即席麺市場の成長の鈍化は続いた。1966年に年産30億食を超えた頃には供給が行きわたり，飽和状態になった感があった。1969年の生産量は35億食と堅調に推移しているものの，前年対比の伸び率は6.1%で伸び率は初めて10%を割り，その後の推移も1970年36億食2.9%増と，消費鈍化の傾向は止まらなかった。同年，1所帯当たりの即席麺の購入総量は，初めて前年比94.2%（総理府統計局『家計調査報告』）と落ち込んだ(巻末付表1，2も参照)。

市場が飽和に近付くなかで，チキンラーメンの発売以来10年ぐらいのうちに，明星食品，日清食品，エースコック，サンヨー食品，そして東洋水産の5社の寡占化が強まっていった。1965年では5社合計の総販売額に占める割合は71.1%となっている。その後，東洋水産が上昇し明星食品が低下するといった具合に順位は入れ替わるが，この5社の寡占集中度はますます高まり，1975年が76.5%，1990年が83.1%となっている[48]。

市場は，時代に即応した新しい製品，画期的な技術革新を期待していることは明らかであった。

「カップヌードル」の開発

こうした業界の状況を打ち破るべく登場したのが，1971年9月に発売された日清食品の「カップヌードル」であった。この商品は，発泡スチロール製の縦長カップに味付け麺を収納し，冷凍乾燥（フリーズドドライ）したエビ，豚肉，卵，野菜などの具を添えたものである。内容量84グラム，小売価格100円で，1食ごとにフォークが添付され，シュリンク包装されていた。発泡スチロールの容器が，店頭に並ぶ時には包装材として，湯を注ぐ際には調理器具であり，喫食するときには食器という，1つの容器が3つの機能をワンパックにして，しかもお湯をかけただけで炊いたものと変わらない味のものができると大ヒットになった。

1966年に安藤百福は，初めての欧米視察旅行に出かけている。この旅行で，安藤はカップヌードルの開発に至る重要な発想を得ている。彼は，ロサンゼルスのスーパーホリデーマジック社をチキンラーメンを持って訪れた。バイヤーたちに試食を頼んだが，ラーメンを入れるどんぶりがなかった。彼らはチキンラーメンを2つに割って紙コップに入れ，お湯を注いでフォークで食べ始めた。食べ終わった紙コップは，ぽいとゴミ箱にすてたという。この時安藤は，欧米人は箸とどんぶりでは食事をしないという当たり前のことに気づいたという[49]。

日清食品が，カップの形状を「片手で持てる大きさ」に決めて，いざ作ろうとしたところ，当時の日本には一体成型ができるメーカーがなかった。国内の製缶メーカーなどに依頼して容器を開発したが，うまくいかなかった。そこで米国のダート社の技術を導入することにし，「日清ダート社」（現・日清化成）を設立し，自ら容器製造に乗り出したのである。

また，カップのふたについては，安藤百福が何度目かの米国出張の帰り，飛行機の中で思いがけないヒントを得た。客室乗務員が直径4.5センチ，厚さ2センチほどのマカデミアナッツの入った容器をくれた。この容器には，紙とアルミ箔を張り合わせた上ぶたが密着していた。安藤は，長期保存の方法に頭を悩ませていて，通気性のない素材はないかと探していた。こうして，カップヌードルのアルミキャップ採用がきまったのである[50]。

カップヌードルの開発で最大の難関は，厚さが6センチにもなる麺の塊を均一に揚げる方法であった。表面があがっても中は生のままだったり，中まで揚げると表面が焦げた。麺をほぐした状態で油のなかに入れると，湯熱の通った麺から順に浮き上がる。これにヒントを得て，円錐形をした鉄の型枠（パッド）にばらばらの麺を入れてふたをして油のなかに沈めた。すると，次々と浮き上がってきた麺が型枠のふたに突き当たって形を整えられ，カップと同じ形状に，しかも均一に焼きあがった。こうした一連の作業は，「容器付きスナック麺の製造法」として特許登録されることになった[51]。

カップ麺はまったく新しい構想による加工食品であるため，流通での戸惑いもあり，市場導入は当初一般小売店やスーパーマーケットではなく，百貨店，駅の売店，レジャー施設，自衛隊，警察，病院などさまざまな販売ルートを開拓し，お湯の出る自動販売機も開発された。

この商品は飽和状態にあった即席麺市場に刺激を与え，後に袋麺を凌駕しスナック麺（カップ麺）という新たなジャンルを形成し，包装容器，具材，スープなどの関連産業にも革新の風を送り込むことになったのである[52]。

翌1972年から73年にかけて，イトメンの「カップジョリック」，松永食品の「パックヌードル」，エースコックの「カレーヌードル」など類似品が出回り，日清食品との間で一時は10年前の「特許係争」の再燃を思わせる事態となった。しかし，秩序ある業界の形成，発展を望む声が強く，1973年3月以降，話し合い，和解の方向に進んでいった。しかし，和解に向かうまでの間には特許権や実用新案権をめぐって，いくつかの係争事件が生じている[53]。

カップヌードルの特許のなかで重要な技術としては，まずカップヌードルの容器に麺が宙づりに固定されている技術があった。カップヌードルの麺は上の方が密になって，それから下へ行くにつれて疎になり，下の方は空間が開いている。これによって，輸送中の破損がなくなり，上から注いだ熱湯がすぐに一番底の空間に来て，下から麺を蒸らす効果がある。麺の上面は平らになっているので，そこに乗せる具が揃って見栄えもするというメリットもあった。

また，大量生産するための機械や生産システムは，日清食品が独自に開発している。この生産システムを真似しないとカップ麺は作れないという。そして要所に特許を張りめぐらしていた。日清食品では，特許料については公表していないが，技術はオープンにしている。技術を独占して「野のなかの一本杉」

になるよりも，いろいろな商品が開発された「森」のようになる方が，世間の注目度が高まり，市場全体が大きくなる。各社が自分のカラーを出して競い合い，消費者に飽きられないものを作ろうとする。こうして，カップ麺の開発によって即席麺産業は新たな発展の時代を迎えた[54]。結局，エースコック，サンヨー食品，東洋水産の大手をはじめ27社が，日清食品から特許の実施許諾を受け，カップ麺の分野に参入したのである[55]。

普及と新製品，さらに海外市場へ

このカップ麺が導入されたのは，日本にマクドナルド第1号店が東京銀座三越の1階にオープンしたのと同じ1971年であった。1969年3月から施行された第2次資本自由化で飲食業が100%自由化され，外資系外食企業が日本市場に進出し，食生活が大きく変化する時代でもあった。そのため，歩行者天国で試食に供されたカップ麺を若者が食べている様子が取り上げられ話題になった。しかし，このカップ麺をなによりも印象づけたのは，連合赤軍が軽井沢の浅間山荘にたてこもった事件で，この事件はテレビで長時間中継された。警官隊は連合赤軍を10日間にわたって包囲した。厳寒の軽井沢ではおにぎりも凍る状況であった。そこで警察庁本部が調達したのが，お湯をかけるだけで食事がとれるカップヌードルであった。この場面が中継され，カップヌードルが大ヒットするきっかけになったのである。

即席麺類のJASが全面改正された1972年の秋ころから，日本の経済は激しいインフレーションに襲われていた。また，1973年2月には為替相場が変動相場制に移行した。国際経済は大きな変革期を迎え，世界的なインフレーションが進んでいた。日本は，国際収支の黒字の増大や列島改造推進のための大幅な金融緩和などにより，通貨供給が過剰となる「過剰流動性」が生じていた。

さらに，1973年10月には第4次中東戦争が勃発し，「第1次石油危機」が生じた。即席麺業界にとっては，原料資材の入手が困難になり，それらの価格が上昇した。1973年4月に東洋水産と明星食品，そして他の大手各社は5月から末端価格を5円値上げすると発表した。サンヨー食品は12月から希望小売価格を10円値上げすると発表し，これに対し農林省は行政指導により値上げの撤回を求めた。しかし，すでに限界を超えていたため，1974年1月から，各社は相次いで建値を改定し，希望小売価格は袋麺で60円，カップ麺で130円に値上げした。しかし，激しいインフレのなかで，買い占め，売り惜しみなどが問題となり，この値上げは便乗値上げと映った。マスコミなどの批判が集中した1974年1月末，公正取引委員会は，価格協定の疑いがあるとして，主要メーカーなど12カ所の立ち入り検査を行ったのである。

2月には国会でも即席麺の値上げが取り上げられ，田中角栄首相が行政指導により値下げをさせると言明した。そのため，農林省の行政指導が行われ，3月には公正取引委員会が価格協定の存在を認定し，袋麺が大手5社にハウス食品工業（現・ハウス食品）を加えた大手6社，カップ麺10社に対し協定破棄を勧告した。この結果3月〜4月にかけて，各社の希望小売価格は，袋麺55円，スナック麺120円となった[56]。

このようにインフレーションによる物価の高騰で，業界が混乱するなか，1973年8月，カレー粉など香辛料の最大手メーカーであるハウス食品工業が「ハウスシャンメンしょうゆ味」（100グラム，40円）を発売して，市場参入した。即席麺市場進出は，創業60周年を迎えた同社の記念事業の1つであった。翌，1974年には，しお味，みそ味を加え，11月の売上は100億円の大台にのった。大手6社時代の幕開けであった。同社は原料の小麦粉，油，香辛料などが即席麺と共通するところから，10年来進出を検討していた。この間「プリン」「シャービック」「ゼリエース」など，子供，若者向け夏場商品の市場化に成功していた。労働力稼働の効率化の面からも，冬場商品の即席麺市場への進出を決めたのである。さらに，1974年8月には，カネボウ食品販売が「ワンタンヌードル」（カップ麺）で市場参入し，11月には丸大食品も袋麺を発売して即席麺市場に参入した[57]。

また，人気の高まったカップ麺は，新製品ラッシュを迎えた。とくに，「焼そば」と「和風麺」が目立った動きを示した。即席麺の焼きそばは，日清食品が1963年7月，すでに袋もの「日清焼そば」として販売をしていたが，これを「カップヌードル」と同様の容器に入れ，より簡便性を高めた商品が考案された。1975年には恵比寿産業が「タイマー付きやきそば」を出し，まるか食品が初めて四角形の弁当箱タイプの容器に入れた「ペヤングソースやきそば」を発売した。翌1976年には日清食品の「日清焼そばUFO」が登場し，いずれもヒット商品となった。

和風麺では，日清食品の「カップヌードル天そば」に続いて，東洋水産の「赤いきつね」「緑のたぬき」の前身である「マルちゃんカップきつねうどん」「マルちゃんカップ天ぷらそば」，エースコックの「カップバンバン天ぷらそば」，サンヨー食品の「カップスターきつねうどん」，カネボウ食品販売の「もち入りきつねうどん」などが出そろった。1977年2月には日清食品が「日清のどん兵衛きつね」を出している。

また，中華麺では，1976年にカネボウ食品販売が初めてのカップ入りノンフライ麺「ノンフライタンメン」を発売した。カネボウのこの商品は，繊維の乾燥技術を取り入れて，湯戻りをよくした製品で，1980年の「広東拉麺」シリーズへと発展し，カップ入りノンフライ麺の市場で大きくシェアを伸ばした。翌1977年には，明星食品がカップ麺では初めてのどんぶり型容器に入った「めん吉ラーメンどんぶりくん」を出している[58]。

1960年代末まで急成長した即席麺の国内消費も，1970年代にその成長は鈍化した。1970年代の初めまでには1人当たりの年間即席麺消費量は30食に達するが，その後の伸びは鈍化し，40食を超えるのに2003年までかかっている（巻末付表1参照）。この間，海外では中国をはじめ新興国市場における急速な消費量の拡大が生じた。そのため，日系即席麺メーカーはこうした海外の成長を取り込むため，飲食業界の資本の自由化が進んだ1970年代に積極的な海外展開を始めたのである。

すでに見たように，即席麺の海外進出はまず輸出によって行われていた。即席麺の国内販売の開始とほとんど同じ時期に輸出は始まっていた。それでも，即席麺の輸出は1966年の時点ではまだ630万食，1億円程度であり，在外邦人向けを中心にしたものであった（表1-2参照）。

食糧庁の「即席麺類生産数量統計」によると，1981年度の原料小麦粉使用料で見た即席麺の生産量は31万2000トンで，前年度比約2%減少した。1975年度あたりをピークとして微増，微減を繰り返してきた即席麺生産量の傾向は変わっておらず，国内市場はほぼ飽和状態になっていた。

これは，人口が1億1000万人台で静止状態になり，国民1人当たりの1日のカロリー摂取量が2500カロリーで理想的水準に達し，食品市場全体が頭打ちになってしまったことによる。そのため，量から質への転換が必要となってきた時期といえる。各社の市場シェア拡大競争は一段と激化する様相を見せ，新製品の開発・販売競争に拍車がかかっている。その焦点となっているのが，次節で述べる高級化路線と並んで，海外への進出であった。

当時，即席麺は食品の中でも数少ない輸出商品の1つであった。海外進出先も米国をはじめブラジル，シンガポール，西独など10カ国以上に及び，世界に通用する日本食になりつつあった。日清食品が海外での売り上げを3年間で倍増させるという計画を打ち出し，東洋水産の米国現地法人が1981年度に初めて黒字に転ずるなど，日系企業の海外進出もようやく軌道に乗り始めたようであった。しかし，後に詳しくみるように外国人の食習慣に，日本の味をなじませるまでには大変な努力を要したのである。当初は，米国でも期待したほど即席麺に対する需要は伸びず，安売りなどで帳尻をあわせているのが現実であった。

日清食品の場合には，こうした状況のなか1985年6月に2代目社長として安藤宏基が弱冠37歳で就任した当時は，米国での顧客はやはり東洋系の人々が中心であり，白人社会にはまだ浸透していなかった。彼はM&Aによりネスレのような「多国籍型総合食品企業」になることを構想したが，そのためには即席麺だけではだめであると感じ，脱即席麺構想を膨らませつつあった[59]。

1988年7月には，同社は米国でメキシコ風冷凍食品の大手メーカーである「カミノ・リアル・フーズ社」を買収した。1989年には香港の即席麺，冷凍食品，飲料などを手掛ける総合食品企業である「永泰食品有限公司（ウィナー・フーズ)」を買収している。

そこで同社は，国内においても1990年に乳製品のヨークに資本参加したのを皮切りに，1991年には冷凍食品のピギー食品，菓子・軽食のシスコを，相次いで傘下に収めている。一方，赤字だった外食の日清レストランシステム，日清ブルーマウンテンの2社を1991年に清算し金融子会社の日清ファイナンスも1993年夏までに整理した[60]。また，日清食品は1988年に米国にエイズ治療薬の研究開発会社を設立し，この分野に本腰を入れようとした。その後，1991年中堅医薬品メーカーのメクト社を買収したが，新薬開発の失敗などから，同社を1998年に清算し，医薬品事業からは撤退している[61]。

他の即席麺メーカー各社も，海外進出と多角化と高付加価値化という3つの経営戦略に力を入れ始めた。東洋水産は1988年に入り米国の大手電子レンジ食品メーカーを買収し，即席麺の販路拡大に乗り出している。

第4節　高級麺競争の時代

新しい動向

1950年代半ばから1973年の第1次石油危機までの高度成長により，日本は高度大衆消費社会に移行した。ものの豊かさを求める時代から経験や感情などの精神性を求める時代へと社会は変貌を遂げた。食生活の上でも，多様化，差別化，高級化，そして個食化が進展した[62]。

国内においても食生活の多様化から単品での爆発的なヒットは見込めない時代になり，即席麺メーカーは，一発の大当たりを狙うよりも堅実な商品開発が必要になってきたのである。1964年には全国に300社あった即席麺メーカーもその後100社，60社へと減少し，1983年3月現在では約20社が残るだけとなった。しかも，日清食品，サンヨー食品，明星食品，東洋水産，ハウス食品工業，エースコックの上位6社が全シェアの約90％を占める寡占状態になっていた。大手6社の寡占化が進む過程で，即席麺需要が伸び悩み始め，市場は1979年にピークを迎えた。毎年100種類を超える新製品が出るにもかかわらず，年商100億円規模のビッグヒット商品は生まれず，スーパーが客寄せ商品の目玉にラーメンを安売りしても，消費者の食指がまったく動かない状態になっていた。また，この頃までに消費者のニーズも，量よりも美味しくて質のいいもの，健康に役立ち，多様な個性に対応できるような商品を求めて多様化してきたのである[63]。

即席麺は低価格販売が業界の常識となっており，即席と高級品は相容れないものという固定観念の上に立って，安売り競争が幅を利かせていた。ところが，こうした定説を覆して，消費者はきちんとした食事として満足感の得られる即席麺も望んでいた。大阪の大手食品問屋の松下鈴木が1980年10月に，小売価格が100円を超える高級感のある即席袋麺の「筍（タケノコ）メンマラーメン」，1981年9月には「焼き豚ラーメン」，11月には「八宝菜ラーメン」を発売している。販売戦略も，口コミ効果による知名度浸透，販売増を狙ったものであった。これに大手メーカーも追随するかたちとなり，東洋水産も，1981年5月にカップ麺「力一杯」2種類（小売価格300円）を新たに発売している[64]。

即席麺が誕生して30年目を迎える1988年頃には，即席麺市場も大きく変化していた。30年間で即席麺市場は年間生産量約45億食，総売上3500億円という大市場に成長していた。しかしながら，この頃になるとファーストフードなど多様な競合商品の登場のあおりを受けて，かつての勢いはなくなってきていた。消費者の嗜好やニーズが目まぐるしく変わるなか，製造業者にとって新たなニーズを把握することは難しくなった。

こうした変化のなかでも，最も顕著になってきたのが袋麺の低落である。1972年の37億食をピークに年々生産量が減り，1987年は25億食と1965年の市場規模に逆戻りした。

当時，これに代わって伸びたのがカップ麺であった。袋麺と異なり，その簡便性と具材を変えることによって変化を出せることが人気の秘密であった。しかし，ノンフライ麺を使った高級ラーメンや，特定の地方向け限定商品発売（エリアマーティング）など工夫を凝らしているが，味はどうしてもマンネリになりがちであった。次々に登場する新製品も一時的な人気に終わることが多く，需要回復の決め手にはならなかった。

即席麺の生産量は，1975年に40億食を超えて41億食となり，10年後の1985年には45億8000万食となった。この10年間で，スナック麺は11億食から20億1000万食へとほぼ倍の成長を見せた。しかし，袋麺は30億食から25億食へと大幅に低下した。1986年には袋麺，カップ麺ともにわずかに伸びて，全生産量は46億2400万食と過去最高を記録した。

ところが1987年には，袋麺の1億食の落ち込みによって，全生産量はマイナス成長となった。また，この年は粉価に影響を与える麦価の値下げが戦後初めて行われ，消費者還元セールが始まった年でもあった。即席麺業界にも危機感が広がったが，この停滞を打ち破ったのが，大型カップ麺の登場であった。それは，1988年にエースコックが発売した1.5倍の「スーパーカップ」であった。「スーパーカップ」は台頭しつつあったコンビニエンスストアに集まる若者たちの間で人気を呼び，ヒット商品となった。各社が相次いでカップ麺の大型化に乗り出した。

巻末の付表1に示されているように，1989年には，ついにカップ麺が即席麺全体の生産量の50%を超え，袋麺を抜いた。即席麺全体の生産量も，カップ麺24億500万食，袋麺22億2500万食の合計46億3000万食となり最高記録を更新している[65]。

競争戦略の動き

即席麺で，このような時代の要請に対応した最初の動きの1つが，エリア化であった。エリア化のきっかけとなったのは，1979年1月にハウス食品が発売した「うまかっちゃん」で，九州独特のとんこつ味に仕立てた，地域限定商品であった。この商品が地元ブランド商品を制してトップブランドになると，サンヨー食品が「九州ラーメンよかとん」，明星食品が「九州っ子」，そして日清食品が「くおーか」を相次いで発売し，九州市場がにわかに活況を呈した。

ハウス食品は，「うまかっちゃん」の全国進出を図るとともに，関西向けの「好きやねん」，北海道向けの「うまいっしょ」などを発売して，地域限定戦略をさらに進めた。また，明星食品は1983年に「ラーメン紀行」を発売し，「札幌編」「東京編」「大阪編」「博多編」とシリーズ化を図った。こうして，袋麺を中心にご当地ラーメンの新製品が相次いで開発された[66]。

一方，カップ麺では「ミニ化」が進行した。1980年にエスビー食品，ロッテ，カンロ，カバヤなど菓子メーカーが「おかしめん」として発売したのが火付け役となった。1984年には，大手メーカーが自社の主力商品をミニサイズ化して発売，定番商品化した。また，1982年には，まるか食品が「ペヤングわかめラーメン」を発売してヒット商品となり，ブームとなってカップ麺全体の10.6%を占めるまでになった。1985年には，辛口ラーメンが脚光を浴び，翌年にはブームになった。

第3の動きは高価格・高級化であった。1980年時点では，即席麺の価格は袋麺70円，スナック麺130円というのが一般的な価格であった。まず，東洋水産が300円のスナック麺「力一杯」を発売した。これは，コンビニエンスストアおよび自動販売機用としての限定販売であった。高級路線の商品市場を本格的に開拓したのは，明星食品であった。同社は，翌1981年3月，280円～500円の「中華飯店」シリーズ4品を東京と大阪の百貨店で発売し，やがて一部のスーパーなどにも導入した。ノンフライ麺と具，スープをセットにした箱入りで，単に高価格というだけでなく，中身の充実を伴った高級即席麺であった。さらに10月からは120円の「中華三昧」を発売している。これが月間売上高10億円を超すヒットとなったことから，同年秋から全国展開することとなった。従来の安価なもの，特売商品としての即席麺の概念にとらわれない思い切った商品作りが成功した例と言える[67]。

明星食品は続いて，しょうゆ味の「牛肉辣菜麺（ニユーロースツアイメン）」，塩味の「炒蝦湯麺（チヤシアタンミエン）」，みそ味の「四川大肉麺（スースワンターローミエン）」の3品を「特選中華飯店」として百貨店向けに発売した。1食500円であった。丼型カップ入りの「中華飯店」シリーズも320円で登場した。そして10月には，明星食品は120円の袋麺「中華三昧」シリーズ（広東風，四川風，北京風の3品）を発売した。ラーメンは70円前後の安いものという一般的な認識を覆し，爆発的に売れヒットした[68]。

1982年の夏を迎えると，各社も高価格・高級即席麺（いずれも120円）に参入した。7月に東洋水産の「華味餐庁（カミサンチン）」，8月には日清食品の「麺皇（メンフアン）」とハウス食品工業の「楊夫人（マダムヤン）」が販売された。これらはいずれもシリーズ化して登場した。サンヨー食品は，1982年8月に「サッポロ一番・田吾作うどん」4種類（袋麺120円，カップ麺200円）を発売し，まず和風麺で市場参入し売れ行きを見た上でラーメンへの進出を伺った。そして，同社は「桃李居（トウリキヨ）」を1983年の1月に発売している。日清食品はラーメンとうどんの両方で勝負を挑んだ。ラーメンは高級即席麺「麺皇」2種類（120円），うどんは「日清御前・ほんうどん」（120円）を1982年8月から売り出している。

カップ麺では，1982年にサンヨー食品の「田吾作」シリーズ（200円）の他，エースコックの「もちもちラーメン」（160円），マルタイ泰明堂（現・マルタイ）の「長崎ちゃんぽんゴールド」（200円）などがある。なお，1987年10月には，明星食品はふかひれやアワビなどを使った，一食1000円のラーメン屋よりも高い超高級即席ラーメンを発売している。

冷やし中華分野でも高級麺戦争が始まっている。先発の明星食品「中華三味・上海風涼麺」に続いて，1983年春からハウス食品工業「楊夫人・冷麺」，サンヨー食品「本格冷やし中華上海風」，東洋水産も「華味餐庁・冷やし拉麺」を発売している[69]。

しかしながら，高級即席麺は今までと同様の激しい競争の末，明星食品の「中華三昧」とハウス食品工業の「楊夫人」といった2社の製品に絞られるようになった。明星食品は先発の強みとその品質に対する根強い評価，ハウスは台湾の美人女優を起用したTV宣伝の巧みさが勝利の決め手になった。

その一方で，中級即席麺ともいうべき100～110円の新しい価格帯を巡り，第2ラウンドの戦いが始まっていたのである。というのは，高級品ブームは1984年の夏になると急速にそのシェアを低下させた。その理由は，従来と同じように各社の過当競争によって値引き競争になり，せっかく育った高級品市場がつぶされてしまったことである。また，もともと即席麺市場に大規模な高級品市場が存在するのかという疑問もあった。この結果，明星食品とハウス食品工業のみがこの分野にとどまり，他社はこの市場から撤退したのである[70]。

なお，1983年2月，小麦の政府売り渡し価格が8.7%引き上げられ，6月に入ると，各社は一般の袋麺を80円に，スナック麺を140円に改定している[71]。

1980年9月には，即席麺類の輸入が自由化され，関税率は25%となった。10月には早くも大手スーパーのダイエーが韓国から即席麺を輸入して，1袋43円で販売を開始して話題となった。翌1981年には，イトーヨーカ堂が韓国でPB（プライベート・ブランド）3商品の製造・輸入販売を始めた。しかし，輸入は1988年の1700万食がピークで，その後は300万～700万食と低迷した。1994年に入って，円高の進行や低価格への魅力などによって，1500万食となった。その後も輸入は増加し，1998年には2000万食を超え，2012年には1億700万食に達した。しかしながら，この数量は国内需要の2%に満たないものであった。先に表1-1に示したように，2016年の輸入量は7400万食にとどまっている[72]。

生タイプ即席麺

また，1981年7月には，業界第2位のサンヨー食品が同6位のエースコックの株式を60%取得し，実質的に経営権を掌握し傘下に収めた。エースコックはここ2，3年ヒット商品がなかったことやゴルフ場経営の失敗によって経営が悪化し，提携先を探していた。当時の即席めん業界はいまだ，オーナー経営者がほとんどで群雄割拠の時代でもあり，大手企業も地域的に強いところと弱いところをもっていた。

この提携は，即席麺業界では初の大手メーカー同士の提携であり，両社を合わせると，即席麺市場全体の25%の市場シェアを占めることになった。1981年当時の市場シェアは，日清食品が34%，サンヨー食品21%，東洋水産13%，明星食品10%，ハウス食品工業6%，エースコック4%，その他12%であった。この提携によって，袋麺と関東で強いサンヨー食品は，カップ麺で競争力があり，関西を地盤としているエースコックとの提携で，トップの日清食品に対する競争力を強化できると考えられた。実際9月には，サンヨー食品はエースコックの「いか焼きそば」と「焼き豚ラーメン大吉」のカップ麺2種を，自社の販売ルートに乗せて発売している[73]。

こうしたなか登場したのが生タイプ即席麺であった。旧来の製法が見直され，新技術を開発しての再登場であった。長期保存のきく生タイプ麺は，過酸化水素あるいは乳酸処理による長期保存麺（当時は，完全包装麺：島田屋本店）に始まり，その後1980年代の初めにかけて多くのメーカーから商品が発売されたが，注目すべき商品は見られなかった。麺の湯伸び・こし・風味などの点において十分満足できるものではなかったのである。

各社は競って技術開発競争にしのぎを削り，1989年11月には，島田屋本店がカップ入りの生タイプLL（ロング・ライフ）麺「真打ちうどん」を発売している。常温流通を可能にした生タイプ麺は久々に市場に登場した新しいタイプの商品であった。1991年には，明星食品が生タイプLL麺で初の中華麺の「夜食亭」を発売している。

生タイプLL麺は保存性を高めるため有機酸で処理し，加熱して滅菌するため，アルカリ性のかんすいを利用するラーメンタイプでは当初食味の点で消費者の評価はいまひとつで問題があった。各社とも中華ラーメンの製造には苦労したのである。日清食品が1992年9月に発売した「日清ラ王」は技術的にこの食味上の問題を克服し，麺線を3層構造とし，内層と外層の麺質に差を持たせ，麺の腰だけでなく，なめらかさと粘りを付与し，茹で揚げ直後の食感を長期間維持することを可能にした。この三層麺製法技術はうどんやそば，スパゲティにも応用され，生タイプ即席麺が大きなジャンルに成長し，1997年のJAS規格改正で，「生タイプ即席麺」の規格が新たに制定されたのである。直後の10月には，同社は一口タイプのカップ麺「マグヌードル」を販売している[74]。

その後，これらの問題を解決しうる革新的な技術が次々に開発され，ラーメン，そば，スパゲティなどのジャンルでも相次いで商品化され，市場はいっそうの活況を呈するにいたったのである。1992年，生タイプLL麺は一挙に需要を拡大させて1億9000万食に達し，翌1993年には3億4000万食へと急増している。

1992年に即席麺の総生産量は46億8000万食に達し，それに生タイプLL麺を加えると，総生産量は48億7000万食になった。1993年には，即席麺は46億8100食，これに生タイプを加えると50億2100万食となり，ついに50億食を突破した。

即席麺のJASには生タイプLL麺に関する規定がなく，メーカーも日本即席食品工業協会に加盟していないものが多く，品質表示などの問題点が提起された。そのため，「生タイプLL麺懇話会」の設立総会が1992年10月に開催された。会員は28社，代表世話人には協会の理事長であった八原昌元が選任された。懇話会では技術委員会を設けて検討し，1997年3月業界としての規格案をベースに，生タイプ即席麺の日本農林規格（JAS）が制定され，翌4月には同品質表示基準が制定された。日本即席食品工業協会が生タイプ即席麺のJAS格付け機関に登録認定されたことを踏まえ，以後は同工業協会に結集して生タイプ麺の発展を期することとし，この懇話会は1997年6月に解散している。

生タイプ即席麺は，生麺を思わせる食感が短時間で得られるとして消費者に高く評価され，生麺の業界からは強く警戒された。しかしながら，生タイプ即席麺は1996年の4億9800万食をピークに需要が低迷・低下していった。これは，湯こぼしのひと手間が面倒であること，麺の包装を開けた瞬間のほのかな酸味の香りがネックになったこと，さらにはドライタイプの油揚げ麺やノンフライ麺が進化を続け，いっそうおいしくなったことによると考えられる。結局，当初期待されたほどの成長を遂げられず，1997年に6カ所あった生タイプ麺製造のJAS工場も2工場となり，生産規模の縮小を強いられたことから，2009年4月に即席麺類のJASと統合することになった[75]。

世界ラーメン協会の誕生

この時期，即席麺業界に大きな出来事が生じた。1997年3月，日本即席食品工業協会の呼びかけで，世界9カ国の主要メーカー10社が東京に集まり，「世界ラーメン協会（International Ramen Manufactures Association：IRMA)」が設立された。即席麺が世界的に急速に発展する情勢の下，かつての日本で生じた模倣・過当競争による粗悪品の市場攪乱が再現し，消費者の即席麺離れが世界レベルで生じることを恐れた日清食品の安藤百福が，各国の主要即席麺メーカーに働きかけ，相互の情報交換の場を設けるとともに，即席麺の品質向上を目指しCODEX（食品の国際規格）を策定することを提唱したのである。

初代会長には日清食品の安藤百福が選ばれ，「即席麺の父」として感謝状が贈呈された。優れた食文化である即席麺（インスタントラーメン）を，さらに地球規模で発展させ，世界の消費者に寄与するとともに，21世紀の食料問題解決に向けて協力していくことを目的とした。最後に「世界ラーメン協会」の概要と設立趣意である「東京宣言」を採択している。

会員はA.W.B.リミテッド（オーストラリア），ネスレS.A.（スイス），日清・味の素アリメントス（ブラジル），農心（韓国），統一企業公司（台湾），サハ・パタナ・インターナショナルホールディング（タイ），インドフード(インドネシア)，頂新国際集団（中国・天津），ユニリーバ・ベストフード社(英国)，ユニバーサル・ロビーナ（フィリピン）の10社と，社団法人・日本即席食品工業協会（日本）の1業界団体であった。本部は，日本即席食品工業協会内に設置された[76]。

世界ラーメン協会の主導により，1999年にスタートしたCODEX委員会における即席麺規格策定作業は，紆余曲折はあったものの2006年7月CODEX総会で「ステップ8」として採択され，即席麺世界規格が成立した。この規格の名称が「CODEX Standard for Instant Noodles」となったこともあって，

2007年2月IRMAからWINA（World Instant Noodles Association）へと英語の名称が変更される（日本語表記は変更なし）とともに，より多くのメンバーを受け入れるように機構が変更された。それまで，一般社団法人日本即席食品工業協会事務局がIRMA事務局を兼ねていたが，この時の機構改革による正会員は即席麺のメーカーであることが必要とされ，同時に事務局はWINA会長会社である日清食品内に設けられることになった。なお，日本即席食品工業協会は世界ラーメン協会発足当初からのメンバーという経緯を踏まえ，特別会員として参加している。

2015年10月現在，WINAの会員数は正会員66社，特別会員2団体，賛助会員99社，合計167社・団体（世界25カ国／地域）となっている。現在は，事務局を大阪インスタントラーメン発明記念館に設置している[77]。

第5節　健康・安全・安心意識の高まりと即席麺の進化

「健康志向」の製品開発

すでに見たように，1980年代になると，消費者のニーズも変化し始め，情報，簡便といったことに関心が寄せられるようになり，個性化・多様化も進んだ。同時に健康に対する消費者の関心はこの頃から高まっており，各社も対応を始めていた。1982年11月には，カネボウ食品系のベルフーズが麺に約0.5%わかめを練り込み，かやくにもわかめを使用した健康志向の即席カップ麺を発売している。その後，同社はこの「わかめラーメン」に続いて「しいたけラーメン」「ニュータンメン」を発売している。ニュータンメンはキャベツ，小松菜，にんじんなど野菜をふんだんに入れ，その他2種にはホウレンソウ粉末やわかめ粉末を練り込み，それぞれかやくにわかめやしいたけを加えている。わかめラーメンには，すでにエースコック，まるか食品，サンヨー食品も参入していたが，麺自体にわかめ粉末を練り込んだのはベルフーズだけであった。1984年8月には寿がきや食品が，ホウレンソウとニンジンを練り込んだ2種類の「野菜ラーメン」を発売している。

1983年6月には，エースコックが，合成保存料や合成着色料を一切使わず，しかもカップ即席麺としては初めてわかめ入りの「わかめラーメンごま・しょうゆ味」「わかめラーメンごま・みそ味」の2種を投入している。各社の「わかめ入り」が出揃った1984年7月には，ハウス食品が追随してわかめ入り即席麺「わかめ王風麺」を発売している。1984年の秋は，まさに「わかめ入り」で業界が需要掘り起こしにしのぎを削ったといえる[78]。

1983年10月には，精麦製粉業の白麦米が，「米屋専売・わかめラーメンしょう油味」「同・米屋ラーメン関西風」「同・ごまみそラーメン」「同・九州の味（ゴマ油付き）」の4種を販売している。これらはいずれもかん水を使用しない独自の製法で仕上げ，カルシウムを補強し，わかめや乾燥にんじんで栄養分を強化し，塩分をひかえていた。同社は，米穀店の宅配機能を利用して即席めんをセット販売した。1983年11月，群馬の麺類販売業のざぜん川は健康によいといわれるアロエの葉を細かく砕いて液状にしたものを小麦粉と混ぜて製麺した即席麺「即席拉麺」を北関東地区で販売している。翌1984年1月には日清食品が，サフラワー油のドレッシングを使った即席麺「日清さふらわラーメン」を販売している。これは，健康・美容意識の高い若い女性層に販売対象を絞った即席ラーメンであり，ドレッシング風のスープと細い麺が特徴であった[79]。

1983年1月には，明星食品がかん水を用いず，つなぎに鶏卵を使い，たんぱく質，カルシウム，ビタミン類を強化した健康即席麺「小さな卵めん・リトルスター」を発売している。同社は同年5月には，かん水を使わず，卵で麺をつないだ健康志向のなま焼きそばも発売している。1984年8月には兵庫県の「チャンポンめん」で知られるイトメンが，ビタミンEとパントテン酸，ナイアシンなどのミネラルを加えたしょう油味の即席ラーメンを販売している。さらに同社は，1985年9月には，成人病などに効果があるといわれる大豆のレシチンを使った即席ラーメンと即席焼きソバ「自然派家族」を販売し，健康食としての即席麺を前面に打ち出している。これらはすべて自然の材料を使い，調味料も化学調味料に替えて，豚肉や鶏肉などのエキスを使用したものであった[80]。

健康食品としての即席麺

インスタントラーメンの食品としてのイメージとなると，どうしても「合成添加物を沢山使っている“まがいものの食品”，という感じをなかなか払拭できない。即席麺はJAS基準を満たしているので，防腐剤，合成着色料，酸化防止剤，漂白剤などを使っていない。しかしながら，いかにも人工の手が沢山加えられているような誤解を多く受けている。そのため，逆に健康を強調すると，かえって悪いイメージが強くなるのではないかというジレンマが生じていた。

こうしたなか，1989年8月2日，サンヨー食品が「機能性食品」として食物繊維入りのカップ麺「ファイバーヌードル」を販売している。食物繊維は便秘などに効果があるほか，成人病の予防にも効果が高いといわれ，ダイエット志向や健康志向の女性を中心に人気が拡大していた繊維入り食品ブームに便乗したものであった。それまで即席麺の主な購買層は男性や主婦層で，それまでなかなか浸透しなかった若い女性を狙うものであった。さらには，製薬会社の三共なども，カロリーを通常の半分近くに抑え，カルシウムを2倍以上含む医療用中心の「メルビオ」ブランドを，女性をはじめとした一般消費者を意識したものに衣替えし，一部のコンビニで販売するようになった。また日清食品は，1992年3月から，即席麺本来の美味しさを損なわずに栄養をバランスよく摂取できる点をアピールした，1食300キロカロリーのカップ麺「フィッツヌードル」を発売している。これは，鉄分，カルシウムなどのミネラルが1日当たり必要摂取量の3分の1をとれるばかりではなく，ビタミンAやCも添加されたものであった。

1990年代に入ると，国民の健康志向を反映して，政府も新たな制度を導入し始めた。1991年には，栄養成分の効果を科学的に検証して認める特定保健用食品（トクホ）の制度がスタートしている[81]。1992年10月には，翌1993年初めから即席麺にも栄養成分の含有料を表示することが決められている。それまで表示していた小麦粉，醤油などの原材料のほかに，たんぱく質，脂質のほか，ビタミン，カルシウムなど栄養分の表示を進めた。健康や食品の安全性に強い関心を持つ女性や高齢者などの需要を開拓することが目的であった[82]。

1996年8月，日清食品は新規事業として健康食品市場に参入すると発表している。その嚆矢となったのが同年に登場した日清食品の「おいしさプラス」シリーズであった。同年9月には，オオバコ種の植物から抽出した食物繊維ガムであるサイリウムを配合した即席麺，飲料，菓子など12品目の新製品を発売した。新規事業の一環として，即席ラーメンとしては本格的な健康食品を発売したのである。整腸作用があるといわれる女性に人気の植物繊維を取り入れ，同時にカロリーも同社の通常の油揚げ麺に対して約50％に抑え，体に良い食品として即席食品のイメージ向上を図った。サイリウムは全体の85％が難消化性の食物繊維で，保水性が高く便秘の改善や整腸に効果がある。新しい即席麺は「サイリウム・ラーメン」として販売された。オオバコの繊維質は食べるとガム状になるため，即席麺の素材には向いていない。そこで日清食品は「ラ王」などで開発した三層麺製法を導入し，繊維をサンドイッチ状態にして中心部に包み込むことで風味を損なわずに製品化した。販売は当面，通信販売と薬局薬店ルートを中心に進めた。こうして，日清食品は食物繊維にこだわった「サイリウム・ラーメン」に続き，1997年には「サイリウム・ヌードル」を発売した。

さらに日清食品は，1997年8月から消費者の健康志向に配慮したカップ麺4品を相次いで発売した。ノンフライ麺でカロリーを200キロカロリー以下に抑え，食物繊維を添加するなどの付加価値をウリに，若い女性や高齢者などの需要の掘り起こしを狙うものであった。「日清JAPONトマトヌードル」「同シーフードヌードル」は，食物繊維を添加し，麺とスープを合わせて1日に必要なビタミン，カルシウムの3分の1を含んでいた。具材にもインゲンやキャベツ，わかめなどを使っていた。「日清おいしさプラス　サイリウム／ヌードルミネストローネ」「同チキンたんめん」は天然の食物繊維であるサイリウムを5グラム練り込み，塩分も通常のカップ麺の60％に抑え，ビタミンB1，B2などの栄養素も強化していた。これらは，関東の百貨店，薬局などで発売された。同製品は，1997年11月には厚生省から特定保健用食品の表示許可を取得し，「おなかの調子を整える」とパッケージに明記できるようになった[83]。

1997年1月には，東洋水産も健康イメージを強調した縦型即席カップ麺「マルちゃん，2001（にせんいち）麺」を全国発売した。低カロリーのノンフライタイプの麺を採用し，スープにセロリ2本分の食物繊維を加えたものであった[84]。

日清食品は，1998年6月に食物繊維，サイリウムに血圧上昇抑制効果があることを確認したと発表した。そのため，同社が売り物にしてきたサイリウムの整腸作用に加えて，新たに血圧上昇抑制効果を確認したのを受け，品揃えを拡充，機能性食品としてより強く訴求し始めた[85]。

しかしながら，同社の健康食品事業は伸び悩んだ。というのは，他分野での商品投入は小売側の複数のバイヤーと接触する必要があるなど，販売面で効率の悪さが目立ってきたからである。そのため，1998年9月には同社は当面自らのブランド力を生かせる即席麺に重点を置く戦略に切り替え，第一弾として同月，油脂を包み込む性質があり，ダイエット用の素材として認知度が高まってきたキトサンを麺に練り込んだ「キトサンダイエットヌードル」を，食物繊維1000ミリグラムと塩分45%カットを謳って，発売している。またさらに新たな健康素材を使ったカップ麺をその後1年間で3〜4品投入した。

これらは主に若い女性を販売ターゲットとし，サイリウム関連製品と相乗効果が生れるように，百貨店やドラッグストアなどの健康食品売り場で販売してもらうように働きかけた[86]。

2000年代に入ると，高齢化の進展，疾病構造の変化といったことを背景に，健康寿命の延伸，基礎体力強化など健康増進に対する国民の関心がいっそう高まった。2000年3月に厚生省事務次官通知により，国民健康づくり運動として「健康日本21」が開始され，2002年8月には「健康増進法」が公布された。そして先の諸商品は，「健康増進法」の公布・施行を待って「特定保健用食品」の指定を受けた。

日清食品はその後も特定の機能に着目した製品として，2004年はコラーゲン1000ミリグラムの「スープヌードルキムチ」を，2006年にはスポーツヌードルを謳うLカルチニン300ミリグラム配合の「燃焼系」，大豆ペプチド1000ミリグラムの「回復系」を発売した。東洋水産は2003年に魚のコラーゲンと必須アミノ酸を加え，3大栄養素をたんぱく質2，脂肪2，炭水化物6というバランスに調整した「ISOLA（イゾラ）」を発売している[87]。

エースコックは，低カロリー志向への対応として，JAS定義上の小麦粉，そば粉を主原料とする「即席麺」ではないが，2002年3月に「スープはるさめ」を発売している。とくに若い女性の間で人気が上昇し，「はるさめ」ブームが生じ，各社が追随した。低カロリーを謳った即席麺としては，レギュラーサイズながら198キロカロリーに抑えた日清食品「カップヌードルライト」が2009年1月に発売されている。

東洋水産は，2011年に減塩を意識したカップ麺として，「大人のこだわり」シリーズ和風麺の「華やかうどん」と「だし香るそば」を発売した。エースコックも，2013年に塩分30%カットを実施し「だしの旨みで減塩」を謳った小型カップの「鶏炊きうどん」「小海老天そば」を発売している。

この間，ノンフライのカップ麺も進歩を遂げた。1995年に明星食品の「うまつゆラーメン」，1996年に日清食品「麺の達人」，2001年独自製法による新食感を謳ったヤマダイの「凄麺」，2004年に明星食品「もちっ！とワンタン麺」，2009年に明星食品「究麺」，日清食品の「太麺堂々」が発売された。2010年には日清食品の看板ブランドの1つ「ラ王」が，生タイプ麺からノンフライ麺へとリニューアルされて再登場した。

即席麺の世界市場における需要がその頃伸び悩んでいるが，これは即席食品に常にまつわる安全・安心の問題による。所得水準が上昇し，豊かになればなるほど，また健康長寿社会になればなるほど，消費者はこうした問題に敏感になってくる。こうした問題に対して，日清食品では，「Non-MSG」「化学調味料不使用（無化調）」，そして「天然由来」の3つの段階を経て対応し，カップヌードルを健康的な食事に変貌させるとしている[88]。

2005年7月には，即席麺の未来を開く可能性を持った出来事が話題となった。野口聡一宇宙飛行士がスペースシャトル「ディスカバリー」において，無重力の宇宙空間で麺を食べたことである。この様子は野口宇宙飛行士自身がビデオ撮影し，それがテレビのニュースで紹介された。この時の麺は，日清食品と日本食品科学工学会およびJAXA（宇宙航空研究開発機構）が共同開発した宇宙食ラーメン「スペース・ラム」であった。それは軟質密閉容器に一口サイズの麺3個とスープ，具材を封入したものであった。宇宙船内では飛行機内と同じように供給されるお湯は安全性の観点から約摂氏70度に設定されているが，その低温のお湯でも5分で戻り，可食状態になる。湯戻し後も一口大の形状を保持する技術が導入されている。また，スープが機内に飛び散らないようにとろみをつけてある。具材については，現行の「カップヌードル」などで使用している具材が味，食感の点で最も適していることから，そのまま使用された。野口が持参したフレーバーは，レギュラー（しょうゆ），カレー，みそ，とんこつの4種であり，フライト2日目に食べられたのはとんこつ味であったようである。

この「スペース・ラム」の経験をもとに，日清食品は宇宙日本食として，宇宙食ラーメン3種を申請し，2007年6月にJAXAより認証されている。認証宇宙食ラーメンのフレーバーは，しょうゆ，シーフード，カレーである。宇宙食の開発過程でおこなわれた新たな技術革新は，高齢者にとって食べやすいことやエコ的で，今後の新たな分野を開拓することが期待されている[89]。

業界の再編

2000年代に入ると，即席麺業界には，1981年にサンヨー食品がエースコックに資本参加して以来の大型再編となる出来事が生じた。

2003年11月に，米国系のスティール・パートナーズ・ストラテジック・ファンドが明星食品の株式の10.17%を取得し，筆頭株主となったことが明るみに出た。その後，スティール社は数度にわたって明星食品の株式を市場で買い増し，2004年9月期末には14.24%，さらに2006年時点で23.1%（議決権ベース）を保有するにいたった。

明星食品は，1994年9月期に1979年の株式上場以来初の経常赤字に転落した後，工場再編などリストラを進めていた。この時から創業家出身の役員が次々と退任した。1999年12月に創業者の長男，奥井準太郎取締役が退任し，創業家の人材が経営陣からいなくなった。創業一族と入れ替わるように登場したのがファンドだったのである。2003年11月にスティール社が創業家などから株式を取得して筆頭株主になり，2004年7月に「村上ファンド」が約8%の株式を取得して大株主に顔を出した。村上ファンドは12月には全株式を売却し，スティール社が明星株を買い増した。

そうして，筆頭株主であるスティール社は，黒田賢三日本代表を2004年12月に社外取締役として明星食品に派遣した。社外取締役の派遣はスティール社側から提案された。同社が日本の投資先企業に取締役を送り込むのは初めてで，役員派遣で経営監視を強化することが目的であった。

2003年末からの株式取得で持ち株比率が23.1％に達したスティール社は，2005年春に明星食品に対して経営陣による企業買収（MBO）を本格的に提案した。明星食品側は，株式非公開による社員の士気低下，資金負担の増加による財務体質の悪化を懸念して，2006年10月にMBO提案を正式に拒否した。この結果，明星食品とスティール社の関係は悪化し，スティール社が明星食品に対してTOB（株式公開買付）をかけるに至った。明星食品は，同社株を対象としたスティール社のTOBへの対抗策として，日清食品に出資を打診した。日清食品は対抗TOBを視野に入れていると見られた[90]。なお，スティール社のTOB以前に，明星食品に出資を打診してきたのは台湾の統一企業であった。当初は技術提携の提案だったが，その後資本提携も持ちかけた。明星はこれを断ったという[91]。

2006年10月に，明星食品に対しTOBを開始したスティール社は，応募株式が予定数に達しない場合も，応募分はすべて取得する方針であった。全株を取得した場合，必要資金は約230億円となる。実施期間は10月27日～11月27日までであり，買付価格は1株700円であった。スティール社は，明星食品に対して，TOBは投資利益を得ることが目的で，取得した株式は長期保有する考えを伝えたとされる[92]。

こうしたスティール社の動きに対して，明星食品は10月31日午後に取締役会開き，同社の提案に賛同しないことを決定し，TOBに反対することを正式に表明している。また，同時に，TOBへの対応を検討するため，主力取引銀行系の三菱UFJ証券を財務アドバイザーに指名している。これによって，スティール社のTOBは明星の経営陣が支持しない敵対的買収提案となった。明星食品の大株主のうち，2006年3月末時点で4.5％を保有する第3株主の菱食や第6位で2.4％を所有する三菱商事はTOBに応じない見通しであった。そして，明星食品の経営陣が増配などの対抗策を打ち出すか，友好的な買収提案をするホワイトナイト（白馬の騎士）となる企業を探すことになった。

2006年11月12日には，明星食品の資本提携先として日清食品が浮上してきたと報道されている。明星食品の長野博信社長と日清食品の首脳が会談し，明星食品側が出資を打診し，日清食品はスティール社に対抗するホワイトナイトとして，明星食品側に友好的TOBに踏み切る可能性を示唆している。11月1日の時点では，明星と日清は決定した事実はないと発表しているが[93]，11月15日には日清食品と明星食品は資本・業務提携で合意したと発表した。日清食品はTOBで，明星株1株当たり870円で買い付けたが，これはスティール社の提示価格より170円高いものであった。日清食品の安藤宏基社長は，明星食品の「スーパーノンフライ製法」などの麺づくり技術や社員の前向きな気持や活力があることも魅力だったと述べている。一方，明星食品の長野社長は「我々のやり方を認めてくれる，こんな良い条件のところはない」と語った[94]。

結局，スティール社が提案したTOBに応じた株式数はゼロであった。明星食品は，黒田社外取締役の2006年12月の退任を発表している。一方同月，日清食品は明星食品に対するTOBが成立し，同社を連結子会社にすると発表した。取得金額は320億円で，日清食品の持ち株比率は86.32％になった。明星食品の23.1％の株式を所有していたスティール社は日清食品のTOBに応募し，全株を売却した。スティール社は明星株の購入に約55億円をつぎ込んだが，日清食品への売却で85億円の資金が手元に入った。売却益は約30億円になり，3年間の株式保有期間で5割余りの投資収益率になった計算である[95]。

2008年10月には，日清食品は関係会社7社と海外4地域の計11事業会社を傘下に入れて，新たに持ち株会社「日清食品ホールディングス株式会社」としてスタートしている。安藤宏基が同社の代表取締役CEOに就任した。日清食品は日清食品ホールディングスの1事業会社として新たに設立され，生え抜きの中川晋が社長に就任している（これ以降の日清食品の国際展開の意思決定は，基本的には事業会社の日清食品ではなく，日清食品ホールティングスによって行われている。本書では，その意味を含めて2008年10月以降も日清食品という表現を使っている）[96]。

この時，日清食品は「グローバル・ストラテジック・プラットフォーム」という仕組みを作っている。日清食品ホールディングス内には，研究所やマーケティングや財務など専門分野を担当する「チーフオフィサー」が8人いた。彼らが世界中の最先端の情報を収集分析し，ビジネスに生かすという仕組みであった。デザイン研究所やマーケティング戦略研究所などが海外にシフトし，最適のタイミングで生産に必要な原材料や機械や技術の世界調達を進めるものであった[97]。

新たな製品の展開

2011年3月11日，「東日本大震災」が発生し，大津波と福島第一原子力発電所の事故により，人やモノに未曾有の被害を与えた。こうした状況を通じて，人々は絆を大事にし，家庭で食事をする節約志向の「内食」傾向が強まった。即席麺は保存食としてのニーズが高まった。これに対応して，各社は新たな製品を発売した。

2011年11月，東洋水産が生麺に遜色のないノンフライ新製品「マルちゃん正麺」シリーズを市場に投入し，ノンフライ麺の一大ブームを引き起こし，業界では「マルちゃんショック」といわれた。マルちゃん正麺は，蒸しの工程がなく，生麺をほぐして円形にかたどって乾燥させている。乾燥麺でありながら，生麺のようななめらかでコシのある食感を追求して，主婦層を中心に新たな需要を掘り起こしたという。

ノンフライ麺のJAS格付け数量を見ると，2010年度には1億3000万食であったものが，2013年度には6億6000万食へと急増している。ノンフライ麺が新たな袋麺の時代を切り拓くことになったのである[98]。

2012年9月には，サンヨー食品は「サッポロ一番 麺の力 中華そば 醤油味」を発売した。これはフライ麺でありながら，生麺のような質感を再現したものである。「中華そば」と命名して，レトロ感を出した。日清食品は主力の「ラ王」ブランドで，湯をかけるだけで生麺風の味わいになるラ王の3層太ストレートノンフライ麺の技術を袋麺に応用したものを，2012年8月に関東などで発売した。エースコックも，米粉を10％練り込んだ，「お米でもちもちラーメン新麺組」を，しょうゆ味，塩味，味噌味の3種類で発売した。

こうして，「マルちゃん正麺」はカップ麺に押されて停滞していた袋麺市場を活性化した。袋麺の国内生産量のピークは1972年の37億食であった。2011年には生産量は17億7000万食で，ピーク時に比べ52％減少している。これが，2012年には18億3400万食まで回復したのである。金額にすると，2011年度の30億円程度から2012年度には60億円にまで拡大した[99]。

2013年になると，各社が相次いで生麺風の和風麺の新商品を販売している。うどんなどの和風麺は乾麺が強く，即席麺メーカーはカップ麺を除いて敬遠してきた。中華麺でシニア層などにも浸透した生麺風の品揃えに和風麺を加えて，乾麺からシェアを奪おうと考えたのである。東洋水産は，同年10月「マルちゃん正麺」シリーズで，うどんとカレーうどんを発売している。日清食品も11月に「どん兵衛」シリーズの油で揚げた既存の商品を刷新した生麺風のうどんを発売している[100]。

ところが，2014年になると東洋水産の「マルちゃん正麺」も苦戦を強いられるようになった。日清食品の「ラ王」などの競合品の参入で競争が激化し，ブームの一巡も逆風となった。また，消費税増税後の4月以降は消費者の低価格志向が強まり，割安な定番のカップ面に需要が流れたこと，さらには円安による原材料コストの上昇によっても利益が圧迫されるようになった。この結果，2013年まで3年連続で増加した袋麺の生産量は前年より，約1200万食少ない24億3700万食に落ち込んで，ノンフライ麺の退潮が取りざたされるようになった[101]。

そのような状況のなか，東洋水産は4年間の歳月をかけて，2015年10月に生麺のような食感を再現した「マルちゃん正麺カップ」（税別205円）を発売した。カップ麺の「マルちゃん正麺」を市場に投入することで，ノンフライ麺ブームの再来を期待したといえる。このために，同社は「生麺ゆでてうまいまま製法」という新製法を開発している。これは，お湯を注ぐだけでゆでたての麺のようななめらかで自然な食感や味わいを楽しめるものであった。スープは「芳醇こく醤油」「香味まろ味噌」「濃厚とろ豚骨」の3種を用意した。また，2015年3月にはつけ麺タイプも発売している。これらが，2016年前半には堅調となり，同社の利益に貢献するようになった。実際，東洋水産は10月末までに「正麺カップ」の累計出荷数が100万ケース（1ケース12カップ入り）となり，発売から1カ月弱で約25億円を売り上げている[102]。

東洋水産の「正麺カップ」が発売されて2週間後には，日清食品がノンフライ麺の「ラ王カップ」をリニューアルすると発表しており，11月からの全国発売に合わせて新しいテレビCMも公開した[103]。

なお，2010年代の半ばになると，海外生産をしていない中堅の即席麺メーカーが新しい動きを見せ始めた。アジアへの商品輸出の活発化である。2015年9月，マルタイは，主力の即席麺「棒ラーメン」の生産能力を1.5倍に引き上げると発表している。この背景には，台湾や香港などアジア向けの販売が好調であったことがあげられる。アジアでの販売の好調は，円安によって現地で購入しやすくなったことと，とんこつラーメンの人気が現地で高まってきたことがあげられる。同時に，日本企業の海外生産商品も増えているが，日本で生産したことが安心感につながり現地の消費者から選ばれているという側面もあった。台湾では，米国系の会員制量販店コストコや仏系のカルフールでも九州各地のラーメンを組み合わせた7食セット「まるごと九州を食す」などが人気で，自宅用のみならずギフト用にも売れているという。マルタイは，少子高齢化で国内市場の拡大は期待できないので，さらにシンガポールやマレーシアなどの新規販売も目指そうと考えた[104]。

2015年11月には，西日本を中心に「金ちゃんラーメン」を販売する徳島製粉が，10月から海外への輸出を始めたと発表した。同社は1943年創業で，小麦粉販売の落ち込みを補うため，1965年に即席麺事業に参入している。同社も同じように，国内市場の将来に危機感を持っての海外市場の開拓であった。沖縄市場開拓で成功した経験から，他の製品とくらべやや甘めであっさりした味が特徴の同社の製品は，台湾でも受け入れられると考えた。安価な現地製品との価格競争を避けるため「日本製」を強調し，まず台湾市場を開拓し，将来的にはマルタイ同様に，他の地域にも販売エリアを拡大する計画である[105]。

[注]

1　「即席めんの誕生（1）日清食品会長安藤百福氏―焼け野原が原点（証言昭和産業史）」『日経産業新聞』1989年9月21日。安藤百福については，以下のものを参照。安藤百福（2002）『魔法のラーメン発明物語―私の履歴書』日本経済新聞社。日清食品株式会社社史編纂プロジェクト（2008）『日清食品創業者・安藤百福伝』日清食品株式会社。河明生（2002）「マイノリティの企業者活動―重光武雄・安藤百福」宇田川勝編『ケーススタディ―日本の企業家史』文眞堂。

2　戦争直後における米国の日本への小麦輸出のための政策や日本政府の対応については，以下に詳しい。Solt, G. (2014), *The Untold History of Ramen: A Global Food Craze*, University of California.（野下祥子訳『ラーメンの語られざる歴史』国書刊行会，2015年。）とくに，訳書，第2章参照。

3　「即席めんの誕生（2）日清食品会長安藤百福氏―日本人にはめん類（証言昭和産業史）」『日経産業新聞』1989年9月22日。

4　株式会社エーシーシー編（1986）『めんづくり味づくり』明星食品株式会社，64頁。

5　中島正道（1997）『食品産業の経済分析』日本経済新聞社，128 頁。

6　こうした日本の時代的背景と即席麺の関係については，以下を参照。Errington, F., Fujikura, A. and Gewertz, D. (2013), *The Noodle Narratives: The Global Rise of an Industrial Food into the Twenty-First Century*, University of California Press, pp. 37-46.

7　「即席めんの誕生（3）日清食品会長安藤百福氏―33 年 8 月発売（証言昭和産業史）」『日経産業新聞』1989 年 9 月 26 日。

8　エーシーシー編（1986）『めんづくり味づくり』54-55 頁。日清食品社史編纂室編集（1992）『食足世平―日清食品社史』日清食品株式会社，90 頁。

9　単に新たな製品や製法を発明した発明家は多い。しかしながら，発明家は必ずしもビジネスとして企業を作り上げ発展させるとは限らない。生産・マーケティング・マネジメントへの三つ又投資を行い，企業化することが必要である。最初にこれを実現した企業が一番手企業と呼ばれるが，これに対して後発だが同じようなことを行う挑戦者企業が現れ，産業の発展とともに寡占化が進むことになる。Chandler, A. D. Jr. (1990), *Scale and Scope: The Dynamic of Industrial Capitalism*, Harvard University Press.（安部悦生・川辺信雄・工藤章・西牟田祐二・日高千景・山口一臣訳『スケール・アンド・スコープ―経営力発展の国際比較』有斐閣，1993 年。）訳書，26-28 頁。

10　杉田俊明（2010）「新興国とともに発展を遂げる経営―ケース研究エースコックベトナム」『甲南経営研究』第 50 巻第 4 号，3-4 頁。

11　日清食品社史編纂室編集（1992）『食足世平』68 頁。

12　エーシーシー編（1986）『めんづくり味づくり』3-16，354-356 頁。

13　同上，17-23 頁。

14　同上，38-49 頁。

15　同上，57-59 頁。

16　同上，104-109，110-111 頁。

17　井田純一郎（2004）「サンヨー食品」立教大学経済学部産学連携教育推進委員会／立教経済人クラブ産学連携委員会編『成長と革新の企業経営―社長が語る学生へのメッセージ』財団法人日本経営史研究所，64-68 頁。

18　「東洋水産社長森和夫氏―自主独立，外部に口出させず（私の実践経営学）」『日本経済新聞』1988 年 1 月 18 日。

19　「カリスマ型―東洋水産社長森和夫氏（上）自己主張貫く硬骨漢（経営者の分類学）」『日経産業新聞』1984 年 6 月 12 日。

20　「東洋水産社長森和夫氏―自主独立，外部に口出させず」。

21　すでに述べたように，1959 年 12 月発売の「即席マルタイラーメン」がスープ別添で先行していたと指摘する向きもある。（社）日本即席食品工業会監修（2004）『日本が生んだ世界食！インスタントラーメンのすべて』日本食料新聞社，16 頁。

22　（社）日本即席食品工業協会（2015）『競争と協調の 50 年―創立 50 周年記念誌』7-8 頁。井田純一郎（2004）「サンヨー食品」68-69 頁。エーシーシー編（1986）『めんづくり味づくり』177-179 頁。

23　「安藤百福―日本の食文化変容が意味するもの」『エコノミスト』1983 年 2 月 1 日号，58-59，61 頁。井田純一郎（2004）「サンヨー食品」70 頁。

24　岡本忠廣（1968）「インスタント・ラーメン・マーケティングの新展開（一）」『近畿大学短大論集』第 1 巻第 1 号，107-108 頁。この論文は，即席麺メーカーの販売について，経路のみならず各段階の取引におけるマージンなどを詳細に示している。

25　同上，110-113 頁。

26　同上，113-116 頁。エーシーシー編（1986）『めんづくり味づくり』70-71，73-77，82-83 頁。

27　岡本（1968）「インスタント・ラーメン・マーケティングの新展開（一）」117頁。
28　エーシーシー編（1986）『めんづくり味づくり』294-295，345頁。
29　同上，295頁。
30　「即席ラーメン製めん機納入契約相次ぐ―東南ア諸国が国内生産」『日本経済新聞』1969年10月3日。以下の論文には，日系即席麵メーカーの外国企業への技術供与の歴史がまとめられているので参照。大塚茂（1995）「インスタントラーメンの国際化」『島根女子短期大学紀要』第33巻，114頁。
31　日本即席食品工業協会（2015）『競争と協調の50年』20-21頁。
32　「日清食，連結利益100億円突破へ―2子会社使い円高効果」『日経産業新聞』1978年12月14日。
33　エーシーシー編（1986）『めんづくり味づくり』422-423頁。
34　日清食品株式会社社史編纂室編（1992）『食足世平』76頁。
35　東京新聞・中日新聞経済部編（2016）『人々の戦後秘史』岩波書店，126-130頁。
36　1976年の特許法一部改正により，日本においても物質特許が制度化され，飲食物または嗜好物もこのなかに含まれることになった。それ以前では，特定の食品を物質特許とすることはできなかったため，製法だけしか特許にならない制度であった。そのため，製法さえ違っていればモノは同じでも製法の特許は成立したのである（エーシーシー編（1986）『めんづくり味づくり』165頁）。即席麵をめぐる特許紛争が激化した要因については，当該企業が中堅企業でノウハウの企業としての取り扱い方が歴然としていなかったこと，特許争いが寡占企業間競争の手段視されたこと，そして物質特許の問題等があったことが指摘されている（中島正道（1997）『食品産業の経済分析』155-156頁）。
37　エーシーシー編（1986）『めんづくり味づくり』170頁。
38　同上，76-80頁。
39　同上，80-82頁。
40　同上，174-176頁。
41　日本即席食品工業協会監修（2004）『日本が生んだ世界食！』22-23頁。
42　当時の即席麵業界の様子については，以下によるところが大きい。岡本忠廣（1968）「インスタント・ラーメン・マーケティングの新展開（一）」93-96頁。
43　日本即席食品工業協会（2015）『競争と協調の50年』11-13頁。
44　井田純一郎（2004）「サンヨー食品」71-73頁。
45　即席麵の製法については，日本即席食品工業協会（2004）『日本が生んだ世界食！』第5章を参照。
46　日本即席食品工業協会（2015）『競争と協調の50年』10-11頁。エーシーシー編（1986）『めんづくり味づくり』260-264頁。
47　加藤正樹（2013）「日本が生んだ世界食 インスタントラーメン―その歴史と知的財産戦略」『知財研フォーラム』第95号，33頁。
48　中島正道（1997）『食品産業の経済分析』134-135頁，表2-3参照。木山実（1989）「第4章　食品工業における寡占形成と広告の機能」日本大学農獣医学部食品経済学科編『現代の食品工業』農林統計協会，64-69頁。
49　日清食品株式会社社史編纂プロジェクト編集（2008）『日清食品創業者・安藤百福伝』45頁。
50　同上，49頁。
51　同上，48-49頁。
52　加藤正樹（2013）「日本が生んだ世界食」20-21頁。
53　日本即席食品工業協会（2015）『競争と協調の50年』15-16頁。
54　「即席めんの誕生（5）日清食品会長安藤百福氏―カップヌードル（証言昭和産業史）」『日経産業

新聞』1989年9月28日。「即席めんの誕生（6）日清食品会長安藤百福氏―地球規模の食品（証言昭和産業史）」『日経産業新聞』1989年9月29日。

55　日本即席食品工業協会監修（2004）『日本が生んだ世界食！』24-26頁。

56　エーシーシー編（1986）『めんづくり味づくり』364頁。

57　同上，372-374頁。

58　同上，383-386頁。

59　「国際化の研究―日清食品（1）食の異文化への挑戦（進化論日本の企業）」『日経産業新聞』1989年5月29日。

60　「日清食品，『総合食品』めざしダッシュ―即席めん増産体制（月曜版）」『日本経済新聞』1993年4月5日。

61　「転機迎えた即席めん30歳―国内市場の成長一段落，各社，新事業を模索」『日本経済新聞』1988年8月26日。

62　この時期の消費者ニーズの変化については，以下を参照。佐古井貞行（1994）『消費生活の社会学』筑波書房。山崎正和（1984）『柔らかい個人主義の誕生』中央公論社。大橋照枝（1988）『世代差ビジネス論―新時代をとらえるマーケティング』東洋経済新報社。

63　「食品メーカー，健康・高級志向一段と―アイス，清涼飲料，即席めん，水産ねり製品」『日経産業新聞』1982年5月25日。「満腹市場も攻め方次第，明星食品のラーメン高級化―斬新な発想で製品作り」『日経産業新聞』1983年3月4日。

64　「食品メーカー，健康・高級志向一段と―アイス，清涼飲料，即席めん，水産ねり製品」。「活路をさぐる，産業界83年の課題（4）食品，『健康』『文化』売る」『日本経済新聞』1983年1月13日。

65　「まだら模様の食品景気（3）“脱常識”にヒットの道，黒いガムや高級即席めん」『日経産業新聞』1981年12月24日。「高級即席ラーメン，消費の伸び具合で意見分かれる―東洋水産・明星食品と日清食品」『日経産業新聞』1982年4月17日。「食品商社の松下鈴木，一味違った即席めん作戦―高額商品に先べん，戦略もクチコミ」『日経産業新聞』1981年12月10日。

66　日本即席食品工業協会（2015）『競争と協調の50年』10-11，24頁。

67　その後も，各社から地域限定製品が販売された。「即席めんメーカー，この秋『わかめ入り』で勝負―『健康志向の波に乗れ』」『日本経済新聞』1984年8月28日。

68　明星食品の高級化路線は，1980年6月に八原昌元が社長に就任した時に打ち出した第3次創業の起爆剤として展開された。開発経緯や販売の動きについては，以下に詳しい。エーシーシー編（1986）『めんづくり味づくり』447-464頁。「定着するか即席麺の高級化，業界に“120円旋風”―袋物の20％占める」『日経流通新聞』1982年10月14日。

69　「高級めん戦争，冷やし中華にも飛び火―各社，明星食品追撃へ新製品」『日経産業新聞』1983年4月8日。「明星食品，一食千円の即席ラーメン」『日本経済新聞』1987年10月15日。

70　「高級即席めん―明星とハウスが圧勝，市場は縮小（激戦ヒット食品）」『日経産業新聞』1983年11月11日。「ブーム“即席”さめるのも早い，高級インスタントラーメン撤退相次ぐ（追跡）」『日経流通新聞』1984年6月21日。

71　日本即席食品工業協会（2015）『競争と協調の50年』10-11，23頁。「高級即席麺，4社でそろい市場沸騰―大型新製品投入で明星の“独占三昧”待った」『日経産業新聞』1982年8月3日。「需要好調目立つ高級即席めん―利益率高く，収益源に（材料往来）」『日本経済新聞』1982年9月25日。

72　日本即席食品工業協会（2015）『競争と協調の50年』21頁。

73　同上，35頁。「即席ラーメン戦国時代―サンヨー食品とエースコック提携」『日本経済新聞（夕刊）』1981年7月29日。「サンヨー食品，エースコックのカップめん首都圏で販売」『日経産業新聞』1981年9月3日。
74 日本即席食品工業協会監修（2004）『日本が生んだ世界食！』28-29頁。
75 日本即席食品工業協会（2015）『競争と協調の50年』24-25頁。
76 同上，44-49頁。
77 日本即席食品工業協会（2015）『競争と協調の50年』29-30頁。世界ラーメン協会ホームページ（instant noodles.org/jp/members/index.html，2016年10月21日アクセス）。
78 「ベルフーズ，健康志向の即席わかめラーメンを発売」『日経産業新聞』1982年11月20日。「ベルフーズ，即席めんに健康路線―『しいたけ』『わかめ』盛る」1983年8月24日。「エースコック，わかめラーメン好調―『健康』イメージで大当たり」『日経産業新聞』1984年5月25日。「ハウス食品，わかめ入り即席めん二種発売へ」『日経産業新聞』1984年7月26日。「即席めんメーカー，この秋『わかめ入り』で勝負―『健康志向の波に乗れ』『日本経済新聞』1984年8月28日。「すがきや食品，野菜をめんに練り込む―ラーメン二種発売へ」『日経産業新聞』1984年8月28日。
79 「白麦米，健康即席めん4種類を10月1日から全国で発売―米穀店などの限定ルート」『日経産業新聞』1983年10月4日。「日清食品，サフラワーを使った女性向けの即席めんを発売」『日本経済新聞』1984年1月18日。
80 「明星食品，かん水を用いない健康志向の即席めんを2月発売」『日本経済新聞』1983年1月14日。「明星食品，健康志向の生めんソース焼きソバを発売」『日経産業新聞』1983年5月28日。「イトメン，初のミネラル入り即席ラーメン発売」『日経産業新聞』1984年8月14日。「イトメン発売へ，即席麺に大豆レシチン」『日経産業新聞』1985年9月30日。
81 安藤宏基（2009）『カップヌードルをぶっつぶせ！』中央公論新社，101頁。
82 「食物繊維入りカップ麺，サンヨー食品―女性市場を開拓」『日経産業新聞』1989年8月2日。「健康志向型即席めん―三共など異業種参入（食品ニューウエーブ新商品の素顔）」『日経産業新聞』1992年6月17日。「即席めんにも成分表示，女性・高齢者の需要開拓―来年初メド」『日本経済新聞』1992年10月29日。「商品，弱点恐れず，正しい情報―即席めんの栄養表示，繊維製品の取り扱い注意」『日経産業新聞』1993年2月2日。「即席めんに栄養成分表示，健康食イメージ即席にはムリ！？（ズームイン）」『日本経済新聞（夕刊）』1993年3月5日。
83 「日清食，食物繊維使う，即席めんも健康志向―飲料等12品目」『日本経済新聞』1996年8月30日。「機能絞り込み新機軸，健康食品メニュー多彩―販売方法，薬局ルートやパソコン通販」『日経産業新聞』1996年10月17日。「日清食品の即席めん『サイリウム・ラーメン（開発トピックス）』1996年11月19日。「カップめん，健康志向前面に―日清食品，食物繊維を添加」『日経産業新聞』1997年8月5日。「日清食品の健康志向追求した即席めん―めんに食物繊維配合（開発最前線）」『日経産業新聞』1998年2月18日。
84 「東洋水産，健康イメージを強調，縦型即席カップめん」『日経産業新聞』1996年12月4日。
85 「食物繊維のサイリウム，血圧上昇抑制を確認―日清食品，品ぞろえ拡充へ」『日経産業新聞』1998年6月10日。
86 「日清食品，健康食品，即席めんに重点，1年に3-4品投入―第1弾はキトサン入り」『日経産業新聞』1998年9月3日。
87 佐藤学（2001）「研究最前線―日本の食文化を世界へ」『Food Style』第5巻第11号，11-12頁。
88 安藤宏基（2016）『日本企業のCEOの覚悟』中央公論新社，第3章。
89 同上，27頁。松尾伸二・田中充（2008）「世界発“宇宙食ラーメン”の開発」『日本食品科学工学会誌』第55巻第11号。
90 「明星食品，社外取締役に黒田氏―米系ファンド代表，日本で初の派遣」『日経産業新聞』2004年11月22日。「明星食品，防衛線手探り，米系ファンドTOBに『反対』―独立路線か白馬の騎士か」『日本経済新聞』2006年11月1日。「明星食品，TOB反対表明―米系ファンド，敵対的買

収提案に」『日経産業新聞』2006年11月1日。

91 「内外食品メーカー，明星食品と提携に意欲―東洋水産や台湾大手」『日本経済新聞』2006年11月12日。

92 「米系投資ファンド，明星食品にTOB開始，全株取得めざす」『日経産業新聞』2006年10月30日。

93 「日清食品，明星の資本提携先に浮上，米系投資ファンドに対抗」『日経MJ（流通新聞）』2006年11月12日。

94 「日清食品，明星と資本提携―『マルちゃん』あせらず？（NewsEdge）」『日経産業新聞』2006年11月16日。

95 「米スティール『TOB応募ゼロ』，明星株，日清の買い付け成立へ」『日本経済新聞』2006年11月28日。「明星株TOB『失敗』でも，米スティールに『好条件』，日清へ売却なら利益30億円」『日本経済新聞』2006年11月29日。「日清，明星株86.3％を取得，提携内容協議へ，TOB成立へ」『日経産業新聞』2006年12月18日。

96 安藤宏基（2009）『カップラーメンをぶっつぶせ！』202頁。

97 同上，170–171頁。

98 日本即席食品工業協会（2015）『競争と協調の50年』27–28頁。

99 ノンフライ麺のJAS格付け数量を見ると，2010年度には1億3300万食であったものが，2013年には6億6300万食へと急増している。ノンフライ麺が新たな袋麺の時代を切り開く結果となったといえる。「日清食品『どん兵衛生うどん／生そば食感』―和風でもノンフライ麺（戦略商品ヒットへGo）」『日経MJ（流通新聞）』2013年12月11日。

100 「生麺風，和風袋麺で勝負―東洋水産，日清食品」『日本経済新聞』2013年9月27日。

101 「即席麺大手，生麺風商品，収益を左右―東洋水産，営業益，予想を下回る，日清食HD，増産効果，減益幅縮小」『日本経済新聞』2014年10月15日。「麺，失速ノンフライ，フライ挽回，香ばしさ回帰，マルちゃん，カップ麺でも対抗」『日経MJ（流通新聞）』2015年10月23日。

102 「カップタイプを発売，東洋水産の『マルちゃん正麺』，3種類の味を用意」『日経MJ（流通新聞）』2015年10月5日。「東洋水の純利益，4～9月19％増」『日本経済新聞』2016年11月1日。

103 「即席麺，生タイプ熱々―サンヨー食品，エースコック，東洋水産」『日経産業新聞』2012年8月7日。「即席麺，生タイプ熱々―内食や節約」『日経産業新聞』2012年8月7日。「即席袋中華そば―『生麺』感覚，製法競う（ヒット分析 伸びる市場）」『日経MJ（流通新聞）』2012年10月14日。

104 「棒ラーメン5割増産体制，マルタイ，増員・ライン新設，アジア向け販売伸びる」『日本経済新聞（地方経済面九州）』2015年9月9日。「『棒ラーメン』5割増産，マルタイ，アジア向け好調」『日経MJ（流通新聞）』2015年9月16日。

105 「徳島製粉，即席麺で台湾開拓狙う―『日本の味』変えぬ戦略（地域発世界へ）」『日本経済新聞』2015年11月30日。

第2章

南北アメリカへの進出

第2章扉写真

（左列上段）米国日清ロサンゼルス工場外観

1970年9月，ロサンゼルス市内に日清食品，味の素，そして三菱商事の合弁事業として，米国日清が設立された。同社は当初，輸入品の販売を手掛けていた。1972年4月に，ロサンゼルスに近いガーデナ市でディア工場が稼働し，現地で製品が生産されるようになった。

（左列中段）ブラジル日清設立

1975年7月，ブラジルの現地企業と味の素の合弁企業であったMiojo Productos Alimentos Ltda.の現地企業所有分の45％の株式を日清食品が取得した。その結果，この会社は社名をNissin Alimentos Ltda.（ブラジル日清）と変更された。

（左列下段）マルチャンインクのカリフォルニア州アーバイン工場外観

東洋水産は，1972年12月に米国法人マルチャンインクをカリフォルニア州アーバインに設立した。1977年2月には工場が稼働し，それまで輸入していた取扱商品の大部分を現地生産品に替え，本格的な米国での事業展開を開始した。

（右列上段）米国日清ロサンゼルス工場生産ライン

1972年4月に稼働したガーデナ工場のラインの様子。当初は，日本人や日本語のできる日系人を採用したが，その後，メキシコ系，白人系，フィリピン系，韓国系など多様な人材を従業員として採用した。

（右列下段）メキシコのマルチャン試食車

メキシコにおけるマルチャンの販売活動は，地元の小規模零細店に試食車を派遣して，積極的な市場開拓を行なっている。こうした地道な販売活動や経済的な危機における小規模零細店の支援が，メキシコにおける同社の圧倒的な市場シェアをもたらした。

写真提供：日清食品ホールディングス株式会社，東洋水産株式会社。

日系即席麺メーカーが最初に目を付けた海外市場は南北アメリカ市場であった。日清食品が1958年夏に「チキンラーメン」を発売して間もなく，この商品は米国にも輸出され始めた。当初は，麺文化を持つ日系人やアジア系などを主なターゲットとして，オリエンタルフードの専門店やスーパーのオリエンタルフードコーナーで販売された。米国は世界で最も所得水準が高く豊かで，人口規模も大きな市場であった。そのため，1970年には日清食品が米国に現地法人を設立して，即席麺の製造・販売を行い始めた。これに，東洋水産，明星食品，サンヨー食品が続いた。

米国は，外国企業に対する規制も少なく，労働力は豊富で質も比較的高かった。農産物を中心にした原材料も豊富で価格も割安であった。その上，港湾，道路などのインフラも整備され，政治も安定しており，カントリーリスクは低かった。また，消費者は日本とは異なり，価格志向であるが，品質にはそれほどうるさくなく，新しいものを受け入れる傾向があった。米国では世界で最も早く高度大衆消費社会が形成されており，女性の社会進出も進み，簡便な食事への志向が強くなっていた。そのため，加工食品を中心に食料消費の水準は高かった。また，当時から，日本食ブームが起きつつあった。米国は，市場としても原材料の供給面でも優れていると考えられたのである[1]。

日系即席麺メーカーが米国に続いて進出したのが，ブラジルとペルーであった。ブラジルやペルーでは，日系人が比較的多く，それらの人々がターゲットであった。その後，経済発展がみられ都市化が進むにつれて，女性の社会進出などが起こり，ここでもやはり簡便食への志向が強まった。

そのため，本章では第1～2節で，日系即席麺メーカーの米国への進出とそこでの経営活動について見る。第1節では，先陣を切った日清食品に追随するように進出した日系上位メーカーが，米国で即席麺の新たな市場をいかにして開拓し，現地米国企業やアジア企業との競争を制したのかを見る。第2節では，即席麺が米国市場において定着した後，先行していた日清食品を後発の東洋水産が逆転していく過程を中心に考察する。また，メキシコ市場も米国で生産された商品を販売する形態を取ることが多かったので，メキシコでの展開についても第2節に含めている。

第3節では，南米のブラジルにおける日系即席麺メーカーの経営活動を見る。ブラジルについては現地企業と味の素，味の素と日清食品の合弁事業を中心に議論を展開する。さらに，味の素の子会社であるペルー味の素の経営活動と，共同市場メルコスールのメンバーやブラジルの周辺国への展開についても考察を加える。

第1節　米国市場の開拓

先陣を切った日清食品

日本で安藤百福が開発した即席麺「チキンラーメン」が初めて米国に出荷されたのは，国内での発売とほぼ同時期の1958年夏のことであった。

2016年において，北米市場の中心をなす米国の即席麺の消費量は世界第6位で，41億1000万食であった。メキシコが15位で8億9000万食であった。「1億総中流」といわれた日本社会では，即席麺は誰もが比較的品質の高いものを平等に食べる形で発展したが，米国やメキシコではそれとは異なった発展をしている。米国中間層は，学生の時代によく食べ，卒業して良い職につくと，子供たちとキャンプなどで食べる程度になってくる。また，最も即席麺を食べるヒスパニック系アメリカ人などは，価格に敏感であり，自分独自の食べ方を作り上げているようである。メキシコでは，まだまだ小規模な食料雑貨店のようなところで多くが販売され，貧しい農村の人たちに食されている[2]。

安藤百福が，大衆食品にとって不可欠である「美味」「簡便」「保存」「衛生」「廉価」という5つの要素を目標として，「チキンラーメン」を開発したことはすでに見た。安藤はこれらの要素をすべて備えた商品であれば，あらゆる国に通用するものになると確信していた。1966年の初めての欧米視察から，「味に国境はない」という彼の信念は強まっていた[3]。

日清食品の本格的な海外進出は，1970年に米国から始まったといえる。1969年6月に，安藤百福が味の素の鈴木恭二社長と会談したとき，米国市場への進出計画について熱意をもって披露した安藤に対して，鈴木が関心を示した。そして，鈴木はすでに米国で確立している味の素の販売ルートを利用してはどうかと，支援を申し出た。この結果，生産は日清食品が，販売は味の素が受け持つという形で，交渉が迅速に進んだ[4]。

米国進出にあたって，日清食品は，アメリカにおけるインスタントラーメンの可能性について市場調査を行った。しかしその結果は，消極的なものであった。これを受けて，安藤百福と初代海外事業課長であった玉木進は，米国に直接市場調査に出かけている。まず，すでに製品を出荷していたジャパンフーズ社の販売経路をチェックした。同社の扱っている店は，ほとんどが東洋人の経営するオリエンタルフード店であった。スーパーで販売される場合も，オリエンタルフードコーナーで販売されていた。そのため，即席麺の消費は東洋系や日本での駐留生活を経験した軍人や軍属に限られていることが分かったという[5]。

そこで，安藤百福はロサンゼルス郊外にあるスーパーマーケットで米国向けに開発した「トップラーメン」を対面方式で試食販売した。その結果は，上々であった。1週間後に彼はもう一度店頭に立った。前回の試食で興味をもった顧客が再購入してくれた。ここで，即席麺は東洋人だけに好まれるものではなく，米国人一般に受け入れられるという確信を得ている。安藤は，客観的なデータも見るが，それ以上に自分の肌で感じた感覚を大事にしていた[6]。

その後，三菱商事から事業参画の申し入れがあり，1970年7月に3社合弁で資本金30万ドルで「Nissin Foods（U.S.A.）Co., Inc.（米国日清）」が設立された。資本比率は，日清食品55%，味の素25%，三菱商事20%であった。出資割合は，その後の話し合いで，日清食品が生産と販売を一貫して受け持つことが最善との結論に達したため，日清食品80%，味の素10%，三菱商事10%と改定されている（2000年には味の素の持ち分はすべて売却されている)[7]。

1970年9月，ロサンゼルス市内に米国日清の本社事務所が開設された。当面の主な業務は，「チキンラーメン」の日本からの輸入製品販売による市場開拓と流通チャネル作りであった。

そして，米国市場を開拓するために玉木進が外資系企業からスカウトされていたのである。玉木は，米国で即席麺が売れるかどうか心配であった。米国の大手調査会社に依頼した市場調査でも，米国人は即席麺の味に慣れていないので，米国風に味をつけないと売れないという結論が出ていた。しかし，安藤百福は日本で売っていた「チキンラーメン」と全く同じ味で売るように決断した。彼は，こんな手軽でおいしいものが米国でも受け入れられないはずがないと信じていたのである[8]。

この時，現地企業の副社長として味の素から高原照男が4年間出向した。彼はその後も日清食品とのかかわりを持ち続け，後にブラジルに味の素と日清の合弁会社ニッシン・アリメントスが設立された時には，3年半のあいだ社長を務めている。最終的には，日清食品は1983年に次期取締役候補として，営業戦略を練る新設の営業企画部長に味の素の油脂事業部部長であった高原をスカウトしている。新興企業として人材の層が薄かった日清食品において，外部からスカウトされた高原は，同社が海外市場を開拓する上で大きな役割を果たしたといえる[9]。

安藤百福の次男宏基は，慶応義塾大学を卒業後，米国コロンビア大学に留学して経営学を学んだ。彼は米国日清の立ち上げから手伝うようになり，1971年から75年まで米国日清の取締役として活躍し，日清における海外経験者としては草分け的存在となった[10]。

なお，現地法人の設立と並行して米国日清で現地生産する商品開発が，日清食品研究所で始まっていた。日本からの輸入品では，オリエンタルマーケットからの脱出は困難と考え，それらをベースとしつつもアメリカ人に好まれる新しい味を作りだす必要があった。

米国日清の製品の第1号は「Top Ramen（トップラーメン）」と命名された。現地工場ができるまでは日本から輸出され，1食25セントで販売された。消費者教育も始まった。当時米国でインスタント食品と言えば，缶詰と冷凍食品だけであった。即席麺のような日本生まれの乾燥調理食品はなかった。そのため，ラーメンとは何かといった基本的なところから消費者教育を始めなければならなかった。スーパーの店内に「トップラーメン」のコーナーを設け，食べ方について実演したのである。アメリカでは核家族が崩壊しつつあり，個食化の時代を迎えつつあった時期でもあった[11]。

本格的な販売は1970年秋から，アメリカ西海岸を中心に始まった。同製品の購買者は東洋人系から徐々に白人，黒人などへと広がっていった。現地工場はカリフォルニア州のロサンゼルスに近く日系人が多く住むガーデナ市に建設され，1972年4月に稼働した。工場が稼働すると，玉木はがむしゃらに商品を売ったという。お湯持参でスーパーに出向いてはバイヤーの目の前で作って見せた。こうして，日清食品の「トップラーメン」はロサンゼルスを中心に浸透していったのである。

工場長は，日清食品から派遣された30歳の森川勲で，他に4人の20代の若い技術者が派遣された。従業員については，日系人向けの新聞に広告を掲載し，日本人または日本語の出来る日系人を募集して，40人でスタートした。その後，メキシコ系，白人系，フィリピン系，韓国系など，167人を採用している。

販売は当初2人の担当者で始めた。スーパーマーケットに電気ポット，カップ，鍋，フォークを持ち込んでのデモンストレーション販売を行った。しかしながら，2人では埒があかないので，アメリカ人女性の対面販売員を20人採用し，しらみつぶしに店を回った。

なかなか売れないので思い切って日系人の読む雑誌に広告を出したところ，これをきっかけに商品の動きが良くなったという。製品を納入する小売店は当初300店ほどだったのが，2年で2000店になり，やがてカリフォルニア州にあるスーパーマーケットのほぼ全店をカバーできるまでになっている。

1972年に現地工場が稼働するまでは，500万ドル程度の商品を日本から輸入していた。しかし，現地工場の完成とともにこれを現地生産に切り替えている。「トップラーメン」は当初しょうゆ味のみでスタートしたが，1年後には米国人の好みを取り入れビーフ，チキン，ポークの3種類の味を追加している。

1971年には，日清食品は「カップヌードル」の国内での発売と同時に，対米輸出を始めている。和製英語であるカップヌードルでは米国では意味が通じないので，「Cup O'Noodles（カップオヌードルズ）」名で販売された。カップヌードルはインスタント食品の本場米国でも，まさに“商品革命”と言えるほどの衝撃を与えた。

1970年代当時米国は変革の時代で，ヒッピーの流行など，既成のスタイル，概念に対する反発が高まっていた。その影響は食生活にも及んでいた。しかし前に述べたように，当時，即席麺などの日本の食品は「オリエンタルフード」

と呼ばれ，スーパーでもわずかなスペースしか与えられなかった。

1973年11月には，米国日清製の「カップオヌードルズ」が発売されたが，この新製品のコンセプトを“ホット・スナック”としている。フレーバーについては，シュリンプ（エビ），ビーフ，オリエンタルの3品種でスタートし，続いてチキンを加え，2年後にはビーフ・オニオンとガーデン・ベジタブルを追加している。長期的には展開に苦労しても，東洋系よりも非東洋人，つまりヨーロッパ系に受容されるものでなければならないとの判断によった[12]。

そのため，派遣された社員はまず，ブローカーの開拓から始めなければならなかった。米国には問屋が存在せず，スーパーへの売り込みはブローカーと呼ばれる仲介業者に委託した。ブローカーは主要都市など全米88区域に分かれて“縄張り”をもっていた。即席ラーメンを販売するには彼らに商品を理解させる必要があったのである。

日清食品はロサンゼルスで女性雑誌に広告を出し，ブローカーやバイヤーを引きよせるために，その妻たち，つまり主婦たちを味方につけようとした。このほか，テレビ宣伝，消費者を集めてのモニター調査も展開し，商品のアピール方法と消費者の嗜好を徹底的に調査した。この結果，スープの味はしょうゆ味ではなく，チキン，ポーク，ビーフに改良した。麺も10センチメートル程度に短く切った。米国では“ズルズル”という，麺をすする音が嫌われるためであった。

日清食品は売場選びも慎重に行い，成長期にあったスープ売場を選んだ。このため，現地では“ヌードルスープ”と呼ばれ，麺ではなくスープに位置付けられたのである。麺ではなくスープに位置付けたこと，より簡便性を追求したカップタイプだったことで，米国人のライフスタイルにマッチして，もはやオリエンタルフードではなくなり始めた。同時に，もともと市場も需要もない米国市場の開拓によって，日清食品は海外での市場創出のためのノウハウを得たといえる[13]。

日清食品は，1973年2月には米国の大手化学会社のダート・インダストリーズ（本社ロサンゼルス）と合弁で「日清ダート」を設立し，カップ容器を生産し始めている。これは，当時日本にはカップヌードル容器製造のノウハウを持っている企業はなく，日清食品はカップヌードルの容器の製造ノウハウを必要としたためであった[14]。

1976年には米国でカップ麺がよく売れるようになり，現地生産だけでは需要に追い付かなくなった。そのため，日清食品ではカップ麺800万食を日本から米国に輸出している。また，米国でのテレビCMを3月から5月の間中止したほどである。日清食品は，在庫不足によってこれまで開拓してきた流通ルートが縮小することを警戒し，輸送コストの増加による採算悪化を覚悟の上で，日本からの輸入に踏み切ったのである[15]。

日米では，消費者のカップヌードルの購入の仕方も大きく異なっていた。『日本経済新聞』の調査によれば，日本の消費者は「(価格に) 鈍感・切り詰め型」，米国は「(価格に) 敏感・消費エンジョイ型」と両国の消費者行動を比較し，次のように述べている。

「米国では製品をビニール包装しておらず，フタの部分がはがれていても，値段が安ければ売れる。中身を重視するため，無駄なコストをかけず，安いものを提供する必要があるわけだ。これに対し，日本では商品にビニール包装していないとダメ。包装に小さな傷があると売れない。」[16]

また，米国市場向けの商品も開発している。それは1977年に導入された「カップヌードル」および「カップヌードルカレー」の同種のミニカップである商品名「ツインカップ」を2個1セットにしての販売であった。米国ではどんぶりでラーメンを食べる習慣がなく，普通サイズのカップヌードルではスープ的な形で味わうには量が多すぎることからこれが開発されたものである。

こうしたやり方に対して，従来から売上高を増やすには量を増やし価格を上げるのが常識となっていただけに，当初は社内にも反対論があったという。しかし，結果的には健康食ブームや米国人の値ごろ感などにうまく合い，売上げを急速に伸ばすことができた。1984年当時のミニカップの年間販売量は60万ケース (1ケース12食入り) であり，カップヌードル売上げ全体の1割にも達している。

このミニカップは，日本でも1984年11月から本格的に導入されている。1984年8月から東洋水産が日本国内で，「LLヌードル」を，エースコックが「中国野菜ヌードル好(ハオ)」を販売するなど，Lサイズのカップ麺の攻勢が目立っていた。これに対して日清食品は，ミニカップは間食として簡単に食べられることが調査でわかり，子供，高年齢層，女性など新しい顧客開拓に有効とみて導入したのである[17]。

1975年10月には，日清食品は最初に現地生産を始めた西海岸に続き，東海岸にも「第2のマーケット」を形成すると発表している。ペンシルバニア州ランカスター市に，4万平方メートルの土地に500万ドルをかけて建設した工場は，1978年10月に完成し11月から本格生産に入っている。生産品目は西部工場と同様に「カップヌードル」と「トップラーメン」である。同時に，ロサンゼルス工場についてもそれまでの3ライン（袋麺2ライン，カップ麺1ライン）の生産設備を2倍の6ラインに増設する計画を立て，さしあたりカップ麺の1ラインを追加した[18]。

ランカスター工場は米国東部地域の生産拠点となるもので，人口の集中する東部地域で本格的な販売攻勢をかける方針であった。同社では，その後の即席麺の大幅な需要増が見込まれることから，1975年をメドに第2工場の生産能力を倍増する計画であった[19]。

米国日清の即席麺は，当初，同社のオリジナル商品で競争企業もいなかったため，売上げを1976年の2300万ドルから1977年の3300万ドルへと順調に伸ばした。そして1978年は5000万ドルに達すると予想された。西部地区での地盤確保に見通しがついたため，日清食品は1976年3月に米国のコンサルティング会社であるオースティン社に東部進出の調査を依頼している。⑴東部地区を1工場でカバーする，⑵工場の生産基地をつくる，⑶ロサンゼルス工場から輸送するといった3つの案について，資材購入，製品の輸送，労働力，税制，交通事情，環境規制，原料・燃料などの項目についてチェックしてもらっている。その結論は，ペンシルバニア州とテネシー州でそれぞれ工場を建設するのが最適というものであった。ロサンゼルスから輸送するのと現地生産では，年間150万ドルもの差が出ることが分かった。

オースティン社が，1976年1月から4月にかけて，ニューヨーク，ボストン，フィラデルフィアなど東部の主要都市の1200世帯を対象に調査をしたところ，9割以上が即席ラーメンをスープとして受け止めていることが分かった。そのため，「Oodles of Noodles（オードルズ・オブ・ヌードルズ）」（麺がいっぱいの意味）の名称なら分かりやすいと，西部地区で売り出していた

「トップラーメン」とは違った商品名で販売することになったのである。

東洋水産の進出

1972年12月，東洋水産の100%子会社として，「MARUCHAN, Inc.（マルチャン・インク）」が，ロサンゼルスに即席麺の輸入販売会社として設立された。この現地法人の資本金は東洋水産100%出資で，社長も本社の森和夫社長が兼任している。当初は月1万ケース（1ケースは袋麺で24個）程度の販売だった。これが，1975年までには3万ケースに伸びた。月10万ケース売れれば現地生産しても採算はとれるという森社長の判断のもと，カリフォルニア州アーバインに500万ドルをかけて工場を建設する計画を立案した。そして，1975年11月には，即席麺工場を翌76年1月に着工し，8月完成，9月稼働を目標としていると発表した。年生産能力は，カップラーメン25万〜30万ケース，袋入麺40〜50万ケースと予定し，初年度販売額を400万ドルと見込んでいた。結局，この工場の起工式は1976年5月になり，起工式で森社長は，現地生産を機会にマルチャン・インクの経営トップを現地人に任せて米国式経営ノウハウを導入することを明らかにしていた。従業員は約130人で，そのうち日本人は15人であった。「人事，設備投資，新製品発売などの重要事項を除いて，政策決定はできるだけ現地に任せ」，森社長は3カ月に1回は現地を訪問していた。

工場の操業に先立ち，1976年9月には，現地生産する即席麺と同一の製品を日本から輸出し，試験販売，広告活動を開始した。すでに現地生産をしていた日清食品との激しい販売合戦が予想された[20]。

操業は予定よりもずれ込み，結局，1977年2月に，アーバイン工場が完成し操業に乗り出すことを発表している。東洋水産もスタート時点では苦戦したようである。同社は，商社などの力を借りず「自主独立」の精神で独自に進出したため，現地従業員を使いこなせなかったり，販売網の開拓がうまく進まなかったり，様々な障害に直面した。テレビを使った広告宣伝も，販売地域や需要層のマトを絞り切れなかったことから空振りに終わってしまった。このため，1978年3月期には150万ケース，800万ドルの売上げとなったものの，創業費用，販売経費などの負担が大きく100万ドルの大幅赤字を出してしまった。そのため，操業からの2年間に，米国の責任者を4，5人も入れ替えている[21]。

1979年1月には，東洋水産は米国の即席麺工場でワンタンスープの製造を開始した。即席のワンタン12個と粉末スープを1箱に入れたもので小売価格は1箱50セント～55セント，「ポーク味」と「野菜味」の2種類を発売している。米国のスープ市場にワンタンの味で挑み，競争が激化してきた米国の即席麺業界のなかで，同社が製品の多角化に一歩踏み出したものとして注目された[22]。

その後，マルチャン・インクの経常赤字幅は次第に縮小し，1981年3月期にはようやく収支トントンとなった。また，販売量が増え，現地従業員をうまく使えるようになったため，生産体制の合理化も進んだ。地域ごとのきめ細かな新聞広告やマネキンを使った販売促進策も効果を上げるようになった。

さらに，当時の米国の不況が販売促進を後押しした。というのは，即席ラーメンは安上がりの食事を求める消費者のニーズにかなったからである。巧みな値引き戦略も奏功した。建値は変えなかったため，値段が回復してくれば，その分スーパーの利益となることもあって，スーパーでの取り扱いも順調に増えた。こうした1982年3月の販売数量は380万ケース，売上高は1800万ドルとそれぞれ前期比50%増となり経常利益も120万ドルの大幅黒字を計上している。同社は，袋麺，カップ麺，ワンタンをそれぞれ6品目ずつ生産しているが，売上高構成は袋麺が50%，カップ麺35%，ワンタン15%となっていた。小売価格は袋麺が20セント強，カップ麺が50セント程度と日本とあまり変わらなかった。ただ，日本と違うのは，麺が若干柔らかく，薄味でスパイスが効いている点であった。

当時の販売体制は，全米約40社の現地ブローカーを通して行っていた。販売地域は西海岸が半分で，約5%をカナダに輸出した。顧客は東洋系が約4割，白人系が約6割であった。きつねうどんやてんぷらそばも輸入販売したが，これはほとんどが日本人向けであった。

販売数量の大幅な伸びに伴い，3ラインがフル生産体制に入った。1982年における通常の日産能力は袋麺15万個，カップ麺8万個，ワンタン2万個程度であるが，従業員の2交代制を取り，従来の1.5倍から2倍の生産量となっていた。そのため，1982年に設備を増設し生産能力を約8割上げたばかりであったが，次の設備増強策が早くも課題となった[23]。

東洋水産も西海岸には製造・販売拠点を有していたが，東部や中西部に生産・販売拠点を持っていなかったため，米国全体には食い込んでいけなかった。そこで，米国全土への浸透を一挙に進めるために，同社は1978年8月に米キャンベル・スープ社との提携を即席麺まで拡大し，生産・販売を委託することにしたと発表している。同社のキャンベルとの連携は，1976年1月に両社が合弁で「キャンベル東洋」を設立し，日本でキャンベルの野菜ジュースやスープなどの製造・販売をするという契約を結んでいた背景があったからである[24]。

東洋水産は，米国市場での即席ラーメンの販売力を強化するため，1978年12月に米国を7つのブロックに分け，各ブロックに駐在員をおいている。これは，広大な米国で売上を伸ばすには，契約している現地ブローカーとの接触を密にし，きめ細かな販売体制をとらなければならないという判断によるものであった[25]。

サンヨー食品の進出

1960年代後半からか「長崎タンメン」や「サッポロ一番」を日本で作り，米国へ輸出していたサンヨー食品も，1970年代後半になると国際展開を積極的に開始した。1978年2月，サンヨー食品は米国で現地法人「Sanyo Foods Corp. of America（米国サンヨー食品）」を設立し，即席麺の生産を開始することになったと発表した。同社は，ロサンゼルス市郊外のガーデングローブ市に2億6000万円を投じて3万3000平方メートルの土地を取得した。7月に工場の建設に着工し，早ければ翌年春にも日産30万食の規模で生産を開始するとしていた。これにより，円高で採算割れに陥っている米国向け輸出を現地生産に全面的に切り替えて，米国，カナダ向け即席麺の販売を拡大する方針であった。現地生産に備えて，10月からは米国向け即席麺を国内でテスト販売している。また，この頃サンヨー食品の英国の即席麺現地生産計画も動きだし，製造・販売面で提携している英ケロッグ社向けに製造機械の輸出を開始している[26]。

1979年には，米国サンヨー食品は工場を4月末に完成し，5月から稼働させた。同社の社長にはカリフォルニア州の実業家エドワード・M.オータニが就任している。これにより，同社は「サッポロ一番（SAPPORO ICHIBAN）」の袋麺とカップ麺を米国やカナダなどのスーパーで販売し始めた。これで，サンヨー食品の米国進出の体制は整い，米国市場で先発の日清食品，東洋水産との間で激しいシェア争いが展開されることになった[27]。

現地生産の開始によって，サンヨー食品は「サッポロ一番」ブランドの即席麺を年間10億円程度売り上げるようになった。そこで，1981年7月には，サンヨー食品は米国サンヨー食品の販売強化のため，第2ブランドとして「クックエース」を年末から投入する方針を決めている。既存ブランドより価格を低めに設定し販売競争を勝ち抜こうというもので，4個1ドルで売り出そうとした。もともと「クックエース」は，サンヨー食品が1981年7月に提携したエースコックのブランドであった。米国での新製品発売が，両社提携具体化の第1弾となるものであった[28]。

ところが，この「クックエース」というブランド名は商標登録の準備をしている過程で，英語名にすると卑猥な意味の発音に似ていることが判明したので発表を中止することになった。よく知られた例は，カルピス食品工業が「カルピス」を輸出開始した時に，同じような理由から「カルピコ」に商品名を変えて販売したことがある。日本では何気なく使っているカタカナの商品名でも，外国語での語感を知らないと大きな失敗を犯すことになることを，改めて想起させるものであった[29]。

1982年7月，サンヨー食品は海外戦略を強力に推進するために，海外市場開発グループを結成した。1978年から1979年にかけて米国での現地生産にとりかかり，同じころ英国ケロッグ社と技術提携して市場ノウハウとブランド名を提供して，ロイヤリティ収入を得るようになっていた。これらの海外事業が4年経過してようやく軌道に乗ってきたので，新たな海外展開をはかろうと，このプロジェクトチームを立ち上げることになったのである[30]。

各国企業との競争

1978年当時は，米国市場では日本，米国，台湾，韓国の食品メーカーが即席麺を巡る激しい競争を展開し始めていた。とくに，1977年から78年にかけて，米国の食品大手3社が市場に参入している。これを迎え撃つ日系企業は東部，中西部へと市場拡大を急がなければならなかった。こうした動きのなかで，台湾・韓国勢は早くも守勢に立たされるようになっていた。米国ではすでに市場規模が年間販売量2億5000万食を超え，市場シェア争いは激しさを増していた。

米国の即席麺市場に参入してきたのは，リプトン，ゼネラルミルズ，そしてネスレであった。リプトンは1978年からワシントン州シアトル市周辺で「ライトランチ」を販売し始めた。コーヒーカップに開けて食べる袋麺であった。同社は1976年に「リプトンヌードル」という即席麺でこの市場分野に参入したが，日本製の即席麺に押されて撤退していた。「ライトランチ」は捲土重来を期して売り出したものである。

ゼネラルミルズは1977年春から「マグオーランチ」を売り出している。銀紙の袋に入り，やはりコーヒーカップに開けて食べる即席麺である。販売地域はミネソタ州ミネアポリス市周辺やウィスコンシン州ミルウォーキー市周辺であった。

ネスレは1978年2月頃からオレゴン州ポートランド市周辺で，カップ入り即席麺の「ランチタイム」を売り出している。ドンブリ型プラスチック容器に入った即席麺で，価格はやや高めとなっている。同社は，1971年以来マレーシアでエースコックと技術提携して即席麺を生産し，そこで習得した技術を米国に持ちこんで生産し始めたのである。

これらの企業は，まだ月数万食程度だったが，即席麺の将来性を見込んで，近いうちに本格的生産に入ると予想された。さらに，ゼネラルフーズも近く即席麺に参入する計画があるといわれていた。

米国以外からでは，韓国の東一グループもロサンゼルス近郊で1978年にも現地工場の建設を始める模様であった。すでに，ロサンゼルス市周辺には旧ベトナム系と日本ペイントとの合弁会社であるサンワ・フーズ，台湾系のリジェンド・エンタープライズ，韓国系のユニオン・フーズなどの現地工場があった。ロサンゼルス市内のスーパーの棚には，日本製品と並んで，これらの企業の製品も棚に並ぶようになっていた。ただ，日本以外のアジア系メーカーの商品は，原価は安いが質の点で劣っており，販売競争のあおりを受けてシェアは低下しつつあった。

米国では，当時日清食品が一歩抜きんでており，これに東洋水産が続いていた。これら日本企業は，東洋系よりも米国系の大手食品企業の即席麺市場への参入に対応しようとしていた。例えば，東洋水産は1978年1月に，即席麺の包装のデザインを一新し，米国人に合うイメージに作り変えている。さらに，それまで「スープヌードル」であったカップ麺の商標を「インスタントランチ」に変更している。

日清食品は1978年9月から，全米テレビネットワークを使って宣伝攻勢をかけている。同社はランカスター工場の完成により，東部，さらには中西部への市場拡大を進めていた。日清食品と東洋水産の2社が，西部のみならず東部および中西部まで市場を拡大していたため，シカゴやシアトルではこれら日系企業と米国企業との競争が表面化しつつあり，今後は日米企業の競争が過熱化すると思われた[31]。

1982年までには，米国市場には日本から日清のほか4社，欧州から4社，台湾系，韓国系等を加えて計12社が参入し，激しい販売競争が展開されていた[32]。

なお，1978年10月，米国サンヨー食品のロサンゼルス郊外のガーデングローブ工場が操業を開始している。生産しているのは，「サッポロ一番」の袋麺で，3個1ドル程度で販売された。

明星食品の迷走

1978年3月には，明星食品の米国駐在員事務所がニューヨークに設置された。続いて同年6月には，「Myojo Foods of America Inc.（米国明星食品）」が，資本金10万ドルでニューヨークに設立され，社長には米国市場の調査に携わっていた常務の西山孝が就任した。米国では，日本から送り込んだ商品をベースに，市場調査から着手している。まず，現地で製造・販売する商品を開発し，そのテスト販売を進めたうえで，工場の建設に取りかかる手順であった。

米国では，ブランド名が「O My Goodness!（オーマイ・グッドネス）」と決まり，パッケージデザインも出来上がった。商品は，ビーフ味，チキン味，野菜味，みそ味の4種類で，255グラム入り90セントと85グラム入り30セントの2タイプとし，本格的な販売に入った。製品は日本で生産して輸出した。

この時期，シンガポール，マレーシア，米国と，明星食品の海外での活動が軌道に乗ってきたのに合わせ，1979年4月，「海外事業室」が発足した。室長にはイタリアでの生活体験もある宮本雍久が就任している。それまでは明星食品本社での海外業務は，総合企画室が担当していた[33]。

米国明星食品の工場用地はオハイオ州シドニー市に決定され，4万1000平方メートルの工場用地が取得され，5000平方メートルの工場施設の建設が計画された。1980年3月に鍬入れ式が行われ，1981年早々の完成を目指していた。オハイオ州政府の工場誘致政策によって，700万ドルの資金が低利で借り入れでき，その大部分がシドニー工場の建設に投入された。すでに日清食品，東洋水産，サンヨー食品は米国で生産を始めていた。これらのほとんどの工場は西部地区に集中し，西部市場の開拓から始めていたが，明星食品は最初から東部に狙いを定めていたのである。それまで数年来米国での即席麺の需要の伸びが大きかったことから，米国市場への進出に踏み切ったのである[34]。

ところが，明星食品のシドニー工場は1981年春に完成したにもかかわらず，米国市場での競争が激化したため操業を見合わせた。当時，米国では需要の伸び悩みに加え，日系の日清食品，東洋水産，サンヨー食品，明星食品，さらにはサントリーのほか，韓国系，台湾系，欧米系等10社以上余りが参入し，販売競争が繰り広げられつつあった。下位メーカーの中には，スーパーのPB（プライベートブランド）商品を手掛けるところも出ていた[35]。

その頃『日本経済新聞』は，日系即席麺メーカーが米国市場で苦戦していると，次のように伝えている。

「需要の停滞に加え，安売り合戦で，業績が期待したほどあがらず，中には工場は完成したものの，操業を見合わせているところもある。一時期“ラーメンをコーラと並ぶ世界的食品に”と，威勢の良かった即席めん業界だが，米国人の食生活の厚いカベに突き当たり，大きな試練の時を迎えている」[36]。

1981年1月に，奥井昭の後を継いで社長に就任した八原昌元は，アメリカ

表 2-1　米国の即席麺市場における競争状況（1978 年）

国　籍	メーカー名	商品名	小売価格	月間生産量	生産開始時期	販売地域
米国系	ネスレ	ランチタイム＊	80 セント程度	数万食	1978 年 2 月ごろ	西海岸ポートランド市周辺
米国系	ゼネラルミルズ	マグオーランチ	55 セント程度	数万食	1977 年 3 月ごろ	中西部ミネアポリス・ミルウォーキー周辺
米国系	トーマス・J. リプトン	ライトランチ	60 セント程度	数万食	1978 年 3 月ごろ	西海岸シアトル周辺
台湾系	リジェンド・エンタープライズ	ホーホーラーメン	23 セント程度	70 万食	1976 年 3 月ごろ	西海岸ロサンゼルス周辺
韓国系	ユニオン・フーズ	スナックラーメン	20 セント程度	70 万食	1975 年 9 月ごろ	西海岸ロサンゼルス周辺
日本・旧ベトナム系	サンワ・フーズ	ヌードルツーゴー＊	45 セント程度	50 万食	1977 年 4 月	西海岸ロサンゼルス周辺
日本系	米国日清食品	カップオーヌードル＊ トップラーメン	55 セント程度 27 セント程度	700 万食 700 万食	1973 年 11 月 1970 年 11 月	米国全土
日本系	マルチャン・インク	インスタント・ランチ＊ ラーメンシュープリーム	50 セント程度 27 セント程度	150 万食 150 万食	1977 年 3 月 1977 年 3 月	南部を除く米国全土

注：＊はカップ入り即席麺，他は袋入りもしくは箱入り即席麺。
出所：「即席麺，米国市場で日米台韓が火花―日本勢、東上作戦で対抗（業界激戦区）」『日経産業新聞』1978 年 8 月 17 日。一部筆者により修正。

工場はそのままで凍結をするという決断を下した。現地採用の従業員を整理し，本社から出向していた社員を帰国させ始めた。これまでの計画どおりに生産を開始すると，少なくとも8年間は赤字を覚悟しなければならないという，トップとしての判断であった。1982年3月までには，本社の出向社員は全員帰国し，海外事業室勤務となっている。第33期（1981年10月〜1982年9月）の決算は，米国明星食品の出資について，5億2000万円の評価損を計上しなければならなかった[37]。

ところが，1982年12月には，明星食品は向こう2年以内をめどに米国工場を稼働させる方針であることを明らかにした。1982年9月期決算で米国明星が資本金240万ドルのうち99%の評価損を計上するなど，操業中止による債務もかさみ始めていた。米国では，この時期には一時の乱売競争も沈静化し始め，需要も徐々に回復していると判断した結果，こうした発表をしたのである。とくに，失業の増加を背景に，カップ麺に比べて割安感のある袋麺に人気が集まってきたという。このため，中止していた市場調査を近く再開し，社内体制の整備をはじめ，操業開始に備えるとした。操業すれば袋麺2ライン，カップ麺1ラインの合計3ラインで日産約18万食（8時間）の生産体制となる予定であった[38]。しかし，その実現は困難を極めた。

1983年4月に明星食品は，海外事業部門の子会社で輸出などを担当していた明星インターナショナルを本社に吸収合併している。本社の海外事業室は，1982年12月に海外事業部となっていた。明星インターナショナルの社員は全員，海外事業部の所属になり，社長であった原賢治は本社海外事業部長に就任している[39]。

1986年6月，明星食品は米国シドニーにある即席麺工場をキャンベル・スープ社に貸与し，同時に即席麺の生産技術も指導するという方向転換を決めた。同工場の操業も考えていたが，結局，工場は操業にはこぎつけることができなかった。この決定には，遊休工場を有効活用するとともに，キャンベル社との協力関係を深めてスープ生産技術などを導入する狙いがあった。キャンベル社では，同工場の袋麺2ラインとカップ麺1ラインの計3ラインのうち，月産能力250万食の袋麺1ラインを8月から開始するとした。

即席麺の生産技術については明星食品が原材料，加工法，製品開発などを指導し，ポーク，ビーフなど多種のフレーバーを品ぞろえした。キャンベル社は同工場を買い取る権利も確保していた。キャンベル社は年商約40億ドルの総合食品メーカーで，スープ製品については米国内で圧倒的な市場シェアを持っていた。今後，粉末スープを素材に使う即席麺分野に進出する方針で，生産設備および技術の提供を明星食品に求めてきたのである[40]。

米国に飛び火した特許紛争

この時期，日本国内で争われていた即席ラーメン業界の特許紛争が，米国に飛び火している。1982年現在でも，すでに見たように日清食品と東洋水産など3社間でカップ麺の製法特許で紛争が生じ，東京高裁まで持ち込まれていた[41]。

1976年8月，東洋水産は日清食品が米国で特許査定を完了した「調理容器付き食品」の特許権について，米国特許庁に反論の書類を提出したと発表している。さらに，日清食品が米国で同特許を取得していないにもかかわらず「特許をとった」と表明したことについて，近く現地で訴訟を起こすとしている[42]。

1976年9月には，日清食品は米国で「調理容器付き食品」の特許を確定したのに続き，「カップ入り即席めんの製造法」に関する米国での特許権を確立したと発表した。この新特許は，カップ麺に限定して製造方法を中心に細部にわたって規定したものである。これに対して，東洋水産の米国法人マルチャン・インクは，1976年12月30日付でロサンゼルス連邦地方裁判所に特許無効の訴えを起こしている。この訴えは，マルチャン・インクが1977年2月中旬から米国でカップ麺の製造を開始する計画に対して，日清食品が米国の特許をタテに製造中止の仮処分申請をする前に，日清食品の特許の有効性について米国の裁判所の判断を求めたものであった[43]。

1977年3月には，ロサンゼルス連邦地裁は東洋水産の告訴に対し，日清食品の異議申し立てを却下している。これにより，日清食品は，東洋水産が日清食品の特許の無効を立証するために同連邦地裁に提出した質問状に対して30日以内に回答書を提出することになり，この時点では両者は本格的に争うことになりそうであった[44]。

日本国内においては，1977年9月には日清食品が特許庁に出願していたカップ麺の製法特許が不成立になったと報道された。特許庁は，日清食品の「容器付きスナック麺の製造法」に関する特許申請に対し，技術に進歩性がないとして，拒絶査定を出したものであった。同特許が不成立になったことによって，同社の特許攻勢は曲がり角に来た。さらに日清食品と東洋水産が係争を続けている米国の特許紛争にも，微妙な影響を与えるのは必至と思われた[45]。

裁判の長期化を懸念して，1978年8月には安藤日清食品社長が日本で森東洋水産社長に会談をひそかに申し入れた。しかし，それぞれの主張は平行線のまま物別れに終わったという。この係争事件は，1979年3月，日清食品と東洋水産の両社とも訴訟を取り下げ，「今後共栄を目指して協調する」ことで合意し，3年目にして突如和解が成立した。両社の和解の具体的な中身は一切明らかにされていない。しかし，米国の市場も各国のライバルメーカーがひしめく過密地帯となったため，日本企業間でこれ以上争いを続けるのは得策ではないとの判断が働いたものと考えられた。結局，縦型カップ麺の製法特許は，1990年末で日清食品のカップヌードルの特許期限が切れるまで，維持されたようである[46]。

第2節　米国における即席麺の普及

1980年代における展開

米国では，1981年8月あたりから即席麺に対する需要が急速に活発になり，日系即席麺メーカーの売上げも急増した。しかしながら，一方では日系メーカー間の激しい競争に加え，低価格攻勢の東アジア系企業がひしめく状況で，競争はますます厳しいものになってきた。こうした状況に対応するためには，特徴ある新製品を出して差別化すると同時に，店頭での実演販売などの販売促進策を進めていくことが重要となった[47]。

東洋水産の米国現地法人であるマルチャン・インクは，1980年3月期は約30万ドルの経常赤字を出したが，売上高は1000万ドルに達し，ようやく経営が軌道に乗り始めた。これは，ワンタンなど扱い品目を増やす一方，従業員の生産性も向上したことによった。

1981年3月に，マルチャン・インクの即席麺生産・販売が月間約500万食ラインを突破した。同年3月期では売上高は対前年比60%増の1600万ドルに達し，経常利益も当初目標の40万ドルをはるかに超えて126万ドルとなり，操業以来はじめて黒字に転換している。1977年2月に操業を開始して，1978年度，79年度と大幅な赤字を出し，一時は減資にまで追い込まれていたが，3年を経てようやく経営が軌道に乗ってきたのである。

しかしながら，こうした状況にいたるまでには，同社は不満をもったヒスパニック系労働者，昇進を拒否されたと主張する女性従業員による報復としての上司に対するセクハラ告訴，労働組合の扇動者の動向といった，広範な問題に取り組まなければならなかった[48]。

同時に，マルチャン・インクの経営が改善されたことの大きな要因として，この時期に即席麺需要が急速に伸びたことがあげられる。それは，以下のような理由によると考えられる。(1)不況で所得が減り，低価格商品への人気が高まったこと，(2)それに対応して1981年に5～10%の値下げを断行し，低価格志向の時流にのったこと，(3)袋麺6品目，カップ麺6品目のほかワンタン1品目を追加して商品ラインを拡大し，さらに，1982年度中にはパスタ類など新製品を追加し，取扱商品の多様化を図ったことである。

すでに米国内に4工場を擁していた米国日清も，1981年にようやく初配当にこぎつけており，日系即席麺メーカーの海外進出も軌道に乗り始めたとみなされるようになった[49]。

こうしたなか，即席麺の海外での年間生産量は全体で40億食に迫り，日本国内生産の約42億食を抜くのも時間の問題になり，改めて海外市場の役割が認識されるようになってきた。米国では当時，日本食ブームが訪れていた。大半のスーパーに「オリエンタルフードコーナー」が設けられ，しょうゆ，豆腐，かまぼこなど，あらゆる日本食品が売られるようになった。即席麺はすし，豆腐に次ぐ第3の世界の日本食になりつつあった[50]。

即席麺の需要が高まるなか，米国では日系上位2社がその地位を確保し始めていた。米国日清は即席麺市場に積極的攻勢をかけ始めた。1982年3月期で，売上高は約5000万ドルと米国第2位のメーカーであるマルチャン・インクを約3倍引き離し，1983年3月も前年比6%増の5300万ドルを達成する見通しとなっていた。即席麺需要に合わせて，同社のロサンゼルス，ランカスターの2工場は1982年秋から初めて24時間のフル操業体制に入っている[51]。

一方の東洋水産は，1983年に商品ラインの拡大の一環として，秋にも生麺（生焼そば）の生産・販売事業に乗り出すと発表している。1982年12月から日本から商品を冷凍して送り，現地のスーパーマーケットなどで本格的に試験販売をはじめ，市場調査を行っていた。同社の生麺の製造・販売への進出については，(1)即席麺だけでは売上げの伸びに限度がある，(2)米国でも即席食品から“生”の食品への需要が高まっている，(3)ねこ舌の多い欧米人には，熱いスープものよりも，焼きそばのような汁のないものが向いているなどの理由からであった[52]。

このため，マルチャン・インクは生麺における生産品目を当面，生の焼きそばのみとし，米国人向けにスパイスのきいたスープを添えて販売する予定を立てた。マルチャン・インクの1982年度売上高2400万ドルの見込みの約3分の1に相当する800万ドル程度の売上げを狙った。試験販売の結果を見て商品に手直しを加えるなどしたうえで，ライン増設に踏み切った。米国工場のそれまでの即席麺の3基の生産ラインに加え，生麺の生産ライン1基を約5000万円かけて設置した。配送はチルド配送業者に委託し，販売地域は当面サンフランシスコ，ロサンゼルス周辺とし，需要の伸びに応じて順次拡大していく考えであった[53]。

さらにこの時期，即席麺の生産・販売のほか，外食，生麺，魚肉ハム・ソーセージなどすでに進めていた米国事業の多角化に弾みをつける考えであった東洋水産は，1983年3月に，1984年10月開催のロサンゼルス・オリンピックと協賛契約を結び，これを契機に米国での事業の多角化を進めていくと発表している。オリンピックに即席麺など同社製品を無料で提供するとともに，日米で販売する商品にオリンピックのシンボルマークを使用することで，企業のイメージアップを図ろうとするものであった。協賛金は100万ドルだが，大会までの期間と大会中の宣伝効果を合わせて考えれば十分に元が取れるし，従業員の士気高揚にも役立てると考えたのである。同社は米国で柔道教室も始めた。オリンピック種目である柔道を強化する目的で，ロサンゼルス・オリンピック組織委員会と協力して主催することにしたのである。さらに，米国で「マルチャン杯剣道大会」も開催している。なお，日清の即席ラーメンが，ほぼ同時期の1980年にニューヨークで開催された第13回冬季オリンピックの公式スープとして認められている[54]。

東洋水産は1983年3月，同月下旬から米国でラーメンの外食チェーンを展開すると発表し，1984年5月に米国でのラーメン店の展開に乗り出している。同社は傘下のグループ企業と共同出資で飲食会社「ポートマル」をカリフォルニア州アーバイに資本金20万ドルで設立した。社長は本社社長の森和夫が兼任した。1号店は店舗面積70平方メートル，客席数28席で，店名は現地会社名と同じ「ポートマル」であった。1988年までに10店舗のチェーンを確立することが目標であった。同時に，これらの店舗に，米国消費者の好みを探るアンテナショップの役割も期待した。

1984年12月，東洋水産は米国で1店舗しかないラーメン店を1986年3月までには10店舗に増やし，売上げを1985年3月期の予想月2万ドルから20倍の240万ドルに増やすという計画を立てた。しかしながら，このラーメン店の経営はあまりうまくいかなかったようで，1992年3月期の『有価証券報告書』によれば，ポートマルはこの期に清算されている[55]。

1984年9月，マルチャン・インクは年末にも米国工場の増設工事に着手すると発表している。米国工場は，袋麺，カップ麺，ワンタン麺の生産ラインを各1ラインずつ有していた。需要が好調でフル稼働状態が続いていたため，増設に踏み切ることにしたのである。増設するのは，袋麺製造設備1ラインで，1985年7月に完成の予定で，即席麺の生産能力は1.3倍の月産15万6000ケースとなる計画であった。工場増設のための投資額は300万ドルで，うち工場の建物に150万ドル，機械購入に150万ドルを投資するとした。マルチャン・インクの1983年度の売上げは，2360万ドル，1984年度は前年度比8.6%増の2800万ドルを目指していた。

1983年ごろの米国即席麺の市場規模は推定約2億ドルであった。米国日清がシェアトップで約30%を占めていた。2位は台湾系の即席麺メーカーであるサンワ・フーズ，3位はユニオン・フーズが占め，マルチャン・インクは業界第4位でシェアは約12%といわれていた。こうした状況に，1984年7月には韓国の即席麺トップメーカーの三養(サムヤン)食品も本格参入した。現地生産・販売を開始するなど競争が激化してきおり，一部では安売り合戦も始まっていた。このように，日系即席麺メーカーは米国では競争激化に直面した。

クラフト，ネスレ，リプトンといった欧米の巨大食品メーカーも米国で即席麺を手掛けるようになった。しかしながら，彼らはそれを「ヌードルスープ」と呼び，スープに少量のパスタが入っているもので，即席ラーメンの味を知り始めた米国人には次第に受け入れられなくなった。そのため，欧米の即席麺メーカーはほとんどこの分野から撤退することになったのである[57]。

こういったなかで，東洋水産はロサンゼルス五輪のオフィシャルサプライヤーとして，5万食のカップ麺を選手・役員に提供するなどして，現地での知名度向上に努めた。新工場の完成で生産体制を整えることで，シェア拡大に努める計画であった[57]。

さらに東洋水産は，1986年7月にアーバイン工場の袋麺生産ラインを増強したのに続き，約4億8000万円をかけてカップ麺の生産能力も倍増すると発表している。当時ロサンゼルス，サンフランシスコ，ニューヨークなど全米に5営業所を設置していた。さらに，東部地域での販売強化を狙って営業所の新設も検討した。マルチャン・インクは，1986年度には累積損失を一掃するまでになっていた。そのため，米国での即席麺の1987年3月期の売上げを，前期比25%増の5000万ドルとする計画であった。米国での市場シェアをそのときの10%強から，将来的には20%に高めていく方針であった。

マルチャン・インクのカップ麺生産ラインはそれまで1ラインであったが，今回の1ライン増設により生産能力は日産7万2000食から14万4000食に増える。同工場では先に袋入り麺生産ラインを1ラインから2ラインに増やし，日産14万4000食に倍増したばかりであった。これらの増設は，米国東部地域での販売拡大が狙いであった[58]。

1986年7月現在で，マルチャン・インクは「MARUCHAN（マルチャン）」の商品名で，カップ麺7品目，袋麺7品目，袋入りワンタン4品目を販売していた。その後はフレーバーの種類を多様化して，カップ麺，袋麺をそれぞれ10品目程度に増やす計画であった。海外での生産体制の強化は，円高で日本からの製品輸出が採算に乗りにくくなっていたという背景もあった[59]。

1988年7月，東洋水産は米国の大手電子レンジ食品メーカー，ゴールデン・バレー・マイクロウエーブ・フーズ社（本社ミネアポリス）と提携し，米国で自動販売機ルートを利用して即席麺の販売を始めている。初年度販売目標は500万ドルであった。2，3年内にはゴールデン社からの技術導入で冷凍食品の製造・販売も手掛けるとした。国内の即席麺需要が頭打ちになっているなかで，即席麺以外の分野を含めて大規模市場である米国を開拓していこうとしたのである。この頃には，業績もいっそう改善され，配当を行うまでになっていた。

東洋水産は当時，マルチャン・インクを通して現地工場で生産した即席麺をスーパーマーケットや軍向けに販売していた。今回の提携は，自動販売機向け商品市場に強いゴールデン社と組むことで，業務用ルートを開拓するのが最大の狙いであった。

販売する商品は「インスタント・ランチ」とカップ麺で，麺の質，味付けを現地の消費者向けにしたものであった。ビーフ味，チキン味など7種類があり，価格は1個50セント程度であった。生産は現行の即席麺工場を利用するが，将来は専用工場の建設も検討していた。

ゴールデン社は電子レンジで調理する商品の開発・販売で実績を持っているほか，自社でコールドチェーンも整備していた。東洋水産はその技術を利用しながら米国での事業を進め，軌道に乗れば米国で生産した冷食，さらにゴールデン社の他の商品も日本に輸出することにしていた[60]。

1988年10月，東洋水産は米国東部のバージニア州リッチモンド市郊外に新工場を建設すると発表した。1989年3月着工，完成は同年末になる見込みであった。工場の敷地面積は約10万平方メートルで西部工場の約4倍になる。カップ麺，袋麺の生産ラインをそれぞれ1ラインずつ設置する。生産能力は年産約8000万食と西部工場の半分で，投資金額は約20億円になる見込みであった。

これまで同社は，カリフォルニアの工場から東部地域へ製品を配送していた。しかしながら東部地域での販売量拡大に伴い，配送コストが増大し，生産能力も限界に近づいているため，新工場を建設することにしたものである。最初は即席麺の専用工場とする。その後3年をめどに同じ敷地内で冷凍食品など即席麺以外の食品を生産したり，冷蔵庫業等に乗り出したりする計画も持っており，米国での事業展開に弾みをつけていく計画であった。

一方，米国サンヨー食品も，1982年度の売上高は約610万ドルで前年の490万ドルから25%増で，収支もほぼトントンにこぎつけ，1983年3月期からは黒字に転換している。乱戦が続く米国市場で業績が向上してきたのには，2つの要因があった。1つは，人気ブランドが確立していない米国市場で，価格競争に走らず安定した高い価格で販売したため，現地ブローカーから得る信頼が大きかったことである。第2は，当初米国市場全体への浸透も目標においていたが，その後東洋人に狙いを絞った商品開発・販売戦略に徹しており，これが急激な売上増に結び付いたことである[61]。

こうした好調の波に乗り，同社は1983年6月には初めて即席焼きそば2品目（シュリンプ味とカレー味）を米国で発売した。既存の即席麺（ビーフ味，チキン味，しょうゆ味）と合わせて5品目となった[62]。

1985年2月，米国サンヨー食品は，新製品3品を発売している。新製品は「サッポロ一番」ブランドの即席うどんで，「サッポロ一番みそうどん」「同四川うどん」「同わかめうどん」である。いずれも辛口の味つけにしたものであった。

米国の即席麺市場は韓国メーカーの進出などで，競争が激化していたが，これらの新製品投入にはこれに対抗する意味もあった。そのため，既存品は英語のみの表記だったが，新製品はハングルの表示も併記している。韓国メーカーの安価な製品に対抗するため，価格も1個35～40セントと既存の製品よりも25%程度安く設定してあった[63]。

日清食品は，1985年10月には，ランカスター工場に100万ドルを投資して増設工事を行っている。米国ではミシシッピ以東で袋麺の需要が伸びていたところから，これに対応するものであった。当時の同工場の袋麺の生産能力は日産13万食であるが，新ラインが稼働すると生産能力は倍の日産26万食になる計画であった[64]。

1986年3月期の日清食品の米国での年間販売額は，袋麺が400万ケース，カップ麺が500万ケースで，米国市場の50～60%程度のシェアを持っていた。主婦の職場進出の盛んな米国では，今後も冷食などと並んで調理の簡単な即席麺の需要が伸びると期待されていた[65]。

同社は，1987年6月にはランカスター工場に食品研究所（NITEC）を設置し，トマト味のラーメンやチーズ味のラーメンを開発し，現地仕様の製品開発を進めている。従来は海外向け製品の開発も国内の研究所が担当してきたが，開発の段階から現地に独自性を持たせ始めたのである[66]。

ランカスターのスープ専用工場は，1987年4月に着工し，秋に完成している。従来，日本から持ち込んでいた即席麺用のスープを現地生産に切り替えるのが目的であった。シンガポールの製造子会社である「シンガポール日清」からも即席麺用スープを取り寄せ始め，これで日本国内産のスープを一切使用しない体制が整った。1988年2月には同様のスープ研究所を，カリフォルニア州ガーデナの工場内にも設置している[67]。

1980年代後半になると，米国における即席麺需要は年率10～20%の成長を続け，即席麺は米国人の食生活にも急速に浸透してきた。1988年には全米の即席麺の消費量は約7億食と，日本の年間消費量約46億食の約15%に達している。米国で販売されている即席麺は容量では日本と同じで，味付けはビーフ，ポーク，チキンから取ったスープが中心になっていた。インスタント食品に対する米国人の評価は高く，肉類に比べて低カロリーであること，和食ブームが続いていることなどが需要増の要因とみられていた。この当時米国でのシェアは，日清食品がトップを占めていた[68]。

こうしたシェアの高さは，日本企業としての日清食品が，品質にこだわり新鮮な商品を顧客に迅速に届けるようにした結果でもあった。『フォーチュン』誌は，次のように述べている。

「“Oodles of Noodles” はプラスチック容器に入っている。顧客はスープを作るのにお湯を加えるだけでよい。日清食品は，このスープは缶詰めスープよりも味がよいと主張している。鮮度を保つために，日清食品は米国に2工場を擁し，それぞれ西海岸と東海岸に設置している。同社は，ジャストインタイムの配送を行っており，店舗が必要とする多くの小口の注文に応じて配送する。リプトンも “Cup-a-Soup” という同様の製品を販売しているが，同社は週一回程度で大規模な配送しか行っていない」[69]。

このように，米国における拠点が拡大するなかで，日清食品では人事面での本格的な国際化が進められようとしていた。1988年6月，米国日清に米国人取締役が誕生している。日清食品グループ全体にとって第1号の現地人取締役になったのはハワード・ワンで，ランカスターのオフィスで経理・総務担当役員として活躍していた。米国日清設立時からのメンバーで現地従業員の信望も厚かった。

米国日清の従業員は約250人で，そのうち日本の日清食品本体から出向しているのは20人足らずであった。日清食品の現地法人は，米国だけでなくいずれも現地採用者を増やし，日本からの出向者を減らす方向にあった。「現地の経営は軌道に乗りしだい現地に任せる」方針であった[70]。

1980年代末までには，米国での即席麺の消費量は年間10億食に達していた。とはいえ，米国では即席麺の消費層が西部地域に偏っていた。東部地区の即席麺消費量はまだ少なく，今後市場を新たに切り開く努力が必要とされた。米国ではスーパーマーケットなどで売られるPB商品の台頭で，即席麺に値崩れの懸念も出てきており，日系メーカーは全米規模で自社ブランドを浸透させる必要があったのである[71]。

1988年7月，日清食品はメキシコ料理の冷凍食品で成長している米国の食品メーカー，カミノ・リアル・フーズを買収している。カミノ社のオーナーから全株式を，700万ドル（約9億4000万円）で取得し，米国日清食品の子会社として運営することになり，社長は米国日清の社長が兼務した。日清食品は，日本国内で冷凍食品事業を手掛けていたが，米国にも生産・販売拠点を設け冷食事業の基盤を固めるという。日清食品が海外で即席麺以外の事業を展開するのは初めてであった。

カミノ社はロサンゼルス郊外に本社工場を持ち，従業員は約200人で，年間売上高は1987年10月期約1500万ドル（20億円）であった。メキシコ料理のブリトーやエンチェラータの冷凍品を中心にスーパーなどで販売していた。エスニック食品の分野では全米5位，メキシコ系の多いロサンゼルスでは売上げトップであった。

1988年には，日清食品は世界10カ国で即席麺を生産・販売しており，海外での販売量は年間6億食に達していた。また，設立後20年を迎えようとしていた米国日清は年間1億ドルの売上高を達成していた。この頃には日本から管理しているのは財務部門だけであり，商品開発やマーケティングはほとんど現地まかせであった。その財務面でも，1988年には財務担当者の現地採用に乗り出している。1993年ごろ，日清食品は米国日清を本社の米州総支配人室から切り離し，現地化を推進する体制を整えている。

こうした結果，日清食品は，海外での事業展開のために，宣伝部と国際部共同で特別の海外向けコーポレートアイデンティティ（CI）づくりを始める計画を立てた。また，国際部には米州，欧州，東南アジア総支配人室を作り，地域別の担当制度を新設している[72]。

1990年代の即席麺業界

1990年頃までには，米国での即席麺の年間消費量は約12億食を突破した。この頃ウォールストリートのビジネスマンの机の引き出しには，カップヌードルが入っているほどになったといわれる[73]。

1990年2月，明星食品は米国での事業展開を方向転換すると発表した。オハイオ州にある即席麺工場を現地の大手総合食品メーカー，キャンベル・スープに売却し，現地での即席麺の生産・販売事業を清算したのである。これに続き，ロサンゼルスに駐在員事務所を新設し，米国への即席麺輸出を強化し，現地の食品ブローカーなどへの売り込みを本格化している。当時，シンガポール法人から即席麺を年間100万食程度輸出していたが，1990年には5割程度アップさせる計画であった。

その時，明星食品は，市場動向を探りながら合弁等による現地生産に踏み切ることも検討していると述べた。同時に，同社は駐在員事務所を拠点に情報収集活動をして，外食事業を展開するための調査を始めている。日本で多店舗展開していた「味の民芸」などのノウハウを用いた，麺類のレストランを米国に出店する計画で，出店時期は1991年以降の予定で，即席麺に代わる事業になるとみていた。しかしながら，「味の民芸」の米国出店は実現しなかった。

明星食品がキャンベルに売却した工場は，すでに見たようにオハイオ州シドニー市に1981年に完成していた。袋麺とカップ麺の生産ラインが合わせて3基あり，日産能力は50万食あった。売却金額は公表されていなかったが，キャンベル社からの取得金額は3年半のリース料を含め，推定で約600万ドルに上るとみられた。

キャンベル社はそれまで3年半，オプション条項付リースの形で同工場を賃借していた。この間，同社は明星食品から即席麺の生産技術の指導を受けた。米国中西部でのテスト販売が軌道に乗り始めたことから，オプションを行使して自社工場にしたのである。同社は缶入りスープの最大手であった。しかし，即席麺を含む粉末スープ分野ではシェアが低いため，年率10％台で成長する即席麺に本格参入して，日清食品や東洋水産に対抗しようとしたのである[74]。

さらに，キャンベル社は1991年10月に，米市場第3位の即席麺製造・販売会社サンワ・フーズ社を，シンガポールの食品大手ワセラム・ホールディングズ（Wuthelam Holdings Ltd.）から買収している。キャンベル社はサンワ・フーズ社を傘下に置くことで，東洋水産を抜いて全米で第2位に躍り出ると思われた。

カリフォルニア州に本社を置くサンワ・フーズ社は，カリフォルニア州とアトランタ州に工場を所有していた。同社は，「ラーメン・プライド」のブランドで，全米でカップ麺と袋麺を販売しており，1990年の売上げは4000万ドル前後であった。

この時期，即席麺は米国でもさらに人気が上昇していた。米国の市場規模は2億5000万～3億5000万ドルで，過去10年間に年率12％前後のペースで伸びていた。キャンベル社はこうした成長性に着目して，この買収に踏み切ったのであった。キャンベル社は1988年から即席ラーメンを生産・販売しているが，販売地域は中西部を中心に全米の半分に過ぎなかった。サンワ・フーズ社の中心市場は西部および東北部であったので，キャンベルはサンワ・フーズ社の買収を機に営業地域を拡大し，米国内での事業強化を急ぐことにしたのである。

この買収に伴い，サンワ・フーズ社はキャンベル・ノース・アメリカ・ディビジョンの子会社となった。キャンベルは買収後，キャンベル・ブランドとともにサンワ・フーズの「ラーメン・プライド」ブランドの生産・販売も続けている。この時期には米国ではキャンベル社やゼネラルフーズ社などの大手総合食品会社が事業の一環として即席麺を手掛けるようになっていたのである[75]。

全国市場の制覇へ

1990年2月には，日清食品は新工場をペンシルベニア州に建設し，東海岸地区でも冷食事業を展開すると発表した。新工場は東部地区の即席麺の生産拠点であるランカスター工場の敷地内に着工し，1991年1月に工場は完成し稼働し始めた。すでに西海岸では既存の販売ルートを利用して販売していたが，東海岸地区では米国日清食品が即席麺で築いた販売網を有効活用して，ニューヨークやボストンなど主に大都市圏で販売するようになった[76]。

東洋水産は1990年12月に，同年10月に完成・稼働したリッチモンド工場を1991年2月から8億円かけて増設すると発表した。売れ行きが当初見込んだ数量をはるかに超えているため，1991年7月ごろまでに増産体制をすべて整え，米国市場で先行し当時45%シェアを有する日清食品を追撃し，当時の20%前半のシェアから30%を目指すものであった。

東洋水産のリッチモンド工場は米国東部一帯をカバーする生産拠点で，カップ麺，袋麺の生産ラインを1基ずつ持っていた。生産能力は，それぞれ月産30万ケース（1ケースはカップ麺が12個，袋麺が24個）であった。それを1991年2月にまず3億円を投資してカップ麺の生産ラインを1基増設し，3月までにカップ麺の生産能力を倍増する。続いて6月には袋麺のライン1基を増設し，7月から全品目について稼働当時の2倍の日産24万食を生産した。規模的には第1工場であるロサンゼルス工場に匹敵する能力になった。

米国東部地域は，アジア系市民の多い西海岸地区に比べて消費量が伸びないとの予想もあった。しかし，カップ麺が約50セント，袋麺が約20セントと価格の安さなどが歓迎され，まとめ買いをしていく消費者が増えたという。また同工場は，1990年7月から輸出を開始したソ連向け商品の生産拠点ともなった。

販売は，リッチモンド工場の製品をマルチャン・インクが買い上げて東部地区のブローカーを通じて小売店に対して行なった。米国での売上高は1991年3月期では1億ドル程度であったが，リッチモンド工場の生産能力が倍増し，本格稼働すれば1992年3月には1億2000万ドルに拡大するとみられた[77]。

競争が激化した1990年代には，日清食品と東洋水産の2社がともに，米国での第3工場の建設に乗り出している。

東洋水産は米国での即席麺の増産を推進するために，米国第3工場の用地選定に入った[78]。同社は1992年9月に米大手冷蔵倉庫会社を買収し，主力の水産部門の米国展開体制を整備したのに合わせ，原料調達などで即席麺と組み合わせた展開が可能になるとしている。競争の激化が，即席麺需要拡大の一因ともなったといえる[79]。

1993年1月，同社は米国カリフォルニア州アーバインのラグナ工場で冷凍食品，生麺の生産を始めると発表した。100億円を投資してカリフォルニア州に工場を新設し，1994年半ばの稼働を予定していた。同社が米国で即席麺以外の製品を扱うのは初めてで，総合食品会社に脱皮する足掛かりとするものであった。米全体の年間売上高は1992年の1億4000万ドルに対し2億ドルを目指した。これにより，同社は，日清食品の売上高1億8000万ドルを上回り，米国に進出している日本の食品会社のなかでは最大の規模になることが期待された。東洋水産は，13万2000平方メートルの敷地を取得し，1993年夏までには建物を着工した。土地の取得金額は明らかにしていない。1994年半ばまでに即席麺製造ラインを2〜3ライン設置する第1期工事と合わせ，新規工場に70億円を投資する計画であった。日産12万食のカップ麺製造ラインと同19万2000食の袋麺製造ラインの両方を置き，1995年までには30億円を投資して，春巻，ギョーザなどの冷食や生麺の製造も始めるとした。冷食は1992年中に試験輸出を済ませており，主食とスナックの中間的な位置づけでパーティ用などに需要を見込んだ[80]。

東洋水産は，1994年11月にラグナ工場を竣工している。同社は，こうした事業展開によって他社を引き離したい考えであった。新工場はカリフォルニア州にあり，米国子会社のオフィス，物流センターを隣接し，生産・販売の拠点となった。同社は，この後の戦略を練るうえで，このアメリカの新工場を南部市場だけでなくメキシコ市場の開拓をも視野に入れたものとしていた[81]。

一方，明星食品も1990年代に，米国市場に生麺生産で再び参入した。明星食品は米国では即席麺を生産せず，市場がこれから伸びると見込まれる生麺や餃子の皮に照準を絞り，キッコーマンの米国子会社と共同出資で工場を建設した。これは，1980年代前半に即席麺工場を建設しながら，出遅れが響いて撤退した教訓を生かしたものであった。1991年4月，明星食品が80%，キッコーマンの米国子会社で食品商社のJFCインターナショナル（サンフランシスコ）が20％出資して，資本金100万ドルの現地子会社「米国明星」をカリフォルニア州チノ市に設立している。翌1992年3月に工場が完成し，5月から稼働している。工場の敷地面積は3700平方メートル，建物面積は1700平方メートルで，うどん，生ラーメン，蒸し焼きそば，ワンタン・餃子の皮の4ラインでスタートしている。投資額は約450万ドル（5億8500万円）であった。製品はJFCがスーパーなどに販売した。米国ではアジア系の消費者を中心に生麺市場が拡大していたため，生麺によって米国進出に踏み切ったという。売上高は生産開始後1年目が250万ドル，5年目が500万ドルを見込んでいた[82]。

東洋水産vs日清食品の競争

1994年7月に日清食品は，米国の即席麺事業を拡大するために，テネシー州メンフィスでクラフト・ゼネラルフーズの施設を買収し，約30億円を投じて第3工場を建設すると発表した。そして，1995年3月期の北米事業売上高を2億5000万ドルと見込んだ。1994年11月に竣工式を行ない，米国のみならずメキシコ向けの即席麺の生産を開始した。

工場の敷地面積は7万6300平方メートル，工場の面積は1万3400平方メートルで，従業員400人を新たに採用した。当初は，袋麺・カップ麺の生産設備を4基据え付け，米国における生産能力を1.5倍に引き上げた。日産能力はカップ麺，袋麺それぞれ30万食ずつ，計60万食になった。これにより，ロサンゼルス，ランカスターに続く生産拠点を整え，中南部地域でも即席麺事業を本格展開した。

さらに，1994年12月には，日清食品はランカスター工場を増設すると発表した。供給能力が追いつかなかったため，それまでの年産4000万ポンドの生産能力を，160万ドルを投資して，最大で5割増産できる体制を整え，1995年6月の稼働を目指した[83]。

東洋水産と日清食品と地元メーカーは，米国市場において即席麺のトップシェアをめぐって，三つ巴の激しい競争を繰り広げていた。すでに，日清食品と東洋水産の販売競争により，値崩れが進み，キャンベル社以外の即席麺メーカーはほとんどが撤収してしまった感があった。日系両社の3番目の生産拠点が稼働することにより，生産量の拡大によりさらに物量を投入したシェア争いが展開されるのは必至と予想された[84]。

1990年代末になると，再び日清食品と東洋水産の2社は，米国での即席麺事業を拡大している。東洋水産は米国子会社のカップ麺工場の生産能力を約15%引き上げた。一方，日清食品は1999年度中にランカスター工場にある即席麺生産ラインを改良し，生産能力を約12.5%引き上げ年間9億食にした。ラインを高速化して稼働時間を縮め，人件費を圧縮することを狙ったのである。同時に販路開拓のため，2，3の大手チェーンスーパーと契約を結び，PB商品を生産することにした。生産品目数が増えるため，ガーデナ工場内にも倉庫を増設している。生産効率化と販路開拓で，1998年度に11億円あった米国日清の営業赤字を1999年度は2～3億円程度まで減らしたい考えであった[85]。

日清食品の動きに対抗するように，東洋水産は，1999年にはマルチャン・インクのラグナ工場のカップ麺生産ラインの増設を行った。この計画は，1999年10月末に完成し，完成後の即席麺生産能力は年間15億食になった[86]。

この時までには，米国の即席麺の市場シェアは東洋水産が約5割，日清食品が約3割を占めるようになり，両社の地位は逆転していた。両社とも投資額は約10億円であった。日本国内の即席麺市場が少子化の影響で横ばいで推移する一方で，米国市場は拡大を続けていたため，成長の見込める同国市場への投資を加速させた。

メキシコ進出

東洋水産の本格的なメキシコ市場への進出は1989年であった。当時米国法人社長の深川清司が，メキシコ人が土産としてカップ麺を買う姿を見て，「これはいける」と判断したという。しかしながら，1994年12月の「テキーラショック」で債権回収の問題が発生したこともあり，メキシコビジネスからいったん手を引いたが，その後再開している。2004年に販売会社「Maruchan de Mexico（マルチャン・メキシコ）」を設立し，営業活動をいっそう強化した。2008年では，マルチャン・メキシコの年間輸入額は1億5000万ドルを超えていた。

2013年のジェトロの調査によれば，メキシコでも即席麺の主な顧客は中低所得層で，全体の即席麺消費者の86.8%に達する。また，消費者は，主に昼食と夕食として購入している。男女の比率は男性52%，女性48%とほぼ拮抗している。年齢的には若い世代の消費が多くなっている。メキシコでは，「マルチャン」は即席スープの範疇に入り，「Sopa Maruchan（マルチャン・スープ)」と呼ばれているようである。メキシコでの一般的な食べ方としては，カップにライムとチリソースを入れ，スープ替わりとして食べることが多い。メキシコのコンビニでは，マルチャンとホットドックやソフトドリンクなどをセットで販売しているケースもあるという[87]。

東洋水産は，メキシコ市場での販売網開拓には苦労したようであるが，1994年に転機が訪れた。同社は，メキシコ・ペソの大暴落で経営難に陥った流通業者を救済する手段を取った。将来を睨んだ採算度外視の措置だったが，この時に流通業者と強い信頼関係を構築したという。当時小売りに占める小規模店と量販店の比率は8対2であった。2000年代末でも問屋を通じた町の小規模店への販売比率は7～8割，問屋を通じたスーパー向けが2～3割で，依然として小規模店が流通の主体となっている。小規模店は陳列棚が小さく，多数のブランドを並べることはできない。そのため，先に販売ルートを確保したブランドが圧倒的に有利になる。東洋水産が販路を抑えているため，2000年代に入って参入した欧州大手も十分な実績を残せずに撤退したほどである。

先に挙げたジェトロの調査でも，マルチャンのメキシコ市場での成功要因として，メキシコ人向けの味の商品を開発したこと，識字率の低い消費者や生産労働者でも分かりやすく間違わないように，パッケージに味に応じて，エビ，牛肉，鶏肉などの絵を入れたことに加えて，流通についても以下のように優れていたとしている。

「流通は商社任せでなく，独自の商流を持ち，長年の経験から流通業者との関係も密である。問屋などからの代金回収は最も大変だが，既にノウハウを持っている。マルチャンはメキシコ資本のディストリビューター（7社）を通じて問屋に卸し，そこから個人商店（Abarroteria）に商品が販売されている。また，Walmartなどのスーパー向けについてもディストリビューターを通じて卸している。小売店などに対する営業は，マルチャンの社員がディストリビューターと協力して行っている」[88]。

また，1994年1月に，北米自由貿易協定（NAFTA）が発効して以後，メキシコの伝統的なトウモロコシから作るトルティーアの消費量が25％減少し，それに代わって，即席麺がメキシコ市場に浸透したという。2001年初めのメキシコにおける1人当たりの即席麺消費量は，年間2.1食に過ぎなかった。同40食を上回るアジアの主要国はもちろん，同10.2食の米国平均をも大きく下回っている。即席麺の普及度は，国や民族の食文化によって大きく異なる。しかし，米国などでもヒスパニック系消費者に即席麺の人気が高いため，メキシコ市場は有望と見られるようになった[89]。

2000年以降の5，6年の間に，即席麺の消費量は年率20～30％近い成長を記録し，2005年には10億食が消費されている。簡単に調理でき，食べ応えがあり，しかも1食40セントと安い即席麺の特性の上に，マルチャンがメキシコの消費者の好みに合うように，トウガラシやライムの味付けを開発したことが，マルチャン製品が受け入れられた要因となった。その結果，マルチャンはメキシコ市場の80％以上のシェアを確保するまでになった。ただ，メキシコでの急速な市場浸透によって，ここでもグルタミン酸ソーダ（MSG）を使用し油分が多い即席麺のもつ栄養の偏りや肥満の問題が取り上げられるようになっている[90]。

また，1970年代の東洋水産の米国での苦労がもう1つの結果をもたらした。東洋水産は，日清食品などと比べて後発であったため老舗スーパーなどへの大量販売が難しかった。そんななか，成長途上だったウォルマートとの関係を強化した。同社は「Every Day Low Price」を掲げ，1980年代から急成長し，海外進出も積極的に行い，世界最大の小売企業となった。同社は隣国のメキシコにも多数の店舗を展開した。この結果，米国やメキシコのウォルマートではカップ麺は「マルちゃん」の独壇場となったのである。

2000年代の動き

東洋水産は，2000年3月に，米国法人であるマルチャン・インクの生産子会社マルチャン・バージニア・インクに10億円かけて生産力を増強すると発表した。麺生地製造機や麺成型機，油で麺を揚げる機器，袋に詰める包装機器などからなる袋麺の生産ラインを1ライン新設し，即席麺の需要が始まる10月に稼働させた。ラインの生産能力は1日8時間稼働ベースで年間1億食程度であった。チキン味，ビーフ味，しょうゆ味などの袋麺を生産した。さらに，ラグナ工場など他の米国生産拠点でも稼働時間を延長して，カップ麺などを順次増産していった。

東洋水産は，今後も堅調な伸びが見込める米国での生産体制を強化することで，2001年3月の同国での即席麺売上高を，2000年度に比べて約9%増となる4億8000万ドルに引き上げたいと考えたのであった[91]。

こうしたなか，それまで激しい競争のなかで米国即席麺市場の約10%のシェアを有していたキャンベル社が，1999年にこの分野から撤退し，東洋水産の売上げの拡大にはずみがついた。2001年初め頃までには，同社のシェアは約55%となっていた。2001年度中間期も現地売上高は15%増加し，現地法人の経常利益も約5割増益と，勝ち残りによるメリットを享受し始めていた[92]。

東洋水産の業績を見ると，日本市場では即席麺の2002年のシェアは約18%にすぎず，約45%のシェアを持つ首位の日清食品に完全に水をあけられる万年二番手であった。ところが，海外では逆転している。米国市場では事実上日清食品と東洋水産の一騎打ちになったが，東洋水産は米国市場の55%，メキシコ市場の85%を押さえるまでになった。「マルちゃん」ブランドは，当時年率10%の成長市場といわれた米国でも完全に認知されるようになった。2001年の決算の連結ベースの所在地別セグメント情報を見ると，国内の売上高営業利益率4%に対して，米国は11%となっている。売上げの構成比16%の米国事業が営業利益の36%を稼いでいる[93]。このように，東洋水産はきわめて国際性を増してきたといえる。

米国では，不況の方が即席麺はよく売れるという。また，2001年の同時多発テロ後も備蓄用に買い置く人が増え，即席麺や缶スープの需要は増えた。東洋水産の資本効率が着実に改善してきたのは，国内の苦戦を海外で補う事業構造に由来しているといえる。株主資本利益率（ROE）は2002年前期で6.8%と日清食品の5.2%を上回っている[94]。

一方，日清食品は米国でのシェアは40%弱だが，2001年3月期の米国事業の営業利益は8400万円，売上高営業利益率は0.3%にとどまっていた。米国事業の明暗をも反映して，東洋水産の連結ベースでの利益水準は日清食品に迫ってきている。2001年度期の連結最終利益は750億円となり，日清食品の7割近くになっていた[95]。

さらに東洋水産は，2002年3月期に連結で増収増益を確保した。その理由は北米が引き続き伸びたことであった。円安を追い風に，営業利益で70億円と全体の4割強を稼ぎだした。

北米では東洋水産，日清，そして韓国のメーカーが競合し，価格競争が激しくなっていた。安売りでカップ麺だと1食30セント，袋麺は10セントで売られることもあったという。しかし，米国市場は依然として年間12～13%で成長していた。北米でのヘビーユーザーはヒスパニックやアジア系の人々であったが，増加を続ける米国の人口は，これらの白人以外の人々が牽引していた。低所得者が比較的多いこれらの層に，即席麺はまだまだ支持されると思われた。

こうした競争激化のなかで，業績が悪化していた米国子会社の米国明星の清算を検討していた明星食品は，2000年9月態度を一変させて，同社の全面支援に乗り出すと発表した。明星食品は米国明星への貸付金約1000万ドル（約10億5000万円）を帳消しにし，累積損失の約648万ドル（約6億8000万円）を一掃するため特別損失として計上した。人員削減による生産性向上や原材料調達先の見直しで，2000年9月期の営業利益が9万5000ドル（約1000万円）と前年同期比25%増と大幅改善する見込みとなった。しかも，1998年9月期の最終黒字転換から回復基調が続いていたことから，事業継続へ方針転換したのである。2001年9月期に売上高350万ドル（約3億7000万円），最終利益15万ドル（約1600万円）を目指すというものであった。

すなわち，人材の採用や技術の供与を活発にし，販売担当を現地採用して営業力を強化するほか，技術供与や運転資金の援助を活発化し，長期的に黒字体質を維持できるようにした。一連のテコ入れで2001年9月期の売上高営業利益率の目標を約4.3%に設定し，将来的には8%まで引き上げることを狙った[96]。

米国市場は，すでに見たように，日本に比べてブランド志向が強くないので，一定品質が確保されていれば値段が重視される傾向がある。カップ麺は5

個1ドル，袋麺なら10個1ドルで売られることもあるという。以前はゼネラルミルズなど十数社が即席麺を作っていたが，価格競争に耐えられずこの頃までには実質的には東洋水産と日清食品の日系2社だけとなった。

即席麺は単価が低く，儲けが薄いので小売店は売る気をなくしてきていた。小売店間の競争が激しく，単に面積当たりの販売単価を上げようとしたためである。東洋水産が6割のシェアを持ちながらあまり利益が出ないのも，価格競争に加えてスーパーとの力関係の問題があったという。

米国の市場規模は年率で1桁前半くらいはまだ伸びると考えられた。ただ，新商品を出すには，流通企業への導入費用などで1品当たり何百万円もかかるので，日本でのように気軽には出せない。そのため，スーパーの配送センターに納入していたのを店舗直送にするなど流通のニーズを先取りすることが重要とされた。これは，メーカーにとっては負担になるが仕方がなく，できる限り安売り競争に巻き込まれないようにせざるを得なかったのである。

メキシコでも，2003年ごろには，小麦粉，パーム油など原料費の上昇や現地通貨のペソ安に加え，ユニリーバ系のクノールなど欧米系の参加もあって，競争が激化していた。

東洋水産もかつて9割のシェアを持っていた頃は値上げもできたが，8割を割ってくるとそれも難しくなった。値段はどんどん下がっており，利益率も下落傾向にあったが，同社は販売の合理化や現地生産などでこれをカバーしようとした。というのも，当時は，市場規模はまだ数年は，年率20%以上の成長が期待できたからである。メキシコも米国と同様，いずれ間違いなく数社の寡占体制となると考えられた。その時に東洋水産は7割程度のシェアを持っていたいと考えていた。

東洋水産の北米市場で稼ぐ営業利益は2003年3月期で約70億円であり，全体の約3分の1に上った。これを支えるのが8割弱のシェアを持つメキシコ市場であった。北米市場に占めるメキシコの構成比は売上高で3割程度だったが，利益ベースでは約7割に達していた[97]。

2000年代半ばになると，日系即席麺メーカーの米国での業績が，原材料の高騰や米国量販店との関係から悪化した。さらに，これに追い打ちをかけたのが，韓国の農心の積極的な戦略であった。同社は，2005年6月に年間2億食生産規模の即席麺工場を，5500万ドルを投じてカリフォルニア州ランチョ・クカモンガ市に完成させた。同工場では「辛ラーメン」「ノグリ」「サバルミョン」など農心の主要製品を生産した。米国工場ができたことによって，農心はウォルマートやコストコなど大型店に迅速かつタイムリーな納品ができるようになった。同時にカナダ，メキシコなどの北米市場の攻略の基礎を構築した[98]。

東洋水産の2007年3月期連結決算は，営業利益が前期比2%減の190億円となった。国内では暖冬の影響で即席麺の販売が低迷したうえ，米国子会社の収益悪化が響いたのである。利益を押し下げたのは北米事業の不振であった。北米部門の営業利益は15%減少した。これは，小麦やパーム油等の原材料価格の上昇に加え，価格競争が響いたものであった。

同じ時期，日清食品も北米事業の損益改善を急いでいた。2008年3月期は事業別の営業損益は12億円の赤字を見込んでいた。米国やメキシコの即席麺事業は原材料高に加え，値下げ競争の激化に苦しみ，2007年度前期は4億円の赤字，2008年前期はさらに22億円の赤字に落ち込んだ。

2008年度前期，日清食品は米国で即席麺の販売数量を13%伸ばした。これは米国量販店大手のコストコが注文を東洋水産から日清食品に切り替えたためであった。だが，低価格販売が負担になり営業赤字が大幅に拡大した。2008年3月期は販売数量で大きな伸びは見込まず，製品の値上げで粗利益率の改善を目指そうとした。北米事業の売上高は子会社化した明星食品の北米売上高を加え，前期比横ばいの300億円強を予想していた。日清食品も東洋水産もこの時期に値上げを進めている。2011年7月に東洋水産が値上げしているが，これに日清食品も追随した。これによっても原価上昇分をすべて吸収することはできず，2012年3月期に，東洋水産は海外の営業利益が17%減，日清食品も同じく海外の営業利益は58%減が見込まれていた[99]。

東洋水産は，2006年1月に，同社の監査を担当する監査法人として，中央青山監査法人に加えて，あずさ監査法人を追加選任すると発表している。あずさは，米国子会社マルチャン・インクが監査を依頼する米大手会計事務所KPMGの提携先であった。マルチャン・インクの業績拡大で連結財務諸表に与える影響が増しているため，日本であずさ監査法人を加え，海外事業の拡大に対応することにしたのである。この頃までには，東洋水産の即席麺のシェアは北米で6割，メキシコで7～8割に達しており，米国事業は連結営業利益の約3割を稼ぐまでになっていた[100]。

東洋水産は，米国子会社の経営システム化にも力を入れ始めた。2008年12月，NECとアビームコンサルティング（東京・千代田区）は，マルチャン・インクの基幹システムを構築し，10月から本格稼働したと発表している。これには，購買から生産・販売・財務会計までを管理する独SAPの統合基幹業務システム「ERP」ソフトを採用した。販促管理システムとも連動し，小売店での販促活動の費用対効果も明確化でき，日々の販売実績データをリアルタイムで参照することも可能になった。店頭での販促活動を管理するシステムとも連動できるため，販促活動と実際の損益との相関関係を分析できるものであった[101]。

2010年3月期になると東洋水産は連結純利益が従来の予想を12億円上回り，前期比17%増の162億円になった。これは，米国およびメキシコなど北米地域での即席麺事業が好調に推移しているためであった。小麦粉など原料安もあり，円高の影響を補ったという。売上高はほぼ前期並みの3210億円だが，営業利益は12%増の279億円と24億円上方修正した[102]。

この時期，米国では景気が停滞した。東洋水産のマルチャン製品はカップ麺が1個約35セント，袋麺は約25セントで販売され，缶入り即席スープなど競合する食品よりも安かった。結果として，米国の消費者の節約志向を追い風に販売を伸ばしていったのである[103]。

また，東洋水産は2013年12月，味の素と米国で冷凍麺を生産する共同出資会社を設立し，約25億円で工場・設備等を新設すると発表し，2014年6月に契約をした。新会社は「味の素東洋フローズンヌードル」，資本金は約20億3000万円で，味の素側8割，東洋水産側2割を出資する。「AJINOMOTO」などのブランドで，東洋水産が開発・生産を支援する焼きそばなどを，味の素の販路を生かして，2015年に発売，10年後には1年に6800トン，約2000万食の生産・販売を目指した[104]。

東洋水産の2013年3月期の連結営業利益は300億円程度と，前期比2割近く増え，従来予想を約30億円上回った。また，売上高は6%増の3400億円弱と，予想を約100億円上回った。これは，米国とメキシコでカップ麺と袋麺の販売が拡大したのが主な要因であった。同社は即席麺で米国市場の7割，メキシコ市場の9割のシェアを有していた。新製品の発売に加えて，量販店などとの関係強化に取り組んでおり，数量ベースで数%程度伸びる見込みを立てた。

同時に，円高からの修正も数字を押し上げる原因となった。期初には1ドル＝78円の前提だったが，90円台半ばで推移し，期末時点では，営業利益で10億円強のプラス効果が出た[105]。

東洋水産の2014年3月期の連結決算は，経常利益が前期比1%増の3億円だった。国内の即席麺などの増収効果によって，米国の不振や販売管理費などのコスト増を吸収したという。売上高は8%増の3722億円であった。米国やメキシコなど海外即席麺も為替の円安効果で7%の増収であった。ただ米ドル建てでは減収減益となった。これは，米国で小売りの在庫整理があったほか，2013年秋に米政府が低所得者向けの食糧配給券「フードスタンプ」を削減した影響である。同社の袋麺の顧客には低所得者が多く，このスタンプ削減が販売を直撃したのである。販促費増や米国新工場の減価償却費も重荷になった。

同社の2015年3月期は，連結営業利益310億円とほぼ前期並みとなった。原因は営業利益の約4割を占める海外事業の失速である。海外事業は現地通貨ベースで3期ぶりに営業利益が減益となった前期に続き，2015年度も7%減益となった。とくに，変調が現れているのが米国市場であった。テコ入れ策として高単価のカップ麺などの販売強化に加え，新興国の開拓にも力を入れ始めた。しかし，新興国では，成果が出るには時間がかかりそうであった[106]。

一方，日清食品は，2013年春から即席袋麺の世界ブランド「トップラーメン」を改良した商品を米国限定で本格販売している。米国人が好むシリアル風の箱に入れ，麺は5センチメートルと短くしてあり，食べる際に麺をすすらない米国の習慣に配慮した。麺に味が付いているため，容器に水を入れて電子レンジで加熱するだけで食べられるものであった[107]。

現在はすでに撤退しているが，サントリーもかつてメキシコで即席麺の生産・販売を行っていた。同社は1975年3月に，メキシコに「ラーメンメヒカーナ社」（本社メキシコ市）を設立している。ラーメンメヒカーナ社はハウス食品工業の技術供与を受けて，1976年に即席麺の生産・販売を始めている。

メキシコでは，1983年初めには「インスタメン」5種類，価格は日本円で約35円と，大衆向けの「パックメン」4種類，約30円の2シリーズを販売していた。それぞれ現地の消費者の好みに合わせてスープの味を工夫している。消費者に調理を楽しんでもらうため，1983年に2月には「フリパスタ」（約21円）も追加している。サントリーは，メキシコではラーメン・レストランを開いており，今後はチェーン展開していくという考えであった。ラーメンの食習慣のなかったメキシコで普及に努めたのである[108]。

1983年9月，ラーメンメヒカーナ社はすでに発売している5種類の即席麺に加えて，「エビ味」「たまねぎ味」「ニンニク味」の即席麺3種を新たに発売した。エビ味は，メキシコのスープによくつかわれるえびをラーメン用スープとして仕上げた。たまねぎ味は鶏味をベースにローストオニオンを加味，ニンニク味は鶏味をベースにニンニクをソフトに加えたものである。1976年に発売した「豚肉味」「牛肉味」など5種類の味に加えて，さらに種類を増やしてほしいという現地消費者の要望にこたえて，開発を進めたものである。

ラーメンメヒカーナ社は1982年度も順調に業績を伸ばし，前年比40％増の1000万食の売上げを記録した。1983年度も前年並みの売上げ増を見込んでいた[109]。しかしながら，1980年代の「ペソショック」と呼ばれる大不況の時代に，サントリーはこの事業から撤退することになった。こうした動きは，当時の新興国への日本企業の進出の難しさを物語るものでもあった。サントリーの関係者は，当時の状況を次のように述べている。

「… それまでメキシコ国内事業として展開してきた酒類事業（ウイスキー，ブランデー，ウオッカなど），およびインスタントラーメン事業のいずれについても，取引先から『白売り』（税金逃れの納品書なしの販売）を強要される状況になり，2重帳簿などの不法行為の許されない現地法人としては，国内事業からの撤退を余儀なくされた。」[110]

サントリーは即席麺事業からは撤退した。しかし，和食レストラン部門は存続し，2013年には「Suntory」ブランド5店と，「Shu」（高級和風フュージョン）2店をメキシコシティ，アカプルコ，グアダラハラの3都市に展開していた[111]。

第3節　南米市場への進出

ブラジルでの展開

米国に次いで日系即席麺メーカーが早くから進出したのが，ブラジルであった。ブラジルにおける即席ラーメンの歴史はかなり古い。1965年台湾系移民の黄金標が現地で即席麺の第1号を開発して製造・販売会社を立ち上げ，細々と東洋人相手に販売していた。彼は，日本では明星ラーメンがよく売れているということから，社名 Miojo Produtos Alimentos Ltda. と商品に「Miojo」のブランド名を使った。漢字の「明星」ブランドにはさすがに日本の明星食品からクレームがついたため，ポルトガル語スタイルで「MIOJO」と表記し，ブラジルで次第にそのブランドが浸透したのである。グルタミン酸ソーダ（MSG）のユーザーでもあったこの「ブラジル・ミョージョー」からの依頼で，味の素が1972年に出資し株式の55%を取得して，味の素はブラジルでのラーメン事業に参加することになった。

ブラジル・ミョージョーは，1975年7月に既存の株主の株式放出により日清食品が45%の株式を取得し味の素との共同事業になり，サンパウロに本社を置く「Nissin Alimentos Ltda.（ブラジル日清）」と社名も変更された。こうして，日清食品は味の素と提携し，ブラジルでカップ麺などの加工食品の現地生産に乗り出すことで合意したのである。合意内容は，⑴味の素が55%の株式を有するブラジル・ミョージョーの残る現地資本分の45%を日清食品が肩代わりし，100%日本側所有とする，⑵ブラジル・ミョージョーに日清食品所有のカップ麺などの加工食品の生産技術を導入し，各種食品を生産・販売する，などが骨子であった[112]。

しかしながら，すでに「ミョージョー」ブランドはブラジルにおける即席ラーメンの代名詞になっていた。そのため，仕方なく社名だけをミョージョーからニッシン・アリメントスに変更し，商標はそのままになった。こうして日清が競争企業のブランドで商品を販売するという，摩訶不思議な事態が生じたのである[113]。

ブラジルでは，当初チキン味のさっぱりしたラーメンを販売したが，消費者の反応はあまりよくなかった。みそやしょうゆのないブラジルでは，チキン味が家庭の味の基本になっているが，家庭で食べられる鶏は地鶏であった。この商品には同じ鶏でも小屋で飼育された鶏を使っていたために，ブラジル人にとって味が淡白すぎたのである。そのため，急遽放し飼いにされていた地鶏に変更し，肉が固く歯ごたえがあり，その油が金色に輝くこってりした「ガリンニア（鶏）カイビーラ（田舎者）」という田舎味のスープに切り替え，「日清ラーメン・ガリンニアカイビーラ」の商品名で発売したところ，ブラジルの家庭の味に近づいたこの製品はにわかに売れ出したという[114]。

1981年8月には，ブラジル日清は現地での需要拡大に対応してサンパウロ州イビウナ市に新工場を完成させた。分散していた3工場の生産能力を新設工場1つに集約して，生産量を年間8000万食から一挙に1億9000万食に引き上げている。同社はブラジル唯一の即席麺メーカーとして現地市場の開拓に取り組んでいたが，7000万ドルの資金を投入した新工場建設による能力増で，現地市場での独占体制の確立を図ろうとした[115]。

1982年4月6日の『日本経済新聞』は，「ブラジルで火を噴く“ラーメン戦争”」と報道した。というのは，1981年7月に，ブラジルの現地企業であるブルカニア社が，「ブルカニア・インスタンメン」と「ブルカニア・スパゲティ」を生産し，サンパウロと周辺地区で販売し始めたからである。ブルカニア社は1940年代にイタリア人移民が創立したスパゲティ会社であったが，1978年にサントリーが買収していた。同社は，それまではスパゲティやマカロニなどを手掛けていたが，製品構成を多様化するため，成長が見込める即席麺を新たに加えたのである。

当初の計画は，1982年3月までに350万食を販売するというものであったが，売行きは予想以上に伸びた。この結果，それまでニッシン・アリメントスの独壇場だった即席麺市場で，新旧2社の激しい販売競争が始まったのである。これに対応するため，ニッシン・アリメントスは，先にふれたように，1981年，従来の3工場を合わせた1日30万食の生産量を持つ新工場を完成させたのである。

また，新製品の開発競争も激化した。ブルカニア社が1981年7月からの4

種類に加えて，1982年3月から「エビ」「にんにく牛肉」「玉ねぎ牛」の新しい3つの味を発売した。これに対し，ニッシン・アリメントスは従来の8種類にやきそばタイプを1種類追加している。

さらに，サンパウロで日系人の会社が即席麺に新規参入するのではないか，ネスレやブイトーニがブラジルの有力スパゲティ企業に資本参加したことは即席麺進出の準備ではないか，との見方が出始め，ラーメン戦争が激化するかと思われた[116]。

1982年度には，サントリーのブルカニア社はブラジルでの即席麺の生産量が前年比2倍増の1200万食に達し，順調に軌道に乗り始めていた[117]。1983年7月には，サントリーはブルカニア社を通じて子供向けの即席ラーメンを新たに発売している。ブラジルの即席麺市場は年間7000万食と規模が大きいうえに，年率10％以上の高い伸びを見せていた。同社が開発したのは，同国の即席麺市場の半分近くを占めるといわれる子供に的を絞った「ブルカニア・インスタメン・マイルドタイプ」で，辛さを抑えたマイルドな商品であった。パッケージには同国で人気のあるドナルドダックをキャラクターにあしらうなど，子供に親しみやすいものとした。種類はチキン味とビーフ味の2種類で，それぞれにパッケージデザインが2種類ずつ，合計4種類があった。内容量80グラム，標準小売価格105クルゼイロ（約45円）で販売した。

ブルカニア社は，即席麺市場に1981年から参入して，ブラジル人の嗜好に合った製品開発で年率平均200％の成長を続けていた。同社では新製品の初年度売上げを500万食と見込んでいたが，1982年度には1200万食を超える売上げを記録した[118]。

1983年11月には，ニッシン・アリメントスが「カップヌードル」の現地生産・販売を開始している。カップヌードルの中南米での生産はこれが初めてであった。同社では，カープヌードルをブラジルでの即席麺普及の切り札とする一方，中南米諸国向けの輸出商品として育てていく考えであった。

当時ブラジルではニッシン・アリメントスのほか，サントリーのブルカニア，地元ブラジルの製パン会社であるセブンボーイズの両社が即席麺を手掛け，合わせて年間1億2000万食が国内で販売されていた。ニッシン・アリメントスは最大の市場シェアを有していたが，若者層を中心にまだ眠っている需要があった。これを掘り起こすには新製品が必要として，カップヌードルの生産・販売に踏み切ったのである。そのため，同社は，まずサンパウロ市内の目抜き通りや大学の構内などで実演販売するほか，テレビCMなども考えて，若者たちにアピールしようとした。

当初は「牛肉入り」と「鶏肉入り」の2種類をサンパウロに限定して，1日1万～1万5000食程度販売する計画であった。そして，市場の反応が良ければ，早ければ半年後にも1日10万食の本格生産ラインを設置するとした[119]。

なお，1983年10月に，日清食品の創立者の安藤百福は，ブラジル政府から外国人に対して与える最高位の勲章である「グラン・クルス勲章（大十字勲章)」を受賞している。ブラジル国内での即席麺の生産を通じ，国民の食生活の向上・改善，日本とブラジルの経済交流の促進に多大な貢献をしたというのが授章の理由であった[120]。

一方，ニッシン・アリメントスは，1983年10月に味の素55%，日清45%の出資比率を50対50と対等にするとともに，会社名を「Nissin-Ajinomoto Alimentos Ltda.（日清・味の素アリメントス)」に変更している。これまで不明確であった両社の役割分担を，今後は味の素が経営・企画・販売を担い，日清が開発・製造・技術を担当すると，はっきり分けるようにした[121]。

1984年6月，日清・味の素アリメントスは，従来の袋麺の他に，11月からサンパウロ地区で「カップヌードル」を生産・販売した。また，同社は，同年夏に同社のイビウナ工場内に，約100万ドルの予算でカップヌードル生産ラインを設置した。これにより，同工場の生産体制は袋麺3ライン，カップヌードル1ラインの合計4ラインになった。

日清・味の素アリメントスは支店網（当時7支店）の増強，営業員の増員，配送体制の拡充なども同時に進めた。これら一連の生産・営業体制強化によって，同社は1984年12月末の即席ラーメンの総売上げを前年比13%増の約1億1000万食，金額で15%増の1090万ドルを見込むまでになっていた[122]。ブラジルでは，当時の経済成長の結果，低所得者には消費を楽しむ余裕が生まれ，中間層が所得を増やした。この中間層を取り込むことが重要になったのである。

1986年5月になって，日清食品はブラジルでのブランドをようやく「ニッシン」に変更している。これまで，創立者の安藤百福が「自分の目の黒いうちに何とかしてくれ」と現地スタッフにハッパをかけていたという。1975年7月に日清食品がブラジルに進出して数年目から，新製品に「ニッシン」の名を入れるなど地味な努力を続けてきていた。ようやくこの商標が消費者になじみができたと判断したのである。この時までには，同社は，年間1億2000万円～1億3000万円が消費されるブラジルの即席麺の90％のシェアを握るまでになっていた。しかしながら，依然としてブラジルでは「ミョージョー」ブランドの方が知名度は高かった。そのため，商品名の変更に合わせて7月まで，「ミョージョーはニッシンに変わりました」をキャッチフレーズにした特売セールを実施し，消費者の意識変化を図ろうとした[123]。

1985年1月には，サントリーのブルカニア社は現地向けの即席麺「クレマンセ」3種類など，合計6種の新製品を発売している。「クレマンセ」は日本流の即席麺製造技術をブラジルの地元料理に応用した製品である。クレマンセはブラジルで夕食用として食べられているスープ入り麺を即席食品としたもので，これに様々な味を練り込んで製品化した。肉味，ホウレン草味，たまねぎ味の3種がある。残りの3種は「インスタメンしょうゆ味」と2種類の「ブルカニア・インスタメン・マイルドタイプ」であった。インスタメンしょうゆ味は，ブラジルでは初めての本格的なしょうゆ味麺で，地元の日系人向けに売り込む。現地の原料のみで，日本と同様の風味があるしょうゆ味を作り出したという。ブルカニア・インスタメン・マイルドタイプは1983年に子供向けに鶏味，牛肉味の2種を発売していたが，これに野菜味，鶏・トマト味を追加した。このように独自製品を開発することによって，きめ細かな需要の開拓によるブラジルでの事業拡大を目指し，1985年度は前年の2倍に当たる2500万食を販売する見込みであった[124]。

ところが，ブラジル政府の金融引締め政策により金利水準が上昇した。そのため，資金調達が困難になり，さらに必需品であるパスタなどの製品価格への政府の介入もあり，ブルカニア社は業績悪化に陥ってしまった。その結果，サントリーは1990年11月にパスタや即席麺事業から撤退した[125]。

サントリーは，製造機械の売却益をこれまでの債務返済に充て，サントアマロ地区にある1万8500平方メートルの工場用地を活用した新事業の展開を検討した。和風レストランは，引き続き運営している。麺類の売上げは年間7億～8億円であり，即席麺のシェアは大都市で14%のシェアを占めるまでになっていた[126]。

1990年代以降のブラジル

ブラジルは1990年代に入ると再び経済成長を遂げ，中間層が所得を増やし，低所得者には消費を楽しむ余裕が生まれた。ブラジルでは国民は世帯当たりの月収に応じてAからEの5段階の階層に分類されている。月収7475レアル以上のAとBクラスが高所得者層で，1734～7475レアル未満のCクラスが中間層とされる。2003年時点では全世帯数の4割以下だったCクラスは10年後には5割以上を占めるようになり，平均所得も2009年には1935レアルになり，2003年から6割以上増えている[127]。

その後しばらくは，ブラジルは即席麺において大きな変化はなかったのか，新聞や雑誌の記事が見当たらない。しかしながら，2010年代になって変化が表れてきたようである。ブラジルは2014年のサッカーのワールドカップ，2016年のリオ五輪というビッグイベントを控え，約2億人の人口を抱える市場を有する大国として長期的な経済成長が期待されていた。

こうした状況を背景に，2012年11月，日清・味の素アリメントスは，4800万レアル（約18億円）を投資して建設した同国2カ所目となる新工場を，北東部のペルナンブーコ州グロリアドゴイタの工業団地内で稼働させ，約190人の従業員を雇用した。これにより，同社の即席麺の生産能力は1.3倍に増えることになった。また，新工場の稼働により北東部地域への納期は，南部から運ぶそれまでの1週間から2日程度に短縮された。

ブラジルの2011年の即席麺市場は世界10位の規模で，推定21億4000万食で，前年比7%増えていた。過去10年で市場規模は2倍になっていた。その後も年率5%の成長が見込めるとみて，新商品の開発や地域別の販促を活発にする計画であった。

とくに日清・味の素アリメントスが北東部を選んだのは，経済水準が着実に向上しており，市場の伸びが早いと判断したためであった。同社は全国シェアの60%を占めていたが，新工場稼働を契機に，国全体よりも低い北東部での市場シェア50%を60%に引き上げたい考えであった。

同社は当時すでに，北部・北東部専用の「ノッソサボール」をすでに販売していた。同地域の住民が好む香辛料を利かせた味付けで，麺の量を減らした割安な価格設定をしているのが特徴である。これが，サンパウロなどに比べて低所得者が多い地域で，市場シェアを拡大する切り札になるとみていた[128]。

2015年8月，日清食品は味の素と折半出資していた日清・味の素アリメントスを完全子会社化すると発表した。そして味の素の持ち分を10月に325億円で買収し，即席麺事業を自社で手掛けることで，市場シェアのいっそうの拡大を目指した。日清・味の素アリメントスは，すでに述べたように1975年以降味の素と日清食品の共同出資会社となり，味の素が販売とマーケティング，日清食品が開発や生産を担ってきた。同時に，ブラジルにおいて食品製造に関する技術支援の提供にあたる子会社である日清テクノロジー・アリメントスの味の素の持ち分も日清テクノロジー・アリメントスに譲渡されている。この時，日清・味の素アリメントスは，資本金170万レアル，売上高は2014年12月期に6億9500万レアル（約310億円），従業員は2015年6月末現在で1732名を抱えていた。なお，同社の市場シェアは約65%であった。

こうした動きは，日清食品がこれまでの実績を踏まえ，単独での事業活動が可能と判断したことによる。生産から販売まで一貫した体制に切り替え，即席麺市場での収益拡大を目指したのである。ブラジルは，2014年には年間約24億食の即席麺の需要があり，今後は北東沿岸部で市場シェアを伸ばす。

日清食品はブラジル事業の強化などで，2026年3月期までに売上高に占める海外比率を50%超にする目標の達成を図ろうとしていた。

一方，味の素はブラジルで調味料などを消費者や外食向けに販売している。即席麺事業は堅調であったが，製品には味の素のブランドを付けてはいなかった。そのため，収益性の高い独自製品を伸ばす方針にはそぐわなかった。共同化を解消することで，自社の調味料などに集中して成長を加速させるという[129]。

味の素側は，即席麺事業について，以下のように述べている。

「タイ，ポーランド，ペルーといった既存展開国や今後進出を予定しているインド，ナイジェリアにおいて，市場性のあるエリアでの重点事業として積極的な投資を行ない，海外食品事業の成長のドライバのひとつとして事業規模拡大を図っていくことには変わりありません。」[130]

ペルーでの展開

南米でブラジルに次いで，即席麺の歴史のある国はペルーである。味の素は1978年2月，ペルーを中心に中南米市場を対象として即席麺の現地生産・販売に乗り出した。1977年12月，ペルー味の素は，ペルーの即席麺メーカー「アリメントス・ラーメン」（本社リマ市，社長金城光太郎，資本金1000万ソル）が倍額増資する際に増資分を引き受けて，持ち分を50%として，合弁会社とした。1980年には味の素の技術や生産システムを導入して製品のテスト生産・販売を開始し，「Aji-no-men（アジノメン）」ブランドの即席麺を発売した[131]。しかしながら，ペルー政府の物価統制や輸入小麦の高騰やペルー通貨の下落で事業として存続できず，1980年代前半に撤退していた。

2002年10月，味の素はペルーで即席麺事業に再参入すると発表した。子会社のペルー味の素が300万ドル（約3億7500万円）を投じて同社のカヤオ工場内に即席麺工場を新設し，製造・販売を開始した。味の素の即席麺事業はタイ，ブラジルについで3カ国目であった。同社はペルーに調味料などの販路があり，ペルーの経済が比較的安定し，日系人が多いため事業として成り立つと判断し，再参入したものである。現地消費者の嗜好に合わせた味付けで「アジノメン」ブランドで発売した。「チキン」「ビーフ」「オリエンタル」の3品目を生産し，主婦や単身世帯をターゲットとし30円前後の価格で販売している。ペルー国内ではスープやパスタなどの麺類が人気だが，国内企業で即席麺の製造・販売しているメーカーはなかった。味の素は，5割のシェアを目指し，販促活動などを強化した[132]。

この再参入した即席麺事業は好調で，最初の1カ月の売上げは予想の2〜3倍に達した。そのため2002年12月，2003年には製品の種類を現行の3種類から6品目に拡大すると発表している。ペルー味の素は，ペルー唯一の即席麺メーカーとして製品の鮮度や低価格をアピールした。テレビCMも導入し，ペルー味の素の総売上高の10%に当たる250万ドルの売上げを即席麺であげることを目標にした[133]。また2014年には，同社は「アジノメン」シリーズから，牛肉とトマトのスープの味を再現した新商品を売り出した[134]。

アルゼンチンその他の南米諸国

明星食品と日揮は1986年8月に，アルゼンチンの食品企業ラベルコール社（本社ブエノスアイレス市）向けに，即席麺用プラントを輸出するとともに，生産技術を指導すると発表している。同国中西部のサンルイス州フストダラク市に日産10万食の袋麺用工場を建設するもので受注額は10億円，1987年7月をメドに完成するとされた。明星食品はこれを機にアルゼンチンでの事業展開も積極的に推進していく考えであった。

日揮が海外の食品プラントを受注したのはマレーシアの油脂精製工場，中国のマーガリン工場に次いで3件目であった。日揮はこれを機に明星食品と共同で，中南米，アフリカ，共産圏諸国等での食品プラントの受注を目指すという考えであった。日揮が機器調達，建設管理，試運転を担当し，明星食品が設計と油揚げ法による即席麺生産技術と即席麺用スープ生産技術の指導を行うとされた。

ラベルコール社は，アルゼンチンはもとより，チリやボリビアなどにも即席麺を供給する計画であった。アルゼンチンを初めとする南米諸国では，即席麺に対しては中間食や主食のほか，簡単なスープとしての需要も多い。スパゲティなどパスタに馴染みが深いところから成長性が期待できると考えられた。アルゼンチンは小麦の二次加工品である即席麺の輸入を禁じているが，明星としては今回の技術指導を足掛かりにアルゼンチン市場の動向をつかむことが可能とみていた[135]。

しかしながら，アルゼンチンの外貨不足などにより同国政府の承認が得られず，立ち上がりは遅れた。結局ラベルコール社が本格的な即席麺の生産・販売を開始したのは，1989年8月からとなった。同国で即席麺が生産されるのは，これが初めてであった。明星食品はリスクを伴わない技術供与によって南米市場の動向を探ったうえで，将来的にはラベルコール社との合弁や同国への単独進出を検討することを考えていたようである。

ラベルコール社が建設した即席麺工場の生産能力は日産10万食で，フル操業すれば年間に約10億円の売上げを見込めた。工場の設計や機械の調達は全面的に明星食品が請け負っており，同社製品1個当たり0.5%程度のロイヤルティー収入を得ることになった。

発売した商品「ナポリ」は，同国向けに明星食品とラベルコール社が共同開発したパスタタイプの即席麺で，ソースはトマト風味に仕上げてあった。価格は1食日本円で40円程度になる見込みであった。その後の販売や製品開発はラベルコール社が独自に進めるが，明星も定期的に技術者を派遣して品質管理などを指導した。アルゼンチンでは即席麺がほとんど知られていないことから，ラベルコールはまず同国軍向けに簡易食として販売し，徐々に購買層を拡大していった。

明星食品は，この時，シンガポール，マレーシア，タイで現地企業との合弁会社を設立し，即席麺事業を展開していた。しかし，海外での売上げは年間15億円とまだ少なく，海外市場の開拓が大きな課題になっていた。とりわけ，1987年には自社工場を持つ米国から事実上撤退していた。今後の海外進出については，まず技術供与したうえで合弁や単独進出を決めるという慎重な姿勢をとっていた[136]。

ブラジル以外の南米の国々においても即席麺市場が次第に伸びてきていた。ブラジル，アルゼンチン，ウルグアイ，パラグアイ，ベネズエラの南米5カ国はメルスコル（南米南部共同市場）を1995年1月に発足させており，域内では関税が原則撤廃されている。日清食品は，即席麺になじみのないブラジル以外の南米市場で，競争企業に先駆けて成長市場を開拓し「ニッシン」ブランド定着を目指そうとしていた。

2012年11月，日清食品は南米事業を強化すると発表した。2013年春にアルゼンチンで販売を始めるほか，数年内にコロンビア，ベネズエラなどほぼ全域での販売体制を整え，新工場建設も検討するとした。ブラジル以外では即席麺はあまり定着していないが，これらの国々で経済成長と人口増が見込めると判断したのである。早期に南米で同社の日本での年間販売量を3割以上上回る40億食の販売を狙う。日清食品は，米国やメキシコではライバルの東洋水産の後塵を拝している。ライバルに先駆けて成長が期待される南米市場を開拓し，「ニッシン」ブランドの新たな牙城を築こうとしたのである。

アルゼンチン向けはブラジルで製造し，陸路で輸送する。すでに見たように，日清・味の素アリメントスは，2012年にブラジルのペルナンブーコ州に2番目の新工場を稼働させ，ブラジルでの生産能力は1.3倍に増えた。それにより余裕ができるサンパウロ州イビウナの既存工場で，アルゼンチンへの輸出分を製造する計画であった。

日清食品は以下のように述べている。

「当社ではグループ経営資源を海外展開し，グローバル戦略を推進しています。今回の新工場建設により，当社グループの技術力を積極投入し，ブラジルの即席麺市場の拡大とさらなるブランド浸透を図るとともに，イビウナ工場を活用したアルゼンチンへの輸出拡大を図ってまいります。」[137]

同社は，アルゼンチン向けには専用商品を開発している。ブラジルで販売する袋麺「ニッシンラーメン」とカップ麺「カップヌードル」などを現地の嗜好に合わせて薄味にしたり，とろみを増したスープにしたりしている。4000万人の人口の半分が集中する首都のブエノスアイレス近郊の量販店を中心に販売する。日清・味の素アリメントスは卸会社と連携し営業担当者を数倍に増やし，並行輸入など一部を除き同国では即席麺市場ができていないため，知名度を高めた上で店頭での試食を通じて日清食品のイメージを高め，アルゼンチンでも過半の市場シェアを目指すとした[138]。

同社は，2013年9月にはコロンビアに進出した。現地の販売拠点として，2013年8月に全額出資の現地法人，「Nissin Foods De Colombia S.A.S.（コロンビア日清）」を首都のボゴタ市に，資本金約6億円で設立し，カップ麺「カップヌードルズ」と袋麺「ニッシン」の販売を始めた。

現地では即席麺はまだ普及しておらず，他社に先行して南米2位の人口を抱え，当時5%前後の経済成長が続いていた同国市場を押さえようとした。当面は，FTAで関税がかからない米国のカリフォルニア州のガーデナ工場の専用ラインで製造・輸出し，同時に，現地卸と組んで約12万店ある中小商店で取り扱って，5年以内にも年間4億食の販売を目指したのである。

味付けはコロンビア人の嗜好に合わせた2種類のチキン味とビーフ味であった。麺を食べなれない消費者に配慮し，3センチの長さに麺を切り，薄味にしたりとろみをつけたりしてスプーンで食べやすくした。

店頭価格はカップ麺が円換算で110〜140円，袋麺が55〜85円であった。日清食品は潜在需要が大きい中南米市場の開拓を急いでいる。2013年末にはペルーにも進出し，コロンビアと同じ商品を販売するとした[139]。

東洋水産は，南米にも小規模小売店が軒を連ねているため，メキシコで同様の市場を開拓した経験が生きると考えている。2009年に入り，同社は世界最南端の町，アルゼンチンのウシュアイアでも即席麺の販売を始めた[140]。

2016年7月，味の素はペルーのカヤオ工場内にカップ麺の専用工場を約10億円かけて新設した。現地でカップ麺「アジノメン ソパ リスタ」の販売を始めた。ペルーを拠点にボリビア，チリ，コロンビアの南米3カ国への輸出も始めた。カップ麺の食文化がまだ浸透していないため，テレビCMや店頭販売にも力を入れた。すでに，2002年から販売している即席袋麺は，現地で50％以上のシェアのトップブランドとなっており，販路も共通するのでカップ麺事業も立ち上げやすいと判断したという。南米4カ国は中間層の増加によりライフスタイルも多様化している。今後は東南アジア等の新興国同様，袋麺からカップ麺に需要が移行していくと見られるため，工場新設で他社に先駆けて市場を開拓する考えであった[141]。

[注]

1　斎藤高宏（1992）『わが国食品産業の海外直接投資—グローバル・エコノミーへの対応』農業総合研究所，43，57頁。米国の研究者も，米国の消費者は価格重視で，日本の消費者は価格よりも品質やサービスを重視すると指摘している。McCraw, T. K. and O'brien, P. (1986), "Production and Distribution: Competition Policy and Industrial Structure" in McCraw, T. K. (1986), *America Versus Japan: A Comparative Study of Business-Government*, Boston, Mass: Harvard Business School Press.（トーマス・マックロウ／パトリシア・オブライアン「生産と流通—競争政策と産業構造」東苑忠俊・金子三郎訳『アメリカ対日本』TBSブリタニカ，1989年。）

2　Errington, F., Fujikura, T. and Gewertz, D. (2013), *The Noodle Narratives: The Global Rise of an Industrial Food into the Twenty-First Century*, University of California Press, Chapter 3.

3　日清食品株式会社社史編纂室（1992）『食足世平—日清食品社史』日清食品株式会社，264頁。

4　同上，266頁。

5　同上。

6　日清食品社史編纂プロジェクト編（2008）『日清食品創業者・安藤百福伝』日清食品株式会社，46-47頁。

7　「日清食品，新設の営業企画部長に味の素から人材スカウト」『日経産業新聞』1983年11月15日。

8　「国際化の研究—日清食品（1）食の異文化への挑（進化論日本の企業）」『日経産業新聞』1989年5月29日。

9　「日清食品，新設の営業企画部長に味の素から人材スカウト」。高原照男は米国日清の社長であったとするものもある。安藤宏基（2009）『カップヌードルをぶっつぶせ』中央公論新社，46頁。

10 「国際化の研究―日清食品（2）海外経験，国内で生かす（進化論日本の企業）」『日経産業新聞』1989年5月30日。安藤宏基（2009）『カップヌードルをぶっつぶせ』37-51頁に，初期の米国日清の様子が詳しく説明されている。

11 日清食品株式会社社史編纂室（1992）『食足世平』270頁。「日清食品―欧州市場再攻略狙う（日本企業の海外戦略診断）」『日経産業新聞』1983年11月28日。

12 日清食品株式会社社史編纂室（1992）『食足世平』271-274頁。

13 「大型商品開発の軌跡を追う（19）日清食品『カップヌードル』（下）」『日経産業新聞』1990年3月9日。日清食品の米国への進出の経緯と初期の販売については，以下に詳しい。安藤百福（1983）『奇想天外の発想』講談社，183-198頁。

14 「日清食と積水化成，カップ容器の日米合弁の米側株を引き取り日清積水化工に社名変更」『日経産業新聞』1979年10月18日。

15 「カップめん売れて売れて（米国）―日本から800万食を“出前”」『日経産業新聞』1976年6月23日。安藤宏基（2009）『カップラーメンをぶっつぶせ』46-48頁。

16 「特集―日米物価調査・本社実施，品質への関心，価格差に，日本，鮮度や安全性重視」『日本経済新聞』1991年3月3日。トーマス・マックロウ／パトリシア・オブライアン「生産と流通―競争政策と産業構造」も参照。

17 「日清食品，ミニカップめん，名古屋地区で本格販売」『日経産業新聞』1984年11月16日。

18 「日清食品，米国の東海岸にも工場建設，欧州などでも検討」『日本経済新聞』1975年10月22日。「日清食品，米国日清の事業拡大へ―ロサンゼルスの工場増設」『日経産業新聞』1976年1月27日。「米国日清，米国東海岸進出―ペンシルベニアに工場立地の方針」『日経産業新聞』1976年10月4日。「日清食品，即席めんで米市場制圧へ―東部に拠点工場新設，55年年商1億ドル」『日経産業新聞』1977年4月22日。「米国日清，米ペンシルベニア州で新工場建設に着手」『日経産業新聞』1977年10月1日。「日清食品，53年秋以降の米での即席めん生産を日産120万食に上方修正」『日経産業新聞』1977年12月17日。「米国日清，第2工場が完成し東部での販売を本格化―東洋水・サンヨー食等も進出」『日経産業新聞』1978年10月23日。

19 「米国日清，第2工場が完成し東部での販売を本格化―東洋水・サンヨー食等も進出」『日経産業新聞』1978年10月3日。

20 「東洋水産，米子会社取得用地にラーメン工場建設へ―販売400万ドルめざす」『日経産業新聞』1975年11月28日。「マルチャンINC，即席ラーメンの現地生産を機に米で経営陣スカウト」『日経産業新聞』1976年5月7日。「東洋水産，米で即席ラーメン生産へPR活動―試験販売開始，11月に工場開始」『日経産業新聞』1976年9月13日。「東洋水産，米の現地法人マルチャン社で即席めん製造，日清食品と激突へ」『日経産業新聞』1977年2月28日。

21 「東洋水産の米現地法人マルチャン―需要伸びて急成長（海外子会社拝見）」『日経産業新聞』1982年11月11日。「東洋水産社長森和夫氏―自主独立，外部に口出させず（私の実践経営学）」『日本経済新聞』1988年1月18日。

22 「東洋水産，米マルチャン社の即席めん工場で即席わんたんスープの製造を開始」『日本経済新聞』1979年1月9日。

23 「東洋水産の米現地法人マルチャン―需要伸びて急成長（海外子会社拝見）」『日経産業新聞』1982年11月11日。

24 「東洋水産，米での即席めんの生産・販売をキャンベル社に委託」『日経産業新聞』1978年8月23日。「東洋水産，米キャンベルと合弁会社『キャンベル東洋』を設立」『日経産業新聞』1976年1月13日。

25 「東洋水産，米国の即席めん販売強化―7ブロックに駐在員置きブローカー管理徹底」『日経産業新聞』1978年12月28日。

26 「サンヨー食品，米国で即席めん生産—近く現地法人設立，年内に工場建設」『日本経済新聞』1978年2月16日。「サンヨー食品の米国進出具体化，7月に工場建設へ—来春から即席めん生産へ」『日経産業新聞』1978年5月26日。「サンヨー食品，即席めん海外事業ゴー—英ケロッグと業務提携，米では日産30万食」『日経産業新聞』1978年9月28日。

27 「米国サンヨーの工場，4月末に完成—袋入り即席めんを生産」『日経産業新聞』1979年2月19日。「もう一人のラーメン王（5）サンヨー食品相談役井田毅さん（人間発見）終」2012年6月29日。

28 「サンヨー食品，米法人の即席めん販売強化で低価格第2ブランド『クックエース』投入」『日経産業新聞』1981年7月23日。「サンヨー食品，上場は霧の中—今は白紙状態，不振の業績見極める」『日経産業新聞』1982年7月16日。

29 「海外でのブランド名，安易な命名はキンモツ—サンヨ—食品，即席めん名で失敗」『日経産業新聞』1982年8月13日。

30 「サンヨー食品，海外市場開発グループ結成—情報収集して輸出拡大，新製品開発へ」『日経産業新聞』1982年7月9日。

31 「即席めん，米国市場で日米台韓が火花—日本勢，東上作戦で対抗（業界激戦区）」『日経産業新聞』1978年8月17日。

32 「日清食品，即席めんの海外売上高を3年後の昭和59年度までに倍増めざす」『日経産業新聞』1982年5月20日。

33 株式会社エーシーシー編（1986）『めんづくり味づくり—明星食品30年の歩み』明星食品株式会社，421-423頁。

34 「明星食品，米国で即席ラーメン生産へオハイオ州に工場用地取得—56年完成をメド」『日本経済新聞』1980年3月20日。

35 「日清食品，米で即席めん攻勢—年に8億食」『日経産業新聞』1983年1月31日。

36 「即席めん，米国で苦戦—需要は頭打ちに，安売り競争響く，新工場も“開店休業”」『日本経済新聞』1981年8月31日。

37 株式会社エーシーシー編（1986）『めんづくり味づくり』446頁。「甘くない即席めんの海外進出—明星食のやけどに波紋，立ちはだかる食生活の差」『日経産業新聞』1982年11月24日。

38 「明星食品，2年内に米国工場稼働—米での即席めん販売競争が一段落」『日経産業新聞』1982年12月1日。

39 株式会社エーシーシー編（1986）『めんづくり味づくり』466頁。

40 「明星食品，米社に工場貸す—即席めんの生産技術指導」『日本経済新聞』1986年6月4日。

41 「食品各社ファインフード時代，先端技術で他社を食う—新製品の特許紛争急増」『日経産業新聞』1982年10月9日。

42 「日清の即席めん特許紛争，米国へ飛び火—東洋水産，米特許庁に反論を提出」『日経産業新聞』1976年8月3日。

43 「日清食品，『カップ即席めん製法』でも米国で新特許確立—東洋水産は反論の方針」『日本経済新聞』1976年9月30日。「東洋水産の米国法人マルチャン，日清食品を相手に米でカップめんの特許無効を提訴」『日本経済新聞』1977年1月6日。

44 「ロス連邦地裁，米でのカップめん特許紛争で日清の申し立て却下，東洋との対決本格化」『日経産業新聞』1977年3月28日。

45 「特許庁，日清食品のカップ入り即席めんの特許申請を拒絶—東洋水産との係争に響く」『日本経済新聞』1977年9月9日。

46 「日清食・東洋水，米国でのカップ入り即席めん製法特許紛争で3年ぶりに和解」『日本経済新聞』1979年3月27日。「日清食品・東洋水産，米国でのカップめん紛争で突然の和解」『日経産業新聞』1979年3月31日。「カップめん特許紛争，米国でも激烈―長引く裁判，非難応酬（焦点）」『日本経済新聞』1978年10月4日。「東洋水産，即席めん開発委員会を設置―グループの知恵を結集」『日経産業新聞』1991年12月26日。

47 「東洋水産の米現地法人マルチャン―需要伸びて急成長（海外子会社拝見）」『日経産業新聞』1982年11月11日。

48 Errington, et al. (2013), *The Noodle Narratives*, pp. 156-157, 注3参照。こうした問題の具体的な内容については，以下のビジネス小説に生々しく描かれている。高杉良（1990）『燃ゆるとき』実業之日本社，および同（2011）『新・燃ゆるとき』講談社文庫。

49 「東洋水産の米国法人，即席めん月産500万食―今3月期は初の黒字へ」『日経産業新聞』1981年3月12日。「即席めん，米で急激に売れ出す―東洋水産の現地法人マルチャン，初の黒字」『日経産業新聞』1982年5月12日。

50 「ラーメン戦争PART3（4）即席麺・海外市場編―“未開拓地”夢託す（終）」『日経産業新聞』1983年3月11日。

51 「日清食品，米で即席麺攻勢―年に8億食生産」『日経産業新聞』1983年1月31日。

52 「東洋水産，今秋から米国で生めん生産・販売―当面は焼きそば」『日経産業新聞』1983年1月18日。

53 同上。

54 「海外ビジネス最前線　米国で受ける即席ラーメン―日清食品，全米制覇に自信」『日本経済新聞』1978年11月14日。「東洋水産，ロス五輪に即席めん無料提供―商品にシンボルマーク使用，イメージ向上」『日本経済新聞』1983年3月11日。「東洋水産，米法人の即席めん拡販へロス五輪協賛でマーク独占使用，柔道教室も」『日経産業新聞』1983年6月23日。「すっかり五輪気分―東洋水産社長森和夫氏（談話室）」『日経産業新聞』1984年5月15日。

55 「東洋水産，米国事業多角化の一環としてラーメンチェーン展開」『日経産業新聞』1983年3月17日。「東洋水産，米に飲食店チェーン，まず5月にロスで―59年度中に5店舗を」『日本経済新聞』1984年3月1日。「東洋水産，ラーメン店，米で本格展開―来季に10店増やす，生めん新設備も計画」『日経産業新聞』1984年12月20日。「東洋水産社長森和夫氏―数か規模かに悩む（談話室）」『日経産業新聞』1987年5月22日。「東洋水産社長森和夫氏―ラーメンで米国制覇（談話室）」『日経産業新聞』1988年4月15日。カリスマ型―東洋水産社長森和夫氏（下）（経営者の分類学）」『日経産業新聞』1984年6月14日。

56 「国際化の研究―日清食品（1）食の異文化への挑戦（進化論日本の企業）」『日経産業新聞』1989年5月29日。

57 「東洋水産，米国で即席めん増産―韓国も参入し競争激化」『日経産業新聞』1984年9月12日。

58 「食品業界，設備投資で攻勢，即席麺・ビール等―バイオ研究所建設も活発」『日本経済新聞』1986年9月26日。

59 「東洋水産，米でカップめん増産―営業所も東部で新設検討」『日経産業新聞』1986年7月30日。「食品業界，設備投資で攻勢，即席めん・ビール―バイオ研究所建設も活発」。

60 「東洋水産，米で即席めん販売―米食品メーカーと提携」『日本経済新聞』1988年7月15日。この時期についての米国での東洋水産の様子については，以下にも触れられている。斎藤高宏（1992）『わが国食品産業の海外直接投資』61頁。

61 「サンヨー食品，米法人の即席めん好調―東洋人市場に的絞り奏功」『日経産業新聞』1983年6月21日。

62 同上。

63 「サンヨー食品，米の韓国系市場狙う―即席うどん，ハングル表示」『日経産業新聞』1985年月

25日。

64 「米国日清，袋入りめん能力倍増―ランカスターで」『日経産業新聞』1985年1月9日。

65 「日清食品米で即席めん増産，東部工場を増強へスープも自社生産」『日経産業新聞』1986年5月19日。

66 「国際分業，シンガポール中核拠点に―日清食品はスープ工場」『日経産業新聞』1989年3月29日。

67 「日清食品米で即席めん強化―スープ現地生産へ転換，将来はM&Aで多角化」『日経産業新聞』1988年10月14日。

68 「即席めん，米でも人気―昨年消費量，7億食，日本の15%」『日本経済新聞』1989年8月28日。

69 Dumaine, B. (1988), "Japan's Next Push in U.S. Markets" *Fortune*, September 26, p. 142.

70 「東洋水産，米東部に新工場―即席めん配送コスト軽減」『日本経済新聞』1988年10月31日。「国際化の研究―日清食品（2）海外経験，国内で生かす（進化論日本の企業）」『日経産業新聞』1989年5月30日。

71 「東洋水産，米に第二即席めん工場（注目企業診断）」『日経産業新聞』1988年11月11日。

72 「日清食品，即席めん海外拠点作り急ぐ，インドで生産開始，アフリカ向け輸出も拡大」『日経産業新聞』1991年8月30日。

73 「大型商品開発の軌跡を追う（19）日清食品「カップヌードル」」『日経産業新聞』1990年3月9日。

74 「米即席めん工場売却，明星食品―外食事業にシフト」『日経産業新聞』1990年2月20日。「米即席めん工場売却，明星食品―外食事業にシフト」『日経産業新聞』1990年2月20日。

75 「米キャンベル，米市場2位に，シンガポール社から即席めん部門を買収」『日経産業新聞』1991年10月25日。

76 「日清食品，米社を買収，冷食事業で多角化」『日本経済新聞』1988年7月22日。「日清食品，米にメキシコ料理の新工場―冷食事業，東海岸にも拡大」『日経産業新聞』1990年2月15日。「日清食品，メキシコ伝統食品『ブリトー』―米国東部でも生産」『日経産業新聞』1991年10月28日。

77 「米で即席めん増産，東洋水産，シェア3割めざす―7月から2倍に」『日経産業新聞』1990年12月26日。「東洋水産，米でカップめん増産―ライン増設，新工場建設も」『日経産業新聞』1992年1月27日。

78 「食品大手海外フロンティアをゆく（2）即席めん，非東洋圏へ―味の定着には時間」『日経産業新聞』1992年10月27日。

79 同上。

80 「東洋水産，米に工場，来年半ばメド稼働―冷凍食品など生産」『日本経済新聞』1993年1月8日。「東洋水産，米に総合食品工場―来年稼働めざす」『日経産業新聞』1993年1月8日。

81 「東洋水産専務橋本晃明氏―メキシコ市場期待（談話室）」『日経産業新聞』1994年3月2日。

82 「明星食品，米国で生めん生産―消費拡大に対応」『日経産業新聞』1992年5月2日。

83 「日清食品，米で冷食事業拡大―東部向けに設備増強」『日経産業新聞』1994年12月6日。

84 「日清食品，米の即席めん事業拡大―テネシーに工場増設」『日本経済新聞』1994年7月1日。「日清食品，東洋水産，米で第3工場竣工―量産で値引き競争激化」『日経産業新聞』1994年11月7日。「新興国で稼ぐ（2）東洋水産，メキシコ―カップめん，現地シェア8割」『日本経済新聞』2009年6月27日。

85 「東洋水産・日清食品，米の即席めん生産増強―ライン増設や効率化」『日本経済新聞』1999年7月23日。「北米市場の即席めん，流通のニーズ先取り―東洋水産・深川会長に聞く」『日経産業新聞』2003年8月22日。

86 「東洋水産・日清食品，米の即席めん生産増強―ライン増設や効率化」『日本経済新聞』1999年7

月23日。

87　日本貿易振興機構（ジェトロ）海外調査部農林水産・食品部／メキシコ事務所（2013）『メキシコ日本食品消費動向調査』。この調査報告書の21-22頁に「日本食品のマーケティング成功事例として，東洋水産カップ麺「マルチャン」の事例が取り上げられている。

88　同上，22頁。

89「野村証券山口正章氏―東洋水産，北米の麺市場拡大に期待（人気アナリスト会社診断）」『日経金融新聞』2001年2月2日。

90　Barclay, E. (2006), "Mexican Fast-Food Craze: Japanese Instant Noodles," *Fortune International* (Europe), May 15, p. 14.

91「東洋水産，米で即席めん増産，9月メド，子会社に新ライン―13％増の17億食に」『日経産業新聞』2000年3月15日。

92「野村証券山口正章氏」。

93「東洋水産社長橋本晃明―米で即席めん好調（点検収益予想焦点を聞く）」『日経金融新聞』2002年7月12日。

94　同上。

95「株高企業実力を探る（13）東洋水産―米国事業好調に高い評価」『日経金融新聞』2001年10月29日。

96「米子会社を全面支援，明星食品，生産検討から方針転換―貸付金帳消し」『日経産業新聞』2000年9月5日。

97「北米市場の即席麺，流通のニーズ先取り―東洋水産・深川会長に聞く」『日経産業新聞』2003年8月22日。

98　鶴岡公幸（2006）「日系即席麺製造業の海外事業展開」『宮城大学食産業学部紀要』第1巻第21号，8頁。

99「東洋水2％営業減益，前期，北米不振」『日経金融新聞』2007年5月15日。「日清食，損益改善急ぐ，北米事業―今期，製品を値上げ」『日経金融新聞』2007年5月30日。「食品，海外事業で明暗，主要5社，3社が営業減益―今期，原材料高の転嫁カギ」『日本経済新聞』2011年6月25日。

100「東洋水，監査法人に『あずさ』追加」『日本経済新聞』2006年1月17日。「東洋水産―工場再編で利益率改善，国内販促費の負担重く（会社分析）」『日経金融新聞』2006年3月8日。

101「東洋水産の米子会社，基幹システムをNECなど構築」『日経産業新聞』2008年12月19日。

102「東洋水の今期，純利益17％増，北米事業が好調」『日本経済新聞』2009年10月28日。

103「東洋水，営業益11％増，4～9月，即席麺好調で上振れ」『日本経済新聞』2012年9月28日。

104「味の素・東洋水産，海外で連携，米で冷凍麺生産，即席麺，新興国開拓」『日経MJ（流通新聞）』2013年12月20日。「味の素と東洋水産，冷凍麺販売，米で共同事業（フラッシュ）」『日経産業新聞』2014年6月20日。「味の素と東洋水産，米の冷凍麺事業，契約締結を発表」『日経MJ（流通新聞）』2014年6月27日。

105「東洋水，営業益2割増し，今期300億円に上振れ，米国事業がけん引」『日本経済新聞』2013年3月28日。

106「東洋水，経常益1％増の322億円，前期」『日本経済新聞』2014年5月16日。「東洋水，ドル箱の米国で起きた変調（電子版記者の目から）」『日本経済新聞』2014年5月28日。

107「食品・酒『定番』海外で強化―味の素，アサヒ」『日本経済新聞』2013年2月7日。

108「サントリー，海外の即席めんが軌道に―ブラジル・メキシコともに1000万食超え」『日経産業新聞』1983年2月18日。「サンヨー食品，インドネシア社に即席めんの製造技術を供与―今後も積極輸出へ」『日経産業新聞』1981年12月18日。

109「サントリーのメキシコ法人ラーメン・メヒカーナ，新たに3種の即席めん発売」『日経産業新聞』1983年209月6日。
110 冨岡伸市（2010）「サントリーの海外展開の歴史と現状（酒類・食品・外食）―やってみなはれ精神とお客様原理主義に基づいて」関西大学経済・政治研究所第190回公開講座，118頁。
111 桜井文生（2013）「メキシコにおけるレストランサントリーの歴史―お客様第一を愚直に支える従業員教育」メキシコ・日本アミーゴの会『アミーゴ会だより』通巻第15号。
112 味の素株式会社（2009）『味の素グループの百年―新価値創造と開拓者精神』味の素株式会社，434頁。「味の素，日清食品と提携，ブラジルでカップ入り即席めんなど加工食品を生産へ」『日経産業新聞』1975年7月8日。
113 「ニッシン食品，ブラジルでのブランド，ようやく『ニッシン』に」『日経産業新聞』1986年5月10日。
114 日清食品株式会社社史編纂プロジェクト編（2008）『日清食品50年史―創造と革新の譜』日清食品株式会社，116-117頁。
115 「ブラジル日清，新工場を建設，即席めん生産を一挙2.4倍に増強へ」『日経産業新聞』1980年8月5日。「ブラジルで火を噴く“ラーメン戦争”―2社独占に挑戦者登場？（海外ビジネス前線）」『日本経済新聞』1982年4月6日。「日清食，ブラジル現地法人の即席めん工場集約化，生産3倍へ工場新設」『日本経済新聞』1981年7月27日。
116 「サントリー，ブラジルで子会社ブルカニアを通じ即席めん生産，販売」『日経産業新聞』1981年7月10日。「ブラジルで火を噴く“ラーメン戦争”」。
117 「サントリー，海外の即席めんが軌道に」。
118 サントリー，ブラジル現地法人で子供向けインスタントラーメン発売」『日経産業新聞』1983年7月20日。
119 味の素株式会社『味の素グループの百年』，498頁。「味の素と日清食品ブラジル法人，出資対等にして日清・味の素アリメントスに社名変更」『日本経済新聞』1983年10月14日。
120 「カップヌードル海外生産，日清，今秋ブラジルでも」『日経産業新聞』1984年6月6日。「ブラジルでカップラーメン―味の素と日清食の現地合弁，若者狙い生産」『日経産業新聞』1983年10月8日。
121 同上。
122 「日清食品社長安藤百福氏，ブラジル政府から最高位のグラン・クルス勲章受章」『日経産業新聞』1983年10月19日。
123 「日清食品，ブラジルでのブランド，ようやく『ニッシン』に」『日経産業新聞』1986年5月10日。
124 「サントリーのブラジル子会社，即席麺6種発売―ブラジルの味付けも」『日経産業新聞』1985年1月1日。
125 斎藤高宏『わが国食品産業の海外直接投資』262頁。中田重光（1991）『サントリーの「ワイン」ビジネス―現地化・異文化・グローバル化への挑戦』ダイヤモンド社，77頁。
126 「即席めん事業から撤退，サントリーのブラジル子会社―経済回復待ち切れず」『日本経済新聞』1990年11月26日。
127 「ブラジル特集（下）ブラジル，中間層厚く―消費拡大，日本勢に商機」『日本経済新聞』2012年9月7日。
128 「日清味の素アリメントス社，ブラジル北東部に新工場が稼働」日清食品ホールディングスIRニュース，2012年11月13日。「日清・味の素の共同出資会社，ブラジル新工場稼働，即席麺の生産能力増強」『日本経済新聞（夕刊）』2012年11月13日。「即席麺，ブラジル新工場稼働，日清，南米の胃袋つかめ，味の素連携，成長市場を開拓」『日経産業新聞』2012年11月14日。
129 「日清HD，ブラジルの事業への出資拡大，味の素の持ち分買収」『日本経済新聞』2015年8月

28日。「味の素社長西井孝明―営業利益1500億円に倍増めざす，M&Aで世界トップ10へ（戦略を聞く）」『日本経済新聞』2015年9月9日。味の素株式会社広報部「ブラジルにおける日清食品ホールディングス（株）との即席麺合弁会社の全持ち分の日清食品ホールディングス（株）ブラジル子会社への譲渡完了」プレスリリース，2015年10月30日。

130 味の素株式会社広報部「味の素（株），ブラジルにおける日清食品ホールディングス（株）との即席麺合弁会社の全持分を日清食品ホールディングス（株）へ譲渡」プレスリリース，2015年8月27日。

131 「味の素，中南米市場開拓へ即席めんをペルーで製販―現地のアリメントスに資本参加」『日本経済新聞』1978年2月1日。味の素株式会社『味の素グループの百年』498頁。

132 「ペルーで即席めん，味の素，新工場を稼働」『日経産業新聞』2002年10月25日。

133 「ペルーの即席麺事業好調，味の素，来年中6品目に拡大」『日経産業新聞』2002年12月24日。

134 「味の素，ブラジル販売3倍，21年3月期メド，新商品相次ぎ投入」『日本経済新聞』2014年7月29日。

135 「明星食品と日揮，即席めん設備輸出―アルゼンチンで生産指導」『日本経済新聞』1986年8月5日。「即席ラーメン工場受注，日揮，アルゼンチンから」『日経産業新聞』1986年8月5日。

136 「明星食品の技術供与VB，アルゼンチンで即席めん―明星，進出の足掛かりに」『日経産業新聞』1989年6月26日。

137 「日清味の素アリメントス社，ブラジル北東部に新工場が稼働」日清食品ホールディングスIRニュース，2012年11月13日。

138 「即席麺，南米全域に，日清食品，年40億食めざす」『日本経済新聞』2012年11月13日。

139 「即席麺，ブラジル新工場稼働」。「ブラジル特集（下）ブラジル，中間層厚く―消費拡大，日本勢に商機」『日本経済新聞』2012年9月7日。

140 「新興国で稼ぐ（2）東洋水産，メキシコ―カップめん，現地シェア8割」『日本経済新聞』2009年6月27日。

141 「味の素，南米でカップ麺―中間層に対応」『日本経済新聞』2016年7月5日。

第3章

東南アジア諸国への進出

第３章扉写真

（上段）タイ日清

1994年1月，日清食品はタイの有力財閥であるサハ・グループと合弁でNissin Foods Thailand（タイ日清）」を設立した。東南アジアでは，シンガポールを除いて，各国の外資規制により，現地財閥との合弁方式が採用された。

（中段）タイ日清の配送車

タイではスーパーマーケット，スーパーセンター，コンビニなど近代的な小売業が台頭しつつあるが，依然として既存の中小零細店やタラート（市場）のウエイトが高い。そのため，タイ日清は多様な販路に対応した地道な流通政策を展開している。

（下段）インドネシア日清のジャカルタオフィス

日清食品は，インドネシアでは現地企業と合弁事業を展開してきた。しかしながら，なかなか成果があがらなかった。そのため，近年ではインドネシアなどアジア5カ国では三菱商事と戦略的提携をし，職域領域の拡大など新たなマーケティング手法を積極的に展開し，シェアの拡大を図ろうとしている。

写真提供：日清食品ホールディングス株式会社。下段のみ筆者撮影。

南北アメリカに次いで，日系即席麺メーカーが海外市場として目を付けたのが東南アジア諸国であった。この地域の国々には，多様性が見られた。人口規模も，インドネシアのように現在2億人を超す国がある一方で，シンガポールのような人口550万人の都市国家もある。タイを除く国々はかつて西欧列強の植民地であったが，独立後も宗主国の違いによってその社会・文化的な影響も異なり，宗教的にも仏教，イスラム教，キリスト教など様々である。

日系即席麺メーカーの東南アジアでの展開は，現地の食品メーカーへの技術供与から始まった。日系即席麺メーカーの現地生産が始まったのは，シンガポールや香港といったアジアNIEsでは1970年代から，マレーシア，タイ，フィリピン，インドネシアでは1980年代から，そしてベトナムなどのASEAN新加盟国には1990年代からであった。

これらの国々は，もともと人口が多く，急速に経済が発展したため市場として魅力的な場所であった。また，すでに麺食文化も定着しており，市場の素地もできていた。そのため，一方では，現地に有力な地場企業も誕生した。

シンガポールのように外資に対して比較的自由な国もあったが，他の国々は政府主導の「キャッチアップ」型の経済発展を目指した。そのため，外資に対してはさまざまな規制が存在した。また，食品産業の場合には，各国の国民生活に直接かかわるものであるため，各国には特有の商慣習や政府による規制が存在した。そのため，日系即席麺メーカーは，単独での進出は難しい側面があり，ASEAN（東南アジア諸国連合）を中心にして，現地財閥系企業などのパートナーと合弁を組み，その販売網を利用しながら品質を維持しつつ，コストを削減し競争力を実現しようとしてきた[1]。

本章では，まず第1節では，自由貿易港であった都市国家シンガポールと，シンガポールの隣国であるマレーシアへの日系即席麺メーカーの展開をみる。第2節では，現地の華僑系財閥との合弁を展開したタイ，インドネシア，フィリピンについて分析を加える。第3節では，ASEANの新加盟国での展開について，急成長を遂げているベトナムにおけるエースコックの事例を中心に考察をしている。

第1節　シンガポールおよびマレーシアへの進出

東南アジア進出をリードした明星食品

1970年に，日本からの即席麺の輸出量は激減した。これは外貨不足の東南アジア諸国が自国生産を始めたことによる。1969年春ごろから，台湾，南ベトナムなど東南アジア諸国から日本の製麺機メーカーに引き合いが舞い込み始めた。『日本経済新聞』は，当時の様子を次のように報じている。

「これまでインスタントラーメンの大半を日本から輸入した東南アジア諸国で国内生産の気運が盛り上がってきたためである。これを手始めに日本のインスタントラーメンメーカーが東南アジアに資本進出する動きも活発化しそうである。」[2]

即席麺の製造ラインは，当時，日産5万袋生産規模のもので1500万円から2000万円であり，さほど大規模な資本を必要としなかった。そのため，現地の食品メーカーや華商が製造事業に乗り出してきたのである。1969年の春から秋にかけての受注状況をみると，大竹麺機が台湾の統一企業（台南市）など台湾に3基納入し，上田鉄工が同じく台湾の国際食品（台北市）に2基納入し，インドネシア，南ベトナム，タイ向けにそれぞれ1基ずつの納入契約を済ませている。また，福田麺機はフィリピンのハイランド・インダストリー（マニラ）に1基納入している。

一方，日本の即席麺メーカーの東南アジア進出は，1969年までには天ぷら粉などで有名な昭和産業と永南公司（香港）との合弁事業と，三共食品とリマサス商会（ジャカルタ）との合弁の2社があったにすぎなかった。しかし，エースコックがタイ，台湾で市場調査を進めているほか，各メーカーも東南アジアへの進出を検討していた。製造プラントが輸出された場合，これに伴って技術指導などを日本のインスタントラーメンメーカーに依頼してくることも予想され，相次ぐ引き合いを糸口にして，各社の海外進出が具体化してくるものと考えられた[3]。

1970年1月，明星食品は台湾の味王醗酵工業股份有限公司と技術契約を結び，続いて2月にはベトナムの越南天香味精有限公司と同様の契約を結んだ。これらの2カ国は合弁会社の設立を認可していなかったため，技術供与にとどまった（日系即席麺メーカーの海外技術供与については表1-2参照）[4]。

明星食品は，これらの技術供与契約を行う前から，海外工場設立の候補地を探し始めていた。1968年の夏，創業者の1人であり2代目社長となる奥井清澄はシンガポールを視察しており，海外工場建設の構想は具体性を帯びてきていた。候補地はタイ，インドネシア，シンガポールの3カ所に絞られたが，最終的にはシンガポールに決定した。その理由は，政情が安定していること，外資に対する規制が少ないこと，アジア，ヨーロッパ，オーストラリアを結ぶ中心点に位置していること，人口の60%以上が20歳以下という若い国であること，などであった[5]。

1970年9月明星インターナショナルと現地のビジネスマン顔文記との合弁で，シンガポール明星食品株式会社（Myojo Food Co. <Singapore> Pte. Ltd.；明星食品〈星〉有限公司）が設立された。資本金は60万シンガポールドル（約7200万円）であった。出資比率は明星インターナショナル95%，顔文記5%であった。社長には明星インターナショナルから由見保典が派遣された。1972年には明星食品本体も経営に参加し，株式の47.5%を取得している。

顔文記は，明星製品の輸入代理店であったシンガポールの食品問屋「茂成」に勤めるセールスマネージャーの甥で，すでに日本企業との合弁会社の経営に数多く携わっていた。彼の出資比率は少なかったが，現地に疎い明星社員を支えてその後の発展を支援した。

工場は，シンガポール島西部のジュロン工業団地に設置され，1970年1月初めから工事が始まった。建売りであったので，工事は内部の改装から進められた。日本からは，本社工務部の大隅哲雄，嵐山工場の鈴木茂雄が派遣され，千葉工場の中台克己も建設の応援に参加している。社長の由見を含む4人は毎日，現地の労働者と身振り手まねで一緒に汗を流した。製造を開始したのは，翌1971年の1月であった。

シンガポールは狭い市場であるため，シンガポール明星は販売については直売現金方式を採用している。約1000店の小売店を3名の営業部員で担当し，ワゴン車に製品を積んで巡回した。当時はまだ現地産業の水準が低く，舶来品志向が根強く残っていた。即席麺も同じで，日本からの輸入品が氾濫しており，現地生産の「MYOJO CHICKEN TANMEN（鶏湯麺）」は苦しいスタートを切ることになった。現金売りであったことや単品であったため，販売は困難をきわめた。1日の販売量が数十ケースという日が続いた。1カ月の工場の稼働がわずか数日という状態であったため，工場の女子社員を家庭訪問販売に当たらせ，「明星」が日本のトップメーカーであることを説明させたりもした。

シンガポール明星は，1971年3月からはラジオ，テレビなどによる広告も開始した。研究所の佐藤博が現地に派遣され，現地向きに味の改良を行うと同時に，「MYOJO SHRIMP TANMEN（蝦湯麺）」「MYOJO CRAB TANMEN（蟹湯麺）」の2つの新製品を開発し，9月から発売している。その後は，順調に売上げも伸び，1971年10月からは西山孝が担当役員としてシンガポールに駐在した[6]。

シンガポールでの事業が順調に行き出した1972年暮れに，「グルソー（グルタミン酸ソーダ＝MSG）事件」が持ち上がった。現地の人々の中には，「グルソー」の発がん性を信じている人が多かった。そこへ，米国からそれを裏付けるようなニュースが入り，即席麺もその使用食品であることが報じられた。――1960年代に，米国ではMSGの健康に与える影響が問題になった。そのため，いろいろな研究調査報告が出された。その後国際連合食料農業機関（FAO）と世界保健機関（WHO）の合同食品添加物専門家会議（FECFA）が調査を行ない，1972年には1日の許容量を決めたが，結局MSGと健康の因果関係は不明確として1987年にはそれを撤廃した。米国の食料医薬品局（FDA）では，加工食品については1食当たりの使用量を0.5グラム以下と定めている。

この結果，明星製品の売れ行きはぱったりと止まってしまい，社員たちも即席麺を食べなくなったという。当時の様子を，由見は次のように述べている。

> 「セールスマンたちも自信をなくしてしまい，全く動きがとれなくなってしまいました。そこで，これは明星食品だけの問題ではなく，即席めん全体の問題だと考えて，詳しい説明書を作り，公団住宅の全家庭に無料のサンプルと一緒に配布してあるきました。」[7]

当時，公団住宅には全人口の4割が住んでいたので，こうした努力によって，売上げは徐々に回復した。

シンガポール明星が売上げを伸ばしていったもう1つの理由に，「5食パック」の販売があった。明星食品が即席麺市場に参入したばかりの頃発売した製品には65グラム5個入りの「ファミリーパック」があった。これは5袋をポリ袋に入れて1袋としたもので，現地セールスマンの案を採用したものである。ポリ袋に入れられた5食パックは，小売店の店頭につりさげることができ，ディスプレイ効果もあった。また，ネズミの食害も防げるため，小売店には大変喜ばれたという。全売上げの90%が，この5食パックになった。

こうしてシンガポール明星は，操業2年目から黒字になり，シンガポール市場の45%強のシェアを占めてトップの座に着き，現地では大手食品会社の1つとなった。1971年3月にスタートしたエースコックとネスレ・マレーシア社の合弁会社である「インターナショナルフーズ」が第2位のメーカーで30%を占めた[8]。

なお，1970年代末には，少し毛色のかわった参入もあった。日本ペイントが1978年10月に，シンガポールにカラベル・インベストメント社と合弁で即席麺製造・販売の現地法人「サンワ・フーズ・シンガポール」を資本金120万米ドル，社長ツァイ・シク・ホーで設立し，国内販売，近隣諸国への輸出を開始したのである。当時の東南アジアは日本の即席麺業界にとって米国に匹敵する海外市場として注目されていたので，日本ペイントの合弁会社の参入によって，各社間の競争は一段と激しくなると思われた[9]。

1980年代

1980年代になると，日系即席麺メーカーの海外戦略の基本は，米国で得たノウハウを生かしながら，即席麺を全世界に通用する食品に育てることとなってきた。同時に，即席麺の国内市場が成熟段階に入り，大きな需要の伸びを期待できなくなってきており，その対応策のひとつは思い切った世界戦略に乗り出すことであった。

それまで日系メーカーは，ブランドの信用と品質を重視し，経済発展の遅れた東南アジアでは，期待する売上げや利益を上げることが困難であると判断して，現地生産には消極的であった。

「東アジアの奇跡」と呼ばれたように，まず1970年代からアジアNIEs，続いて1980年前後からASEAN諸国が高度成長を実現し，世界で最も期待される成長センターとなった。積極的な外資導入や規制緩和策によって，また1985年秋の「プラザ合意」による急速な円高が進み，日本企業のアジア諸国への生産移転が加速化した。

そのため，日系即席麺メーカーも1980年代からアジア戦略を大きく転換することになった。1979年12月，日清食品がシンガポールに進出することを発表し，現地に100%出資子会社「Nissin Singapore Foods Pte. Ltd.（シンガポール日清）」を設立して，主として東南アジア市場を睨んだ生産拠点づくりに取り組むことになった[10]。

シンガポールは，香港と並ぶ自由貿易港で規制が少なかった。日清食品が全額出資して進出する場合には，取締役2名のうち1名はシンガポール居住者であることのみが条件であったという[11]。

シンガポール日清の工場「日清セノコ工場」は，1981年11月に完工式を迎え，袋麺の生産を始めている。敷地面積2万6400平方メートル，延べ床面積4500平方メートルで，1系列の自動製麺設備を配置した。従業員は約50人であった。同工場ではまず月間400万食の袋麺を生産する予定であった[12]。

1982年秋から，日清セノコ工場は即席麺生産を約7割増産した。東南アジア各国などへの輸出が好調で，1ラインで年間25億円程度を生産していたが，それまでの1交代制では生産が追いつかないため，従業員をそれまでの40人から60人に増やし，2交代制にしている。シンガポール国内市場での販売に加えて，香港，マレーシア向けに輸出，続いてサウジアラビア，スリランカにも輸出を開始した。いずれの国においても，日本人のみならず現地人にも即席麺が浸透し始めていたという[13]。

また，日清食品は1983年11月からオーストラリアでの即席麺販売事業に乗り出した。同社が新市場としてオーストラリアに狙いを定めたのは，シンガポール工場から比較的近く，当時1500万人の人口があることに着目したものであった。同国は，シンガポールとは同じ英連邦に属しているため，連絡が取りやすく，船便も早いことなどのメリットに加え，同国の即席麺に対する関税も20%と低かった。また，シンガポール日清食品は同社の東南アジアの戦略拠点として設立したが，生産量の85%が香港向けとなっており，地域的な偏りを解消する目的もあった。香港以外への輸出額は1985年3月期で約3億円であったが，豪州，中近東，南洋諸島，欧州への輸出を拡大していく計画であり，1986年3月期には2倍の6億円まで増やしたい考えであった。オーストラリアでの販売にあたっては，カップ麺の生産技術供与の契約を1978年4月に提携し5月に発効しているホワイト・ウィング社（米ピルズベリーの子会社）に一部販売権を与え，三菱商事の協力を得るものであった。1983年11月から東海岸のシドニー地区で販売を始め，順次全土に拡大していくとし，初年度は，国民1人に1食ずつ食べさせるという意味で，1500万食を販売目標としていた。

当時，シンガポール日清が香港向けに製造している「出前一丁」，マレーシア向けに生産していた「ニッシン・ミー」の2種類を豪州で販売しているが，新聞広告も始め，1984年8月からは豪州向けに作った新製品「NISSIN・RAMEN」の輸出を開始している[14]。

さらに，シンガポール日清は即席スープを生産し，東南アジア諸国，欧米向けに輸出することになった。そのため，スープの味の調合，商品作りを担当するスープ専門の研究所をシンガポール日清内に設置し，1988年には商品化した。即席麺は全世界の需要が年間120億食となって国際的な食品に成長していたが，即席スープはさらに市場が大きいと見込まれていた。このスープの調合研究所は，東南アジア諸国や米国，欧州各国それぞれの味の嗜好に合わせた商品作りを担当するものであった。

シンガポールの粉末スープ工場の投資金額は約4億円で，主原料のしょうゆは，隣接するキッコーマンの工場から調達する。同工場では当面，年間に10種類約1億5000万食分の粉末スープを生産し，米国，香港，タイ，フィリピン，中国など10カ国1地域にある即席麺の生産拠点に供給しようとした。

即席麺には，本体の麺のほかに，粉末スープ，冷凍乾燥の具，スパイス，調味エキスなどの「部品」がある。このうち，冷凍乾燥の具，スパイスについては，後で詳しくみる1987年に資本参加したインドの食品メーカー，アクセレイテッド・フリーズ・ドライング社，調味エキスについては香港の子会社「味楽食品」がそれぞれ生産し，海外拠点へ供給している。ただ，即席麺の製造原価の約30%を占める粉末スープについては，日本から供給していた[15]。

1985年10月，日清食品は東南アジア戦略を強化し，製造技術を供与しているフィリピン，タイの企業との提携関係を緊密化，供与内容を販売ノウハウなどにも広げると発表した。東南アジア地区ではネスレ系のマギー社の力が強く日清食品のシェアは低い。このため，提携企業の助けを借りて，同地区でもマギーを追撃することにしたのである[16]。

シンガポール以外のASEAN諸国に最初に進出したのも，明星食品であった。同社は1978年3月，サラワク州のクチン市に東マレーシア駐在員事務所を開設している。このクチンの事務所は，現地パートナーのTimothy Koh（高宏）の経営するTHK & Associatesの一部を借りて事業を開始した。東マレーシアでは，米国の場合とは異なり，シンガポールから輸入した商品によって最初から販売活動に取り組み，市場の開拓を進めた。

1978年8月，明星食品はマレーシアに子会社「Myojo Foods Co. <Malaysia> Sdn. Bhd.（マレーシア明星）」を設立している。社長に陽奥秀人が就任した。1979年2月に工場建設に着手し，翌1980年4月に工場が稼働している。当時マレーシア政府が導入していた「土地の子」を意味するマレー人を優先する「ブミプトラ政策」に沿って，700名の応募から30名を採用した。生産商品アイテムは「鶏湯麺（チキン味）」「蝦湯麺（エビ味）」「加里湯麺（カレー味）」「冬茹湯麺（シイタケ，カニ味）」「菜味湯麺（野菜味）」「快熱麺（味付け麺）」の6種類であった[17]。

このマレーシア明星は，シンガポールとは逆に当初採算的に苦しかったが，1984年9月期にようやく黒字に転換している。マレーシア明星食品は東マレーシアのクチン市に工場を有しており，当面地元の東マレーシア地区の地盤固めに全力を集中することにしていた。当時，東マレーシア地域ではネスレ系の即席麺メーカー「マギー」がトップメーカーであり，シェア40%を占めていた。明星のシェアは30%であり，マギーを抜いてトップメーカーになることを目指していた[18]。

この頃になると，明星食品は他の東南アジア各国への進出を狙い，豪州，インドネシア，香港などの市場調査を始めている。1981年9月には，同社は海外事業の重点地域を欧米から東南アジア地域に転換し，設備増設や新規進出を積極的に展開する方針を決めた。欧米市場が期待したほど拡大しない反面，東南アジアは順調に需要が伸び，この地域の所得水準向上によって大きな市場形成が見込めるとの判断によるものであった。その第一弾として，シンガポールの即席麺工場の増設に踏み切るとともに，インドネシア，フィリピンなどへの進出の検討を始めている[19]。

1983年に，シンガポール工場から輸出していたマレーシアが，輸入関税をそれまでの5%から35%に大幅に引き上げた。この措置でマレーシア向けの輸出が事実上不可能になった。シンガポール工場で生産した製品のうち，15%をマレーシアに輸出していた明星食品では，その打撃は大きかった。このため，シンガポール明星の1984年9月期の売上げは操業以来，初めて前年比3%減となった。もっとも，1985年9月期には，オーストラリア，ブルネイ，中近東各国への輸出が功を奏し前年比10%増の伸びとなったのではあるが。

こうしたことから，すでに即席麺の生産をしていたマレーシア明星食品も袋麺の製造設備を増強するなどテコ入れを図った。そして，同社の工場のある東マレーシア地区を固めて，マギーがシェア60%と圧倒的な強さを見せる西マレーシア地区に攻勢をかけようとしていた。同時に，明星食品は新規工場の建設も考え始めていた。

1985年11月には，明星食品は西マレーシアでの市場シェア拡大のため，現地の即席麺メーカーであるグァンホクセン・フードインダストリー社（本社ペナン市）に資本参加し，新会社「Guan Hockseng Myojo Foods Sdn. Bhd.（明星マレーシア）」を設立している。新会社は，第三者割り当てによりグァンホクセン・フードインダストリー社の資本金を43万マレーシアドルから61万5000マレーシアドル（約6000万円）に増資し，新株のすべてを明星食品が引き受ける形をとった。また，明星食品は新会社の社長として前マレーシア明星食品社長で海外畑のベテランである金谷光晴を派遣し，経営陣の強化を図った。

新会社は既存の設備を使い「明星」ブランドの即席麺の製造・販売を開始した。初年度の販売目標は月間50万食程度だが，2年以内には月間100万食，西マレーシア地域のシェア10%を目指していた。すでに明星食品は1978年に東マレーシア地区のクチン市にマレーシア明星食品を設立し，マレーシアに進出していた。しかし，人口が多く，大消費地である西マレーシア地区では輸送コストがかかることもあり，ほとんど販売していなかった。クチン市にあるマレーシア明星の社長には，営業畑出身で1988年11月からシンガポール明星食品で社長補佐的な役割を果たし，海外経験を積んでいた30歳の前田徳瑞が就任している[20]。

また，明星食品はこの時期，外食事業の海外展開にも力を入れている。1985年1月には，同社の外食部門の明星外食事業（本社東京，資本金1億2000万円）は，1985年度中に手づくりうどんチェーンの「味の民芸」の海外第1号店を，早ければ1985年中に明星食品の現地法人を通してシンガポールかマレーシアに出店すると発表した[21]。

1986年10月に，明星食品は国内で行なっていた米国向け即席麺生産を10月中旬からシンガポールへ切り替えると発表した。これまで米国向け製品は全量を国内で生産していたが，原料小麦粉や労賃の安いシンガポールで生産することにより，製品出荷価格を約20%引き下げたのである。さらに，米国ではシンガポールからの即席麺輸入が無関税（日本からの輸入関税は10%）であるため，円建て輸出にしても米国側の輸入価格は日本からの輸入に比べて25%安くなるという。同時に，日本からスープの素など原材料のコストが2倍になったので，原材料を現地化せざるを得なかった。現地の原料で世界に通用する製品を作ることが必要になったのである。

従来，米国向け製品は埼玉県の嵐山工場などで生産し，全量を国内から輸出していた。しかし，円高によって米国側の輸入価格が約40%も上昇したため，輸入業者の取扱意欲が衰えて輸出量が急減した。そこで，1986年春に埼玉県の嵐山工場からシンガポール明星に移設したノンフライ（熱風乾燥）麺生産ラインを使って，生産能力100万食のうち20万食を米国向け輸出に振り向けることにしたのである。

米国での販売は，キッコーマン系の食品輸入業者JFC（本社サンフランシスコ）と総輸入代理店契約を結んだ。袋麺「中華三昧」シリーズ3品を，カリフォルニアを中心に全米で販売し，小売価格は1袋80セント程度となる見通しであった[22]。

1990年代

1990年2月には，明星食品も即席麺でオーストラリアの市場開拓に乗り出した。マレーシア明星を活用して，年間50万食以上を現地に送り込む。すでにみたように，オーストラリアでは日清食品が技術供与した食品会社が即席麺の製造・販売をしている程度で，定期的に輸出するのは明星が初めてであった。こうして，明星食品はシドニー，キャンベラなど，東部の大都市圏にチェーン店網を持つ大手量販店向けにPB商品として生産・販売を始めた。商品はすべて袋麺で，価格は日本での約半分に当たる30～40円であった。明星マレーシアからは，隣国のシンガポールにも輸出している。マレーシア国内向けにはマレーシア明星が担当し，明星マレーシアは生産量の半分を輸出にあてていた[23]。

1995年1月には，明星食品は子会社でペナンを中心にマレーシア北部に市場を持つ明星マレーシアにカップ麺の製造設備を設置し，カップ麺を製造・販売するための市場調査も始めている。当時，明星食品の本社は売上げの低迷に加え，販促費が増大するなどで業績が悪化していた。1994年9月期は，8億2800万円の経常赤字に陥り，社長，副社長，専務の代表権を持つ3幹部が辞任し，大谷善教新社長のもとで経営再建を図ろうとしていた。日本国内市場は伸びが頭打ちとなってきたため，潜在需要の大きいアジア事業の足場を固めて黒字化に寄与させたい考えであった。

月間20万食の生産能力を持つカップ麺製造ラインの新設に踏み切ったのは，明星マレーシアではすでに袋麺を製造・販売していたが，競争が激しくなってきたため，現地ではその頃まだ輸入品しかないカップ麺を投入する計画を立て，市場動向を見ながら，味，容量など細かい点を詰めようとした。この計画によって，明星マレーシアの月商を2割引き上げて240万ドルとしたい考えであった。

また，明星マレーシア・ペナン工場で生産した即席麺は月間7600～8000食をコンテナでサウジアラビアに輸出し，現地での試験販売を始めた。日商岩井が輸出業務を担当し，現地企業に国内販売を委託する。ペナン工場の生産能力を拡充するのを契機にサウジアラビアの嗜好や市場環境を探り，合弁事業につなげる方針であった[24]。

同時に，明星マレーシアでは従業員が店舗を回って販売した代金を回収するルートセールスを止めている。新たに現地の問屋，テックスケム社を総販売元とする販売方式に切り替え，同時に40人の営業マンの内34人を削減し，6人がテックスケム社に移籍した。マレーシアでは，1999年9月に前期比15%増の約4億6000万円の売上高を見込み，黒字に転じる見通しであった。というのは，従来のルート方式では社員や車両を自前で抱え込む必要があり，事業の効率化を遅らせていたからである[25]。

1999年8月には，明星食品は債務超過に陥っている明星USAとならんでマレーシア明星，明星マレーシアの3子会社と国内関係会社の再建策を発表している。1999年9月期に3社に対する貸付金合わせて19億9300万円を貸倒引当金に計上するとしている。また，明星マレーシアについては現地の食品卸企業との合弁会社に切り替えた。また，国内の明星フレッシュについても借入金約8億円を引き受けて債権放棄したり，工場敷地を買い取り再度貸与したりするなどの支援を実施した。また，関西明星食品と九州明星食品を1999年10月に対等合併させ，製造・物流の合理化につなげた。そして，外食の讃岐うどん店を展開する「さぬき民芸」の事業拡大のメドがたたないため，1999年9月に解散し，4億2000万の損失を計上した[26]。

明星食品は連結中心の企業会計制度への移行を睨み，このようにグループ全体での財務体質の改善を図ろうとした。1999年9月期に42億7200万円を特別損失に計上し，36億円の最終赤字となったが，内部留保を取り崩して対応している。ようやく子会社の財務健全化・合理化が実り，明星食品は1998年3月中間期の6100万円の赤字から，1999年3月中間期は4億2000万円の黒字に転換していた。そのため，この特別損失でもって子会社問題の整理にメドをつけ，同社は今後攻勢に転じる構えであった[27]。

明星食品は，1999年9月には，国内での研究開発体制の強化に乗り出すのと同時に，成長市場である東南アジア向け商品の開発も強化すると発表した。これまでは現地のマーケティングに基づき日本国内でアジア向け商品を開発してきたが，1999年11月に子会社のシンガポール明星食品の生産工場内に研究部門を移管した。研究員を2～3人派遣し，マーケティングと研究開発を連動させて，現地向け商品の開発力を高める狙いであった[28]。

しかしながら，結局，明星食品は2000年1月にマレーシアの即席麺製造事業から撤退すると発表している。同国で袋麺を生産するマレーシア明星の全株式のうち明星が保有する71%を，合弁相手の工具販売会社THKアソシエートホールディング（クチン）に1億円弱で売却した。従業員35人はTHKがそのまま引き継いだ。THKは今後も明星ブランドでの製造・販売を続け，明星食品に技術やブランドの使用料を払うことになった。明星食品は続いて，ペナンにある明星マレーシアも清算している。明星食品は，1999年9月期に債務超過に陥っていた両社に対し，貸付金の帳消しなどの支援を実施して再建を模索していたが，競争激化で存続は困難と判断したのであった[29]。

さらに，2000年9月には，明星食品は東南アジアの事業運営体制を見直すと発表している。これまで日本本社が担当していた同地区の統括業務をシンガポール明星食品に移管するという。マーケティングや商品開発の機能も現地に移管し，現地の即席麺市場の動向に迅速に対応する仕組み作りを急ぐ。10月には海外事業に精通した人材を現地に派遣する。海外事業部長を東南アジア担当の執行役員としてタイやフィリピンも含めたアジア事業全般の統括責任者にするほか，シンガポール法人に開発担当者，マーケティング担当者を1名ずつ派遣する。このように同社は，本社から把握しにくいアジアの市場動向に対応した経営体制を整え，海外の効率化を進めたのである。明星食品は生き残りのためには，国内外で商品開発力を強化していくことが不可欠と判断したことによる[30]。

明星食品のアジア事業の規模は，1999年9月期の年間売上高でみると，シンガポール明星食品は約10億円，タイ明星食品が約8億円，フィリピンのMPMヌードルズ社が5億円であった。

シンガポールにおける即席麺市場の特徴

ここで，総人口423万人規模の都市国家シンガポールの2000年頃の即席麺事情を見てみよう。自由貿易港であるシンガポールには，他のアジア諸国からいろいろな即席麺が輸入され，1996年～2000年までの輸入額の伸びは88%にもなっている。逆に輸出は35%減となった。2000年度の輸入額は3900万シンガポールドルで，輸出額1850万シンガポールドルの2倍にもなっている。とくにマレーシアからの輸入は，地理的にも嗜好面からもシンガポールに近いこともあって以前から第1位であり，それに中国，インドネシア，タイ，香港からの輸入が続く。また，「Maggi」や「NISSIN」などの有名ブランドメーカーがシンガポールから生産拠点をマレーシア，タイ，香港などに移したことも輸入に拍車がかかった原因でもあった[31]。

シンガポール明星の社長であった一ノ井一夫によれば，2002年頃にスーパーや小売店で販売されている即席麺の種類は，袋麺で約20ブランド80品目，カップ麺で11ブランド56品目，ボウル麺で8ブランド48品目にも及んでいた。各品目別の市場シェアをみると，袋麺ではMYOJO 31%，Maggi 27%，NISSIN 10%，TUNG-1 8%，Indomie 8%，その他16%であった。カップ麺においては，NISSIN 50%，SUPER 26%，MYOJO 10%，KOKA 6%，Little Cook 3%，その他5%で，ボウル麺ではMYOJO 63%，KOKA 10%，TUNG-1 9%，NISSIN 9%，Little Cook 9%，その他4%となっている。シンガポールでは，他のアジア諸国とは異なり日清食品や明星食品が健闘していたのが分かる。

シンガポールで人気の即席麺の味は，チキン味が最も好まれ，2位がトムヤム味で，それにシーフード味，カレー味が続く。屋台などで人気のラクサやダックは即席麺になるとそれほどでもなかった。しょうゆ味も比較的受け入れられるが，濃厚な味はだめで，どちらかというとあっさり味のしょうゆが好まれる。みそラーメンの味はほとんど受け入れられないという。

また，シンガポールでは即席麺製造上の大きな規制があった。即席麺は常温での賞味期限をできるだけ長くするため，スープは粉末が主体で補完的に香味オイルなどがついている。本物のラーメンスープに近い味を出すのに大切な原料の1つに肉エキスがある。なかでも，豚肉はこくのある味づくりには欠かせない。しかしながら，シンガポールでは，この豚肉エキスを使うことができない。また，しょうゆ味も日本のアルコールの入ったしょうゆは使えないため，香りのないあっさり味になっている。

理由はイスラム教徒の多い国では，豚肉やアルコールは「ハラム」といってイスラム教で使用禁止の原料となっているからである。イスラム法で許可された食品は「ハラル」と呼ばれる。鶏肉でも資格を持ったイスラム教徒によって処分された鶏肉のみがハラルとなる。海産物や中毒性のものを除く植物については厳しい制約はないが，ハラル認定工場で使用する原材料は小麦粉，パーム油もすべてハラル認定の商品を基本的に使用しなければならない。

イスラム教のハラルと同じように，ユダヤ教には「コウシャ」というものがある。イスラエル向けの即席麺を製造する際，やはりこのコウシャの認定を取らなければならない。豚はコウシャでも禁止されており，魚でもうろこの無いものは口にすることはできない。一方中国人の場合も，若者たちはこだわりなくハンバーガーなどを食べるが，信仰心の厚い中年，老年の仏教徒は牛肉を食べない。台湾や中国本土では即席麺でも牛肉味のものがよく売られているが，シンガポールやマレーシアなどではほとんど売れないという[32]。

21世紀に入っても，シンガポールは金融・情報・サービス業のセンターとして発展を続けた。そのため，2011年4月には，日清食品はシンガポールに「アジア戦略本部」を新設している。経済成長の著しい東南アジアやインド，中東で発売する即席麺の商品開発やマーケティングなどの機能を移転している。内需型の即席麺メーカーにとって，少子高齢化による国内市場縮小の影響が大きく海外展開を急がざるを得なくなったことも背景にある。しかしながら，即席麺のような食品は，その好みや流通の仕組みが地域ごとに特異性を持つという事情もあり，一気に市場を獲得するのは難しい。アジア戦略を統括し，事業の意思決定だけでなく，研究開発やマーケティング，人材採用・育成の機能も持たせていくという。現地に精通した人材の育成と確保で足場を固めようとしている[33]。

こうした管理体制の強化によって，2012年7月，日清食品は中国以外のアジア市場で即席麺を増産すると発表している。同年7月中にベトナムで袋麺の生産・販売を始めるほか，タイやインドでも2012年中に相次いで生産能力を2〜4倍高める。3カ国での総投資額は約70億円となる。インド・東南アジアは即席麺の世界需要の約37%を占める巨大市場であり，現地での生産量を高めて市場開拓に努める。日清食品の連結売上高に占める中国以外のアジアの比率は9%にとどまっている。しかし，これらの市場の伸びは世界最大の中国を上回っている。成長市場に経営資源を集中することで，海外事業の一段の拡大を図る考えであった[34]。

韓国と日系即席麺メーカーとの関係も他の国とは異なる。韓国は東南アジアには属さないが，アジアの一部としてここで少し説明をしておくことにしよう。韓国の即席麺メーカーは，日本の即席麺メーカーからの技術供与によってスタートした。早くも1963年4月に，明星食品は韓国の三養食品工業（ソウル市）に技術供与している。同年，三養食品の創立者である全仲潤が明星食品を突然訪問し，朝鮮戦争後の当時の韓国の悪化した食糧事情とそれへの対応について情熱的に語ったという。その情熱にほだされた奥井清澄社長が，自らがイタリアのリッチ社からパスタの製造のための機械や技術を無償供与してもらった経験から，全に対して無償・無制限の技術供与することを決定した。技術料，ロイヤルティも一切不要というものであった。機械の取引も全の用意した金額を下回る1000万円以下で与え，10日間嵐山工場で研修まで受けさせている。条件は，ただ1つ製品を日本に輸出しないということであった。

同年8月には，明星食品，上田麺機，新三立工業から各1名ずつ社員が韓国へ出張し，据え付け工事から始動監督までを行っている。韓国は，関連食品産業や資材産業が発展していなかったため，三養内部で包装の印刷，製袋，スープ製造，ラードその他の油脂精製までのいっさいを行わなければならなかったという[35]。

1985年12月には，日清食品が，化学を中心とする韓国火薬グループ傘下の食品会社であるビングレ（ソウル市）に即席麺の製造技術を供与し，1986年1月から韓国内で販売すると発表している。韓国で生産するのは袋麺，カップ麺で生産能力は各年産300万ケース（1ケースは30個入り）である。韓国はこの時すでに，年間30億食近く需要がある即席麺消費国であった。3年後に開催するソウル・オリンピックを控えて需要は拡大傾向にあった。韓国内の即席麺市場には明星食品の技術を受けた三養食品工業，ハウス食品工業と技術提携した農心（ソウル市）の大手2社が圧倒的なシェアを有していた。

第2節　タイ，インドネシア，フィリピンへの進出

タイ，インドネシア，フィリピンといったASEAN諸国では，華人企業が

財閥を形成して経済力を握っていた。即席麺市場においても，彼らが圧倒的な力を保持している。さらに食品産業においては，さまざまな外資規制などもあった。そのため，日系即席麺メーカーはこうした国々に進出する時には，進出先の華人系の財閥企業と提携して即席麺を生産・販売するという，アジア戦略の1つのパターンを生み出した。

1970年～1990年代

日系即席麺メーカーとこの地域との関係は，技術供与から始まったともいえる。東南アジアにおける即席麺の製造・販売に早くから取り組んだのは，味の素であった。タイ味の素は，1973年12月，タイの即席麺製造会社「Wan Thai Foods Industry Co., Ltd.（ワンタイ・フーズ）」の依頼により，同社の株式50%を取得して経営参加した。翌1974年1月には，「Yum Yum（ヤムヤム）」ラーメンの販売を開始している。1975年9月にはワンタイ・フーズの生産能力を日産5万食から10万食に増強し，1977年12月に「チャエー」，1978年7月に「塩味」を発売するなど，積極的に事業を拡大していった[36]。

2003年6月には，味の素はワンタイ・フーズが約3億円を投じて生産ラインを増設し，年間生産能力を25%引き上げると発表した。タイ国内および周辺国での即席麺需要が増加しており，設備と同時に営業面も強化して売上拡大を目指すとした。

ワンタイ・フーズは，2003年当時，「ヤムヤム」ブランドの即席麺を50種類程度販売していた。年間売上高は42億円と，タイで3位の市場シェアを有していた。今回の設備投資により，年間生産能力をそれまでの約2万4000トンから3万トン程度に引き上げようと考えた[37]。

味の素に続いたのが，明星食品であった。1984年11月，明星食品はタイのバンコクに設立した合弁会社「President Myojo Foods Co., Ltd.（プレジデント明星食品）」の即席麺専用工場が完成し稼働しはじめたと発表した。プレジデント明星食品は，明星食品が，タイの財閥「サハ・グループ」の一員である「タイ・プレジデント・フーズ」と合弁で1984年6月に設立した会社である。完成した工場は，プレジデント明星食品がバンコクの南東約100キロメートルにあるチョンブリ市内に2億円をかけて建設したもので，建築面積は約5000

平方メートル，生産能力は日産6万食であった。同工場は，日本でもヒット商品となった高級即席麺「中華三昧」を中心に生産する計画であった。軌道に乗れば，さらに新商品を投入し，全市場のシェア10%の獲得を目指した。1984年12月からはテレビの宣伝も始め，1985年2月からは販売地域をバンコクからチェンマイなど他の大都市圏にも広げた。

この時，タイの即席麺消費量は年間約6億食であった。プレジデント明星食品では1袋10バーツ（約90円）で販売し，初年度100万食，約10億円の販売を目標としていた。タイはその後の展開次第では，明星食品海外事業の核になる可能性を秘めていた[38]。

1984年12月には，明星食品は海外での即席麺事業の拡大に乗り出した。同年夏から新規市場開拓の可能性を探るため，豪州，インドネシア，香港などの市場調査を進めていたが，1985年1月にもフィリピン市場調査を行なっている。その調査結果が出揃う1月末には同社として初めて「海外戦略会議」を開いた。そして，今後の海外での事業展開の方針を決め，海外事業部の人員をいままでの9人から，3年以内に倍の18人に増員し，海外事業のバックアップ体制を強化することにしたい考えであった。

明星食品が海外戦略を積極化することにしたのは，1984年10月からタイのプレジデント明星食品が高級即席麺「中華三昧」の現地生産を開始し，シンガポール，マレーシアと合わせて東南アジアの拠点が3つになり，海外事業の基礎固めができたとみたためであった。

海外戦略会議では，以下の案件について検討することが予定された。⑴市場調査をしたインドネシア，フィリピンについて，技術指導，現地資本との合弁について。⑵1981年に工場を建設したままま生産を始めていない米国工場についても，生産の開始，合弁事業への切り替え，工場設備の売却，撤退などの可能性について。⑶現地生産しているシンガポールとマレーシアの，位置づけの明確化について。すでにシンガポール明星食品は，関税引き上げにより大幅に減ったマレーシア向けの輸出を豪州，中近東といった新しい市場の開拓でカバーする方針を打ち出していたが，豪州や中近東がどの程度の大きさになるか，市場としての可能性を検討した[39]。

明星食品は，1985年1月28日，29日の両日，東京の本社で「アジア戦略会議」を開いている。この会議には，八原昌元社長，岡田貞則常務海外事業部長をはじめ，海外現地法人の社長，商品企画，商品開発，生産部門の担当者が出席した。この席では，タイ，マレーシア，シンガポールなど，すでに現地生産をしている東南アジアでの今後の事業計画を報告するとともに，インドネシアなど将来の進出先を検討した。同時に，2日間の会議を通じて，海外事業の基本方針を徹底させた。同社の海外の売上高は1984年9月期に約25億円と全体の5%足らずであったが，5年後にはこれを1割まで拡大することを確認している。また，今後は国内と同様に海外でも新製品の開発が重要になることが強調された。かつては，即席麺そのものが全く新しい食品で現地でのPRを務めることが重要だったが，この時期になると現地の即席麺メーカーと協業すると同時に，いかにして競争してシェアを奪っていくのかが問題になってきたのである。

この戦略会議には，海外事業関係者だけでなく，商品企画や生産関係のセクションの人員も参加させている。これまで海外の商品の開発は国内の製品の開発の片手間であったという感じであったが，この会議で海外事業への理解を深めたことで，今後は場当たり的でない商品開発ができる準備を整えようとしたのである[40]。

国際戦略を推進するに当たって，明星食品は1984年4月に三菱銀行鉄鋼ビル支店長であった岡田貞則をスカウトしている。彼は，三菱銀行時代にはシンガポールやイギリスなどでの長い勤務経験を持っていた。海外通の岡田を常務海外事業部長に据え海外事業の経営体制の強化を図ろうとしたのである。八原社長は「海外事業は従来は国内で販売して好調だった製品を，そのまま海外でも日本と同じ流儀で販売していたにすぎない。しかし，これからは地域に合った商品を開発してゆかなければならない」と語り，岡田常務がその路線に沿って海外戦略を推進していくことになったのである[41]。

1990年11月，プレジデント明星食品は，約1億円を投じて即席麺の生産工場を増設し，稼働させたと発表した。生産能力は既存のものと合わせて20万食と，ほぼ倍増した。1年後には国内での販売シェアを現行10%（第4位）から20%にまで高め，第3位の座を狙う。同社は，それまでノンフライの即席麺を生産していたが，そのとき増設したのは揚げ麺のラインで，明星食品の

「チャルメラ」をベースにした袋麺を生産するものであった[42]。

次に，この地域における当時の日清食品の動きをみてみよう。1985年10月，同社は1971年2月から技術供与を行なっていたフィリピンのユニバーサル・ロビーナ社と，1977年6月から技術供与を行っていたタイのワンタイ・フーズ社とを，販売面で全面的にバックアップすると発表し，両社に対して日本で使用したTVコマーシャルを現地語に吹き替えたフィルムや販促キャンペーンに使った景品を提供した。

また，これまで提携先の2社の販売地域をそれぞれの国内に限定していたが，日清食品が商品を買い上げ，ボルネオ，ニュージーランドなどミクロネシア，ポリネシア地域へ輸出し販売する。ミクロネシア，ポリネシアの両地区の即席麺の市場の規模は約100万ケースであり，日清食品はこれまで子会社のシンガポール日清で日本から輸入した原材料を使い即席麺を生産し，これらの地域に供給していた。このため，同社の即席麺は1個33円とマギーなど他社製品の1個20円に比べ高く，市場に食い込めなかった。日清食品は技術提携先の企業から原価償却の済んだ工場で安価な原料を使って生産した製品を購入し，日清製品のブランドイメージを落とさず，しかも価格的に太刀打ちできる製品を販売することで，60%の市場シェアを有するマギーに対抗した[43]。

このように，日清食品は味の素や明星食品と比べると，シンガポール以外の東南アジア諸国への投資は遅れた。同社は，1994年1月に日系企業と多くの事業を展開するタイの地元の有力財閥サハ・グループと合弁で「Nissin Foods Thailand（タイ日清））」を設立している。資本金は30億1000万バーツで，日清食品とサハ・グループが45%ずつ，残り10%を伊藤忠商事が出資した。工場はサハ・グループが工業団地を持つチョンブリ県シーラーシャに建設され，同年6月から生産を開始している。

サハ・グループはタイ最大の総合消費財メーカーである。食品のほか，化粧品，衣料，洗剤，トイレット製品など，上場企業約20社を含む200社を超える企業を傘下に持っている。華僑のチョクワタナーが1942年に設立した日用品販売会社が前身で，日本からの製品を輸入販売し，第2次大戦後に急成長を遂げた。ライオンやワコールなど，日系企業がタイに進出する際のパートナーとなることが多い。

タイでは，サハ・グループ傘下の企業など地元企業が袋麺を生産していたが，タイ日清では「カップヌードル」のノウハウを日清食品から受け，将来を見据えたカップ麺の生産を始めた[44]。

2000年代

2000年5月，日清食品はサハ・グループの即席麺メーカーと食品販売会社にそれぞれ資本参加し，グループとの提携を強化すると発表した。この出資を機にタイ日清とサハの即席麺メーカーが相互に製品を供給するようになった。

まず，日清食品は食品販売会社であるサハ・パタナピブル社の株式の5%を2億円で取得した。同社は年間約260億円の売上げがあり，ミャンマーやラオスなどに販路を持っている。これらの地区にタイ日清で生産したカップ麺をグループを通じて販売する。

さらに日清食品は，約11億6000万円を即席麺メーカーであるタイ・プレジデント社に10%出資している。これまでタイ日清では日清食品の開発したカップ麺を，タイ・プレジデント社は独自開発した袋麺やカップ麺を生産していた。まずタイ日清が，タイ・プレジデント社のカップ麺を生産する。将来は相互に製品のOEM供給を始めたり，日清とサハ両グループで原料を共同購入したりして，調達コストを引き下げるためであった[45]。

2002年12月，明星食品は東南アジアの即席麺の生産拠点をタイに集約すると発表した。当時あった2拠点のうちシンガポールでの生産をやめ，比較的人件費が安いタイで大量生産することでコストを引き下げようと考えた。東南アジアでは生活水準の向上などに伴い今後も即席麺市場は拡大するとみており，積極的な投資をして競争力を強化しようとした。

当時シンガポールでは，年間4000万食の即席麺を生産し同国内や周辺国で販売していたが，2年以内にすべてタイに移管するとした。第1弾として，ノンフライ麺約50万食の生産を2003年春から段階的に減らす。工場は賃貸だったため，除却損などは発生しないので，95%を出資する現地法人のシンガポール明星食品は輸入販売会社として残した。

タイでは現地の即席麺メーカーなどと1988年に設立した合弁会社TMフーズ（約16%出資）で，明星ブランドの商品を生産していた。カップ麺のラインがないため，TMフーズが約1億5000万円を投じて2003年9月をめどにラインを新設し，受入れ体制を整えるという。即席麺全体の生産能力は1億4000万食から2億4000万食まで増える。1商品当たりの生産原価は1割強減る見込みであった。

生産集約でタイの重要性が増すのに伴い，出資比率も引き上げ，2003年3月までに，約2億5000万円で現地の出資者から株を買い取り，持ち株比率を45%前後とする方針であった。

シンガポールでは外資系の大規模小売店の進出が続いており，メーカーにとっては販売促進費などのコストが増加，採算が悪化傾向にあった。シンガポールでの生産を停止したことにより，明星食品の即席麺の海外生産拠点は，タイの1カ所のみになった。同社の海外売上高は2002年9月期で，30億円で連結売上高の約4%にすぎなかったが，日本国内に比べ海外市場規模やシェアの拡大が期待できるとして，輸出などに今後も海外市場は積極的に開拓する考えであった[46]。

2011年3月，日清食品はタイ日清の資本金を約8億円から約33億円に引き上げると発表している。増資分の大半は即席麺を製造する新工場の建設費などに充てる計画であった。2012年春までに，既存工場を合わせたタイでの生産能力を4倍程度に引き上げ，成長市場の東南アジアで競争力を高めようとした。バンコク北部のパトュムターニー県に工場を新設し，2012年春までに稼働させたい考えであった。新工場の詳細は，この時にはまだ明らかにされていなかった。

タイ国内の即席麺市場は，2011年に約29億食で，需要は拡大していたが，日清食品の市場シェアは1%前後にとどまっていた。この成長市場を取り込むため，増資によって財務基盤の強化と生産の拡大を進め，今後は新商品の投入なども積極化させようとした[47]。

この計画の具体的な内容は，2013年8月1日に日清食品が，タイで即席袋麺市場に参入することを発表したことによって明らかになった。同社は，バンコク北部のパトュムターニー県に38億円を投じて設立した工場が本格稼働したのを受けて，「NISSIN（ニッシン）」の商品名で3種類の即席袋麺を生産・販売した。日本と同様のもちもちした触感で，あっさりした現地メーカーの商品との違いを打ち出す。店頭実勢価格は6バーツ（18円）で，タイでシェア首位のタイ・プレジデントの「MAMA（ママー）」など現地の有力商品と同等のものであった。国内に1万店あるコンビニのほか，7万5000店の中小商店で販売した。

タイにおける2012年の同国の即席麺市場29億6000万食のうち，カップ麺の比率は1割に過ぎない。そのため，日清食品は残り9割の袋麺市場の開拓が避けられなかった。従来はカップ麺の購買層として全体の3割を占める高所得者層をターゲットとしていた。しかし，新興の東南アジア市場を取り込むには，消費の中核に育った全体の4割を占める中間層の獲得を目指す必要があり，中間層を意識した価格戦略が不可欠になってきたためである[48]。

インドネシアにおける展開

次に，インドネシアにおける日系即席麺メーカーの動きをみてみよう。1981年12月，サンヨー食品は，インドネシアのサラナパンガン社（本社ジャカルタ市）に即席麺の製造技術を供与したと発表している。同社は，スドノ・サリム（中国名：林紹良）が築いた財閥であるサリム・グループの食品部門を担当している企業である。技術料は一括支払い方式で，サンヨー食品は2億円を受け取っている。サラナパンガン社は，新会社サリミ・アスリ・ジャヤを設立し，即席麺事業に乗り出した。サンヨー食品は，3年前に米ケロッグ社に英国における即席麺製造の技術援助を行っており，それに続くものであった[49]。

サリミ・アスリ・ジャヤがジャカルタ市に建設していた袋即席麺工場は，1982年8月に完成し本格操業に入った。工場の生産能力は年産5億食（日産150万食）と，単一工場としては当時世界最大規模のものであった。インドネシア側にとって全くの新規事業だったため，サンヨー食品が丸紅を通じ，工場レイアウト，研修生の受け入れ，製品の開発および製造までを一貫して指導した。丸紅はまた，中核設備機器を日本から調達し，供給している。インドネシアが大規模即席ラーメン工場の建設に踏み切ったのは，食生活の多様化によりコメの輸入量を減らすという食糧政策の一環とみられた[50]。

日清食品は，「NISSIN」ブランドの即席麺を現地生産するというアジア戦略の1つのパターンを生み出した。また，地元資本が市場を支配しているといっても，それは袋麺の分野で，日清食品が得意とする「カップヌードル」に関しては，未開拓の市場であった。1998年ごろまでには，インドネシアの即席麺の年間需要は80億食に達していた。インドネシアでは，上記の財閥サリム・グループの中核企業であるインドフード・スクセス・マクムル社（PT Indofood Sukses Makmur tbk）が，即席麺市場においてシェア90％を握る圧倒的な力を有していた。同社は，即席麺のほか，パーム油や小麦・製粉なども手掛け，原料から最終製品まで，一貫生産できるのが強みであった。

そのインドフード社の牙城に挑戦すべく，日清食品は1992年6月，同国7位の財閥ロダマス・グループと合弁で，ジャカルタに即席麺の生産・販売会社「ニッシンマス（PT. Nissinmas Indonesia）」を設立し，ジャカルタ郊外のブカシの工場団地に新工場を建設した。同社の資本金は600万ドルで，日清食品51％，ロダマス49％の出資であった。この年のインドネシアの即席麺の消費量は45億食で，1人当たりの消費量は20食であった。現地の売れ筋よりやや高めの価格設定で，当時ジャカルタで子供たちに最も人気のあった「ドラえもん」のキャラクターをつけた「NISSIN」ブランドの袋麺などを，ロダマス・グループのネットワークで販売した。

マーケティングの展開では，まだ民放テレビがスタートしていなかったため，店頭販促が主体となるなど日本とは状況が異なっていた。ビルの看板広告に力を入れたりしたのは，日本の昔の手法が通じると当初は考えていたことによる。当面ターゲットにしている中産階級から上の層が膨らんでいるほか，主要販路となるスーパーマーケットも，ジャカルタだけでなく地方の主要都市でも増え始め，昔ながらのパサール（市場）と並び，買い物の場として定着し始めていた[51]。

1994年12月には，明星食品がインドネシアの財閥サリム傘下の食品メーカーであるインドフードと三井物産と合弁会社，「PT. ミョウジョウ・プリマ・レスタリ」をジャカルタに設立すると発表している。資本金は250万ドル（約2億5000万円）で，インドフードの不動産管理・投資会社であるPT. プリマ・インドティパンガン60％，明星食品が30％，三井物産が10％で，社長はインドフードから派遣するものであった。当時のインドネシアの即席麺市場は年間36億食であったが，市場は毎年10％程度拡大しており，参入を目指す明星食品と製造ノウハウを取得したいインドフードの利害が一致したものである。また，インドフードは世界的にも大手の即席麺メーカーで，インドネシアでは90%の市場シェアを占めていた。また，インドフード社の「インドミー」製品は，インドネシアの屋台では食材として使われ，店頭で1袋約2000ルピアで売られているものが，肉団子などを客の好みに応じて乗せ，1万ルピア前後で提供されていた。また，統括会社のサリム財閥は小麦粉などの主原料を押さえているため，明星食品にとっては原料，販促面での協力が得やすいことも大きな魅力であった。1995年3月をメドに，1日当たり10万食の生産能力を持つ工場を立ち上げる計画であった。明星の技術を導入し，1個700～1000ルピアの袋入り即席麺を製造し，1996年には10億円の売上げを目指し，市場シェア2割を確保する計画であった[52]。

しかし，当時のインドネシアでは外資に対する規制が残っており，製造業の新規進出は難しかった。そのため，日清食品は1996年7月ニッシンマスの経営戦略を抜本的に転換し，インドネシアでの合弁相手をロダマス・グループからサリム・グループに切り替えた。インドネシアでは明星食品やネスレも参入して，ほぼニッシンマスと肩を並べるなど競争が激化してきた。ロダマスは本業が印刷機器や紙などの資材が中心で，食品ノウハウや販売ルートが弱かった。そのため，日清の現地法人「ニッシンマス」のロダマスの持ち株49%をサリムの食品部門であるインドフードに譲渡した。同時に，日清食品の持ち株を51%から49%に引き下げてサリムと同等にし，残る2%を日商岩井に保有してもらっている。社長にはインドフードのエヴァ・リヤンティ・フタペア副社長を迎えた。現地の即席麺市場で当時90%のシェアを持つインドフードの販売ルートを使ってニッシンマス製品を販売し，売上高を2倍に引き上げるため，ニッシンマスは工場の稼働時間を8時間から2交代16時間にして増産する算段であった[53]。

サリム側は販売ルート，売り場を提供すると同時に，日清側から「カップヌードル」などカップ麺の製造技術の提供を受けることを期待していた。カップ麺の包装資材とか乾燥具材の製造技術を学び，日清食品がカップ麺を本格展開するのに合わせて，インドフードも自社のカップ麺を投入していく考えであった。

インドネシアの市場は，すでに年間70億食強と，数量ベースでは50億食強の日本を上回っている。しかも，成長率は10%近かった。また，都市部は共働き家庭が増えており，所得が上昇すれば数年後にはカップ麺市場ができると予想された。一方では，インドネシアでは1日2ドル（約160円）以下で暮らす国民が1億人以上いるとされる。そのため，1食2500～3000ルピア（約20～25円）程度の即席麺は，コメと並ぶ貴重な主食の地位を得ていた。

インドフード社は「ポップミー」が主力商品で，生産能力は年間150億食と同国需要を1社で賄える規模を擁していた。2012年には2兆3000億ルピアを投じ，今後2～3年でさらに能力を倍増させるとしていた。サリム・グループは原料の小麦粉供給を押さえているほか，相次いで即席麺メーカーを買収し，9割の市場を押さえるに至っていた。しかも，明星食品の合弁相手もサリム・グループであった。

サリムと組むことにより，日清食品は国内ほぼすべての食料品店をカバーするインドフードの販路を活用できる。徐々に売り場を確保し，3～5年かけて製造設備や営業網の整備を進め，市場シェアを10%以上に高めたい考えであった。また，当時外資系に厳しかったインドネシアの条件も将来的には自由化が進んで改善され，コストも下がると考えられた。それまでの間に国内でブランドと企業の知名度を高めておくのが重要との判断もあった[54]。

しかしながら，2013年以降のインドネシアの即席麺需要の停滞から，日清食品は，顧客のオフィスに1個1万ルピア（75円）でカップ麺を買えるボックスを置かせてもらう方式を導入している。2016年中に1500台の配置を目指した。流行に敏感なオフィスワーカー層に評判を広めてもらい，拡販につなげようとしていた[55]。

2014年8月には，日清食品はインドフード社との合弁会社について，思うように事業を展開することができず，相手先保有全株式49%を5億5800万円で取得して合弁を解消し，子会社化することを決めている。この株式の取得で日清食品はニッシンマスの発行済み株式総数の98%を保有する筆頭株主となる。この取引は，インドネシア投資調整庁の認可を得るなどの条件が整い次第，速やかに実行するとされた。

こうした動きの経緯と目的について，日清食品は当時次のように述べている。

「現在，当社は，米州・中国・アジア・欧州を中心とする世界各国において事業を展開しております。

とりわけ，経済発展に伴って市場のさらなる拡大が期待されるアジア地域においては，2011年にアジア戦略本部をシンガポールに新設する等，同地域での事業展開をより一層加速させております。

そのようななか，今後のインドネシア事業の強化と，そのための機動的な意思決定・資源投入を実現するべく，インドフードと，同社が保有するニッシンマスの全株式の譲り受けに関する協議を重ね，この度，合意に至ったものです。」[56]

インドフード社との合弁では意思決定がスムースに行かないこともあったようで，日清食品のインドネシアでのシェアは1%ほどしかなかった。人口が大規模で経済発展により，カップ麺など高級化への消費者の動きも期待でき，経営権を握ることでスピーディな動きが取れるほか，日本で培ったノウハウを生かせると判断したようである。

フィリピン

フィリピンにおいても，日系即席麺メーカーの国際展開は，すでにみたように技術供与から始まっている。1971年2月に，日清食品がユニバーサル・ロビーナ社に技術供与を行っている。

1991年1月には，明星食品は三井物産とフィリピンの食品会社ピュア・フーズ社との合弁会社である「MPMヌードルズ社」を設立している。資本金は約1億7500万ペソ（1ペソ＝約5円）で，出資比率はピュア・フーズ社が65%，明星食品が23%，そして三井物産が12%であった。社長はピュア・フーズ社の副社長R. G. ブハインが就任した。明星も三井物産も1人ずつ役員を出した。

フィリピンでは国民の味覚の違いもあって即席麺の市場はほとんど未開拓で，明星食品と三井物産はこれを機にフィリピンでも日本の即席麺の味を定着させていきたいと期待していた。フィリピンの即席麺市場は，その数年20%前後の急成長を遂げていた。明星はこの市場に着目し，合弁の形で日本企業としては初めて直接進出した。

同社は，1992年6月からマニラ近郊の工場団地アヤラ・ラグナ・テクノパークに4000万ペソをかけて即席麺工場を建設し，11月に完成し同時に生産を始めるとされた。新工場には明星食品から乾麺とスープの生産設備を導入し，同時に明星食品が技術指導し，日本で販売している即席麺の味をベースに，フィリピン人の味覚に合わせた即席麺16種類を製造・販売する計画であった。即席麺の原料のうち，麺は米国産の小麦を使用し，スープの材料は主にフィリピンで調達するとされた。MPMヌードルズでは，1993年中に同国の即席麺市場で十数%の市場シェアと，3000万ペソの利益を確保したい考えであった。工場の生産能力は1日当たり31万食で，1993年に年間約1億食の生産が予定されていた。

ピュア・フーズ社はフィリピンの大財閥アヤラ・グループの食品の子会社で，ハム，ソーセージの製造が主力であった。同社のフィリピンでの即席麺市場に占めるシェアはわずか5%にも満たなかった。それまでは，フィリピンの地元メーカーであるユニバーサル・ロビーナ社が日清のブランドで生産・販売してきたが，価格を1食3～4ペソと安価に抑えてきた。MPMヌードルズでは日本でもそのまま販売できる高級ラーメン路線を採用するとした[57]。

1998年11月には，明星食品は東南アジアでの即席麺事業を強化すると発表している。フィリピンでカップ麺販売が好調だったのを受け，明星の関連会社で当時即席麺の生産を休止した赤沢食品（岡山県里庄町）のカップ麺1ラインを日本から移設し，生産能力を2倍に高める。東南アジアは1997年の通貨危機による経済の混乱下にあったが，フィリピンでの業績が順調に推移していることから事業基盤を強化し，需要開拓を進めようとした。

MPMヌードルズは，1997年からカップ麺の販売を開始している。先行他社より3～5割程度安く商品を投入したところ，マニラなど大都市圏で好調な売れ行きを見せ，1998年9月期に単年度黒字に転換した。1999年9月期は前年比10%増の約5億円の売上高を見込むにいたった[58]。

日清食品は1994年7月，現地の財閥ゴコンウェイのグループ企業である総合食品大手のユニバーサル・ロビーナ社と合弁で，「Nissin-Universal Robina Corporation（フィリピン日清）」を資本金2億8000万ペソ（約9億円）で設

表 3-1　アジア主要国のトップ即席麺メーカーと市場シェア（2002 年頃）

国名	会社名	ブランド名	国内シェア
中国	頂新国際集団	康師傅	30%
台湾	統一企業公司	統一	47%
韓国	農心	NONGSHIM	62%
タイ	タイ・プレジデント・フーズ	MAMA	60%
インドネシア	インドフード	Indofood	90%
フィリピン	モンデ・デンマーク	Lucky Me	49%
マレーシア	ネスレ	Maggi	54%
ベトナム	ビフォン・エースコック	Vifon Acecook	30%

出所：一ノ井一夫「麺づくり味づくり in Singapore（シンガポールにおける即席麺について）」シンガポール日本人商工会議所『月報』2002 年 10 月，27 頁。

立している。出資比率は，日清食品 25%，ユニバーサル・ロビーナ社 65%，三菱商事 10%であった。製品企画と製造を日清食品，販売をロビーナ社がそれぞれ受け持ち，製品はすべて国内で販売する。

フィリピン日清は 1996 年 3 月，マニラの南に位置するキャビテ市ファーストキャビテ工業団地に新工場を建設した。工場は延床面積 7000 平方メートルで年間 3600 万食の「カップヌードル」を生産する能力を有した。工場の竣工式にはラモス大統領も出席した[59]。

2014 年 12 月，日清食品は，フィリピンの即席麺の合弁会社である日清ユニバーサル・ロビーナの出資比率を 25%から 49%に引き上げたと発表している。現地の親会社ユニバーサル・ロビーナ社と三菱商事から株式を追加取得し，関与を強めて事業拡大につなげる狙いがあった。ユニバーサル・ロビーナ社が手掛ける現地の即席麺自体も，合弁会社に一本化する。フィリピンの即席麺市場の拡大に期待するという[60]。

なお，2000 年代初めの ASEAN を含むアジア諸国の即席麺の各国におけるトップブランドとその市場（シェア）について一覧にしたものを表 3-1 に示した。この表から，アジア諸国では，日系企業にとって強力なライバルとなる現地企業が育っていたのがよく分かる。

第3節　ASEAN新加盟国への進出

1990年代におけるベトナム市場の台頭

1990年代になると，東南アジアの社会主義国であった国が計画経済から市場経済へ移行するにつれて，ASEANの加盟国となった。1995年7月にベトナム，1997年7月にラオスとミャンマー，1999年4月にカンボジアが参加し，原加盟国を合わせて10カ国となった。新加盟国のうち，ベトナムが急速に経済発展を遂げた。

日本企業のベトナム進出は，同国のASEAN加盟や米国による経済制裁解除などがあった1995年前後に始まった。当初は「アジアのラストフロンティア」として国内市場を狙う動きなどもあったが，経済政策の足踏みなどもあり日本企業の進出はあまり伸びなかった[61]。

ユーロモニター・インタナショナルによると，2014年のベトナム即席麺市場規模は，約24兆3000億ドン（約1150億円）であった。その規模は，2017年には26兆6000億ドンまで拡大されると期待されている。ベトナムにおける即席麺メーカーは数十社に上るといわれるが，市場シェアでは上位3社が2014年に約72%を握っている。トップはエースコック・ベトナム，2位がマサン・インベストメントグループ（Masan Investment Group）傘下のマサン・コンシューマー（Masan Consumer），そしてアジアフーズ（Asia Foods）である。これらに続くのが，台湾系のサイゴンビーオン（Saigon Ve Wong），ビフォン（Vifon），コルサミリケット（Colusa-Miliket），ティエンフォン（Thien Huong）であるが，それぞれ2～6%を確保している。

近年，マサンの伸びが急速になっている。2010年にはエースコックのシェアは48.2%で，マサンが12.0%，アジアフーズが11.6%であったが，2014年にはエースコックのシェアが38.92%へと減少し，マサンが24.6%へと拡大し，エースコックを追い上げ，アジアフーズを圧倒している[62]。

エースコックの進出

こうした状況から分かるように，ベトナムへの進出においては，エースコックが先行した[63]。1992年12月エースコックは，丸紅，日本国際協力機構（JICA）と共同で，現地の即席麺メーカーである国営企業「Vietnam Food Industry（Vifon：ビフォン）」（ホーチミン市）と，ベトナムで即席麺の合弁事業に乗り出すことを発表した。丸紅からの誘いであったという。ベトナムに新会社設立を申請し，1993年3月には認可される見込みとされ，1993年8月から操業を開始する予定であった。製品は国内向けに供給するだけでなく，近隣諸国やベトナムからの出稼ぎ労働者が多い東欧各国へも輸出し，ベトナムの外貨獲得に寄与することを狙うとした。しかし，何よりも大きな理由は，日本国内の即席麺市場が縮小することが分かっていたことで，ベトナムへの進出も不可避的な海外戦略の一環であった。

ベトナムは，1986年にベトナム共産党の第6回党大会において採択された市場経済システムの導入と対外開放化を柱とした「ドイモイ（刷新）」政策により，経済成長の軌道に乗り始めていた。経済改革の一環として，外国企業によるさまざまな形態の直接投資を歓迎し，合わせて国営企業の改革も進め，外国企業との合弁事業の展開も奨励していた。

当時ベトナムへ進出した企業の多くは，いまだ経済発展段階が低いため所得も低く市場規模は小さかったことから，ベトナムを安価な労働力を利用した生産拠点とみなしていた。そうしたなかで，エースコックはベトナム国内市場への参入を目的に，直接投資を決断した。

ベトナムでは，ドイモイにより，外資による直接投資を歓迎し，国営企業の改革も進めていた。国営企業も経営不振からの脱却を図るために，自身の経営改革とともに，外国企業との合弁事業の展開，あるいは外国企業への身売りを模索していた。ビフォン社も，このような状況におかれていた最大の国営食品メーカーの1つであった。

ベトナムにおいて早い段階からビジネスチャンスを模索し，事業を展開していた総合商社の丸紅は，広い人脈ネットワークから現地の情報を的確にキャッチしていた。ビフォン社の要望としては，外資による既存事業の一部の買い取りか，あるいは外資との合弁事業の展開などであった。そのため，早くも

1992年に，丸紅としては従来からビジネス関係を持っていたエースコックに対して，情報の提供と新規事業を展開するための提案を行ったのである[64]。

ベトナムにおける即席麺の歴史は，1970年代まで続いたベトナム戦争の時代に遡る。当時の南ベトナムに駐留した米軍が即席麺を持ち込み，南部に広がったという。ベトナムの即席麺生産はベトナム戦争後中断していたが，1985年に再開し，急速に普及したのである。市場経済への移行に伴い年間需要は約8億食と言われ，年率25%の大きな伸びを見せているという。合弁相手のビフォン社は，ベトナム即席麺市場で最大のシェアを持つ食品メーカーであった[65]。

当時のベトナムの即席麺市場は，国営企業が中古の機械を輸入して袋麺のみを作っている状況であった。丸紅の紹介とベトナム最大の食品会社が相手であり，政情の安定，人々の勤勉さ，そして親日ということで，エースコックの首脳陣はすぐに決断を下した。しかしながら，設備の問題，衛生面の問題から，既存事業を買い取って経営するのは困難と考え，従来の設備や経営を利用することはやめ，エースコック側の提案に沿って経営する合弁方式で参入することを決定している[66]。

エースコックは1992年12月にビフォン社と契約書を交わし，合弁会社を設立する申請手続きを開始し，1993年12月にベトナム政府より認可を得ることができた。工場はビフォン社の敷地の一部を借りて建設することとなった。

1993年末に「ビフォン・エースコック」が設立された。資本金は400万ドル，出資比率はベトナム側40%，エースコック24%，丸紅とJAIDOがそれぞれ18%出資している。本社はホーチミン市に置き，社長は日本側から出す予定であった。日本側が経営権を握ることで品質管理に配慮し，輸出先で西側諸国のヌードル製品と競合できるような高級タイプの即席麺を生産する。エースコックは，ベトナムは東欧，旧ソ連にもパイプを持ち，政治体制が後戻りすることはないと判断し，いずれ重要な生産拠点になると新市場開拓に力を入れることにしたのである。

同社は，1993年9月をメドにホーチミン市で袋麺の一貫生産工場を稼働する計画であった。敷地面積は約7900平方メートルで，延べ床面積は約4000平方メートルとなる。生産機械はエースコックが輸出し，当初は1ラインで生産能力は年間約1億食であった。従業員は約130人でスタートして，1993年にまず約1900万食，3年で1億食を生産するのが目標であった[67]。

結局，ビフォン・エースコックがホーチミンに設立されたのは，1994年8月であった。操業開始は1995年3月を予定し，袋麺を日産36万食生産し，2〜3年後には3倍に拡張する計画となった。調味料，乾燥野菜の加工拠点にすることも検討した。生産した袋麺はベトナム国内のほか，北米，欧州へ輸出するとされた[68]。

1994年初代社長として境公夫が任命されている。彼は，合弁パートナーの丸紅からの出向であった。ビフォン・エースコックは，1995年6月から製造・販売を始めた。会社の設立認可からから実際に事業がスタートするまでには，約1年半の歳月を要している。その主な理由は認可条件に「最初の3年間は製品30%，次の4年間は50%，8年目からは80%を輸出すること」という内容が盛り込まれていたことがあげられる。これには，外貨不足に悩んでいたベトナムの国情があった。これに対して，ビフォン社がどうしてもこの条件を満たす必要があるなら，同社の製品を輸出すればよいとの申し出があり，スタートに踏み切ったという[69]。

ベトナムのように，社会主義から市場主義への移行経済という異なる経営環境での現地法人の設立に当たっては，多くの煩雑な許認可手続きを行わなければならない。用地の確保，設備の導入，現地パートナーとの間の出向人事，新規従業員の採用など，現地の事情をある程度把握でき，現地側各方面と交渉できる能力が求められた。そのため，こうした問題に対して経験豊かな総合商社の丸紅から社長が送り込まれた。さらに，日本からは工場長と開発担当者が送り込まれたのである[70]。

現地法人の設立後，まず，エースコックが取り組んだのは，商品開発と即席麺の流通ルートと一般家庭での即席麺の食べ方であった。当時ベトナムではスーパーはまだ少なく，パパママストアのような個人商店がほとんどであった。その中で，販路を確保するために，提携しているビフォン社の営業網を土台とすることを決め，ベトナム人の営業マンを配置した。

パパママストアの時代には，100種類の商品が市場にあっても，強い商品しか店頭に残らない。これは，パパママストアは売れる商品しか仕入れないということである。その結果，一番売れる商品がますます売れるということであった。ところが，スーパーマーケットが台頭してくると，数百種類以上の商品が店頭にズラリと並べられている。消費者の方も数多くの商品の中から自分で選ぶという意識に変化してくるのである。

一般の家庭にはまだ冷蔵庫が普及しておらず，その日に買った食材をその日に食べる。そして，即席麺を常備している家庭は少なかった。即席麺より市場などで売っているフォーのような生麺の方が安かったのである。また，南部のベトナム人は袋麺を鍋で煮るのではなく，どんぶりに入れてお湯を注いで食べていた。そこで，ベトナムではカップ麺の製造ラインを入れ，お湯を入れるだけでも均一に麺がほぐれ，戻りムラのない袋麺を完成させている。ところがベトナムも北の方にいくと，袋麺を鍋に入れて煮込む。これは冬になると北と南では温度差が大きくなることによる。北の寒い冬には，お湯を入れるだけでは麺はほぐれないからであった[71]。

1995年7月，エースコックはベトナムで袋麺の製造・販売を開始したと発表している。初年度2000万食の販売を見込んでいた。当面はホーチミン市周辺に売り込み，2年後をメドに全国で販売する計画で，すでにベトナム国内に102の販売代理店を確保していた[72]。

その後，エースコックはベトナムの経済発展による即席麺需要の増大に合わせて生産能力を拡大し，市場を全国に広げていった。1998年8月，同社はベトナムでの即席麺事業を拡大すると発表し，現地合弁工場を24時間フル稼働し，生産量を年間5000万食から1億食と2倍に引き上げた。従業員も300人にし，8時間3交代での生産を行った。

当初，収益は伸び悩んだ。日本品質の製品を作るために，安心・安全で質の高い製品を作ろうとした。というのは，エースコックが最初に手掛けた商品は，合弁相手であるビフォン社の従来製品との競合を避ける意味合いもあり高級品であったからである。

また，ベトナムでは小麦は栽培されていなかったうえに，技術・設備共に質の高い製粉メーカーはなかった。そのため，原料の小麦粉はオーストラリアや米国，さらには韓国から輸入した。包装用のフィルムはマレーシアから輸入した。小麦粉など即席麺の原料から包装まで輸入品で対応したため，コスト高となり，現地製品が700～800ドンで売られていたのに対し，エースコック製品は1800ドン，2000ドンと価格が現地メーカー品の3倍になったのである[73]。

そうしたなか，1998年6月から1カ月間，サッカーのワールドカップ（W杯）フランス大会に関連したテレビCMの放映や，一定量の購買者にサッカー関連の図柄入りノートを贈るといった販促活動が奏功し，ビフォン・エースコック商品の需要が急速に高まった。ベトナムでは，この仏サッカーW杯が即席麺の普及を後押ししたという。というのは，ベトナムで初めて深夜中継されたため，夜食需要が急拡大したためである。

その後もベトナムでは，W杯の開催年に即席麺需要が増えてきた。ベトナムでは欧州サッカー人気が高く，好きな選手が出場する深夜や早朝に試合を見る人が多い。南アフリカ大会があった2010年の販売量は前年比12%増，ドイツ大会の2006年には前年比31%増であったという。

このように需要は増加したが，現行設備ではこれ以上の増産が難しいため，需要動向を見ながら工場の増強，新設も検討されるようになった。ホーチミン工場への新ラインを導入するか，あるいはハノイで工場新設するという案が有力とされた。そのため，生産を増やして供給量を確保するほか，生産設備の拡充も検討するとしていた。また，販売地域も従来はホーチミン市のみだったが，ハノイ市でも市場開拓を進めようとした。ビフォン・エースコックは，「フォー」と呼ばれるうどん状の麺やラーメンを約20品目販売している。1997年には日本での主力商品「ワンタンメン」も投入している。この結果，当初から続いていた赤字も，1999年から黒字転換した[74]。

2000年代の展開

2000年7月4日，エースコックはビフォン・エースコックの即席麺事業を強化すると発表した。7月中旬をめどに80万ドルを投資して生産ラインを増設し，現行に比べて8割引き上げ，1日36万食から66万食へと生産能力を増加させるとした。ベトナムでは同社が生産している1000ドン（7円50銭）以上の中・高価格帯の袋麺需要が急増し，生産能力の増強が急務となっていた。設備増強で2001年12月期には2000年度の計画に比べて約3割増しの1300万ドルの売上げを目指し，シェアを前年比2ポイント上の11%に引き上げようとした。

ベトナムの即席麺の市場は年間12億食で，以後も毎年約5%ずつ伸び続ける成長市場と期待されていた。当時は1000ドン以下の低価格帯の需要が8割弱を占めていたが，所得の拡大を背景に以後は需要が中・高価格帯にシフトしていくとみられた。ビフォン・エースコックは中・高価格帯の商品分野に絞れば市場シェア40%のトップメーカーとなっていた。同社は，ライン増強で2002年12月期に同分野でシェア50%を目指し，ベトナム市場での足場を固めたい考えであった[75]。

2001年3月，ビフォン・エースコックは5月にハノイで新たに生産を始めると発表した。新工場の生産能力は日産30万食で，ビフォン・エースコックの総生産能力は約45%増大する見込みであった。ベトナムでは，同社が得意とする1500ドン（約12円5銭）以上の高価格帯商品の需要が拡大しており，それに対応するものであった。生産増強によって，2001年12月期の売上高を前期比約75%増の約25億円に引き上げる考えであった。

ベトナムでの即席麺の年間推定消費量は，2000年で前年比約5%増の約10億500万食に達したという。2001年末の推定シェアはビフォン・エースコックが首位で19%，2位がビフォン社で約17%であった[76]。

さらに2001年11月には，ビフォン・エースコックは年内にもホーチミンとハノイの2工場にそれぞれ新ラインを設け，生産能力を合計1.6倍に拡大すると発表した。ホーチミンの自社工場には1億円を投じて1ラインを新設し，3ラインの態勢を敷く。同工場の生産能力は日産36万食から66万食となる。2001年3月，ビフォン・エースコックは現地の投資家と工場の賃貸契約を結び，ハノイ郊外のフンスンに新たな生産拠点を設けた。5年契約で毎月レンタル料を支払うが，金額は非公開という。ホーチミンの自社工場と合わせて，同社の生産能力は日産96万食となった。

さらにこのハノイの賃貸工場も1ラインを追加して2ラインとし，生産能力を30万食から60万食に倍増するという。同社の総生産能力は，従来3ラインで96万食だったが，2002年には5ラインで156万食を生産できる体制となる。

こうした需要増の背景には，2000年9月に発売したボリュームがあり値段も安くした袋麺「Hao Hao（ハオハオ）」が現地での売上げ1位になり，エースコックのベトナムでのその後の発展の契機となったことがある。それまでは，高品質のイメージを確立するため，品質も高いが価格も高いものを売っていた。高品質のイメージが確立したところで，普及品の開発・販売に乗り出したのである。ハオハオは，現地に合う風味とともに，開発担当者たちが検討に検討を重ね，商品の内容とともにこのネーミングを決めた。これが，ビフォン・エースコックにおいて，ブランドやネーミングを重視した最初の商品となった。

同時に，プロモーションやコマーシャル対策においても，手法の転換が行われた。ハオハオは袋麺で重量は75グラムである。種類は焦がし玉ねぎ，マッシュルーム，キムチシーフード，ホット&サワービーフ，チキン，チキン&マッシュルーム，ホット&サワーシュリンプ，香味野菜ビーフの8種類の味がある。

ハオハオ以外では，「MI LAU THAI（ラオタイ）」というタイ風ラーメン，キムチ味をベースとした「MI KIM CHI（キムチ）」がある。「ラオタイ」ブランドはシュリンプ，シーフード，チキンの3つの味があり，「ハオハオ」より大きめの80グラムで販売されている。一方「キムチ」ブランドは85グラムと量はさらに多めで，ポーク，チキン，シュリンプ，シーフードの4種類がある。

「ハオハオ」が大ヒットした一番の要因は「日本の高度な製造技術や品質管理体制を導入して現地の人材に徹底を図るのと同時に，商品開発や販路の開拓に当たっては現地人材の能力を最大限に活用するという柔軟な経営姿勢にある」といえよう。ハオハオの開発に当たっては，ビフォン社から転籍してきた女性の開発スタッフを中心に，現地人材が主体となって味の調整からネーミングまで一体的に進めていったたことが，広くベトナムの人たちに受け入れられる商品に繋がったのである。

また，ビフォン・エースコックの送りだす製品の包装には，すべて「日本の技術でこの製品をつくった」という旨の表示がつけてある。これはベトナムでは食品に限らずあらゆる分野で，日本の技術に対する高い信頼があることを踏まえてのものであった。同社はまた，ベトナム独自の品質認証も取得している[77]。

2001年7月には，ビフォン・エースコックはベトナム初の液体スープ付き袋麺「ソザック」を発売している。人気商品の売れ行きと新製品の拡販で，ホーチミン，ハノイの両工場ともフル生産の状態で，設備増強が急務となっていた。同時に，台湾の食品大手メーカー統一企業が2001年内にもベトナムの即席麺市場に参入する見通しであった。そのため，ビフォン・エースコックは増産でこれに対抗する構えである。この増産によって，エースコックは2002年度のベトナムでの販売目標を，前年比15%増の1130万ケース（1ケースは30個入り）に設定した[78]。

さらに，2002年4月，ビフォン・エースコックはベトナムで即席麺を増産すると発表している。5月をメドに生産体制を現行の6ラインから8ラインに増やし，生産能力を約3割拡大する。同社は，すでに市場の3割強のシェアを持つベトナム最大手となっていたが，現地需要の高まりに対応して，さらなるシェア拡大を狙ったのである。

それまでは，ハノイとホーチミンの6ラインで，日産192万食を生産していた。需要拡大でフル操業が続いていたため，6月までに2ラインを追加し，生産能力を日産255万食に引き上げた。増産用のラインはリース契約した設備と生産委託先の施設転用で対応した。同年のベトナムの即席麺市場は年間約18億食で，エースコックが進出した7年前に比べて2倍の規模に達していた[79]。

2002年8月には，エースコックは現地ビフォン・エースコックへの出資比率を41.1%に引き上げると発表している。同時に，ビフォン・エースコックの生産能力を，2003年春までに現在の8ラインから10ラインに増やし，25%引き上げるとした。

すでにこの時までには，ビフォン・エースコックはホーチミンに5ライン，ハノイに3ラインの製造設備を有し，生産数量は合計で日産255万食となっていた。即席麺需要は年率7%前後で成長しているうえ，同社の製品は品質の良さを売り物に国内販売数量が急拡大しており，フル操業が続いていた。さらに，台湾の統一企業もベトナム市場に参入し，販売競争が激化していた。そのため，2003年2月から3月をメドに約2億円を投じてホーチミン市内に新工場を建設し，2ラインを新設する計画が立てられた。新工場稼働後の合計生産能力は約320万食になる見込みであり，増産体制を確立して，ベトナムでのシェアを50%に引き上げたいという考えであった[80]。

2003年12月には，ビフォン・エースコックはベトナム中部のダナン市に即席麺の新工場を建設すると発表した。2003年10月には約2万平方メートルの土地を取得し，新工場は2004年9月の完成を予定していた。総投資額は約190億ドン（約1億5000万円）であった。既存工場から移設する1ラインを含め計2ラインで年間約2億食を生産する。従業員は100人程度を雇用する。これにより，南部のホーチミン，北部のハノイと合わせて3拠点になり，輸送費を削減し，手薄だった中部での販売を強化し，全国を網羅する体制が整うことになる。ベトナムでは，さらなる市場拡大も見込めるとして，いっそうの売上拡大を目指した。

この時までには，ビフォン・エースコックの売上げの約9割を占める主力製品のハオハオが好調で，市場シェアを55%握るまでになっていた。また，同社の2003年の売上高は，前年比50%増の70億円程度となる見通しであったが，新工場建設などで2004年度はさらに20%上乗せすることを目指していた。2002年にはベトナムの即席麺市場規模は年間約17億食であったが，数年年率10%近い成長が続いており，1人当たりの消費量は年間約20食で，日本と同じ40食までは成長するとの見通しがあった。

同時に，2004年1月にはベトナムの開放政策に伴いビフォン社が民営化されたこともあり，エースコックはビフォン社との合弁を解消している。エースコックの出資比率を55%に引き上げ，エースコック主導の経営に変わったため，ビフォン・エースコックの社名を「エースコック・ベトナム（Acecook Vietnam Co., Ltd.)」に変更している。創立当初からビフォンより出向してきた副社長はそのままエースコック・ベトナムに移籍し，最高責任者の1人として，経営実務にあたることになった[81]。

中部ダナン工場は，2003年に稼働している。ベトナムは南北に約1650キロメートルあり，この中間地点に工場を新設した効果は大きかった。ホーチミンやハノイからダナンまで商品を運び込んだ頃に比べ配送時間が1日以上縮まり，物流コストは半分以下に減ったという。また，新工場はベトナム以外への販路拡大に向けた供給拠点の役割も担う。というのは，当時ASEAN域内を貫く幹線道路「東西経済回廊」が2008年にも完成予定であったからである。

南シナ海に面するダナンを起点に，ラオス，タイを横断してインド洋のミャンマーの港までを結ぶ1440キロメートルの道路である。さらに，ホーチミンからカンボジア経由でタイへ抜ける第2の東西ルートや，ハノイから中国に抜ける南北ルートなどの幹線道路も整備が進みつつあった。

こうした貿易拡大を促すものとして，ベトナムも参加するASEAN自由貿易協定（AFTA），2015年実施に前倒しされたAEC（ASEAN経済共同体），ASEAN－中国の自由貿易協定（FTA）を通じて，関税引き下げが進むことが見込まれることなどもあった。

こうなると，ベトナムからカンボジア，ミャンマー，ラオスへの出荷が一気に増え，販路の拡大が期待される。そのため，ホーチミンにあるエースコックの研究室では地域別に最適な味づくりに専念するようになった。例えば，ベトナム北部向けなら魚醤ベースの薄味スープ，南部向けはより濃い味，タイ向けは辛くて酸っぱい味といった具合に，国別，さらには地域別に好まれる味が異なるからであった[82]。

2005年7月，エースコックは春雨を使った現地語で春雨を意味する即席麺「MIEN PHU HUONG（ミーンフーフン）」の発売を南部のホーチミン市とカントー市で開始した。早期に首都ハノイ市の他にも地方の有力都市に販売地域を拡大する方針である。ベトナムでは健康志向が高まっており，通常の即席麺よりカロリーが低い点などをアピールし，若年女性などの需要を取り込もうとした。ベトナムでは即席麺の約9割が小麦粉原料で，一部米粉が原料の「フォー」もあるが，春雨が原料の即席麺は現地では初めてであるし，エースコックが海外で春雨即席麺を販売するのも初めてであった。

同社が日本で販売する主力商品「スープ春雨」を，トムヤンクン味，ミンチ味，モモ豚肉味などに味付けを変えて，4種類をホーチミンの現地工場で生産・発売した。1食40から43グラム入りで，価格は3500ドン（約24円）と，ベトナムで売られている通常の即席麺に比べ価格は3倍近かった。カロリーは200キロカロリー前後で，従来の即席麺の3分の2程度に抑えた。初年度の売上高目標は約5億円である。春雨商品を加えた2005年度のベトナムでの売上高は，前年度比約15％増の100億円を目標とした[83]。

ベトナムでは原材料の高騰や経済成長によるインフレが進んでおり，エースコックも小麦粉で作った通常の即席麺を2007年から断続的に値上げした結果，即席麺の割高感が強まった。春雨やフォーはベトナム国内から原材料を調達しやすいため，小麦粉に比べると価格押し上げの圧力が小さく，現地の大衆食でもあり，需要が伸びると判断したのである[84]。

エースコックは，所得上昇によるベトナム人の嗜好の変化を受け，2007年内にも油を使わずに麺を乾燥するノンフライ麺の生産を始めると発表した。油を使うフライ麺に比べて生産は難しいが，カロリーは低い。ベトナムでも日本など先進国同様に健康志向が高まってきたことに対応するものであった。ベトナムでは都市部では普及品より価格が3割以上高い高級品が売れ始め，2006年の高級品販売量は前年比2割増となった。2007年度は即席麺市場全体で15%増の25億食を見込んだ。

ベトナムでは戦争で多くの若者が死亡した。国連によると2010年の同国の人口中央値の見通しは約27歳で，中国より8歳も若い。若者が多ければ人口の増加も期待できる。2005年から5年間の人口増加率予測も中国の0.58%増に対し，ベトナムは1.32%増である。外資による輸出産業が国内経済の発展を支えながら，地元企業が成長して消費者も増えた。加えて，中国より競合が激しくないという。

また，2007年にベトナムはWTOに加盟している。中国で人件費が上昇し，2005年に盛り上がった反日運動などもあり，中国一極集中への懸念なども浮上して，中国に集中していた生産拠点を別の国・地域に分散するという意味での「チャイナ+1」としてベトナムへの注目度が高まった。ベトナム投資は輸出拠点から国内市場を狙う動きへと，BRICs以上に急展開の様相を見せ始めたのである[85]。

ベトナムでは，WTO加盟以前は外資系企業の進出は「1業種について原則的に同じ国から1企業しか認めない」という保護政策をとっていた。今後は，同業他社のベトナム進出が活発化することが予想された[86]。

中国を補完する生産拠点として工場進出が相次いだため，ベトナムでは従業員確保が難しくなっており，エースコックでは2008年7月に工場従業員向けに大型の寮を開設している。まず，女子従業員の半数に当たる472人が入居した。男子寮や幹部社員の社宅も順次整備する計画である。寮はホーチミン工場から歩いて30分のところにあり，敷地面積は約8500平方メートル，建物の延べ床面積は7000平方メートル弱であった。8人部屋が59室あり，図書室や食堂，カラオケルーム，バドミントンコートを設置し，投資額は約3000万円であった。ベトナムの一般家庭に比べると充実した設備になっており，従業員の士気向上を図ると同時に，都市部に比べて確保しやすい地方出身の従業員の獲得を進めようとした。ベトナムはエースコックの海外最大の生産・販売拠点で6工場を有するまでになり，2007年12月期には，連結売上高745億円のうち226億円を稼ぎ出した[87]。

2008年7月，エースコックは年内にもベトナム向けに春雨と米粉を使った即席麺を約4割増産すると発表している。小麦粉の価格高騰により通常の即席麺が割高になっているためで，約1億円を投じて現地工場を増強するとした。同社は，この時までに同国の即席麺市場で6割超のシェアを握っており，地元の大衆食である春雨やフォーや「ブン」「フーティウ」という米粉麺の成長性は大きいと判断したのである。

このため，エースコック・ベトナムを通じて6カ所ある現地工場のうち，南部のビンユン省の工場などに新ラインを開設し，春雨は7月までに現行の月間290万食から400万食，フォーは10月までに同じく290万食から400万食に生産能力を引き上げるとした。2008年春に発売した郷土食のブンも，売れ行きが良ければ増産を検討するとされた。

2010年代

2010年には，丸紅がエースコック・ベトナムが2010年末に予定している第三者割当増資を引き受け，経営に参画している。食品需要が年10%以上伸びているベトナムを拠点にして，人口5億5000万人超の巨大市場のASEANを開拓し，生産した即席麺を周辺国などに輸出し，堅調な伸びが期待されるアジアの内需を取り込み，業容拡大を図るとされた。まず，エースコックが600もの卸業者を持ち，地方の雑貨店まで張り巡らした販路を生かし，丸紅の取扱商品を末端まで流すことを考えている。一方，エースコックは，丸紅の資金とノウハウを導入したアジア事業を拡大する。これにより，丸紅の出資比率は1.45%から約20%となり，役員も1人派遣する。一方，エースコックの出資比率は68%から50%強に下がる。

この時までに，エースコック・ベトナムはベトナムの即席麺市場の7割を握る同国最大手となっていた。増資後は，全国の複数の工場で生産能力を増強する。ラーメン用ラインの高速化，米粉麺用ラインの増設などに取り組む。即席麺全体の最大生産能力を，年間40億食から5年後に2割程度引き上げるという。増産分は丸紅の販路を利用して，カンボジア，ラオス，タイ，マレーシアなど域内各国に輸出するとした。その結果，2009年頃までには輸出先は42カ国に及び，売上げの10%は輸出から得るまでになった[88]。

ベトナムは人口が約9000万人に上り，東南アジアではインドネシア，フィリピンに次いで多い。2010年12月には世界銀行などがベトナムを低所得国から中所得国に認定するなど，消費者の所得水準も上昇している。一方で，食品や日用品などの分野では，中国や他の東南アジア各国に比べると欧米勢などとの競争がまだ厳しくないことから，現地の消費市場を狙う日本企業の進出が相次いでいた[89]。

2010年代に入ると，ベトナムの麺市場に新しい動きが生じた。今まで，日系即席麺メーカーとしては，エースコック・ベトナムが圧倒的な力をもっていた。そこへ，2011年3月，日清食品はビンズン省に即席麺の製造・販売子会社「Nissin Foods Vietnam Co., Ltd.（ニッシンフーズ・ベトナム）」を，日清食品の全額出資の資本金34億円で設立すると発表した。ホーチミン市の北にあるビンズン省の工業団地に子会社を設置し，2012年夏をめどに工場を建設するとしている。現地ではまだ少ない油で揚げないノンフライ麺を生産する。どんぶりに湯を注いで調理する場合，ノンフライ麺は湯戻ししにくいが，独自技術で改良を加えて麺のコシをよくしたものである。ベトナムは経済成長に伴い即席麺の需要が増え，即席麺の消費量は2009年が約43億食で，それまでの10年間に3倍に拡大していた。また，人口の約6割が30歳以下で，今後の成長も期待できるという。しかしながら，日清食品のベトナム進出が遅れたのは，すでにエースコック・ベトナムと地場企業の寡占状態になっており，競争の激しい市場であると判断し，進出を見合わせていたからである[90]。

日清食品は2012年7月に，袋麺の生産・販売を開始している。ノンフライ麺は2012年に投入され，「ミコチハミー・ホン・チェン（油を使わない麺）」

と表記され，同時にパッケージに「JAPAN」の文字を入れている。高付加価値品として売り込み，5年後に売上高100億円を目指していた。油で揚げないノンフライ麺はベトナム流に油戻しで食べる時，モチモチと生麺風の食感になる。現地ではまだ珍しく，価格は5000ドン（約19円）と他の商品の倍近いが，ハノイ市内では発売4カ月で数%のシェアを確保したという。ミコチハミーの狙うところは消費の主役に躍り出た中間層である。嗜好の多様化に対応しつつ，現地では異色な味わいの商品も果敢に投入するという。競合企業の一歩先を行く高付加価値・ブランド戦略と販促・物流にわたる改革でベトナムの地盤を固め，東南アジア全域の市場攻略に弾みをつけるとしている[91]。

一方で，2010年代に入り，ベトナムでは即席麺需要が急速に低迷し始めた。ベトナムの2011年の即席麺消費量は年間49億食と，世界3位の日本の55億食に迫る。だが，同年以降，金融引き締めで経済成長が鈍化し，2桁続いた小売市場の伸びは，2011年，12年は1桁にとどまった。即席麺市場も2011年の伸びが前年比1.7%増と過去最低になった。2000年に当時1000ドンで発売した袋麺「ハオハオ」で急成長したエースコック・ベトナムでも，販売量が進出後初めて減少している[92]。

こうした状況のなか，エースコック・ベトナムは持続的成長のために，いくつかの新たな戦略を展開した。第1に，2012年，同社は商品政策の改革に踏み切った。まず31ブランド，150種類あった商品を2012年秋までに26ブランド，107種類に絞り込んだ。

第2の戦略は，景気変調に身構える低所得層などに対して，より安さを訴える商品を強化したことである。同時に，2012年稼働した先端工場であるホーチミンの第2工場は，包装工程などを機械化し，コストの削減を実現した。

第3の戦略は，量から質への転換を図る「ミコチハミー」のような高付加価値品の開発に着手したことである。これで，価値あるものには支出を惜しまない中間層の攻略を狙うことができる。世帯の可処分所得が年間5000ドルから3万5000ドルの消費者は2011年時点で2400万人とみられ，これが2020年には4600万人に膨らむと期待された。

ベトナムでは，即席麺を自宅や会社で自前の器で袋麺を食べるのが一般的であった。ところが，都市生活者向けのコンビニエンス・ストアが登場し，手軽なカップ麺の需要増が予想された。そこで，エースコック・ベトナムは2012年4月には現地では珍しい具沢山のカップ麺「エンジョイ」を発売した。価格は1万8000～2万ドンと通常の約3倍で，高級感を打ち出している。

さらにエースコック・ベトナムは，2012年9月にはハノイ市とホーチミン市で和風だしの即席うどん「ウドン・スキスキ」を無料配布し，現地の消費者になじみがなく，視覚的にインパクトのあるうどんで新しい需要の創出に挑んだのである。予想に反して，和風だしが受け入れられたという。

同社は，2012年17.7％だった高価格帯品でのシェアを，2013年には31.1％にまで上げることを狙った。ベトナム特有の口コミを利用して知名度を高めようと，スーパーマーケットや市場での試食会やサンプル配布も相次ぎ実施した。高付加価値品が定着すれば，日本で開発した商品をアレンジして拡販する道が開ける。実際，中間層には健康志向など日本同様の意識が高まり，マーケティングの応用範囲は広がっている。若年層向けには日本のヒット商品「スープはるさめ」の投入も検討した。

第4は，高度なサプライチェーンマネジメント（SCM）を実現する「物流高度化計画」の始動である。これは，24万の小売店と350の代理店，10工場，原材料・資材業者らを情報ネットワークでつなぎ，調達から販売まで一括管理するものである。完成予定は2014年9月末であった。20年間で築きあげた流通網や営業活動にさらなる磨きをかけるのが目的という。

これは，物流網の「見える化」に取り組むものであった。同社製品の9割強が，約25万店のいわゆるパパママストアといわれる零細店で販売されている。日本の卸にあたる約300の販売代理店に複数の営業員を派遣し，営業員は1人当たり約150のこうした零細店を訪問して商談をする。零細店にはPOSシステムがなく，古い商品が並んだり，欠品のまま放置されたりする例も多かった。そこで，NTTデータと物流管理システムを開発した。これにより，ベトナムの工場と倉庫，販売店をネットワークでつなぎ，販売から受注，生産まで即時管理できる体制が整ったのである[93]。

このシステムの完成後は，店頭での販売状況や在庫をリアルタイムで確認しながら原材料や資材を調達して製造できる。工場や代理店の在庫を適正化し，店頭には常に鮮度の高い即席麺が並ぶ。もちろんコスト削減効果も見込める。

同時に，他社の商品が付入る隙もなくなる。

第5は，ベトナムを拠点としての周辺国市場への進出であった。エースコックは2012年，ベトナムの工場からは47カ国に約3億食の即席麺を出荷している。とくに力を入れるのがベトナムと市場特性が近いASEANの新加盟国である。同社は，2002年にカンボジア，2008年にラオスに支店を開設し，さらに2011年春にはミャンマーでテスト販売を始めている。

タイ，インドネシア，マレーシアに比べ後発国であるASEAN新加盟国は，競合相手が少なく参入障壁も低い。また，これらの国ではベトナム産加工食品が普及しており，現地在住のベトナム人を通じて流通させやすい。ここに，ベトナムで培った徹底した現地化のノウハウを活用して攻勢をかけ，カンボジアとラオスでは，商習慣や味覚に精通する現地社員も採用している。この頃の市場シェアは，両国とも2〜3割に達した。今後のアジアの業容拡大に際しては，現在も蓄積し続けているベトナムの教訓を生かし切るという。

現地化と新しい課題

エースコックがベトナムのような文化が異なる市場に短期間で浸透できた理由として，商品開発などをなるべくベトナム人に任せ，現地の人材や原材料を最大限活用する現地化がある。とくに，人材の現地化には注意が払われた。ベトナムでは現地企業と外資系企業とで給与体系に格差があり，外資系企業の方が平均して2割ほど給与が高いという。エースコック・ベトナムも外資系企業のレベルに即した給与を支給している。また，即席麺のリーディング・カンパニーとして，質の高い人材の応募を促進し，それが組織の活性化につながるという好循環を生んだと思われる。

給与体系は，ベトナム企業の一般的な傾向に倣い年功的な要素が強い。その一方で，頑張った社員に対しては表彰制度を設けて報い，モティベーションを高めるようにしている。毎年テト（旧正月）前に表彰式を行い，特に優秀な勤務成績と認める社員に金一封を贈る。また，製造現場で優秀な社員に対し授けられる「赤い星」という表彰制度がある。この制度は，毎月，従業員の中から優秀なものを現場の推薦を受けて，審査委員会による公正な審査を経て選ばれ，社長など経営陣から直接「勲章」を授与するものである。1回表彰されると作業帽に赤い星が1つ付く。それが3つになると中星になり，それがまた3つになると大星になる。年間を通じて最優秀として選ばれた者は社長から表彰状を授与され，一緒に記念写真を撮るようにしている。採用については現場に任されており，基本的には公募であるが，人的な繋がりを重視するベトナム社会を反映して縁故による採用も行われている[94]。

ベトナムでエースコックが最初に工場を建設した時には，製造工程が従来の現地製品とかなり異なっていたため，創業開始から約3カ月間は，日本から派遣されたスタッフが製造現場に張り付いて，お湯を注いだ時いかにほぐれやすい麺にするかといったポイントを教え込んだという。また，その後も工場長を中心に，日本の技術を一人ひとりの社員が自分のものとして習慣化できるまで丁寧に指導を行ってきた。その結果，第2工場以降の立ち上げに際しては，基本的にすべて現地人材が対応する体制が整えられていたという。

教育研修についてはOJTが基本となっており，日本の企業のような体系的な集合研修や自己啓発のための講座はあまり行われていない。ただ，商品開発や生産設備，メンテナンスに関しては，毎年10人ずつくらい日本に招いて技術研修を実施している。また，生産工程のうちとくにトラブルが起こりやすい包装工程では人材育成のため，日本の包装機器メーカーに協力してもらい，現地で研修会を行なったりしている。

2007年からは，日本からチームを組んで現地に赴き，製造技術や商品管理について指導を行うという取り組みを始めている。これは，生産の拡大とともに，商品アイテムが増え，即席麺以外の商品についても品質レベルを高めることが重要課題となってきたからである[95]。

現地化の1つとしてあげられるのは，エースコック・ベトナムの正門の前でほほ笑むコック姿の少年がある。日本では調理帽子をかぶったブタを使っているが，ベトナムでは宗教上の理由で豚を忌避する地元や輸出先の消費者に配慮して少年に替えたという。体型も現地で健康的なイメージがあるぽっちゃり型となっている。

一方で，日本から持ち込んだ企業文化もある。第1は，品質管理の技術である。現地メーカーの製品は保存性が不十分で品質も不安定だった。そこに日本流の工程管理，品質管理を根付かせることで，品質の良さを保ちながら価格の引き下げを図ったのである。

第2は販路の構築であり，営業マンによる販売店の訪問であった。社会主義であり物資に乏しく売り手優位が続いたベトナムでは，工場で待っていても流通業者が商品を買いに来たという。それをエースコックの方から売りに行くように変えていった。合弁相手の販売網を土台に代理店を決め，専属営業マンを配置した。ホーチミン周辺の個人商店を営業マンが1軒ずつ巡回して売り場に出て行き，陳列方法の指導や欠品状況の確認をしながら市場を開拓していったのである。最初は反発していた営業マンも，小売店から感謝され，信頼を得るうちに意識が変わったという。小売業界にも好印象が広がり，販売拡大に結びついた。

第3は，ブランドの確立である。ベトナム人はブランド志向が強いが，現地には即席麺で有力なものがなかった。そこでハオハオ・ブランドを前面に打ち出して認知度を上げたのである。

第4は，調達面での改革である。原材料の現地サプライヤーに製粉技術などを直接指導して品質を改善している。当初は輸入に頼っていた小麦などを現地調達に切り替えた。これによって現地調達率を90%まで増やし，現地メーカーよりも3倍も高かった商品価格を引き下げることができ，エースコックの即席麺が急速に普及した。こうして2010年代の初めまでには，市場シェア7割を占めるまでになった。同社のベトナムでの展開の転機は，2000年発売の商品「ハオハオ」のヒットであった。原材料を現地調達に切り変え，エビだしで「辛くて酸っぱい」味が受け入れられた。麺を作るのは日本の技術だが，食感や味の評価はベトナム人が担当する。エースコック村岡寛社長は，「技術はグローバルだが味は現地化する」ことが，食品では特に重要であると学んだと述べている[96]。

また，エースコック・ベトナムでは，現地子会社の成長の段階ごとに性格の異なる社長に替えてきたともいう。丸紅出身の初代社長であった境公夫は役所との交渉などをこなし会社を立ち上げた。1996年には2代目社長として森本誠が任命されている。彼は財務系で黒字化にメドをつけた。異なる経営環境や財務システムの中で，経営管理システムの構築を果たした。資金繰りと日々の財務管理を行い，経営基盤を管理の視点で固め，同時に関連の仕組みを作り上げていったのである。1998年3代目社長として酒井靖男が任命されている。彼には，商品開発と攻めの営業が期待された。そのため，企画管理能力を有する人材が派遣されたのである。さらに，2000年，浪江章一が現地法人の最高顧問として親会社から派遣された。3代目社長とともに働き，業務の拡大を支えた。この年，ヒット商品のハオハオを市場に投入している。2001年，エースコック・ベトナムの経営について全体をまとめられる人材として，商品の研究開発，営業，関連会社の経営などさまざまな分野において豊富な経験を持つ浪江が，現地においてそのまま4代目社長に任命されている。4代目は生産から販売まで把握し，成長軌道を盤石にすることが期待されたのである。さらに5代目社長の梶原潤一社長は「近代化が課題だ」と，新たな改革が期待されているのである[97]。

エースコック・ベトナムの従業員は，約5700人のうち日本人は13人しかいない。成果主義で工場長等管理職を現地社員に任せている。即席麺開発もマーケティング本部副本部長のチャン・ティ・ホン・リンら現地の45人が担っている。一方で，大阪の本社と連携した「日本初」商品の輸出強化も急ぐ。日本の高付加価値商品をベトナムで生産し，アジア市場に拡販する試みであり，ここでは日本ブランドを強調する[98]。

2012年9月，エースコックはベトナムでの生産能力を高め，現在首位の販売シェアの一段の拡大に向け動き出したほか，現地で人気の米粉麺フォーの即席麺を開発し販売を始めたと発表している。ミャンマーなどへの輸出を開始し，需要の拡大に伴い生産拠点新設も視野に入れている。ホーチミン，ビオンズ省，ハノイの工場など全国で8工場を持つ同社は，新設備の導入で年率5%の市場の伸びに対応する。

同社は，2011年には30億食を生産出荷し，袋麺，カップ麺など即席麺の販売シェアは自社推計で6割を占める。ベトナムで一般的な小規模小売店の即席麺の品揃えは5～10品目であるが，このうちエースコックの商品は3品目程度を占めている。

ベトナムでは今後，先進国のようなスーパーマーケットが増えることが予想される。売り場が広いスーパーマーケットが増えると，他の商品の取り扱いも増える可能性がある。そこでエースコックは国民食ともいえるフォーの即席麺に力を注ぐことにしたのである。もっとも，商品化は実現したが，生産コストが課題として残る。フォーは米を原料とし油で揚げないので，従来品と生産設備を変える必要がある。さらに麺を折り曲げて容器に入れる工程が手作業なため，生産コストは即席麺の3倍以上という。この工程を5年以内に機械化し，生産コストを従来の即席麺並みに引き下げる。コスト低減で販売価格を下げられれば現地での販売増に加え，米国などにも輸出できる可能性が高くなる。エースコックの海外事業の売上高は2012年12月期で前期比10%増の390億円と，連結売上高の約42%を占め，営業利益では60%を稼いでいる[99]。

現在のベトナム市場では，販売されている即席麺の大半は依然として袋麺である。湯をかけ数分待つだけの「湯戻しタイプ」が主流で，家庭のみならず職場でも持参した器で手軽に食べられている。2012年の消費量は約51億食で，過去10年間で2.4倍に増えている。1人当たり年間60食ぐらいの計算になり，インドネシアなどと並ぶ即席麺大国となっている。2011年の販売額は総額で17兆ドン（約770億円）に達している。

すでにみたように，販売数量で6割のシェアを握るのがエースコックである。2000年に発売したハオハオ（約3500ドン＝約16円）がヒットし，同社は首位に踊りでた。エースコックを追うのは，地場食品大手のマサン・コンシューマーである。同社の主力商品である「ココミ」は，約2800ドン（約13円）で，低価格が武器となっている。2011年から12年にかけて，国内景気が冷え込み，庶民の生活防衛意識が高まったため，低価格商品の全体に占める割合は5ポイント増加して33%となっている。

同時に，中間層の台頭により消費者の嗜好が多様化するなか，高価格帯の品ぞろえも充実してきている。現地老舗メーカーであるビフォン社はきしめんに似た平麺「バインダー・クア」などを約1万3000ドン（約59円）で販売している。エースコックはカップ麺「エンジョイ」を約1万8000ドンから2万ドンで売り出した。屋台で食べる生麺のフォーと同じ価格帯で勝負を挑んでいる。

また，経済発展とともに生活習慣の変化も生じ，これが購買行動に影響を与えている。ベトナムでは即席麺を食べる時間帯は朝食が最も多いという。学校や会社の始業が7時台と早く，共働き家庭が多いため，手がかからない即席麺が好まれる。しかしながら，最近は就労時間も長くなり，朝方から夜型に生活リズムが変わりつつある。そのため，夕食や夜食に即席麺を食べる需要も増えると考えられた。

さらに，健康志向が強まりつつある。ベトナムの即席麺市場でテレビCMが過熱し，とくに健康をアピールする傾向が強まっている。エースコックがノンフライ麺を投入し健康に良いとアピールしたり，マサン・コンシューマーもポテトを麺に練り込んであるので体を熱くしないことなどを宣伝したりしている[100]。

エースコックはベトナムで即席麺首位企業であったが，ここ数年は苦戦している。2011年，12年と販売量は前年に届かず，市場シェアは6割を割った。景気減速で市場の伸びが鈍り，競合他社が低価格品の販売に力を入れたためである。また，2013年ごろを境に，インドネシア，中国，ベトナムでも即席麺需要は減少に転じ始めた。軽食が多様になり，健康ブームによって即席麺が体によくないというイメージが付きまとうなどの影響によるものと考えられた。

2014年はサッカーW杯ブラジル大会が開催された。エースコックは，W杯特需をつかみ反攻に出たいと考えた。需要拡大が見込まれる6～7月を睨みいろいろな準備をしていた。例えば，6月には主力の現地市場向けカップ麺で1個約6000ドン（約30円）の「モダン」には「サッカーに夢中。モダンはすぐそばにある」というメッセージとサッカー選手のイラストを描いたカップ麺を導入した。

同時に同社は，2014年3月には高級袋麺「世界のラーメン」シリーズで，キムチ，ワンタン，タイ風鍋の3種類を投入している。5月には，手軽な1個約2500ドンの低価格で，調理時間も1分30秒と通常の半分で済む，袋麺「チップチップ」を発売した[101]。

さらに，需要の停滞を打破するために，エースコックは手を打ち始めた。同社は，2016年8月絶大な人気を誇るハオハオのカップ麺を開発し，都市部限定として8000ドン（約35円）で売り出している。9月からは全国に広げるという。ホーチミンの主力工場で，日本よりも4割も多い毎分420個に生産性を高め採算を確保する。現在のところベトナム市場でのカップ麺の比率は1%程度にすぎない。しかし，エースコックでは，袋麺の伸びが期待できないなか，

3年以内にはカップ麺で5%の市場シェアを確保したいとしている。

日清食品も，すでに2016年7月からベトナムのカップ麺市場に参入している。同社は，タイからの輸入で1万2000ドンと高価な価格設定ではあるが，プールやスポーツジムなど新たな販路を開拓し，現地生産も視野に入れているという[102]。

ミャンマーなど周辺国への進出

2014年2月，エースコックはミャンマーに進出すると発表している。丸紅や現地企業と組み，2017年にも数十億円を投資して日本の生産量の75%に当たる年3億食の生産能力を持つ工場を建設し，10年後に2割のシェアを目指すという。このように，ベトナム周辺国に進出し，さらに成長するアジア需要を取り込む。

今後の国際展開はベトナムを中心に，エースコックが過半を出資し残りを丸紅と現地企業が出資する現地法人を設立して進出する考えである。エースコックは，2012年からミャンマーにベトナムから即席麺を輸出し，テスト販売を行ってきた。開放政策のもとで生活水準が向上，現在6500万人とみられる人口も大きく伸びる可能性が高く，簡単に食事を取るニーズが伸びると判断したのである。

生産するのは袋麺で，都市部に住む一般的な世帯の所得水準に合わせ，小売価格は250チャットから300チャット（25～30円）に抑える。ミャンマーの即席麺市場はアジアのメーカーからの輸入品が大半を占めるという。韓国製品では800チャット（80円）程度する場合もあり，エースコックは価格競争力を持たせる。ベトナムにおいても人件費の上昇が見込まれるなか，ミャンマーを補完的な輸出拠点に育成したい考えである。価格を抑えた商品を隣国バングラデシュなどに供給し，海外事業の成長を持続させる考えであった[103]。

2014年9月，エースコックはミャンマー向けに企画・開発した即席麺の第1弾商品を売り出した。同国で親しまれている鶏肉入り油そばを再現したものである。袋入りの「ハナ チキン シージェー カウソエ」はベトナムで生産するノンフライ麺で，湯戻しすれば生麺に近い食感を楽しめる。液体スープを添え，店で食べる味に近づけた。店頭想定価格は600チャット（約65円）と現地の標準的な即席麺の約3倍である。高価格帯でブランドイメージの定着を目指す。

ミャンマーでは，依然として調達面では課題が残っている。小麦粉などの現地調達先を探したが製粉会社は2社しかなく，包装資材もレベルが低い。それでも，工場建設を睨み，現地ニーズに合った商品を順次売り出すという。今後は3カ月かけて10万人以上に試供品を提供し，フェイスブックを使った情報発信などにも取り組み，認知度を高めるという[104]。

2014年8月，エースコックは，ベトナムの自社工場で製造したフォーの販売を日本で始めた。本場の麺を使ったベトナム初のブランド作りにつなげるという。同社が海外工場で製造した麺を日本で販売する商品に使うのは初めてであった。現地生産の麺を使った新シリーズ「Pho・ccori（ふぉっこり）気分」を順次発売するが，最初はカップ麺を売り出している。日本人好みに食感や味をアレンジしている。今後売り出す袋麺と合わせて，年間700万食を販売する計画である。これまで米麺は日本国内の提携企業で委託生産してきた。続いて，2014年12月に同社は，コスト的に安い香辛料や具材などのベトナムでの調達を検討すると発表している。本場の素材を使い，より本格的な商品の開発を目指す。円高による値上げへの対応手段でもあった[105]。

2015年2月には，日清食品が，シンガポール，タイ，ベトナム，そしてインドのアジア4カ国で三菱商事と事業提携すると発表している。戦略的アライアンス契約を締結し，日清食品の現地子会社に三菱商事が出資する。三菱商事は，日清の現地子会社の株式を譲渡や増資で34%取得するもので，年内にも手続きを完了し，原材料調達や現地の小売りとの関係構築でノウハウを活用し，商品力向上や販売強化につなげる考えであった[106]。

2015年12月には，2016年の早い時期をメドに日清食品のインドネシア現地法人，PT.ニッシンフーズインドネシアに三菱商事が出資すると発表している。インドネシアの即席麺市場の今後の拡大を期待してのことであった。現在はまだ，同国市場は袋麺が中心であるが，両社は「カップヌードル」などを売り込むという。これで，日清食品が三菱商事と提携する国は5カ国目となった[107]。

近年，ベトナム以外のアジアの近隣諸国への進出については，日系企業よりもアジア企業のなかに積極的な動きを示しているものがみられる。タイのサハ・グループの傘下企業でもあり，同グループと日清食品がそれぞれ2割を出資する合弁会社でタイ証券取引所にも上場しているタイ・プレジデント・フーズは，積極的な海外展開をしている。2012年までにはミャンマーとカンボジアで現地生産していた。2012年8月にはバングラデシュで初の工場が稼働しているほか，ミャンマーでは第2工場の建設を計画した。ミャンマーの第2工場は主に欧州向けの輸出拠点と位置づけている。また，ベトナムへの進出も考えた。各地の工場が本格稼働するまでは，タイからの輸出を増やして対応する方針であり，売上高に占める輸出の比率は，2012年の10%から2013年には16%に高まる見通しであった。

また，同社は2013年に入り，ブータンに新工場を建設すると発表した。総投資額は2億5000万バーツ（約8億円）で，生産能力は1日約16万食で，2014年に稼働させるとしている。同社の狙いはブータンの隣国インドの市場開拓であった。外資規制が多いインドへの直接進出を避け，対印輸出の関税が撤廃されているブータンを利用することにしたものである。また，タイ・プレジデントはアフリカ開拓の一環として西部ガーナで現地企業との合弁生産を決めた。しかしながら，2015年8月にはブータンについては適切な工場用地が見つからないとして，この計画を延期すると発表している。

東南アジア企業の積極的な国際展開の背景にはいくつかの要因がある。第1は，国内市場の好況が続いているが，先進国の企業が進出し競争が激化していることである。そのため，将来の事業拡大を見越して海外展開を志向しているのである。後発国である新・新興国では，資本や製品力で勝る先進国の企業の手も十分に伸びてはいない。第2は，新・新興国では先進国企業に比べ本部経費や総人件費が安い低コスト構造を生かした価格政策がとれることである。タイの即席麺市場の5割以上のシェアを占めるタイ・プレジデントの製品価格は1食10バーツ前後である。同社の「ママー」製品は，タイの「国民食といわれるほどである[108]。

[注]

1　戸田青兒（1999）「インタビュー　拡大見込めるマーケット—日清食品」『ジェトロセンサー』12

月，32頁。

2 「即席ラーメン製めん機納入契約相次ぐ―東南ア諸国が国内生産」『日本経済新聞』1969年10月3日。

3 同上。

4 「日清食品が供与，韓国の企業へ即席めん技術」『日本経済新聞』1985年12月28日。日清食品株式会社社史編纂室（1992）『食足世平―日清食品社史』日清食品株式会社，280頁。

5 株式会社エーシーシー編（1986）『めんづくり味づくり―明星食品30年の歩み』明星食品株式会社，295，345頁。

6 同上，345-347頁。

7 同上，347頁。

8 同上。

9 「東南アでも即席めん戦争―日ぺもシンガポールに合弁会社サンワフーズを設立」『日経産業新聞』1978年10月14日。インターナショナルフーズ，サンワフーズ，そして昭和産業のリマサスとの合弁などの事業の設立過程やその後の状況などについては，詳細は分からない。

10 日清食品株式会社広報部（1998）『食創為世―40周年記念誌』日清食品株式会社，98頁。

11 吉田彰男（1997）「日本企業のアジア戦略（2）日清食品」『実業の日本』12月号，126-127頁。

12 「日清食品，即席めんでシンガポール進出―近く100％出資子会社，東南アへ輸出」『日本経済新聞』1979年12月11日。「日清食品，シンガポール現地法人日清セノコの即席めん工場完成―月産400万食」『日経産業新聞』1981年11月11日。

13 「日清食品，輸出好調の即席めんを今秋からシンガポールで7割増産―従業員60人に」『日経産業新聞』1982年7月5日。

14 「日清食品，豪州向け新製品投入―即席めん輸出に力」『日経産業新聞』1984年6月21日。「世界に挑む日本の味（2）即席めん―東南アに着々と浸透」『日経産業新聞』1985年1月4日。

15 「国際分業，シンガポール中核拠点に―日清食品はスープ工場」『日経産業新聞』1989年3月29日。

16 「明星食品，マレーシア進出で即席めんの合弁会社『マレーシア明星』を近く設立」『日経産業新聞』1978年11月10日。

17 株式会社エーシーシー編（1986）『めんづくり味づくり』421頁。

18 「明星食品―商品開発力を強化，東南ア中心に日清追う（日本企業の海外戦略診断）」『日経産業新聞』1985年2月28日。

19 「明星食品，東南アに照準―シンガポールで即席めん設備増強，比などへ新規進出検討」『日経産業新聞』1981年9月29日。

20 「即席めん，西マレーシアで生産―明星，大消費地に新会社」『日経産業新聞』1985年11月16日。「マレーシア明星食品社長若手の前田氏」『日経産業新聞』1985年12月2日。

21 「世界に挑む日本の味（2）即席めん―東南アに着々と浸透」『日経産業新聞』1985年1月4日。

22 「米国向け即席めん，シンガポールで生産，明星食品―円高前の水準めざす」『日経産業新聞』1986年10月14日。「明星食品専務岡田貞則氏―海外生産に努力（談話室）」『日経産業新聞』1988年6月8日。

23 「明星食品，即席めんで豪市場開拓―海外法人活用し輸出」『日経産業新聞』1990年2月14日。

24 「明星食品，アジアで即席めん拡充，マレーシアで試験製販―サウジ市場調査も開始」『日経産業新聞』1995年1月11日。

25 「明星食品，即席めん，アジアで拡大，比で生産能力倍増―マレーシアで販売効率化」『日経産業新聞』1998年11月18日。

26 「明星食品，今期40億円特損―内外3子会社の債務解消」『日本経済新聞（夕刊）』1999年8月

9日。「明星食品，米国とマレーシア，3現法の債権放棄―今期，特損42億円」『日経産業新聞』1999年8月10日。「明星食品，特損42億円計上へ―業績不振の子会社，整理・統合加速」『日経流通新聞』1999年8月12日。

27 「明星食品，グループ会社の債務超過解消へ―反攻へ販売力立て直し」『日経産業新聞』1999年9月1日。

28 「明星食品，研究開発部門，人員6割増，3年以内に80人に―東南アにも研究拠点」『日経産業新聞』1999年9月7日。

29 「明星食品，マレーシアでの即席めん製造撤退」『日本経済新聞』2000年1月14日。

30 「明星，東南ア業務を移管，シンガポール法人に」『日経産業新聞』2000年9月6日。「米子会社を全面支援，明星食品，生産検討から方針転換―貸付金帳消し」『日経産業新聞』2000年9月5日。

31 一ノ井一夫（2002）「麺づくり味づくり in Singapore（シンガポールにおける即席麺について）」シンガポール日本人商工会議所『月報』10月，28頁。「明星，東南ア業務を移管，シンガポール法人」『日経産業新聞』2000年9月26日。

32 一ノ井一夫（2002）「麺づくり味づくり in Singapore」28-29頁。

33 「食品各社，海外の体制強化，組織・人事の国際化急ぐ―キリン，日清食品」『日本経済新聞』2011年6月24日。「国内即席麺頼み，同脱却？―日清食品HDCEO安藤宏基氏（そこが知りたい）」『日本経済新聞』2011年6月19日。

34 「日清食品，越・タイ・印で増産，即席麺の新工場，総投資70億円」『日経産業新聞』2012年7月17日。

35 株式会社エーシーシー編（1986）『めんづくり味づくり』138-144頁。

36 味の素株式会社（2009）『味の素グループの百年―新価値創造と開拓者精神』味の素株式会社，428頁。

37 「味の素，タイで即席めん増産」『日経産業新聞』2003年6月2日。

38 「明星食品，タイ合弁の工場稼働―即席めんでシェア10%狙う」『日経産業新聞』1984年11月13日。「明星食品―商品開発力を強化，東南ア中心に日清追う（日本企業の海外戦略診断）」『日経産業新聞』1985年2月18日。

39 「明星食品，即席めん，海外で本格攻勢―1月に戦略会議」『日経産業新聞』1984年12月11日。

40 「明星食品常務海外事業部長岡田貞則氏―海外でもヒットを（談話室）」『日経産業新聞』1985年2月7日。「明星食品―商品開発力を強化」。

41 「明星食品―商品開発力を強化」。「明星社長レース二氏抜け出す―佐藤・岡田氏，競う（偵察衛星）」『日経産業新聞』1986年12月4日。

42 「プレジデント明星食品，即席めん工場増設―タイでの生産倍に」『日経産業新聞』1990年11月1日。

43 「日清食品，即席めん，東南アで拡販―マギー追撃へ提携強化」『日経産業新聞』1985年10月2日。

44 日清食品株式会社広報部（1998）『食創為世』101頁。

45 「日清食品，タイ2社に資本参加―即席めんの販路を拡大」『日本経済新聞』2000年5月19日。

46 「明星食品，即席めん生産，タイに集約―東南アジア向け，1億食分を増強」『日経産業新聞』2002年12月26日。

47 「日清食品HD，タイ子会社増資，即席麺，生産能力4倍に」『日経産業新聞』2011年3月4日。

48 「日清食品，タイで低価格麺，高付加価値品と両輪，東南ア売上高，味の素，倍増へ」『日本経済新聞』2013年8月1日。戸田青児（1999）「インタビュー　拡大見込めるマーケット―日清食品」3頁。

49 「サンヨー食品，インドネシア社に即席めんの製造技術を供与―今後も積極輸出へ」『日経産業

新聞』1981年12月18日。「特別座談会　香港・華南への製造業を中心とした日系企業の投資・進出―香港・華南の魅力と変化」香港日本人商工会議所三十年記念誌編集委員会（1999）『香港日本人商工会議所三十年史』香港日本人商工会議所，90頁。

50 「インドネシアのサリミ社，年産5億食の即席ラーメン工場完成，稼働―丸紅など協力」『日本経済新聞』1982年8月6日。

51 「日清食品・インドネシア―市場調査『いける』（日本企業インザワールド）」『日経産業新聞』1993年5月1日。

52 「インドネシア合弁，明星食品が即席めんで」『日本経済新聞』1994年12月28日。「特集―TARGET2020，伸びるASEANをパートナーに，勘所アジアをつかめ」『日本経済新聞』2015年1月1日。

53 日清食品株式会社広報部（1998）『食創為世』100-101頁。

54 「日清食品，インドネシアでサリムと合弁―販路提供受け知名度向上狙う」『日経産業新聞』1996年7月23日。「インドネシアで即席めんを拡販，日清食品，サリムと提携」『日本経済新聞』1996年7月11日。「食品編（2）ラーメン420億食，中国の陣―康師傅（強いアジア企業）」『日経経済新聞』2012年8月2日。

55 「即席麺が売れない―人口増でも不振，新機軸探る」『日本経済新聞』2016年8月26日。

56 日清食品ホールディングス株式会社「PT NISSINMASの株式取得に関するお知らせ」2014年8月20日。「日清食品が合弁解消，『ラーメン』販売に意欲」NNA ASIA（www.nna/articles/show/116319 2016年10月21日アクセス）。「即席麺のアジア事業が加速―日清食品，東洋水産ら」『アジア・マーケットレヴュー』2014年10月1日号。

57 「明星食品などの合弁，比で即席めん生産―年1億食，定着図る」『日経産業新聞』1992年10月20日。「明星食品と三井物産，合弁で即席めん生産―マニラ郊外に工場」『日本経済新聞』1992年2月13日。

58 「明星食品，即席めん，アジアで拡大，比で生産能力倍増―マレーシアで販売効率化」『日経産業新聞』1998年11月18日。

59 日清食品株式会社広報部（1998）『食創為世』101-102頁。「日清食品，比・上海で即席めん―現地企業と合弁」『日本経済新聞』1994年8月12日。「カップ麺，フィリピンで生産―日清食品，合弁工場が始動」『日経産業新聞』1996年3月25日。

60 「日清食品ホールディングス，比即席麺合弁会社に追加出資（フラッシュ）」『日経産業新聞』2014年12月4日。

61 「ネクスト新興国実力を探る（2）ベトナム（中）国内市場開拓も活発」『日経産業新聞』2007年6月25日。

62 「即席めん市場，マサンがシェア拡大―首位エースコックを圧迫」『ベトジョーベトナムニュース』2016年9月23日（http://www.viet-jo.com/news/economy/160829124621.html）。

63 ベトナムにおけるエースコックについては，以下のように比較的まとまった研究や記事がある。本節は，これらに多くを負っている。杉田俊明（2010）「新興国とともに発展を遂げる経営―ケース研究エースコックベトナム」『甲南経営研究』第50巻第4号。野地秩嘉（2013）「連載チャイナ・プラス・ワンの現状―case 2　エースコック@ベトナム，シェア6割の秘密」『日経Associe』9月号。北井弘（2008）「エースコック―現地人材の活用でベトナム即席麺トップシェア」『人事実務』第45巻第1049号。また，独立行政法人日本貿易振興機構（ジェトロ）海外調査部（2010）「サービス業の国際展開―エースコック株式会社（海外：ベトナム）」。

64 杉田俊明（2010）「新興国とともに発展を遂げる経営」8頁。

65 「エースコック，越に即席めん合弁設立―来年3月操業」『日経産業新聞』1994年9月1日。「ベトナム，即席麺―味な一杯，日系・地場競う（ヒットの地球儀）」『日経産業新聞』2013年3月25

日。

66　同上，9-10頁。

67「エースコック・丸紅など，ベトナムで即席めん―合弁設立，来年8月操業」『日本経済新聞』1992年12月3日。「エースコック，ベトナムで合弁―袋麺を一貫生産」『日経産業新聞』1992年12月25日。「エースコック専務村岡寛氏―『共産圏ルート』を（談話室）」『日経産業新聞』1993年2月3日。「エースコック専務村岡寛氏―ベトナムに熱い視線（談話室）」『日経産業新聞』1993年6月28日。

68「エースコック，ベトナムで即席めん合弁」『日本経済新聞』1994年9月1日。

69　北井弘（2008）「エースコック」27-28頁。

70　同上，28頁。

71　野地秩嘉（2013）「連載チャイナ・プラス・ワンの現状―case 2」90-92頁。

72「エースコック，即席麺製造・販売ベトナムで本格稼働」『日本経済新聞』1995年7月13日。「エースコック，即席めん，越で合弁工場稼働―現地販売」『日経産業新聞』1995年7月13日。

73　野地秩嘉（2013）「連載チャイナ・プラス・ワンの現状―case 2」91頁。北側弘（2008）「エースコック」28頁。

74「エースコック，即席めん，ベトナムで生産2倍に―ハノイでも販売」『日経産業新聞』1998年8月31日。「エースコック社長村岡寛氏―ベトナム市場に手ごたえ（談話室）」『日経産業新聞』2002年4月18日。「エースコック，海外に力，即席麺，ベトナムでシェア1位，生産能力増強，フォー投入」『日経産業新聞』2012年9月18日。「ベトナム，即席麺」「カップ麺お供にW杯観戦，エースコック，ベトナムで販促強化」『日経MJ（流通新聞）』2014年6月20日。

75「エースコック，ベトナムの即席めん合弁，生産能力を8割増強―日産66万食体制に」『日経産業新聞』2000年7月4日。

76「エースコック，ベトナムで即席めん増産―ハノイに生産拠点，売上高75％増めざす」『日経産業新聞』2001年3月30日。

77　鶴岡公幸（2006）「日系即席麺製造業の海外事業展開」『宮城大学食産業学部紀要』第1巻第1号，6頁。北井弘（2008）「エースコック」28頁。

78「エースコック，ベトナムで即席めん増産，生産能力1.6倍に―新規参入に対抗」『日経産業新聞』2001年11月19日。杉田俊明（2010）「新興国とともに発展を遂げる経営」15頁。

79「エースコック，ベトナムで即席めんを増産」『日本経済新聞』2002年4月8日。

80「エースコック，ベトナムで即席めん増産，需要拡大，2ライン増設」『日経産業新聞』2002年8月26日。

81「エースコック，即席めん，ベトナムに新工場―生産能力1割増」『日経産業新聞』2003年1月5日。杉田俊明（2010）「新興国とともに発展を遂げる経営」19頁。

82「新天地を拓く（5）伸びる道路，東南ア結ぶ，即席麺輸出視野に新拠点（アジアと関西）」『日経産業新聞』2004年7月30日。

83「エースコック，ベトナムで春雨即席めん―低カロリーをアピール」『日経産業新聞』2005年7月14日。

84「エースコック，春雨・米粉の即席めん，ベトナム向け4割増産―現地工場を増強」『日経産業新聞』2008年7月25日。

85「ネクスト新興国実力を探る（2）ベトナム（中）国内市場開拓も活発」『日経産業新聞』2007年6月25日。「中国生産『補完役』，ベトナム存在感―有望投資先に名乗り（先読みマーケット）」『日経産業新聞』2008年4月4日。

86　北井弘（2008）「エースコック」29頁。

87「エースコック，ベトナムに大型寮，工場従業員の確保狙う」『日経産業新聞』2008年7月1日。

88 「丸紅，即席めん，東南ア開拓，エースコック系に出資拡大，ベトナムを拠点に」『日本経済新聞』2010 年 2 月 6 日。「丸紅社長朝田照男氏―強み見極め成長へ布石，総合力を川下で開花（トップの戦略）」『日経 MJ（流通新聞）』2010 年 8 月 23 日。日本貿易振興機構（2010）「サービス業の国際展開調査」9 頁。
89 「豊田通商やニチレイ，ベトナムで食肉加工販売，現地企業に技術指導（戦略分析）」『日本経済新聞』2011 年 1 月 8 日。
90 「日清食品 HD，ベトナムに子会社，即席めん製販，投資 34 億円」『日経産業新聞』2011 年 3 月 9 日。また，強力な地場企業の発展のため，台湾と韓国においても同様に日清のみならず，他の日本企業も進出していない。吉田彰男（1997）「日本企業のアジア戦略（2）」127 頁。
91 「日清食品，越・タイ・印で増産，即席めんの新工場，総投資 70 億円」『日経産業新聞』2012 年 7 月 17 日。
92 「エースコック，ベトナム進出 20 年―中間層に『異色』で先手（アジア耕す）」『日経 MJ（流通新聞）』2013 年 3 月 15 日。
93 「東南アの銀行やコンビニ，町の『よろず屋』生かす，地域密着で需要開拓」『日本経済新聞』2015 年 2 月 27 日。
94 北側弘（2008）「エースコック」29 頁。
95 同上。杉田俊明（2010）「新興国とともに発展を遂げる経営」18-19 頁。
96 「第 3 部 市場興隆ルポ（5）ベトナムから世界狙う（アジアを駆ける）終」『日本経済新聞（地方経済面近畿 B）』2010 年 11 月 13 日。「地道な店舗開拓カギに，東南ア，『小容量・低価格』に商機」『日本経済新聞』2011 年 12 月 21 日。「エースコック，海外に力，即席麺，ベトナムでシェア 1 位，生産能力増強，フォー投入」『日経産業新聞』2012 年 9 月 18 日。「エースコック，ベトナム進出 20 年―中間層に『異色』で先手（アジア耕す）」『日経 MJ（流通新聞）』2013 年 3 月 15 日。「新興国市場，成功のカギは，地域ニーズつかみ機能を取捨，品質レベルのさじ加減が大事」『日経 MJ（流通新聞）』2013 年 4 月 12 日。
97 「日本ブランド訴え強化，エースコック村岡寛社長に聞く―ベトナム足場に拡大」『日経 MJ（流通新聞）』2013 年 3 月 15 日。杉田俊明（2010）「新興国とともに発展を遂げる経営」11 頁。
98 「エースコック，ベトナム進出 20 年」。
99 「エースコック，海外に力，即席麺，ベトナムでシェア 1 位，生産能力増強，フォー投入」。
100 「ベトナム，即席麺」。
101 「カップ麺お供に W 杯観戦，エースコック，ベトナムで販促強化」『日経 MJ（流通新聞）』2014 年 6 月 20 日。
102 「即席麺が売れない，人口増でも不振，新機軸探る」『日本経済新聞』2016 年 8 月 26 日。
103 「ミャンマーで即席麺生産，エースコック，丸紅や現地企業と，17 年にも工場建設，周辺国への供給検討」『日本経済新聞』2014 年 2 月 7 日。
104 「エースコック，ミャンマー向け即席麺の第 1 弾」『日経 MJ（流通新聞）』2014 年 9 月 19 日。「ミャンマー発アジア分業，初の工業団地拡張へ日本と合意，進出表明 20 社以上，低人件費が魅力」『日本経済新聞』2014 年 11 月 13 日。
105 「エースコック，ベトナムの米麺，現地工場で生産」『日本経済新聞』2014 年 8 月 5 日。「エースコック，ベトナム調達拡大，円安で再値上げも」『日経 MJ（流通新聞』2014 年 12 月 15 日。
106 「日清食品 HD，三菱商事と事業提携，アジア 4 カ国で」『日本経済新聞』2015 年 2 月 19 日。
107 「日清食品，インドネシア即席麺で三菱商事と提携」『日本経済新聞』2015 年 12 月 24 日。
108 「即席麺，タイ最大手，アフリカに初の工場，ミャンマーにも新拠点，成長市場を開拓」『日経産業新聞』2012 年 6 月 15 日。「東南ア製造業，域外を開拓―低コスト生かし新・新興国へ」『日経産業新聞』2013 年 6 月 7 日。“Mama Shelves African Move: Investment Snags for

Instant Noodle Maker," *Bangkok Post*, August 27, 2015. "Mama Maker Envisions Bhutan Joint Venture," *Bangkok Post*, January 29, 2013.

第4章

中国市場の台頭

第4章扉写真

（上段）香港日清

1984年10月，自由貿易港であった香港に「日清食品香港有限公司（香港日清）が設立され，工場は1985年12月に稼働した。カップ麺用，袋麺用の各1ラインが設置された。香港日清は，日本の工場に代わって，英国やオランダに向けての輸出基地となった。

（中段）広東日清の商品ラインアップ

日清食品は，1994年11月に香港企業や中国企業との合弁で広東順徳日清食品有限公司（広東日清）を設立し，工場を1995年12月に稼働した。日本の本社と連携して，カップヌードルの「合味道」，袋麺の「出前一丁」，やきそばの「U.F.O.」などの製造・販売を開始した。

（下段）海南東洋水産

1993年に，東洋水産は中国海南島に現地企業と合弁で，「中日合椰樹速食麺有限公司」を設立するが，うまくいかず清算した。そのため，東洋水産が1988年10月に中国海南島に設立して，1990年10月に水産加工工場と冷蔵倉庫を稼働させていた「海南東洋水産有限公司」の工場内に，1994年にカップ麺の生産ラインを2本設置し，独自に生産を始めた。

写真提供：日清食品ホールディングス株式会社，東洋水産株式会社。

1990年代の半ばになると，日系即席麺メーカーの競争の舞台が，日本国内，米国，アジアから中国に移ってきた。1978年の改革開放以来，とりわけ1992年の鄧小平による「南巡講話」以降，中国は急速な経済発展を遂げた。最初は，経済特区を設置して，そこに外資を呼び込んだ。海外の著名な製造企業は，中国の安価な人件費を求めて大規模な投資をした。その結果，中国は「世界の工場」と呼ばれるようになった。

こうして外資企業の製造・輸出に牽引された経済が急速に伸びた結果，中国の人々の所得も急速に向上した。これはとくに北京，上海，広州や深圳を中心とする沿岸部の大都市で顕著であった。その結果，中国では人々の所得向上に合わせて消費需要も高まり，13億人からなる「世界の市場」へと変貌したのである。そのため，明星食品を除く日系即席麺メーカー大手4社は，中国市場にこぞって進出した。

本章では，こうした世界の市場となった中国における日系即席麺メーカーの事業展開について分析する。第1節では，改革開放以前から日系即席麺メーカーが進出していた香港での展開について分析する。第2節では，改革開放後の日系即席麺メーカーの中国本土への進出について考察する。第3節では，中国へ進出した日系即席麺メーカーが苦戦するなかで，現地企業の康師傅との提携を継続させているサンヨーと，独自路線をとり今麦郎と決別した日清食品とを分析する。

第1節　香港への進出

輸出市場としての香港

1960年代の後半に，香港においては即席麺の競争が激化していた。日本から輸入される製品だけでも70から80種類にものぼり，これに地場の香港製などが出回り始めて，競争は激化するばかりであった。

こうしたなか，昭和産業と中国系日本商社三品実業（東京）が各20%，現地側の永南食品有限公司が60%を出資して，「永達製麺有限公司（ウィンストン・ヌードルプロダクツ）」（資本金40万香港ドル）が設立された。社長には，永南の社長である周文軒が就いている。同社は1969年9月から生産を開始した。生産能力は1日5万食であった。この時，昭和産業は香港，東南アジア向けに「公仔」というブランドで輸出していたが，これが現地生産体制に入るとかなりのコストダウンを図ることができると考えていた。もちろん，こうした日本企業の現地進出によって，過当競争がいっそう進むと考えられた。しかし，香港が着実に中産階級化へと進みつつあり，好みの変化もあって手間を省いた合理的な生活を求める傾向が強くなっているため，市場が拡大すると考えられたのである[1]。

1970年代後半は，日本から香港へ向けて即席麺の輸出が行われていた。ところが，この時期に円高が進展し，日本からの輸出は厳しくなってきた。このため，現地生産が考えられるようになった。当時の香港では製造活動は工場ビルで行われていたが，食品製造では100～150メートルの直線ラインが必要になり，工場ビルは食品の製造には適していなかった。このため，香港は重要な市場として発展していたにもかかわらず，日清食品などは香港よりも先にシンガポールに生産工場を建設した。そして，日本とシンガポールから並行して輸出していたものを，円高や生産コストの上昇によって，次第に日本からの香港への輸出をシンガポールからの輸出へと切り替えていったのである[2]。

1980年代半ばになると，日本の即席麺の輸出に大きな異変が起きている。1986年1月～5月の合計は1740トンで，前年同期比45％も減少した。これは，円高で競争力が落ちたため，大手各社が相次いで現地生産を強化したからである。国内にとどまれば，円高，原料高の二重のハンディを背負い，製品の単価が安い割には嵩張る即席麺の物流コストを考えると，海外生産品との競争に勝ち残れなくなったためであった[3]。

こうした背景から，1985年3月，明星食品は香港の即席麺市場に本格的に進出すると発表した。当時の香港では他の東南アジア諸国と同じく，チキン風味，ビーフ風味，ポーク風味が主流を占めていた。それに対して，明星食品は本格進出の第一弾として，日本風にしょう油味，とんこつ味，みそ味にした高級麺「明星生麺」「同 博多風味」「同 サッポロ風味」の3品を現地の平均価格より2割高い1.8～2香港ドルで発売し，テレビ宣伝等の販促活動を開始した。日本国内市場が伸び悩むなか，即席麺に対する輸入関税のない香港が有望な新規市場として浮上してきていたのである。

明星食品は，すでに1984年5月から香港のスーパーマーケット80店舗で試験販売をしていたが，販売が好調であったので本格的に香港に参入することにした。これら3品は現地では初めてとなるノンフライ麺で，味に特徴があるため，十分他社との競争が可能になるとみていた。そのため，1.8香港ドル（1香港ドル＝約22円）超の小売価格で販売した。香港での販売は現地の食品輸入業者，獅子王家庭用品国際有限公司と輸入総代理店契約を結んで行なった。新製品発売を機に，販売店を香港全域の380店舗にまで増やした。これにより，即席麺の売上げを前年の約10倍の2億円まで増やす。当時の香港の即席麺市場は約30億円であり，日清食品がそのうち約40%のトップシェアを占めていた。明星食品は日本風味の高級麺により，日清食品の独走にくさびを入れたいと考えていた[4]。

明星食品はそれまで香港向け製品は全量を日本国内で生産していたが，1986年10月，シンガポール現地法人の工場に生産ラインを移し，全量を同国から輸出することにした。円高によって日本からの輸出よりもシンガポールからの輸出の方が，出荷価格を低くできると判断したためであった。同年内には香港への輸出量を月間100万食まで増やす方針とした。そのために，国内の香港向け製品の主力工場だった嵐山工場（埼玉県嵐山町）から生産ライン1つを移設した。移設工事費は約1億円で，生産能力は日産5万食である。

それまで明星食品は，香港向けには全量を日本から輸出し，1985年10月には月間70万食に達していた。しかし，円高によって香港の輸入価格が30%ほど上昇したため小売価格への転嫁ができない輸入業者の取扱い意欲が衰え，同年10月をピークに日本からの輸入量が減少し，1986年2月には月間20万食に低下した。シンガポールから輸出すれば円高による出荷価格の上昇を解消できるだけでなく，原材料小麦粉や労賃の安いシンガポールで生産することにより，原価を下げることができると考えられた。

日清食品による現地法人の設立

当時，香港の即席麺市場は年間約1億8000万食の規模とみられ，先発の日清食品がこのうち60%強のシェアを占めていた。明星食品は，シンガポールからの輸出拡大により，1986年内に10%のシェア獲得を目指していた[5]。

輸入ではなく，香港に最初の製造・販売会社を設立した日系即席麺メーカーは，日清食品であった。日清食品は，1984年10月にシンガポールと同じような経済環境にある香港に，現地法人「日清食品香港有限公司（香港日清食品）」を資本金4億円（100%出資）で設立している。当時の香港は，シンガポールよりさらに規制は少なかったという。それまでは，日本で生産していた製品を輸出代理店経由で香港に輸出していた。当時の香港では急速な経済成長に伴う所得水準向上で，人々の食生活も多様化しつつあった。日本市場向けに生産された商品ではなかなか香港の消費者の口に合わないと考え，自ら現地で商品開発をしたうえで販売する形に変えていこうということになったのである。同時に，現地生産により現地価格を引き下げて競争力の向上を図ろうともした。当初は，香港市場への展開を中心に考えていたが，将来の中国進出のための橋頭保とする狙いもあった[6]。

このころまでには，香港でも工業団地が開発されるようになり，日清食品は香港政庁との間で，大埔工業団地内に工場用地を借りる契約を1984年10月に締結している。同社は大埔工業団地内の5750平方メートルの敷地に鉄筋2階建て，延べ床面積9900平方メートルの工場を建設した。

工場建設の第1期工事の投資額は15億円で，従業員は50人であった。工場は1985年12月に完成し，稼働し始めた。設置する即席麺の製造ラインは，カップ麺用と袋麺用の各1ラインであった。生産能力は年間約300万ケースであった。当時の香港の即席麺の市場規模は1億400万食，約70億円であり，このうちの60%を日清食品が占めていた。

香港日清が現地生産を開始して以後は，シンガポールと日本からの輸出は中止し，現地で生産した製品に切り替えている。同社が製造するのは袋麺「出前一丁」4種類と，カップ麺「カップヌードル」3種類，カップ入り「チャンポンめん」の合計8種類であった。今まで1個50～70円程度で販売していたが，現地生産で輸送費，倉庫費などがかからずコストが下がるため，1個40円から60円の価格で販売することが可能になったという[7]。

香港進出に当たっては，日清食品は日本人取締役2人を最初から常駐させる方針を打ち出し，工場管理者には現地人を起用している。従来は，海外事業部が主導権を握っていたが，海外進出のノウハウをほぼ蓄積できたとみて，一段と現地化を進めることにしたのである。役員2人と現地採用した工場管理担当と技術者は，工場の建設作業にも加わった。これは，米国やシンガポール進出に当たっては本社の技術部の人間を派遣して機械の設置をしたため，故障などが生じた時に現地の人間では原因が分からず対応ができなかった経験を生かしたものである。

1984年4月に工場管理を担当する技術者3名を採用した。この3名は5月上旬から日本の滋賀本社工場を中心に3カ月間の研修を行い，即席麺の品質管理や機械の補修，出荷，在庫管理について教育を受けている。工場稼働前の11月には，総務，労務，経理等の事務部門担当者4，5人と営業担当者1人を採用している。管理担当者の研修が成功すれば，これらの社員についても日本での研修を行うこととしていた。香港日清の工場が稼働したことで，日清食品が「環太平洋戦略」と名付けた国際戦略は，米国からシンガポール，さらに香港へと生産拠点を展開することにより，一応完了したと考えられた[8]。

日清食品は，香港での即席麺の現地生産と並行して，同年12月から即席粥（商品名は「清仔牛粥（チンチャイ・コンジ）」）を香港向けに輸出し，中国での商品化の可能性を探ろうとした。これは，日本で販売していたカップ入り即席ライスの技術を応用し，朝がゆの習慣のある香港，中国向けに開発したものであった。日本で販売していた即席ぞうすいとは異なり，香港の粥はよく煮込んだものであり，糊状になっている。このため，同社は茹で戻した際に粥が糊状に戻るように改良を加えていた[9]。

同じく1984年12月には，日清食品は冷凍食品分野に進出する方針を固めている。1985年秋から稼働する香港日清食品の工場で，飲茶に欠かせない中華風の冷凍スナック食品の饅頭（マントウ），餃子（ギョーザ）などの点心の生産を開始し，当面は香港市場を対象に販売するが，将来は日本への輸出にも乗り出すとした。同社では現地の飲食店や一般小売店にも販路を拡大していく考えであった。日清食品グループが冷凍食品に進出するのはこれが最初だったので，香港工場ではまず冷凍技術を確立しようとした。その後の段階で日本での冷凍食品の市場調査を実施し，日本人の舌に合う中華総菜を開発し，輸入したいと考えた。

すでに日清食品は1984年3月に生ラーメン，生焼ソバなどチルド（要冷蔵）商品に進出し，同分野を「カップヌードル」「チキンラーメン」など，即席麺に次ぐ第2の柱として育てようとしたばかりだった[10]。さらに冷凍食品を手掛けることで，総合食品メーカーへ飛躍する態勢を整えるのが狙いであった。

1986年6月には，日清食品は欧州向け即席麺の生産拠点を日本国内から香港に切り替え，欧州向けの袋麺「出前一丁」を生産し，全量を輸出している。それまで，欧州向け製品は国内の滋賀工場などで生産していた。2億5000万円を投じて1986年内にはカップ麺の生産を始めた。現地での需要急増に対応するとともに，欧州向け輸出を日本から香港に切り替え，円高による輸出収入の目減りを解消し，その分，輸出先での販売促進費用に多く投じるようにしたい考えであった。

香港からは新たに，英国，オランダ向けに袋入りタイプの「NISSIN RAMEN」の輸出を始めている。これを機会に，従来の「出前一丁」を西欧人にも受け入れられやすいように，新製品としてチキン，ポーク，ビーフなど6種類のフレーバーをそろえて消費拡大を狙った[11]。

香港日清では，1986年12月には袋麺「出前一丁」の年産150万ケースの能力を有する生産設備を完成し，操業を始めている。また，同年末にはカップ麺の生産ラインを併設し，これにより，日本から香港日清への輸出分を現地生産に切り替えた。輸出開始後，2，3年目には年間2000万食程度を欧州に出荷できると見込んでいた。それまでは，英国，西独など欧州主要国にカップ麺の主力商品「カップヌードル」を日本から輸出していたが，日本産では価格競争力がないこともあって実績は芳しくなかった。とくに，1986年春には1ドル＝150円の円高になり，日清食品は日本から欧州への輸出を停止させ，同年1月に稼働した香港の工場に輸出を肩代わりさせたのである[12]。

香港での即席麺生産を開始したのを機に，日清食品は麺類の大消費地と期待される中国向けの即席麺の販売体制作りを始めた。香港日清を通じて各省の食糧流通機関と交渉を進めていく計画を立て，中国人の専任の担当者を置いた。1986年に入って，同社は香港で生産する製品を香港の代理店を通じて，隣接する福建省，広東省を中心に販売を始めている。中国の所得水準が上昇するにつれて需要も拡大するとみて，この頃から将来は中国での現地生産にもっていくことを検討し始めていたといえる[13]。

また日清食品は，1987年9月に，生麺，乾麺，パスタ類を生産する香港の有力メーカーである永安食品有限公司（資本金約2億円）を7億円で買収している。永安食品は，日清食品の香港子会社日清食品香港有限公司に工場が隣接しており，その生産規模の拡大が狙いであった。永安食品は，製麺設備も有しており，円高で日本からの輸出が難しくなるなか，買収した設備を含めて香港の製麺設備を拡充し，全世界への供給拠点にするつもりであった。同社の工場敷地は香港日清の敷地5750平方メートルの約2倍もあり，レトルト食品，生麺，冷凍食品など即席麺類以外の事業展開を進めるための拠点にもなった。設備買収を含めて香港の生産設備を拡充し，全世界への供給拠点にするつもりであった[14]。

また，1989年3月には，日清食品は米国の乳製品など食品加工メーカーであるベアトリースの子会社，「香港ベアトリース社（永南食品）」と「永泰食品有限公司（ウィナー・フーズ）」を買収している。香港ベアトリーズ社を買収することによって，日清の即席麺の香港でのシェアは85%になり，香港市場を制したことになった。

香港ベアトリース社は，香港の大手食品メーカーであるウィナー・フーズ社の株式を74%保有しており，これを日清食品が購入した。残りの26%は香港の食品関連企業ドリームボートが保有していた。このドリームボートが所有していた26%の株式は伊藤忠商事が取得することで，ウィナー・フーズ社は日清・伊藤忠両社の傘下に入った。買収金額は合わせて約39億円となった。これは，日清食品が1990年4月から10カ年計画「21世紀のトム・ソーヤ」を開始しており，この流れに沿って「多国籍型総合食品企業」を目指し始めたことによる。

1989年5月，日清食品は香港に冷凍食品の新工場を建設し，生産能力をそれまでの3倍に拡充し，欧州と米国，一部日本への冷凍食品輸出の拠点とすると発表している。生産・輸出を担当するのは永泰食品であった。同社で生産した冷凍商品を欧米，日本に輸出する。欧州向けには永泰食品の即席麺も輸出し，これに香港日清の即席麺を相乗りさせるものであった。新工場は，約12

億円をかけて1989年中に完成し，日清食品にとって香港における5番目の工場になった。生産品目は冷凍のギョーザ，シュウマイなどで，年間生産規模は15億～16億円になる。この永泰食品の冷食工場は1990年7月に竣工しており，永南食品の冷凍食品部門をこれに集約している[15]。

同時に，日清食品は香港に開発部隊を設置し，ここから中国や東南アジアへの輸出を開始している。それ以降，この香港からの輸出先であったインドネシアなり，タイなり，中国なりが，それぞれ独立して各国で活動することになったのである。

日清食品が香港に進出した時期は，全体の需要が伸びている時であった。また，そのころになると工場の原価償却が，そろそろ全体のコストに大きな影響を及ぼさない時期に入りつつあった。そのため，当時高騰していた人件費の上昇部分が十分にコストのなかで吸収できるほど，追い風の時期であった。そういう環境下にあって，香港は海外拠点の中でプロフィットセンター的な役目を果たし，逆に十分な資金を集めることができた[16]。

さらに，1990年7月には，日清食品は永泰食品と永安食品の香港法人それぞれに，約12億円および約8億円を投じて，即席麺，冷凍食品の生産能力を倍増させている。レトルト食品，生麺を生産している永安食品に即席麺のラインを1台導入し，香港日清とあわせて香港における即席麺の生産を強化している。1997年の香港の中国への返還を前に，中国からの人口流入が進んでおり，日清食品は香港市場で即席麺の大きな需要の伸びが期待できると考えていた。さらに1997年以降は，香港企業が中国への食品輸出の窓口になることが期待されていた[17]。

1992年12月には，1993年3月をメドに香港でカップ麺用のカップ容器の生産を始めると発表している。従来は日本からカップ容器を輸出し，現地で生産した麺を包装していた。即席麺の認知度と東南アジア諸国の生活水準向上に伴い，需要が増えるとみて，香港にカップ製造拠点を設けることにしたのである。カップ麺比率の上昇に対応して容器の現地生産化を進め，コストダウンにつなげるとされた[18]。

1991年初めまでには，積極的な事業展開の結果，香港の日清食品グループ企業は6社に上っていた。その結果，日清食品グループのシェアは袋麺では

70〜80%，カップ麺では90%と，香港市場をほぼ独占している状態であった。この当時の香港日清は日清食品大阪本社の国際部内の東南アジア総支配人室の管轄下にあった。しかし，その東南アジア総支配人室のトップである田中室長は永南食品の社長を兼務しているうえに，香港に在住していた。生産・営業の現地化を済ませた上で，管理面での現地化に向けた布石を打ちつつあったのである[19]。なお，1994年5月には即席麺の研究開発のための日清テクノロジー（NITIC）香港を設立している。

1997年の香港の中国への返還にともなって，香港を取り巻く環境は大きく変わった。とりわけ，香港から大量の移民が発生し，その数は総勢100万人に上ったといわれている。カナダのバンクーバーだけでも香港からの移住者は10万人になった。こうして，香港人タウンが北米やオーストラリア，ニュージーランドにできたのである。日清食品の即席麺は彼らに向けて商品を供給するために，米国，カナダ，オーストラリアなどへ香港から輸出された。というのは，米国にも現地工場があるが，同じ「出前一丁」でも香港製のものとは味が異なる。香港人にとっては，やはり香港製の「出前一丁」が自分たちの味だったからである[20]。

2001年7月には，日清食品は香港内の各子会社の資材調達と一般管理業務のための日清食品（香港）管理有限公司を100%出資で設立している。

第2節　中国本土への進出

中国市場台頭の背景

中国では，即席麺は「方便麺」といわれている。13億人の人口を抱える中国の即席麺の消費量は現在世界一であるが，同時に，中国で生産された即席麺は韓国，米国，東南アジア諸国に輸出されている。2014年の中国即席麺市場におけるシェアは，金額でみると第1位がサンヨー食品の出資する康師傅で56.4%，第2位は統一企業で17.9%，第3位が今麦郎で5.9%，第4位は白象で5.8%，第5位が華豊2.3%，第6位が日清食品で2.2%，以下1%未満の農心，公仔，白家，南街村と続いていた[21]。

日本の即席麺メーカーが，少子高齢化による国内市場の縮小と貿易の自由化が進むなかで，危機感を感じ始めた1990年ごろ，世界の中で即席麺がほとんど普及していない国があった。それが中国であった。加工食品である即席麺は，加工の手間がかかるため，野菜や肉などの食材を買ってきて調理するより高くつくので，生活水準が上がらないと売れない。生活水準が上がり，食事を作る時間を削減して，その分仕事をしたいと思う人が増えてきて，初めて加工食品は売れるようになる。1980年代には，国民の栄養という観点から，中国政府にも即席麺の製造を推進する動きがみられたが，まだ商業ベースに乗るような状況ではなかった。

中国は，1978年の改革開放以降，経済発展を志向した。しかしながら，国民生活に経済成長の成果が表れ始めるのは，1992年の鄧小平の「南巡講話」以降のことであり，さらに「世界の工場」から「世界の市場」へと発展したのは，1990年代半ば以降のことである。1990年代半ばまでは，経済成長の成果をいまだ国民が実感できる状況ではなく，加工食品が普及するための国民所得や生活水準を達成できていなかったのである。1995年においても，まだ即席麺年間消費量は日本の1人50食に比べて，中国は9食にすぎなかった。そのため，将来，日本並みに消費されるようになれば，中国の即席麺市場は大いに期待できると思われ，世界中の食品会社が中国市場への参入を狙ったのである[22]。

その結果，即席麺の消費も急速に増えていった（巻末付表2参照）。しかも，麺文化のふるさとでもあるだけに，麺食になじみ深い場所でもあり，即席麺市場としては世界で最も有望な市場とみなされた。そのため1990年代に入ると，日清食品，東洋水産，サンヨー食品，エースコックなど日系即席麺メーカーが相次いで中国進出を始めている。

2000年代半ばの中国の特徴としては，即席麺総需要の9割が平均単価が0.5元から0.6元（約7円）の袋麺である。また，全消費量の38％が，人口の24％を占める貧しい農村地帯の多い華北において消費されている。カップ麺（容器麺）の即席麺の市場における比率はわずか8.8％である。そして，即席麺はその41％が朝食として食べられている。共働きの多い中国の家庭では，忙しい朝の出かける前に即席麺が食されているのである[23]。

中国における即席麺の歴史は，1980年代に入って即席麺の工場が相次いで建設され始めたところまで遡る。これは，食品工業の近代化を重点目標にする中国の商業部が，簡便食品の育成に力を入れ始めたからである。1980年ごろに広州市に中国初の即席麺工場が完成して以来，上海，北京，広東省，黒竜江省であわせて7工場（日産能力約30万食）が稼働した。製麺機械はトーキョーメンキ（本社浦和市），大竹麺機（同東京），大和鉄工（同福岡市）などの日本のメーカーが輸出し，技術も日本の日清食品などの即席麺メーカーや日本製粉などの製粉会社が指導したのである。国有企業北京長城食品工場は，日本の富士製作所（群馬県藤岡市）の生産設備や生産ラインを導入し，即席麺の生産量を急激に増加させたといわれている[24]。

こうした即席麺ブームに目を付けたのが小麦の最大の輸出国であった米国である。1982年9月には，米国の農務省と米国小麦連合会の協力を得て，上海市に完成した即席麺のモデル工場が操業を開始している。これは，中国の食糧部（後商業部に吸収）に米国が即席麺の製造設備代金約20万ドルを寄付して，1981年から建設を進めてきたものであった。工場は1982年7月に完成し，生産能力は1日約8万食で，約2カ月の試運転と技術研究期間を経て，本格操業に入ったのである。製造設備は日本の麺機メーカー，トーキョーメンキの製品で，同社も約800万円の援助を行っていた。また，1982年4月，中国から2人の研修員が来日した際には，日本製粉，明星食品が技術指導に協力している。

米国の農務省と小麦連合会では，1981年11月にも中国の軽工業部に対してもモデルパン工場（北京市）を寄付していたが，この即席麺工場は食糧部からの要請に基づくものであった。モデル工場では，その後各地からの見学者やトレイニーを受け入れ，技術指導を行っていくとした[25]。

日清食品に見る展開

1987年7月に，日清食品は中国の上海市糧食局と即席ラーメンの製造技術援助契約を結んでいる。日清食品が専用の製造機械を輸出し，技術指導する。8月末に現地で機械を据え付け，9月から生産を始めた。同社が中国向けに技術輸出するのはこれが初めてであった。将来は，糧食局とラーメン製造の合弁会社を設立する方向で協議していき，残された巨大市場である中国への進出を10年単位の長期展望で市場開拓していく計画であった。

この時中国に持ち込んだのは，日本で「チキンラーメン」の生産に使用しているのと同じタイプの製造ラインであり，月産能力は300万食であった。中国では，スープが別で鍋で炊き込む一般的な即席ラーメンは生産されていたが，「チキンラーメン」のようなお湯をかけるだけで食べられる製品はなかった。このため，中国側は日清から技術を導入することになったのである。契約によると，ロイヤルティー（技術指導料）は受け取らず，機械代金に上乗せする方式をとっている[26]。

1990年代に入ると，中国の即席麺市場は急速に成長した。中国の即席麺は袋麺が主流であったがカップ麺も急伸した。そのため，中国の中小メーカーが台湾企業と合弁生産するケースが目立つようになった。日本国内の即席麺市場は45億食で，1%台の低い伸びとなっていた。これに対し，中国市場は日本の10〜20倍の潜在需要があるといわれた。単価の安い食品企業にとって人口の多い市場は魅力的であり，日本の即席麺メーカーは中国への本格的な参入を果たすようになったのである。

1994年秋，日清食品は「2000年に海外売上高10億ドルへ」という，新たな海外事業計画を打ち出している。これは，1990年にスタートさせた長期計画「Nプラン5000 & 500」に肉付けするものであった。日清食品グループとして2000年3月期に総売上高5000億円，経常利益500億円の達成を目指すNプランのなかで，10億ドル分を海外で販売しようというものであった。

同社は，1970年の米国日清の設立以来，世界に拠点づくりを進め，建設中も含めて10カ国・地域に22工場を有するまでになっていた。国内需要が頭打ちになるなか，年間230億食以上の規模になった世界の即席麺を睨んで，海外展開に拍車をかけ始めたといえる。

日清食品のグループの1995年3月期の海外売上高は約4億8000万ドルであった。新たな計画では，北米を1995年度の2億5000万ドルから4億2000万ドルへ，東南アジアを3000万ドルから1億3000万ドルへ，香港・中国を1億2000万ドルから3億ドルへと引き上げる目標を立て達成するというシナリオを描いており，米国の第3工場，タイ日清，中国の珠海の合弁会社など相次ぐ新工場の建設が進んだ。当時の日清食品の海外戦略の特徴について，『日経産業新聞』は次のように述べている。

「日清食品の海外戦略の特徴は進出スピードばかりでなく，徹底した現地主義にある。『現地事情に即応した商品開発とマーケティング』をテーマに，現地で商品企画，生産，販売までの一貫体制を組んでいる。」[27]

この頃までには，進出が早かった北米，ブラジル，シンガポール，香港では黒字基調が定着していた。もっとも，北米は黒字基調ではあったが，販売競争の激化から収益面では厳しい状況にあった。しかしながら，この段階ではまだ海外事業は利益回収期とはみなされていなかった。

このようななか，日清食品も中国戦略を本格化し，その生産・販売活動は南から北へと進むことになり，相次いで現地生産が開始された[28]。同社の中国での現地生産は，広東省珠海市に1993年7月に日清グループの永南食品（ウィナー・フーズ社）が中国の大手商社3社と共同で新会社「珠海市金海岸永南食品有限公司」を設立し，即席麺の製造・販売に乗り出したことに始まる。同社の資本金は8400万香港ドル（約13億円），51%を永南食品（日本側），49%を中国側が出資した。工場は1994年7月に，珠海市西部食品工業団地内の敷地面積約4万2941平方メートルに完成した。生産能力はカップ麺，袋麺，飲料など年間2億香港ドル（30億円）の規模であった。

日清が最初に中国に工場を立ち上げた時に，中国には中国の食文化があり，香港から見ていたのではその食文化が分らなかったという。その時の，失敗談を現地日清食品社長の中川晋は次のように述べている。

「日本の消費者の場合，カップ麺ではなく袋入りのラーンを買って，お湯をかけるだけで三分待って食べる人はいないと思うんですよね。つまり炊いて食べる訳です。炊いて食べるからこそ，そこに肉や野菜といった具材を入れる訳です。ところが中国で炊いて食べる人はいないんです。お湯をかけるだけでじっと待っているわけですよね。

これでは不味いに決まっています。そこで我々は最初にマーケティングをやった時，これを炊いたら凄く美味しい商品ですよ，とテレビで訴えようといたしました。炊いて食べたら一層おいしいですよ，というTVコマーシャルを打った訳です。ところが消費者の反応はどうだったかと言いますと，炊いて食わなきゃ不味いのか，とこうなったんです。そんな面倒臭い商品は四千年の昔からある，とね。確かに中国には昔からチータン麺という商品がございます。そのため，いくら宣伝しても全然売れませんでした。それが何故なのか，ずっと判りませんでした。そこで実際に自分達の社員の家庭に行って，一緒に食事して漸く『あれ，これは違う』と気づいた訳です。」[29]

珠海市金海岸工場の立ち上がりと並行して，中国で第2の生産拠点が立ちあがっている。1994年11月に，香港日清と広東省食品進出口集団公司など中国側2社，香港企業，それに伊藤忠商事の計5社の合弁で「広東順徳日清食品有限公司」が設立されている。資本金は7000万香港ドルで，香港日清が50%，広東省食品進出口集団公司が25%，順徳市北滘経済発展総公司が5%，卸売業者の香港有成行弁館有限公司が10%，伊藤忠商事が10%であった。

工場は1995年12月に稼働した。敷地面積5万4000平方メートルに建設された工場には，第1期として「出前一丁」「合味道」（カップヌードル）各1ラインの生産ラインが設置され，年間総生産量1億食の能力を持っていた。将来的には8ライン，年間6億食を目標としていた。広東省の2工場は，日清食品の厳格な生産管理がそのまま導入され，日本の本社と連携した製品開発が導入された[30]。

中国では，日清食品はいくつかの問題に直面した。第1は，販売チャネルの構築であった。中国には，市場経済に移行する前から輸出を行っている食品進出口公司と食糧・油を配給する糧油食品公司という2つの大きな物流組織があった。この大元締め組織が日清の合弁相手であった。そのため，販売のためのチャネルはすでに確立されていると考えたが，これが大きな間違いだったという。すでにチャネルはズタズタに切り裂かれているにも関わらず，それが分からずに合弁を組んでしまったのである。そのため，最初に販売チャネルを構築することで苦労したのである。ただ，香港で取引をしているパートナーが一緒に中国へ進出し，香港人が代表して日清側の考え方を中国側に話すという形をとったので，喧嘩別れにならずに済んだという。

第2は，管理職の採用と育成であった。とくに，順徳市には大学がないので，優秀な管理職に育つような人材がなかなか地元では採用できなかったという。こうした人材を採用しようとすると，広州から採らなければならなかった。そのためには，相応の住宅をはじめいろいろと福利厚生面を充実させる必要があるので，コストがかかってしまう。結果として，なかなか優秀な管理職としての人材は育ちにくいし，確保しにくかったのである。逆にワーカーについては，募集する必要もないほどであった。毎日工場の前には何十人という人が来て募集があるかどうかを見ている状況であった。採用の貼り紙が出るといつでも，友達同士で連絡しあって，一挙に何百人もがやってきたという。中国の場合，製品の約80％が国内販売であったので，販売員にも教育が不可欠であった。国営企業に勤務していた人材を迎えても，なかなか日清食品の思ったとおりの販売活動はできないので，この教育に非常に苦労したようである[31]。

また，価格設定も重要であったが，難しい面もあった。日本では日清の袋麺が90円，カップ麺が145円で販売されていた。日本では，所得が平準化している中産階級社会であったため，価格は比較的決めやすかった。日本では，1袋ほぼ120グラムに統一されているのに，中国では同じ袋麺でも50グラムのもの，80グラムのもの，120グラムの3種類がある。中国では北京や上海などの大都市では気づかないが，地方に行くとまだまだ即席麺は高級品なので，120グラムのものでは購入できない人が，50グラムや80グラムのものを購入する。カップ麺はさらに高級になる。

中国での価格はカップ麺が4元（70円），袋麺120グラムが2元（34円），80グラムが1元（17円），50グラムが0.5元（8円）である。そのため，現地での価格設定に当たってはどの価格が一番日清の特徴を出せ，最も売れるのか，これを見極めなければならにことになる。中国では当時月収が300元～500元であったため，1食2元の即席麺は高いことになり，50グラム，80グラムの製品が売り出されることになったのである[32]。

「中国で人気なのは袋入り麺，しかもサイズは日本より一回り大きく，かつ安い。とにかく『得した』と思わせるのが中国における商売の“鉄則”である。」[33]

広東省の現地生産に続き，日清食品は上海地域に，次いで首都の北京市場に進出した。上海では，1995年3月に，日清食品55％，上海梅林食品公司30％，三菱商事15％の出資で，「上海日清食品有限公司」が資本金900万ドルで設立された。

工場は上海市の郊外，松江県に敷地面積5万2377平方メートル，第1次計画で9938平方メートルの建屋が建設され，1996年8月から生産を開始している。即席麺の製造ラインは，カップ麺用，袋麺用それぞれに2本ずつ設置され，カップ容器と包装資材の製造ラインなども据え付けられ，一貫生産体制を整えていた。生産されるのは，「出前一丁」ブランドで，中国の即席麺の食習慣に合わせて，熱湯をかけるだけで簡単に食べられる「出前一丁泡面」と，煮込で作る本格タイプの「出前一丁煮面」の2タイプを上海市とその周辺地区で販売する計画でスタートし，さらにカップ焼きそば「U.F.O.」も加わった。生産規模は年間2億1000万食と，大規模なものであった[34]。

いうまでもなく，即席麺の場合はとりわけ商品企画が重要になる。商品企画面で中核を担うのが「食生活研究員」であった。欧米系，東南アジア系，インド中東系に大きく分類できる食形態に合わせて，シンガポールのナイテック，ナイテックUSA（ロサンゼルス）という海外子会社2社の他，インド日清（ニューデリー），ヨーロッパ日清（オランダ・フェロン）に研究員を配置している。香港にも1994年5月にナイテックが設置されている。

この食生活研究員は各地の麺の種類や食べ方，食文化等を幅広く研究し，日清本社の研究開発部門，生産管理部門とも密接に連携して，最新技術を生かしながら，現地市場に合った即席麺の開発を進める仕組みを構築している。例えば，上海の合弁企業の設立に当たっても，ナイテックと日本から派遣されたスタッフが共同で，味覚，嗜好を徹底的に比較調査して中国向けの商品開発を進めたのである[35]。

北京では，1995年12月，日清食品50%，中国粮油食品進出口公司30%，三菱商事10%，金商又一10%の出資比率で，「日清中糧食品有限公司（北京日清）」が設立された。新工場は北京と天津の中間に位置する河北省廊坊経済技術開発区に建設され，1998年1月から稼働した。工場敷地3万7500平方メートル，第1次建築面積は1万2200平方メートルで，「出前一丁」と「カップヌードル」各1ラインの設備で，年間20億食の生産能力を有していた。この北京工場の完成で，日清食品グループの中国の即席麺の生産拠点は4カ所となり，総生産量は年間7億食に拡大した[36]。

1998年1月から，「出前一丁」を売り出すための新たなCM「新型兵馬俑」

篇が北京地区で4カ月間放送され，北京の人々に強い印象を与え好評を博したという。その内容は，始皇帝の墳丘で発掘している大学教授と女性の助手が新たな兵馬俑を発見するという設定であった[37]。

銅鑼の音とともに夕日に照らされた一基の兵馬俑の顔が映し出される。

助手の女性が興奮した表情で教授に声をかける。

「教授，これは初めて見る兵馬俑です」

教授が驚きの声を上げる。

「みんなドンブリをもっているぞ。これは大発見だ」

助手が刷毛でどんぶりについた泥をはいてみる。不思議そうに言う。

「出前一丁 …。なんですか。この文字は」

教授は頭をひねり，ナレーションが流れる。

「秦の始皇帝の時代から中国人はみんな麺が好きだった」

さらに「香辣」の文字が出てナレーションが流れる。

「ちょっと辛め。未体験の味わい」

中国市場の特徴

中国市場へ参入したものの，当初から日清食品は現地メーカーの低価格品の攻勢に圧倒されてしまった。現地メーカーは1～2元（約16～32円）程度の商品で市場を拡大してきたが，日清の品ぞろえは3～5元（約48～80円）が中心であった。価格競争に巻き込まれたくないという同社の戦略が，台湾や現地メーカーに販売量で追い越される結果を招いたといえる。

しかし，日清食品にとって有利になる動きもみられた。それは日本での即席麺の主要な販路であるスーパーマーケットやコンビニの普及であった。スーパーなどのチェーンストアの店舗数は，2005年から11年の間に2.2倍に拡大している。その結果，営業担当者の交渉がしやすくなり，店頭で商品を比較する消費者も増えている。このため，品質にこだわった製品が見直されてきていたのである[38]。

日清食品の中国進出にあたっては，当初は現地中国企業とパートナーを組むように当局から迫られ，日本側の単独出資で進出できるような状況ではなかった。同時に，日清食品も現地パートナーには販売網の充実や役所との交渉を期待した。しかしながら，こうしたことは期待はずれにおわり，パートナーは短期的な利益を求め，おまけに出資比率で決まる議決権についても遵守することがなかったという。そのため，日清食品は独自の展開をしたほうがよいということで，上海と北京の合弁会社はすべて日本側の出資に変更している。その結果，北京については社名も日清食品（華北）有限公司としている[39]。

このように，日清食品の中国市場開拓においては，日本で想像していた以上の問題に直面した。ここで改めて，中国での現地生産を開始し，本格的に中国市場に進出した日清食品が，最大の問題であった流通・販売をどのように展開したのか，上海日清を中心にみることにしたい。

中国における即席麺の市場の特徴は，日本市場とは異なり，垂直的に3層くらいに分かれて企業が競争を展開していることであった。上層は，康師傅，華龍日清，ユニプレジデント（統一企業），韓国の農心などトップメーカーで，主としてスーパーマーケット，GMS，コンビニエンスストアなど「現代チャネル」を中心に販売している。これら全国的なメーカーの下に，市レベルで活動している有力なメーカーが20〜30社くらい存在するといわれていた。さらに，各地域でのみ活動する地場企業が何百社と存在する構図となっている。

第2の特徴としては，価格帯が一般に低いことがあげられる。そのため，消費者は価格志向が強く，袋麺中心の市場となっている。また，日本では価格は横並びであるが，中国では垂直的なピラミッド構造になっている。日清食品の製品では価格は1.3元のものが最低であるが，3元，5元のものもある。しかし，田舎では0.7元以下のものしか売れないし，0.5元で売られているものもある。いうまでもなく，日清食品のみならず日本の即席麺メーカーでは，これらの価格帯での事業展開はきわめて困難である。

第3の特徴は，中国では市場の地域別の特性が大きいことである。その理由は，第1に，同じ国内市場においても沿岸部と内陸部で収入の差が大きいこと，第2に地域間で教育レベルの差が大きいこと，そして第3は民族的な差もあり，同時に地域差・文化差が大きいことである。そのため，中国市場は，浙江省を含む華東，華南，華北，華中，遼寧省・黒竜江省・吉林省の東北3省，新疆を含む西北，四川省などの西南といった具合に，大きく7ブロックに分かれる。消費量については，河北省などがある華北地域が圧倒的に多い。華東は，人口の割には消費量が少なく，華北や東北が大体平均的になっている。そのため，1つの商品ですべての地域をカバーすることができないので，マーケティング戦略は細かく立てていかなければならない。例えば，「カップラーメン」は香港では「合味道」，中国国内では「開楽杯」となっており，縁起の良い包装やネーミングなども地方において異なる場合さえある[40]。

日清食品の中国進出は最初から中国国内販売が目的だった。そのため，販売対象が沿海部だけでは工場の採算がとれないので，内陸まで視野に入れていた。ところがすでにみたように，中国側のパートナーに期待していた流通・販売網の開拓は，期待はずれとなった。そのため，自力で開拓することになったようである[41]。

上海日清では，13の営業単位があり，営業所に駐在員を配置している。華東市場のみで1億人の市場規模であり，テリトリーとしては日本の2〜3倍になる。現在の中国では，販売ルートには大きく分けて，2000年以降急速に発展したスーパーマーケット，総合スーパー，ハイパーマーケット，チェーンストア，コンビニエンスストア，そしてディスカウントショップといった「現代チャネル」と「伝統チャネル」の2つが分離した形で存在する（図4-1参照）。

近年では，現代チャネルが急速に拡大している。2000年初め頃には沿岸部で現代チャネルと伝統チャネルの割合は2：8であった。これが2010年ごろまでには，上海のような沿岸の都市部では5：5，その他では4：6くらいになっている。しかし，内陸地では依然として2：8あるいは1：9であった。

現代チャネルの小売業者も歴史が浅く，顧客を集めるために安売りをするという大きな問題があった。安売りをすると利幅が薄くなるので，日清食品のようなメーカーにとっては，2つのことが生じる。第1は，安く売って顧客が集まらないとメーカーにとっては貸し倒れになる。第2は，うまく顧客を集めても利幅が少ない。そのため，小売業者は新しい店舗を増やそうとする。必要な資金はメーカーから得ようとし，リース・チャージ（導入料）などを要求する。さらに，導入と陳列は異なるため，陳列そのものとその場所によって，異なる費用を要求するという。そのため，新店に商品を導入する費用，それを管理する費用，JANコード，コンピュータ処理量などの費用をメーカーに負担させるのである[42]。また，これら現代チャネルでは掛け売りが一般的である。

これらの現代チャネルは直接消費者に対応しているので，「食」単位でビジネスを行う。そのため，日本と同じように1パックごとの値引き，マネキン，試食，サンプリング，大盛り販売，景品付き販売等を販売促進として行なっている。

一方，伝統チャネルは自由市場問屋を中心にしたものである。大きな都市の大規模市場には一次問屋が集まっている。上海では中心部が10区，周辺部が10県に分かれているが，これらの区県ごとにある小規模な市場に，二次，三次問屋が存在している。こうした構造は，都市周辺でも農村でも同じ形態である。日清食品は，この市場にある一次，二次，三次問屋を相手に販売を行うが，ここではケース単位の販売となり，取引の基本は現金決済である。

さらに，伝統的なスーパーマーケットも現在は民営化されているが，かつては国営であった。そのため，管理は悪く，レジも3，4カ所しかない。これらの地場スーパーなどの店舗向けには，日清食品では一次，二次問屋に商品を扱ってもらっている。一次問屋については，直接日清食品の意思を反映することはできるが，数の多い二次問屋については難しいという。

上海市内の場合には，百貨店以外に地場ストアがある。改革・開放政策以降，この地場ストアが台頭してきた。これらはタバコ，醤油，コメなどの日常的な食品を売る店であり，これらの店は自由市場から仕入れる。これらの店のオーナーは田舎出身者が多いので，言葉も通じないことがあるという。そのため，① 日清食品の製品を購入するといかに得か，② 二次問屋に出向かなくてもメーカーが持参すること，③ 返品の受け付けなどを強調する。販売については，自転車部隊と呼ばれる田舎出身の外省人が，自転車の後ろにサンプルを積み，商品を置いて回り，セット販売を行う。いうまでもなく，取引はリスクを伴い，回収の問題が生じやすいので現金取引である。

また，中国では大学，高校，中学といった学校が市場として重要な役割を果たす。というのは，例えば大学では学生も教員も学内の寮や住宅に住むので，1万人，2万人の規模になり，一種の街を形成する。これらの学校は，上海日清の売上げの25%～30%を占めている（図4-1参照）[43]。

中国は原材料や資材の供給においても，大きな役割を果たすようになった。1995年12月，中国山東省において，日清食品の資材部が主導して現地資本と

図4-1　中国における日清食品の販売ルート（現代チャネルと伝統チャネル）

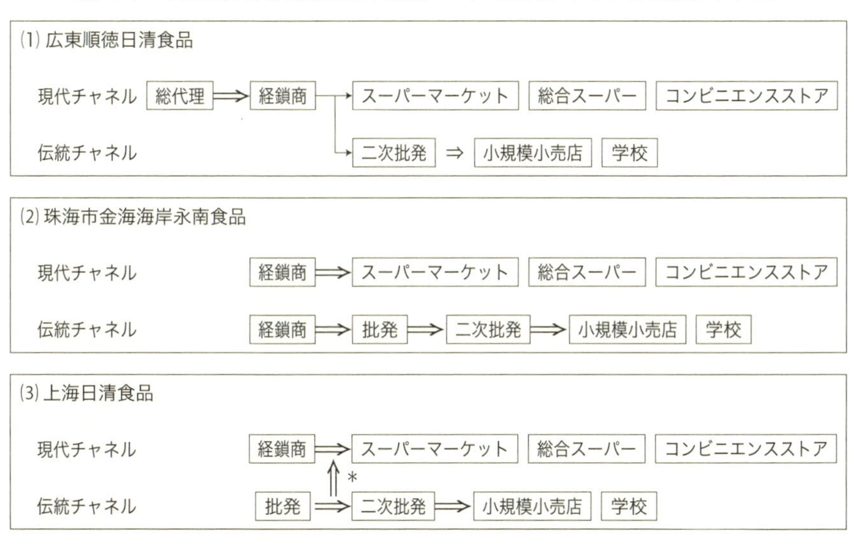

注1：*のチャネルは，上海を除く華東・華中のみ。
　2：総代理は総代理商，経鎖商はメーカー代理商，批発は卸売商の意味。
出所：広東順徳日清食品，珠海金海岸永南食品，上海日清食品「会社概要」。

合弁で山東省鄭平県に設立されたのが，「山東日清食品有限公司」である。同社の稼働は，翌年4月であった。

この地域は，同省でも有数の野菜生産地となっている。山東日清は，鄭平県の現地農家に生産委託したキャベツ，ネギ，ニンジンを空冷乾燥（エアードライ）し，カップ麺具材用乾燥野菜として，日本をはじめ全世界の日清グループの工場に供給する目的で設立された。中国野菜は労働力が安価であるため，加工費や物流コストを含めても，日本の野菜より20％程度安く調達できるし，品質面でも遜色はなかった[44]。

2001年10月，日清食品は中国と香港の全法人を統括し，中国での経営戦略を立案する日清食品（中国）投資有限公司を100％出資で上海に設立した。同社を軸として中国の全体戦略を描く体制に切り替えることによって，早期に中国での売上高を現在の2.5倍の500億円に引き上げるとした[45]。

日清食品は2002年10月に，日本国内でコンビニを中心に，具材が多く付加価値の高い「具多」を販売している。値段はカップヌードルの約2倍の300円であった。当初の計算では，価格は350円くらいになりそうであった。これでは，高すぎると考え解決策を図った。それは，中国を具材の生産基地にするというものであった。世界中からばらばらに集めた食材のスペックを1つずつ確認し，製品に組み立てなければならないが，それが開発のネックとなっていた。予定していた1つの材料の供給が遅れるだけで，製造も発売もすべてが連鎖的に遅れてしまうのである。

こうしたリスクを避けるには，生産基地をどこか1カ所に集中するしかなかった。中国には肉や野菜や海産物など豊富な食材が揃っていて，手づくりの細かいものを安く作ることができた。その組み合わせで新しいバリエーションを開発できたのである[46]。

日清食品は，2006年11月に「日清（上海）食品安全研究開発」を設立している。同社では，野菜やエビなどカップ麺に中国産の具材を使うが，この上海の研究所で合格した食材だけを日本に輸入する。そして約550品目の残留農薬などを分析できる能力をもつ草津の研究所で最終確認し，国内工場で使用するという二元チェック体制を敷いている。また，この草津の研究所は年2回ほど，国内の直轄・協力工場のほか，タイ，中国，ベトナムなどの海外工場を原則抜き打ちで訪れ，生産体制をチェックする[47]。

日系各社の直面した困難

東洋水産は，1988年10月に中国南端の海南島に「海南東洋水産有限公司」を設立しており，1990年10月に水産加工工場と冷蔵倉庫を稼働させた。養殖エビのほか，高級魚や野菜を加工，冷凍して日本に輸出する工場であった。東洋水産は，1993年にこの海南島に，中国の海口缶頭廠と合弁で，日中合弁企業「中日合資椰樹速食麺有限公司」を設立した。資本金は2000万元（約4億円）で，出資比率は海口缶頭廠70%，東洋水産25%，神戸の缶詰メーカーMCC食品が5%を出資している。海南島の約6600平方メートルの土地に工場を作り，急速にのびていたカップ麺を1日10万個生産し，初年度8億円の販売目標を立てた[48]。

ところが，合弁会社を設置したところまではよかったが，即席麺の工場建設がいっこうに進まなかった。日本側の担当者は5回以上も海口缶まで足を運び，工場建設にとりかかるように促した。しかし，中国側はもう少し待ってほしいと繰り返すだけで，中国側が用意するといった工場用地すらなかなか決まらなかった。結局，工場は最後まで着工されなかった。中国政府が金融引き締めに転じたため，海口缶は合弁事業に回す資金がなくなったのが原因とみられる。こうして，日本側から合弁解消を申し出て，1994年末に合弁会社は清算された。そのため，東洋水産は海南島にある東洋水産の子会社「海南東洋水産公司」に，5億円を投資して日産10万食を生産するカップ麺の製造ラインを2本設置して，この即席麺事業を引き継ぐことにしたのである。

このとき東洋水産は，海南省の工場で生産していた独自ブランド「味の市」を除いて，すでに知名度を持った現地銘柄での生産を先行させていた。交通網などの物流インフラが遅れている中国では自社で流通を手掛けるリスクを抱えるよりも，すでに食品流通を持つ現地企業に頼った方が得策と判断したことによる。自社ブランドの展開は，OEM生産が軌道に乗ってからと，二段構えで考えていた。その上で1995年11月に，海南島にある子会社でカップ麺「味の市」の生産を始め，海口市を中心に，広東省など周辺地区へも販売し，年間10億円の出荷を目指した[49]。

それに先立つ1995年6月に，東洋水産は，インドネシアの有力財閥NURI-HOLDINGと組み，海南島に続く中国第2の拠点として，上海市で即席麺の合弁生産の準備に乗り出した。両社はNURI 70%，東洋水産30%の出資でシンガポールに投資会社「GTSフーズ」を設立し，このGTSフーズが全額出資する形で，即席麺の製造・販売を手掛ける「上海佳東食品有限公司」を設立した。1996年8月に稼働し始めた上海の新工場には袋麺，カップ麺の生産ラインを導入し，粉末スープ工場も併設する計画であった。1996年度には，約1億食の生産が計画された。これにより，東洋水産は海南島と上海の2拠点体制で，中国市場の開拓をする考えであった[50]。

さらに東洋水産は，1996年1月に，三井物産，香港の華人資本集団のロバート・クォック率いるケリーグループとの合弁工場を四川省・成都市近郊に同年中に立ち上げると発表した。第1期工事分で年間1億5000万食強のカップ麺，袋麺を生産するとし，各工場はさらにラインを増設する計画で，2〜3年で2倍強に増産できるはずであった[51]。ところが，東洋水産は1999年7月にはこの成都工場を採算が合わないことなどを理由に，同年中に閉鎖し合弁関係も解消する方針であると発表した。シェアトップで，さらに拡大が見込める米国市場に経営資源を集中するとした[52]。

2002年1月には，東洋水産はそれまで中国で販売していた「マルちゃん」ブランドを日本語・英語表記から中国語表記に変更したと発表している。消費者の認知度を高め，先行するサンヨー，日清を追い上げるためであった[53]。日清食品と東洋水産の中国戦略は対照的であった。日清が自社ブランドを全面的に押し立てているのに対して，東洋水産は現地ですでに浸透しているブランドへのOEM（相手先ブランドによる生産）供給を中心としていたのである。

1995年夏に，エースコックは住友商事などと，中国・杭州市に合弁会社「杭州愛使口可（エースコック）食品公司」を設立し，1995年10月から生産し始めた。さらに，自社ブランド品の生産能力を高めるため，翌年には約10億円を投じて最新型の生産ラインを導入した。機械類は日本から運び，4月に本格稼働させ，現行の約3倍の月間900万食の生産に引き上げた。一方，日本で生産されるカップ麺の具材もここに生産移管した。ネギ，キャベツ，焼き豚などの具材について，従来はネギとキャベツの原料調達から乾燥までの工程を中国で行なって日本に輸入していたが，これに焼き豚まで入れて中国で加工した後，個袋にして日本に輸出し，日本でそれをカップに入れて密封するだけになった。

一方，中国では「エースコック」ブランドの袋麺で価格が1元（約13円）の高価格帯商品を増産するほか，カップ麺も新たに投入する。これまで低価格の「双峰」など地元ブランドの製品も生産していたが，今後は順次エースコック製品に切り替える。即席麺に使用する粉末スープの生産設備も増強する。増産に合わせて中国でテレビCMなどを展開し，知名度の向上を狙った[54]。

エースコックは，すでにみたように同じ時期にベトナムにも進出している。現地合弁相手のビフォン社に物流からマーケティングまですべてを委任され白紙に絵を描くことができ，その後の発展につながった。しかしながら，中国では提携先が主導権を握り，ブランド管理もままならずわずか3年の1998年10月に中国から撤退することになったのである[55]。

サンヨー食品は，1995年6月，中国における合弁事業計画の実現を目指し，社長室長であった井田純一郎（後社長）を中心にプロジェクトチームを立ち上げた。日本の総合商社である丸紅と組んで大連の現地企業である大連市第三糧食儲運工業公司と合弁で「大連三洋食品有限公司」を立ち上げた。1995年8月には工場の建設工事に着手している。総事業費は約16億円で，1996年には2億食の販売を目指した。

設立した合弁会社，大連三洋食品有限公司の資本金は10億円で，出資比率はサンヨー食品55％，大連市第三糧食儲運工業公司が30％，丸紅が15％であった。董事長には井田毅サンヨー食品社長が就任し，総経理は丸紅が派遣している。この合弁会社に総合商社の丸紅が参加したのは，言語の問題や法律上の問題をカバーしてもらうためであった。従業員は100人で，大連市内に袋麺を1日12万食生産するラインを設置し，粉末工場も併設し，1995年秋から発売した。1995年度4000万食，96年度は工場を3直でフル稼働させ2億1000万食の販売を計画していた。

1996年4月に，「サッポロ一番」の中国向け商品「三宝楽一番」が発売されている。当初は，「三宝楽一番」のブランドで，袋麺6品とカップ麺2品を，遼寧省を中心に，北京や天津など周辺大都市でも一部展開している。この発売に合わせて，高品質のTVコマーシャルをつくり，各販売地区で大々的な放送を開始した。また，発売初日から百貨店，卸売市場，食品店，チェーンストアなどの各食料品売り場で，積極的な販売活動を展開している。すでに，日清食品が広東省，東洋水産が海南島など中国南部に生産拠点を設けて販売に乗り出しており，台湾やインドネシアのメーカーとの競争が激しくなっていることから，サンヨー食品はまず中国北部で事業基盤を固めることにしたのである。

この時，中国では即席麺需要が急増しており，サンヨー食品は1人あたりの消費量の拡大によってさらに市場は成長するとみており，2000年には上海，北京などでも展開し，10工場体制を整えて100億食を販売する方針であった。そこで，日本で評判の「三宝楽一番」ブランドの袋麺とカップ麺を売り出したのである[56]。

1997年12月には，サンヨー食品は中国での即席麺事業を加速すると発表し，同年3月からテスト販売していたカップ麺3品に，1998年8月には2〜3品を追加するとした。価格は4.5元（1元は約16円）で従来品と変わらない。

当初は醤油味や塩味など，日本の商品を基本として現地風にアレンジしているものを売り出したが，以後より中国人の嗜好に合う商品を開発するとした。中国でのカップ麺市場は単価が高いこともあり，当時即席麺全体の1割にも満たなかったが，積極的な新製品の投入で需要の掘り起こしを図った。月間の販売数量を1997年当時の約6万食から10倍の60万食程度に引き上げる考えであった。

同社の中国の即席麺事業の売上げは，1998年3月期で約5億円の見込みであった。単価の高いカップ麺を需要期の秋冬に向けて投入することで，1999年3月期には2倍の10億円程度に引き上げたい考えであった[57]。

しかしながら，サンヨー食品は中国の販路開拓に手こずり，苦戦を強いられた。最初期の1995年度では巨額の赤字決算を余儀なくされていたが，上述のような事業展開にもかかわらず事態は好転しなかった。サンヨー食品では，なぜ苦戦を強いられたかその原因を以下のように分析している。

第1は，中国への参入が遅れたことである。サンヨー食品が参入した時には，すでに中国では即席麺の普及段階が終わっていた。華僑系のメーカーが粗末な製品を販売していたので，日本製の高品質なものでシェアを奪うことができると考えた。しかし，華僑系メーカーの即席麺は，中国人の間で予想以上に定着していたのである。すでに，数百社あった中国の即席麺メーカーも，1995年には，台湾系企業の頂益と統一企業，そしてインドネシアの華僑が経営している華豊というわずか3社の寡占状態となっていたのである。

第2は，味の問題であった。日本製の即席麺は味は美味しいが，毎日食べるには，中国で生産されている慣れ親しんだメーカーの味の方がよいという消費者の反応であった。

第3は，代金回収の問題であった。中国では売掛が一般的であったが，最初に販売した商品の代金回収ができなくなったことである[58]。

サンヨー食品は，大連三洋食品として事業を続けていても中国市場でのシェアを獲得するのは無理であると判断し，大連三洋食品から撤退することを決めている。地域に根差した企業に経営を任せた方がいいと考えて，台湾系で中国の即席麺メーカー最大手の頂益（現康師傅）に大連三洋食品の株式を売却することにし，1998年，現地会社は清算した。

中国の経営に行き詰ったのは日清食品も同じであった。同社は2006年8月の取締役会で，1995年12月に設立していた日清食品（華北）有限公司を，経営環境が厳しいことを理由に生産販売を中止し，2007年2月に清算することを決議している。同社は，このときまでに，資本金2200万ドルで，出資比率は日清食品61.2%，日清食品中国投資公司28.1%，三菱商事10.7%の出資比率となっていた[59]。

第3節　現地企業との連携

サンヨー食品と康師傅

中国へ進出した日系即席麺メーカーは，大きな試練に直面することになった。そのため，新たな戦略が模索された。それは，中国に進出していた台湾企業や中国企業など，現地ですでに活躍をしていた企業との連携を模索するものであった。

例えば，サンヨー食品は自らの中国事業を清算したが，これで中国における事業展開をあきらめたわけではなかった。同社は，新しいM&A戦略による再進出を図ろうとしていた。撤退の手続き進める一方で，買収の対象となる会社を探し始め，中国第5位のシェアを持つ即席麺メーカーと交渉を開始したが，結局交渉は成立しなかったという[60]。

次の交渉相手は，偶然にも大連三洋食品の株式を売却した「康師傅（カンシーフ）」のブランドを持つ頂益となった。頂益は，かつては無名であった台湾中部・彰化の油脂メーカーが母体で，魏応州董事長ら4兄弟が1980年に家業を継ぎ，1989年に中国に進出したが，中国での食用油事業で失敗した。そこで，即席麺に社運を賭けて天津頂益国際食品有限公司を設立し，1992年8月には天津で工場を稼働させた[61]。そして，1990年代前半，この頂益が売り出した即席麺「康師傅」があっという間に中国市場を席巻した。それまで，中国の庶民に手が届く値段の即席麺はあまり味がよくなかった。頂益は，中国国内の地域の好みに合わせた即席麺の味を開発し，積極的な広告で急成長し，素早く50%の市場シェアをつかみ取ったのである。味にうるさい現地の日本人はそれまで高額な日本からの輸入品を買わざるを得なかったが，康師傅はそうした日本人も納得させた。値段は輸入品に比べて格段に安く，康師傅は爆発的に売れたのである。

その結果，親会社の台湾の頂新が1996年2月に香港で「頂新控股有限公司」を設立上場した。その後「康師傅控股有限公司」と名称変更し，会社名とブランド名が同一になった。

また，同社は直接業務スタッフを各大都市の主要な卸売市場と市場内の商店へ派遣し，メーカーと販売店との間に直接に関係を結び，人脈関係を作る方法で，販売業者との良好な信用関係を築いた。さらに同社は，卸売市場と市場内の商店に康師傅製品しか販売できないように「囲い込み戦略」を展開した。

賈志聖は，次のように要約している。

「大きな資金で，コマーシャル等の宣伝費を投入し，著名な中国人歌手を商品のイメージキャラクターに起用することで，企業のイメージを向上し続けている。

康師傅の経営チームは，綿密な販売のチャネルシステムを創立し，都心から離れた農村でも製品を買うことができるようにした。康師傅は，ランニングコストをコントロールする能力に優れている。節約したコストを多種の製品の研究開発に回し，オートメーション化設備を更新して，人材を招へいし，販売価格を下げることで，ますます市場の占有率を上げている。」[62]

現在では，全世界で年間消費される即席麺はおよそ1000億食であるが，そのほぼ半分が中国で消費されている。その巨大な市場で今や康師傅は市場シェア5割を誇る。近年は飲料や菓子も手掛け，中国で屈指の総合食品企業となった[63]。

ところが頂益は，1997年中国の消費不況で経営危機に陥った。中国での即席麺の需要拡大を見込んで実施した，過大な設備投資が重荷になったのである。同社は，即席麺のほか，飲料や，菓子の製造にも進出した1991年以後，中国に6億ドルの投資をしていた。例えば，飲料に進出したのち，6カ月間で2億5000万ドル強の投資を行っていた。積極的な投資により，中国に12カ所の工場を設立，従業員数は2万2000人強を雇用するまでになっていた。

しかしながら，1999年11月には1億5000万ドルの社債の償還を控えていたが，手持ち資金は1億ドルしかなかった。頂益は本拠地を天津に置き，売上高は1998年で5億8600万ドル，年間約50億食の即席麵を販売し，中国でのシェアは金額ベースで45%を有していた。1998年の中国の即席麵の総需要は140億食，金額にして18億ドルであった。しかしながら，後発の統一企業に市場を侵食されつつあった。

さらに，頂益のオーナーである魏一族は1998年に台湾の食品会社である味全食品を買収していた。味全が所有していた台北の不動産を売却すれば，すぐに利益が上がると期待していた。つまり，魏一族は本業以外で素早く儲けようとしたのであった。ところが，これがうまくいかず，味全は結局1億2500万ドルの損失を抱えてしまったのである[64]。

こうした頂益の状況のなか，キャンベル・スープや統一企業による支援も取りざたされていた。頂益の事情を新聞記事で知った当時のサンヨー食品の社長井田毅はすぐに，大連三洋以来交友を深めていた頂益の董事長の魏応州に連絡した。資金繰りが問題だったので急を要した。会談は2回行われただけであった。サンヨー食品は，世界有数の監査法人であるデロイト・トーマツの協力を得て，わずか2日間で頂益の財務内容をほとんど調べつくし，その財務データをみて井田は再生可能と判断して頂益に投資することにした。サンヨー食品の技術と康師傅の販売ネットワークを効果的にリンクさせることができれば，高い利益が見込めるという判断であった[65]。

頂益の株式は，その33.72%を一般株主が保有し，残りの66.28%を台湾の頂新国際集団が保有していた。サンヨー食品は，その頂新国際集団の保有していた株式の半数33.14%を11億香港ドル（約175億円）で，1999年6月に購入した。頂新国際集団のオーナーの魏が引き続き董事長に就いたが，役員としてサンヨー側から常駐・非駐在合わせて4人を派遣し，両社で共同経営する体制を整えた。

常駐の取締役の一人として，1996年に富士銀行から経験を買われてサンヨー食品に出向し，頂益の買収交渉にあたっていた吉沢亮常務が財務と全般管理の担当者として派遣された。彼は，1992年の鄧小平の「南巡講話」の後，外国資本の導入を急いでいた中国の様子を見て，40歳のときに富士銀行から派遣され北京師範大学で中国語を学んでいた[66]。

サンヨーは「サッポロ一番」などの主力商品を中国で生産し，頂益の販売網を使って中国市場で販売し，中国全土を一挙に視野に入れ展開した。一方，頂新は頂益を立て直すとともに，サンヨーの頂益への資本参加を機に同社の技術や商品開発力を取り入れていく方針であった。サンヨーの井田純一郎社長は，頂益への資本参加の狙いについて，当時，以下のように述べている。

「サンヨー食品にとっては日本での事業拡大が最優先だが，国内の即席麺市場は頭打ちの状況だ。成長市場である海外での事業展開は，当然求められる戦略。成長が見込める中国市場への足掛かりを得たことで，さらに積極的な海外展開ができる。」[67]

その頃100以上あった品目をできるだけ売れ筋に絞り，部品を共通化するなどして，生産効率を上げ，頂益がすでに低価格帯から高価格帯の製品を展開していたので，「サッポロ」をワンランク上の最高級品として展開することを狙ったのである。

1999年11月には，頂益が約7億8110万香港ドル（約109億円）の増資を実施した。サンヨー食品は，従来の出資比率と同率の33.14%を約35億円追加投資して引き受けている。これにより，過剰投資により悪化していた頂益の財務体質を向上させる考えであった[68]。

サンヨー食品の頂益への資本・経営参加は，習慣も味覚も違う中国において，日本人だけでは難しい経営が，現地にネットワークのある華僑企業と組んで，お互いが足りないものを補うという形でうまくいった事例といえる。頂益は，中国国内で300以上の販売拠点を構築し，約3万4000の小売店と直接取引をしていた。そのため，これらの小売店の陳列棚を支配することができた。同社は，販売・物流システムを構築した後，即席麺の積極的な商品拡大を進める一方，インスタント飲料やスナックなどの分野に乗り出している。それ以後，同社の売上高は2014年までには18倍も伸びている。2014年現在，同社からサンヨー食品に，年間約60億円の配当があるといわれている[69]。

2000年9月には，サンヨー食品は頂益の物流業務を改革するために，情報技術（IT）を駆使した受発注・配送システムに約100万ドル（約1億1000万円），物流拠点の設置に約400万ドル（約4億4000万円）を投じ，効率化すると発表している。2001年をめどにITを駆使した物流システムを確立し，中国国内に92カ所の物流拠点も新設するとされた。従来は個別に配送していた即席麺と飲料・菓子を，共同配送して取引先に一括納入し，受発注業務をコンピュータで一括管理し，これによって，物流費を約2〜3割削減できるとみたのである。

計画によると，まず，2001年7月をめどに都市部を中心に34カ所に物流倉庫を新設し，各工場で生産された頂益グループの食品を倉庫で仕分けしてから取引先に一括納入する。2001年7月以降には地方にも58カ所流通倉庫を設け，中国全土に物流網を確立する。天津や杭州などの工場では即席麺と飲料，菓子を1カ所で生産しているため，工場付近に倉庫を設けるとされた。

サンヨー食品は頂益に参加して，自らの主導で3500人の人員削減や原材料調達コストの引き下げなど合理化を進めたほか，飲料部門で緑茶飲料がヒットした。その結果，1998年12月期は443万ドルの最終赤字となり，1999年上期は約2300万ドルの最終赤字を計上したが，2000年上期には売上高が前年度比約21%増の3億4200万ドルとなり，約1700万ドルの最終黒字に転換している。さらに，2000年度の通年連結利益が4153万ドル（前期は3256万ドルの赤字）となり，黒字転換している。これを契機に，サンヨー食品は2001年度の経営方針で，主力袋麺「サッポロ一番」，カップ麺「カップスター」ブランドの強化に合わせて，中国事業の強化を掲げ，守りの経営から一転，攻めの姿勢に転じている。2001年の頂益の連結純利益は，前期比5割増の約6033万ドルとなっている。さらに，2002年12月期に連結純利益は9000万ドル（約110万円）と前期に比べて50%増加した。即席麺の売上高は6億4000万ドル（約760億円）と7%増加している。主力の「紅焼牛肉麺」（1.4元，約20円）が好調だったほか，1元未満の低価格袋麺の販売が21%増えた。中国の消費需要の拡大を受け，主力の即席麺事業が大幅に伸びたのである。2001年の中国の即席麺市場は推定で，前年比19%増の190億食と世界最大であった。

一方で，1人あたりの年間消費量はまだ14食で，日本や韓国などの40食以上には及ばない。都市人口の増加に加えて，内陸の農村地方での需要も拡大しており，今後さらなる市場拡大が期待できた。頂益の製品は6元（1元＝約13円）程度から0.7元まで幅広い。かつては麺類を自分で作っていた農民も現金収入が増えるにつれ，即席麺を購入するようになってきた。農民の収入が増えた背景には，道路などインフラ整備で農産物の販路が広がったうえ，果物など換金作物への転換が進んだことがあった。

ライフスタイルの変化も消費拡大の追い風となった。2000年ごろまでは，中国ではサラリーマンは自宅に戻って昼食を作って食べるのが普通であった。市場経済化とともに時間の節約が重要となり，外食産業は4000億元（1元＝約15円）まで膨らんだ。開発の遅れた西部の開発計画も動き出し，農村所得向上を加速することは確実視された。このため，頂益は最西北部のウルムチで即席麺工場を稼働させている[70]。

低価格品は収益性が低いが，だからといって手を出さなければ，内陸部の所得水準が向上し市場の成長が本格化した時に遅れを取る可能性がある。内陸部には7億～8億の人口があり都市部よりも潜在成長性は高い。そのため，頂益は内陸部を必ず獲得しなければならない市場だと認識している[71]。

2001年9月に，サンヨー食品は頂益と人材交流に関する契約「研究，開発，管理人員の育成・訓練契約」を締結したと発表した。その後5年間にわたって人材を相互に派遣するものである。契約では頂益が年に2回，20人以下が来日し，約2週間にわたってサンヨー食品の製造技術を学ぶ。サンヨーも年に2回，2人を頂益の各工場に派遣し，生産指導に当たる。サンヨー食品の持つ麺やスープなどの製造工程，生産管理，品質管理などのノウハウを頂益の各工場に導入するのが狙いであった。すでに頂益から工場長クラス14人が来日してサンヨー食品から製造技術の指導を受け，頂益の生産性と品質の向上を図った。頂益の製造設備は日本とほぼ同じだが，設備の潜在能力を生かしきれていなかった。サンヨー食品の製造手順などを採用すれば生産性の向上が見込まれていた[72]。

日清食品と今麦郎

一方，日清食品は2002年1月に，中国の各現地法人が個別に手掛けていた製品開発や販売を持ち株会社に集約し，同年の春をめどに開発や営業などの担当者数人を中国に派遣すると発表した。9割前後の市場シェアを持つ香港で得た利益を中国本土での販促費などに投入し，シェアが1桁にとどまっている中国市場の本格開拓に乗り出した。5年後をめどに，中国での年間売上高を当時の2.5倍の500億円程度に引き上げるという考えであった[73]。

日清食品は2003年5月には，台湾で即席麺最大手の統一企業（台南市）と提携し，中国市場を共同開拓すると発表した。統一企業の中国でのシェアは，金額ベースでは2割弱で康師傅に次ぐ2位であった。統一企業は，中国は9つの即席麺工場を持ち，営業スタッフも約1万人に上る。同社が中国に持つ工場や販路などのインフラを利用し営業エリアを拡大することが期待された。日清食品は，中国で即席麺の製造・販売を手掛ける統一企業のグループ会社「昆山統一企業食品」（江蘇省昆山市）に，まず10%，20数億円を出資し，その後段階的に出資比率を33%程度まで高める。統一企業グループの即席麺を扱う他の8社にも出資し，3年間でその総投資額は100億円程度と見込まれた。

日清食品の予定では，統一企業の工場に生産を委託し，物流や債権回収などでも統一企業のインフラを利用する。一方，即席麺の生産や安全管理，マーケティング手法などのノウハウは日清食品が統一企業に提供するはずであった。その提携による効果により，日清食品の香港を含む中国事業の売上高は，2006年までに約300億円と2002年実績の約2倍を目指すとされた[74]。

ところが，2003年10月に入ると，日清食品は統一企業との中国での資本・業務提携に関する基本合意を解消すると発表している。日清食品は，統一企業のグループ会社である昆山統一企業食品へ11月に10%出資することで合意していたが，その後の出資比率引き上げなどで折り合わなかったのが原因であった。このため，日清食品は再び中国市場開拓については単独で行くのか，現地企業と提携するのか，両方の可能性を探ることになったのである[75]。

日清食品は，統一企業との提携が破談になった直後の2004年4月，数量ベースで中国シェア2位の河北華龍麺業集団公司（河北省）と資本・業務提携し，200億円を投資すると発表している。日清食品の出資比率は33.4%の予定で，取締役を2人送り込むとされた。世界最大の中国市場でシェア1位の獲得を目指し，急速に拡大する中国市場で地歩を築こうとしたのである。河北華龍は増資後，社名を「華龍日清食品有限公司」（英語名：Nissin Hualong Foods Co., Ltd.）と変更し，商品表示も「華龍日清」の社名を使用した。日清食品は，生産技術，品質管理，マーケティング，商品開発などで全面的に技術・ノウハウを華龍に提供し，同社の競争力アップを全面的に支援する態勢をとった。華龍日清では，「今麦郎」「小康家庭」「六丁目」「甲一麦」「農家兄弟」といった商品名の即席麺を，中華風味，日本風味，韓国風味などのものを含めて幅広くシリーズ展開した。従業員は約2万2000人，総資産は50億元であった。華龍日清は，2004年時点で400億円の年商を2008年度には1000億円に増やし，純利益はその6%を確保したいと考えていた。

日清食品が出資すると同時に，華北華龍麺業集団有限公司は2社に分割されている。すなわち，2004年8月，10月にそれぞれ華龍日清食品有限公司と河北華龍日清紙品有限公司が設立され，日清食品は両社の14.93%の持ち分である5億4390万元（約70億円）を出資している[76]。

この提携については，2003年秋に河北華龍の方から日清に手を組みたいと申し入れがあったという。華龍からの申し入れは，日清食品にとっても，まさに渡りに船であった。というのは，すでにみたように同社からの申し入れは，統一企業との提携が破談になった直後だったからである。同社は，「今麦郎」ブランドで，金額ベースでは1位の康師傅の半分程度の約400億円であったが，販売数量では53億食と康師傅の65億食に迫っていた。康師傅にはサンヨー食品が出資しており，華龍がさらなる追い上げを図るためには日本メーカーの資本，技術力の導入が不可欠となっていた。日清食品は，品質管理，マーケティング，商品開発で全面協力して生産効率や製品の安全性を高め，中・高価格帯の商品をテコ入れし，まずは華龍の中価格帯ブランド「今麦郎」に日清のノウハウを詰め込み，康師傅を追い上げるとした。同時に，この提携により低価格帯の商品で強い競争力を持つことができるので，日清食品にとっても有利となると考えられた。というのは，中国の即席麺の主流価格帯は1元（約13円）以下から2元程度と日本に比べて3分の1以下であった。価格や商習慣の違いや国土の広さからくる物流，営業の困難さなどで，日清食品は苦戦が続いていたからである[77]。

華龍は，河北省出身で華龍日清社長となった範現国が8人の仲間たちと，改革開放が始まった1978年頃に華龍食品（英語名：Hualong Food）として創業しているが，即席麺の製造を始めたのは1994年3月であった。華龍食品は，河北省が小麦の産地であり，北京や天津の大消費地にも近いという利点を生かして，即席麺の生産で地元経済の発展を目指すという目的で，即席麺業界に参入した。その後，地元の行政からの支援を得て，郷鎮企業としての性格を帯びる。ただ，経営の主導権は出資者のなかのリーダーであった当時30歳代の範現国が握り，民営の性格が強かったという。

中国では1980年代から即席麺産業が急速な発展を遂げ，1990年ごろには国営企業も含め500社を超える多数の企業が活動していた。しかし，粗悪な商品の乱売合戦がたたり，また外資系企業の攻勢にも押されて，その多くが倒産，廃業，身売りに追い込まれ，姿を消していった。こうした中国の即席麺産業のなかで生き残り，外資系を相手に健闘しながら台頭してきたのが，河北省南部の隆尭県にある華龍食品であった。2001年で生産ライン46本，従業員5800人で年間約60億食（48万トン）の即席麺を生産し，頂益，統一の台湾系2社に次ぐ業界3位の規模を有していた。また，製粉，製紙，菓子，輸送，調味料，農業などの系列企業を含めた華龍集団としては，従業員9600人，年間売上は約1億5000万ドルであり，中国の民営企業の中では50位に入るものであった[78]。

範現国は，それまでの郷鎮企業や即席麺企業でのさまざまな失敗を教訓として生かし，新しい事業形態を作り上げていった。例えばスタッフの採用では，多くの郷鎮企業にみられたような地元優先に偏らず，外資系企業からの引き抜きも含めて，経験のある有能な人材を集めた。また，製品開発や製造技術についても，多くの中国企業が犯したような粗製乱造に走らず，外資系企業の製品に対抗できる品質や味覚の製品を開発し，日本から導入した最先端の製造ラインで生産した。

このように初期の段階から高水準の技術や生産体制を採用できたのは，地元の行政が郷鎮企業の新しいモデルとして範の事業を育てようとしたからである。また，経営者としての範も，行政からの支援を利用しながら，競争力のある企業としての発展をリードしたのである。

即席麺の事業が拡大するなかで，範は1997年以降，原材料の小麦粉，調味料，包装資材の紙とその印刷，さらには運輸にまで，系列企業を設立していった。それを通じて，華龍食品を中核とする華龍集団が形成され，また小麦畑の広がる隆尭県の一角に大規模な食品工業コンプレックスが出現することになった。また，範は原料の小麦の品種改良のため，専門の研究機関との協力による農場経営にも乗り出している。

さらに，2002年には範は高い技術レベルの工場の運営と新製品開発のため，新しく食品研究所を設立し，北京および日本にその拠点を設けるという構想も明らかにした。このうち，日本に開設する拠点は，日本の持つ即席面での高い技術を吸収し，新製品の開発力を高めることに狙いを置いた。この頃華龍食品では，日本の高い技術を吸収して，競争力があり付加価値の高い新製品を開発して，中国市場での競争力を有利に進め，さらに市場シェアを高めていこうとしていた[79]。

同社は流通面においても，独自のシステムを構築していった。2010年頃までに，全国を8つの地域に分けて，8大区事務所，その下に，68営業部，259営業所，末端販売拠点95万店を全国に網羅するにいたった。特徴的なのは，河北省の石家荘，吉林省の長春のような経済特区都市および中堅規模の省都などの二級都市，河北省の唐山，山東省の煙台などの小規模な三級都市を中心にチャネルを展開していることである。とくに，テリトリー制度を設けて卸商との共存共栄をはかると同時に，保証金制度，奨励金・リベート制度，取引価格体系の整備を行うなどしている。また，華龍の卸売商は地域間の不当競争，乱売を防ぐことを目的に自発的に「経鎖商協会」を設立し，問題が発生した場合，会長が業者間の利益調整を行っている[80]。

こうした経営におけるさまざまな革新を行うことによって，品質の向上を目指した結果，華龍ブランドの即席麺は急速に全国に浸透していった。1999年には，「華龍」ブランドは，国家工商総局から中国有名商標の1つに認定されている。同時に，集団の董事長兼総裁の座にある範現国は，中国の新しい民営企業のなかのスター経営者となったのである。

同社の製品の人気は農村部を中心に広がり，同社ブランドは「今麦郎」「大衆三代」「煮着吃」など，廉価なものから高級イメージのものまで，幅広いシリーズ展開で，「中華民族的即席麺」を印象付けた。華龍は，華北・華中地域でテレビや雑誌などの広告に数億元単位の資金を投入し，宣伝戦略，イメージ作りに力を入れ，「華龍天天見（毎日食べる華龍麺）」のキャッチフレーズは，中国の消費者に浸透していったのである。こうして同社は，日清と提携した2004年には，中国全土に16の生産拠点を持ち，28の傘下企業を抱えるまでに成長し，内陸部にも販売網を整備していた。そのため，日清食品は，華龍はまだ設立8年目の若い会社であったが，年率4割近くの高成長を続けており，日清食品の苦手な農村地帯において低価格帯で競争力を持っていると判断した。同時に同社は，中国でトップの地位を取らなければアジアでのトップはあり得ないとも考えたのである[81]。

日清食品は，2006年12月に華龍日清食品有限公司と河北華龍日清紙品有限公司の商号を，2007年1月にそれぞれ今麦郎食品有限公司と河北今麦郎紙品有限公司へと変更することを取締役会で決議している。名称変更の理由を，同社は華龍日清の主力ブランドである「今麦郎」と商号を同一にすることによって，ブランド企業イメージの相乗効果を図り，企業価値の向上につなげるためとしている[82]。

さらに，2012年4月には，日清食品は今麦郎食品と河北今麦郎紙品が共同出資して設立した新会社「今麦郎日清食品有限公司」に次のように出資するとしている。香港日清が4月に5億万元（65.2億円）を出資して出資持ち分比率を14.29%とし，年度内にさらに5億1000万元（66.5億円）を出資して，出資持ち分比率を33.4%に引き上げる計画であった[83]。

河北華龍への出資を機に，日清食品は中国全土への販売強化に踏み出した。従来は，直営の営業拠点は上海市がある華東地区や広東省など沿岸部に偏っていた。2013年夏から北京や天津のほか，東はロシア国境の黒竜江省から，南はミャンマーやラオスに接する雲南省まで13省に営業所を順次設ける考えであった。

当時600人いた営業担当者もさらに充実させるために，現地採用を進めて毎年1割ずつ増やしていくことにした。その営業担当者がスーパーやコンビニなどの売り場を回り，自社商品の特設コーナーを設置したり，効果的な商品の陳列や店頭販促を展開したりすることが期待されていた。

これまでは，日清食品が卸売会社に委託している販売エリアも多かった。いつの間にか他社商品に売り場を奪われたり，売り切れで商品が店頭に並ばない時間が長かったりすることもあったという。所得水準や食品に対する安全意識の高まりを受け，日清食品は現地製品より高めの商品の販売が上向いてきたため販売攻勢をかけようとしたのである。

同時に生産体制も強化することになり，広東省の工場は2014年4月にもラインを増設した。2015年度中には上海市で第2工場を稼働させた。あわせて生産能力はそれまでの1.8倍になった。製造と販売の現場の見直しに合わせてブランド名も統一された。カップヌードルは，上海などでは「開杯楽」で売り出していたが，広東省や香港で使っている「合味道」に一本化して広告効果を高めた。香港の人気モデルを起用したキャンペーンや，バスの車両を覆うラッピング広告などを展開していった。また，カップヌードルは2010年からプラスチック製だった容器を紙製に切り替えたために環境に配慮したイメージが浸透したという。どんぶり型の容器が一般的な中国では珍しいカップ型は，片手で持って街中でも食べられると中国の20代を中心にした若い消費者に受け入れられた。

また，広告の方法も変わってきた。かつてはすでにみたように，テレビコマーシャルが非常に効果的であったといわれる。1990年代半ばまでは，中国ではまだカラオケなどもなく，マージャンも禁止されており，夜の楽しみはあまりなかった。そのため，家族全員がテレビを見ていたので，情報源としてのテレビの役割は非常に大きかった。しかしながら，近年TV広告は昔ほど効果がなくなってきている。これはものが溢れ，簡単に消費者の意識に広告品を刷り込むことができなくなってきたことによる。さらに，都市を中心にインターネットなどの新しいメディアが発展してきたことも大きな要因といえる。このため，上海日清ではその後広告にはインターネット，街頭バス，ビルボードなどを使用するようになっている[84]。

日清食品のカップ麺はインターネットCMによる露出効果もあり，年率3割ペースで販売が伸びているという。試食販売は，2014年の前半だけで3万回も試食販売会を実施し，営業人員も2016年までに5割増の1000人に増員するとした。工場も中国本土で倍の6拠点に増やす計画を立てていた[85]。

日清食品は，巨大市場である中国ではサンヨー食品の提携先である康師傅，米国では東洋水産の子会社マルチャン・インクに遅れを取っていた。日本市場が停滞するなか，華龍への資本・経営参加は世界最大の中国市場において，海外事業の強化を図るのが狙いであった。というのも，日清食品は1993年に中国に進出して以来，単独で市場開拓を進め，広東省，北京，上海に4工場を展開してきたが，2004年初めの市場シェアは2～3%に過ぎなかったからである。もっとも，日清食品は中国においては同社の高級カップ麺である「具多」を「VIP」ブランドで販売したり，日清食品東京本社が新宿6丁目にあることに由来した「六丁目」という人気ブランドを有したりもしていた[86]。

2012年，中国では尖閣諸島問題で反日運動が起こった。その時，康師傅は「日系」とみなされ，同社製品の不買が呼びかけられたポスターが散見された。それに対して，康師傅の第2位株主は日本のサンヨー食品で33%強を出資しているが，事実上の筆頭株主は台湾の頂新国際集団で，実質的な本社は天津にあり，経営トップは台湾の魏応州董事長であると反論した。また，康師傅は2012年10月には，こうした不正競争を仕掛けたのは，台湾の同業の統一企業であり，この中傷行為は中国の反不正当競争法（不正競争防止法）に違反するとして，不当競争の有無を監視する中国国家工商行政管理総局に同社を調査するように求めている。康師傅は反日デモの際，統一企業社員がネットなどを通じ「康師傅は日本企業傘下」などの情報を流したという証拠も提出したとしている[87]。

また，2012年5月に，中国メディアは康師傅が卸売会社に販促費を払う代わりに，同じ台湾系の統一企業の製品を流通させないよう働きかけたと一斉に伝えている。これによって，統一は同社の製品を扱う小売店約4万店を失ったという。康師傅の卸売業界への働き掛けは，後発ながら3位の市場シェアを有する統一の追い上げに対する警戒心からとみられている。しかしながら，康師傅も統一もこのことを否定している。こうした騒ぎは別の大手白象食品が仕掛けたのではないかという憶測まで生んだという。

こうした競争の激化のなか，2015年5月には天津に世界の主要メーカー首脳が一堂に会する「世界ラーメンサミット」が開催された。そこで採択された宣言に「昨今，食の安全を揺るがす事件が多く発生しているが，我々は危険物質をなくす努力を惜しまない」との文言を盛り込んでいる。中国で食品添加物の安全性を巡る問題などが相次いだことを意識したものであった。経済発展により，中国の消費者も価格の安さのみならず，食の安心・安全に関心を持つようになっていることが背景にあった[88]。

康師傅の2013年決算によれば，売上高は前期比18.8%増の109億4099万ドル（約1兆1100億円）で，初めて100億ドルを突破している。税引き後純利益は10.9％減の4億854万ドルとなっている。即席麺は9.4％増の43億3221万ドルで，同年の販売数量シェアは44.1％であった[89]。

2014年，日清食品は2016年度にも中国の営業人員数を1000人に拡大すると発表している。2013年度末に比べ5割多い水準であり，カップ麺「合味道」や袋麺「出前一丁」の販売拡大につなげるとされた。同社は，2016年までに中国で3つの新工場を稼働させる計画を立て，営業人員を増やして販売体制を整えることにしたのである。

その計画によると，営業人員はまず2014年度に13年度比17％増の785人にする。日清食品は人口300万人以上の28都市に営業拠点を置いていた。2014年度内にこれを30都市に増やす考えで，人員増強で地域展開に備えるとした。

さらに，2015年度，16年度も年率1割以上で人員を増やした。中国では2012年から1つのブランドを1つのチームが担当している。主力の合味道を担当するチームが30都市での拡販要因として確保するほか，現在は300万人都市のうち10都市程度の取り扱いにとどまる出前一丁のチームでも，増員により展開都市数を増やすとした。

日清食品は，進出都市の小売店や公園などで試食販売会を開いており，2014年度は開催回数を前年度比1割増しの3万回にするという。中国版「カップヌードル」の「合味道」は価格が4.5〜5.5元で，現地メーカーの製品より6割強高い。試食を通じ味や利便性を認知してもらうつもりであった。

中国の即席麺市場は2013年に12年比5％増の462億食であった。そのうち康師傅が数量・金額ベースで市場シェアの約半分を占める。日清食品はカップ麺だけに限ると販売金額シェアで7％前後の見込みであった[90]。この状況を打開するための積極策を打ち出した企画であった。

合弁から自主展開へ

このように，日清食品は河北華龍との提携によって，中国市場での積極的な展開を行なうと思われた。ところが，2015年11月には，同社は今麦郎との合弁契約を解消し，持ち分を今麦郎に約86億円で譲渡すると発表している。日清食品ホールディングスの香港現地法人である日清食品香港有限公司は，今麦郎日清食品有限公司，今麦郎食品有限公司，河北今麦郎紙品有限公司との合弁を解消し，これら3社の持ち分を今麦郎グループの持株会社である今麦郎投資有限公司に譲渡することにしたのである。

日清食品の3社への投資比率はそれぞれ14～15％であった。2004年に合弁設立を発表し，それまで135億円を投資してきていた。合弁解消で11～12億円の売却損が出るが，これは2015年度の10～12月期に計上するとした。

日清食品は中国での事業拡大を目指して，低価格で農村部に強い今麦郎と提携した。しかしながら，都市部の中間層に強い日清食品と今麦郎との間では戦略に大きな差があった。日清食品は，すでにみたように中国現地法人をいくつか有しており，高級化路線に専念することが競争上有効な手段であると判断したようである。中国市場においても，低価格競争の時代から，高利益をもたらす高級化の時代に入ったとの認識である。日清食品はコンビニや高級スーパーに販路を集中し，カップ麺「合味道」の販売に力を入れている。中国の現地法人による日清食品の売上高は，2014年12月期で438億円であった。2016年以降，中国で新たに2工場を稼働させ，供給能力を高める。日清食品は海外での合弁事業を解消し，シェア拡大を目指し自社による販売拡大に再び動きだすことになったのである[91]。

『日経MJ（流通新聞）』は，次のように述べている。

「･･･日清はこれまで14～15％の出資比率を引き上げるタイミングを探るとともに，合弁会社から日清ブランドの即席麺を発売するように求めてきた。

しかし今麦郎との交渉は思うように進まなかった。英ユーロモニターによると，中国の即席麺市場シェア3位の今麦郎は中国全土に広がる販売網を持つが，強みは1元（約19円）という低価格の袋麺だ。幅広い消費者を取り込める。その半面，即席麺の発明者という自負のある日清からすれば，低価格で売っても日清ブランドが埋もれてしまう懸念があった。

日清食品は，この合弁とは別に香港や上海など主要都市に独資で現地法人などを設立し，カップ麺「合味道」の販売に力を入れる。現地法人による日清の中国事業の売上高は345億円（14年12月期）だった。2009年からは日清の中国事業は安藤宏基 HD 社長の次男，安藤清隆がトップを務めており，中国攻略は同社にとっては最重要課題の1つだった。」[92]

日清食品は，2013年4月末に発表した「日清食品グループ中期経営計画2015」において，2015年度に約1000億円の海外売上高を目標として掲げている。同社は2013年12月に，これを実現するための一環としてこれから新たに設立する福建省厦門市「福建日清食品有限公司」，すでに設立していた広東省東莞市の「東莞日清包装有限公司」の2社について，次のように述べている。

「現在中国大陸エリアでは，カップ麺が所得の向上やライフスタイルの変化を背景に伸長しています。特に「合味道」はその都会的でスタイリッシュなイメージと美味しさから，沿岸都市部を中心に人気を集め，売上が年4割程度増加するなど大きく伸長しています。

このような状況の中，広東省東莞市に包装資材の生産会社（「東莞日清包装有限公司」）を設けることで，即席麺の包装資材の供給基地として，販売拡大への供給能力を強化するとともに，包材の生産を内製化しコストダウンを図るものです。

また，中国大陸ではこれまでは上海市と仏山市順徳区の2工場から商品を供給していましたが，主要販売エリアである福建省にも生産会社（「福建日清食品有限公司」）を設立し，増大する需要への対応，迅速な配送，物流費の削減などを図るものです。」[93]

東莞日清包装の設立は2013年10月で，この発表時点ではすでに設立されていた。同社の資本金は1億4700万人民元（約23億8000万円）で，香港日清が100％出資する。工場は，敷地面積2万6400平方メートル，工場延べ床面積は約1万3800平方メートルで，2015年1月に稼働した。

福建日清の方は，2014年4月に設立され，資本金は20億3500万人民元（約39.6億円）で，香港日清が全額出資する。合味道を生産する工場の敷地面積は約2万5500平方メートル，工場延床面積は約3万平方メートルで，従業員は約150人，2016年4月に稼働した。

さらに日清食品は，2014年12月浙江省平湖市にカップ麺生産子会社「浙江日清食品」を，資本金3億5000万元（57億円）で設立した。資本は中国統括会社である「日清食品（中国）投資」が全額出資する。2017年1月から現地生産を開始するとしていた。新工場の敷地面積は5万平方メートル，延べ床面積は3万8000平方メートルで整備して，カップ麺「合味道」を中心に生産する。これにより，華東地区での即席麺製品の供給体制を強化すると同時に，一級都市（直轄市や大規模省都を中心とする都市群）だけでなく，内陸部や二級都市（経済特区都市および中堅規模の省都により構成される都市群）へのカップ麺市場における「合味道」の展開を積極化するとされた[94]。

2016年6月，日清食品は年内に上記浙江省の工場とならんで，同時にカップ麺と袋麺の工場を香港に新設すると発表している。ブランド力を高めるために，中国・香港事業を分社し，香港株式市場に上場することも検討するという。強みを持つ縦型カップ麺の供給力を強化することにより，中国でのシェアを拡大し，世界最大の即席麺メーカーである台湾系の康師傅と資本提携するサンヨー食品に対し，設備を拡張することで巻き返しを図っている。この背景には，カップ麺の主要な購買層である中間層が都市部を中心に増えており，2013年度から年平均39%でカップ麺市場が伸びていることがあげられる。香港と浙江省の工場を合わせて100億円の投資になるという。香港の工場については，既存工場を取り壊し，「出前一丁」など継続的な人気のある袋麺の新しい大型工場に拡張する。また，珠海にあるカップ麺の工場にも年内に生産ラインを増強するとしている[95]。

［注］

1 「香港 昭和産業がラーメン工場―乱戦模様の食品市場」『世界週報』1969年8月26日，76-77頁。「昭和産業，香港に即席ラーメン工場」『日本経済新聞』1969年6月11日。この永達製麺の「公仔」ブランドは親会社の永南食品が引き継いでいる。

2 片山覚（2008）「第5章第2節 日清食品の対中国戦略」川邉信雄・櫨山健介編『日系流通企業の中国展開―「世界の市場」への参入』産研シリーズ43，157頁。日清食品の香港，中国への進出については，これに負うとことが大きい。

3 「円高革命・構造転換を阻む壁（7）食管制度のヨロイ―膨らむ内麦在庫」『日本経済新聞』1986年8月18日。

4 「明星食品，即席めん，香港で発売―高級3品投入，日清を追撃」『日経産業新聞』1985年3月25日。

5 「シンガポールで生産，香港向け即席めん，明星食品―円高に対応」『日経産業新聞』1986年5月30日。

6 「特別座談会　香港・華南への製造業を中心とした日系企業の投資・進出―香港・華南の魅力と変化」香港日本人商工会議所三十年記念誌編集委員会（1999）『香港日本人商工会議所三十年史』香港日本人商工会議所，90頁。

7 「日清食品，香港で即席めん生産，中国進出へ橋頭保―来週にも工場稼働」『日経産業新聞』1984

年10月6日。「日清食品，香港工場が稼働―中国狙い即席めん生産」『日経産業新聞』1985年12月20日。

8 「日清食品，香港進出で役員常駐―工場管理には現地人起用」『日経産業新聞』1984年12月13日。「日清食品―欧州浸透伺う，環太平洋，軌道乗り新作戦（日本企業の海外戦略診断）」『日経産業新聞』1986年7月7日。

9 「日清食品，香港工場が稼働」。

10 「日清食品，冷食に進出―来秋，香港でスナック生産」『日経産業新聞』1984年12月27日。

11 「日清食品，欧州向け即席めん生産―香港法人に切り替え」『日経産業新聞』1986年6月3日。「食品業界，設備投資で構成，即席麺・ビールなど―バイオ研究所建設も活発」『日本経済新聞』1986年9月26日。

12 「カップめん，欧州へ本格輸出―日清食品，香港で製造」『日経産業新聞』1986年9月26日。「1ドル＝150円台，輸出断念，出血操業耐えがたく―『再開困難』百も承知」『日経産業新聞』1986年10月22日。

13 「日清食品，本場中国に狙い，販路確立へ流通網調査―即席麺即席がゆ」『日経産業新聞』1985年9月25日。

14 「香港ベアトリース日清食品が買収」『日経産業新聞』1989年3月24日。「日清食―安藤百福会長に聞く，エイズに研究集中・バイオ，年30億円を投資」『日経金融新聞』1987年11月6日。「日清食品，香港の麺会社を買収―対日輸出基地に」『日本経済新聞』1987年11月27日。斎藤高宏（1992）『我が国食品産業の海外直接投資―グローバル・エコノミーへの対応』農業総合研究所，105頁。

15 「香港に冷凍食品工場，日清食品，生産能力3倍に拡大―欧米・日本に輸出を計画」『日経産業新聞』1989年5月16日。

16 「特別座談会　香港・華南への製造業を中心とした日系企業の投資・進出」94頁。

17 「日清食品，香港2法人の生産力倍増―即席麺や冷食，20億円投じる」『日経産業新聞』1990年4月12日。

18 「カップ麺，香港で容器を生産―日清食品，需要増にらむ」『日経産業新聞』1992年11月25日。

19 「日清食品（香港）―ラーメンはほぼ独占（日本企業インザワールド）」『日経産業新聞』1991年1月5日。

20 増田辰弘（1998）「連載 アジアで動くリンケージ・ビジネス（35）〈最終回〉―世界の食卓に広がった“出前一丁”」『技術と経済』12月号，48頁。

21 池上重輔・井上葉子（2016）「第12章 新興市場における異文化マネジメント―成長期の中国市場における台湾発祥の康師傅控股有限公司の展開」太田正孝編著『異文化マネジメントの理論と実践』同文舘，図表12-1参照。

22 井田純一郎（2004）「サンヨー食品株式会社」立教大学経済学部産学連携教育推進委員会・立教経済人クラブ産学連携委員会編『成長と革新の企業経営―社長が語る学生へのメッセージ』財団法人日本経営史研究所，83-84頁

23 鶴岡公幸（2006）「日系即席麺製造業の海外事業展開」『宮城大学食産業学部紀要』第1巻第1号，3-4頁。もっとも，中国の若者は朝・昼・夜と時間に関係なく即席麺を食べるという。安藤宏基（2005）「講演　中国即席麺市場の現状と将来性」『第31回産研公開講演会　中国とどう向き合うか』早稲田大学産業経営研究所，16頁。内田俊二（2002）「急成長するアジア・中国の即席麺市場―繁栄を続ける21世紀の“麺ロード”」『Asian Market Review』12月1日号，31頁。

24 「ラーメン戦争PART3（4）即席めん・海外市場編―“未開拓地”に夢託す（終）」『日経産業新聞』1983年3月11日。「中国，即席めんの工場建設ブーム―技術・機械は日本から」『日本経済新聞』1982年12月1日。

25 「中国の即席めん工場，24 日から本格操業—日米が資金・技術協力」『日経産業新聞』1982 年 9 月 18 日。
26 「日清食品，ラーメン製造で中国に技術援助」『日本経済新聞』1987 年 7 月 4 日。日清食品株式会社社史編纂プロジェクト編集（2008）『創造と革新の譜—日清食品 50 年史』日清食品株式会社，213 頁の年表では，1986 年 11 月 12 日に，上海市糧食局と技術供与契約を結んだと記されている。
27 「日清食品—現地主義を徹底，企画から販売まで一貫体制（食品新時代国際化に活路）」『日経産業新聞』1995 年 5 月 30 日。
28 片山覚（2008）「日清食品の対中国戦略」参照。
29 「特別座談会　香港・華南への製造業を中心とした日系企業の投資・進出」106 頁。
30 日清食品株式会社広報部編（1998）『食創為世—40 周年記念誌』日清食品株式会社，102 頁。別の資料では，香港日清 61.7%，地場資本 28.3%，伊藤忠商事 10%としているものもある。白水和憲（2003）「独自の販売網を模索する日清食品の中国展開—需要に追い付かない生産規模（新年中国特集　ラッシュとなった日本企業の中国進出）」『アジア・マーケットレヴュー』第 15 巻第 1 号，38 頁。
31 「特別座談会　香港・華南への製造業を中心とした日系企業の投資・進出」97 頁。
32 増田辰弘（1998）「連載 アジアで動くリンケージ・ビジネス（35）〈最終回〉」50 頁。
33 内田俊二（2002）「急成長するアジア・中国の即席麺市場」31 頁。内田は，同じ嗜好性をもつ台湾・韓国勢が中国で優位なのもこのあたりに理由があるのではないかと言及し，同時にカップ麺がまだ普及していないのは，価格が比較的高いことのほかに，フリーズドドライやカップ製造など周辺技術がまだ育っていない点も指摘している。
34 「日清食品，比・上海で即席めん新工場稼働で拡販」『日本経済新聞（夕刊）』1994 年 8 月 12 日。白水和憲（2003）「独自の販売網を模索する日清食品の中国展開」38 頁。
35 「日清食品，欧州でも食生活研究—商品開発を促進」『日経産業新聞』1993 年 1 月 6 日。「日清食品—ブランドごとに責任体制，物流コスト削減がカギ（戦略）『日本経済新聞』1994 年 1 月 26 日。「日清食品—現地主義を徹底，企画から販売まで一貫体制（食品新時代国際化に活路）」『日経産業新聞』1995 年 5 月 30 日。
36 日清食品株式会社広報部編（1998）『食創為世—創立 40 年記念誌』102–103 頁。「合弁会社，年初にも稼働—日清食品北京で即席めん拡販，小売店向け営業補助配置」『日本経済新聞』1997 年 12 月 28 日。
37 アサツーディ・ケイ社史編纂委員会（2007）『ADK50 年史』株式会社アサツーディ・ケイ，121 頁。
38 「日清食品，カップ麺中国本土で—中国勢，低価格で圧勝，PB 受託，日本の技術吸収」』2013 年 7 月 13 日。
39 白水和憲（2003）「独自の販売網を模索する日清食品の中国展開」38–39 頁。
40 「第 1 部 サクセスロード（2）し好をつかめ—商品開発，現地に密着（中国で勝つ）」『日経産業新聞』2003 年 11 月 18 日。安藤宏基「講演　中国即席麺市場の現状と将来性」10 頁。
41 白水和憲（2003）「独自の販売網を模索する日清食品の中国展開」39 頁。
42 こうした条件をめぐる即席麺メーカーと大型小売商の対立として有名な事件が，2010 年 12 月に生じた頂益（康師傅）のカルフールへの出荷停止である。コスト上昇を理由に康師傅が小売販売価格を 10%引き上げようとしたことがきっかけになり，大型小売商の厳しい取引条件や力の行使といった問題が明らかになり，社会問題化したのである。この結果，2011 年 12 月に商務部が大型小売商の不正費用徴収行為を取り締まるといった動きに出た。李雪（2014）「激変する中国の流通—メーカー，卸，小売に見る流通システムの変化」『流通情報』第 510 号，9 月，15 頁。
43 片山覚（2008）「日清食品の対中国戦略」166–169 頁。

44　日清食品株式会社広報部編（1998）『食創為世』103-104頁。
45　「日清食品が攻勢，冷凍・チルドめん，袋めん，海外―連結収益拡大狙う」『日経産業新聞』2001年11月14日。
46　安藤宏基（2009）『カップヌードルをぶっつぶせ！―二代目社長のマーケティング流儀』中央公論新社，177頁。
47　「日清食品―安全性確認，社長が直轄，日中で二元チェック（食を守るわが社の一手）」『日経産業新聞』2007年8月16日。
48　「東洋水産，海南島（中国）の水産加工工場など―10月半ばに稼働」『日経産業新聞』1990年8月27日。「日清食品・東洋水産，中国で即席めん生産―巨大市場に的，合弁設立，来年夏稼働へ」『日本経済新聞』1993年5月23日。
49　「中国ビジネス試行錯誤（中）『離婚』への序曲―自立の意欲火種に」『日本経済新聞』1995年2月8日。
50　「東洋水産，上海に即席めん合弁，インドネシア財閥企業と―中国で2拠点目」『日経産業新聞』1995年6月28日。
51　「即席めん販売競争，第3の舞台は中国―日清・自社ブランド，東洋水産・OEM供給」『日経産業新聞』1996年1月19日。「サンヨー食品，中国で物流効率化，来年メド情報システム―即席めんなど一括納入」『日経産業新聞』2000年10月31日。
52　「東洋水産・日清食品，米の即席めん生産増強―ライン増設や効率化」『日本経済新聞』1999年7月23日。
53　「即席めん中国に活路―サンヨー，技術供与，日清，食品開発・販売集約」『日本経済新聞』2002年1月26日。鶴岡公幸「日系即席麺製造業の海外事業展開」6頁。
54　「エースコック，即席麺，中国・ベトナムで増産―現地工場を増強，販売拠点も整備」『日経産業新聞』1996年1月25日。
55　「エースコック，ベトナム進出20年―中間層に『異色』で先手（アジア耕す）」『日経JR（流通新聞）』2013年3月15日。
56　井田純一郎（2004）「サンヨー食品株式会社」80-85頁。「中国で即席麺，サンヨー食品も進出―年間2億食めざす」『日本経済新聞』1995年3月9日。
57　「サンヨー食品，即席めん，中国で販売拡大―来夏2－3品追加」『日本経済新聞』1997年12月24日。
58　井田純一郎（2004）「サンヨー食品株式会社」86-87頁。
59　白水和憲（2003）「独自の販売網を模索する日清食品の中国展開」38頁。
60　井田純一郎（2004）「サンヨー食品株式会社」87-88頁。
61　康師傅については，池上重輔・井上葉子（2016）「新興市場における異文化マネジメント」を参照。
62　賈志聖（2016）「即席麺の消費行動分析と『康師傅』のファジィ経営戦略分析」博士論文，大阪国際大学，112-113頁。
63　同上，52-53頁。「1990年代前半，無名の台湾系企業が売り出した即席めんが」『日本経済新聞』2010年2月9日。
64　"The Smoke Clears in the Noodle Wars," *Business Week* (June 14, 1999), p. 28.
65　井田純一郎（2004）「サンヨー食品株式会社」89-90頁。なお，康師傅は台湾資本であるが，登記上の本社はタックスヘイブンのケイマン諸島にある。
66　「サンヨー食品常務吉沢亮氏―40歳の中国語学留学（転機人言葉出来事）」『日経産業新聞』2000年10月5日。
67　「サンヨー食品，中国のめん会社に追加出資」『日本経済新聞』1999年10月5日。

68　同上。
69　鶴岡公幸（2006）「日系即席麺製造業の海外事業展開」4頁。「サンヨー食品社長井田純一郎さん―即席麺のシェア世界一，アジア・アフリカ攻める（トップに聞く）」『日経MJ（流通新聞）』2014年7月28日。「もう一人のラーメン王（5）サンヨー食品相談役井田毅さん（人間発見）終」『日本経済新聞（夕刊）』2012年6月29日。「康師傅控股―即席麺で中国首位，海外進出の案内役（アジア企業戦略解剖）」『日本経済新聞』2012年9月3日。「サンヨー食品，中国市場開拓を強化，即席めん―最大手株33％取得へ」『日本経済新聞』1999年6月16日。「サンヨー，頂益に資本参加，井田純一郎社長に聞く―販路利用し中国市場開拓」『日経産業新聞』1999年6月24日。
70　「拡大続く中国消費―頂益副総経理籐鴻年氏（経済観測）」『日本経済新聞』2002年12月23日。「サンヨー食品が出資，中国即席めん会社，2002年に50％の増益」『日経産業新聞』2003年5月9日。
71　「メーカー各社，即席麺，アジアで強化―増産や周辺国へ」『日本経済新聞』2000年9月19日。「サンヨー食品，中国事業が黒字転換―人員削減奏功，緑茶もヒット」『日経産業新聞』2001年5月24日。「サンヨー食品社長井田純一郎氏―中国で一転攻めに（談話室）」『日経産業新聞』2001年2月22日。「即席めんの頂益，消費増追い風，昨年5割増益」『日経産業新聞』2002年5月23日。「中国の即席めん市場急拡大，カンシーフ林清棠CFOに聞く―幅広い価格帯に対応」『日経産業新聞』2004年5月14日。
72　「サンヨー食品，中国『頂益』と人材交流，製めん技術指導―生産性を向上」『日経産業新聞』2001年9月6日。
73　「即席めん中国に活路―サンヨー，技術供与，日清，食品開発・販売集約」『日本経済新聞』2002年1月26日。
74　「日清食品，即席めん，台湾大手と提携―中国市場を共同開拓」『日経産業新聞』2003年5月16日。
75　「台湾社との提携，日清が合意解消，中国事業めぐり」『日本経済新聞』2003年10月10日。「中国での提携，日清食品，解消」『日経産業新聞』2003年10月10日。
76　鶴岡公幸（2006）「日系即席麺製造業の海外事業展開」5-6頁。
77　「日清食品，海外事業で巻き返し―2位企業出資，中国市場，首位狙う」『日本経済新聞』2004年4月13日。
78　井上隆一郎（2003）「躍進 中国企業（22）華竜食品（ファロン・フード）―即席麺で台湾勢に挑戦する郷鎮企業」『ジェトロセンサー』第53巻第630号，28頁。
79　同上，29頁。「製品開発強化は日本で（中国）―華竜集団の経営戦略」『通商弘報』2002年3月15日，16頁。
80　李雪「激変する中国の流通」10-11頁。とくに，10頁の「図表4：食品・日用品メーカー4社の卸商チャネル系列化」を参照。
81　「内弁慶，日清食品，巻き返しへ賭け―即席めん中国2位に出資（NewsEdge）」『日経産業新聞』2004年4月14日。
82　日清食品株式会社プレスリリース「合弁企業の商号変更に関するお知らせ」2006年12月6日。
83　日清食品ホールディングス株式会社，プレスリリース「今麦郎グループ新会社への出資に関するお知らせ」2012年4月17日。
84　片山覚（2008）「日清食品の対中国戦略」169頁。
85　「日清食品，カップ麺中国全土で，営業所倍増60都市，工場の生産能力1.8倍に」『日本経済新聞』2013年7月13日。「即席麺，狙うは70億人，日清，新研究所で世界戦略―中国で試食3万回，アフリカにも進出（ビジネスTODAY）」『日本経済新聞』2014年8月21日。
86　鶴岡公幸（2006）「日系即席麺製造業の海外事業展開」5-6頁。

87 「台湾系の中国食品大手，民族ブランド強調，反日の余波防ぐ狙い」『日経産業新聞』2012年9月25日。「康師傅，統一企業の調査要求（ダイジェスト）」『日本経済新聞』2012年10月27日。

88 「食品編（2）ラーメン420億食，中国の陣―康師傅（強いアジア企業）」『日経産業新聞』2012年8月2日。

89 「中国・康師傅，売上高1.1兆円，サンヨー食品系，前期」『日経MJ（流通新聞）』2014年5月30日。

90 「日清食品，中国営業1000人，16年度にも5割増，即席麺の販売拡大」『日本経済新聞』2014年7月15日。

91 日清食品ホールディングス，プレスリリース「今麦郎グループとの合弁契約解消並びに持分譲渡に関するお知らせ」2015年11月26日。「日清食品，中国で合弁解消―即席麺大都市中心に独自販売網」『日本経済新聞』2015年11月27日。すでにみたように，ブラジルでも，2015年8月には味の素との合弁から完全子会社としている。

92 「日清，中国で低価格と距離，現地で合弁解消，ブランドカップ麺，前面に」『日経MJ（流通新聞）』2015年12月2日。

93 「即席麺のアジア事業が加速―日清食品，東洋水産ら」『アジア・マーケットレヴュー』2014年10月1日号，22頁。日清食品ホールディングス，プレスリリース「中国生産子会社に関するお知らせ」2013年12月20日。

94 日清食品ホールディングス，プレスリリース「中国生産子会社設立に関するお知らせ」2014年8月6日。

95 「日清食品HD，中国と香港にカップ麺・袋麺の新工場，サンヨー食品に対抗，分社・上場も検討」『日本経済新聞』2016年6月16日。

第 5 章

欧州・インド・アフリカ・中近東市場への進出

第５章扉写真

（左列上段）インド日清外観

1988年8月，日清食品は英国のブルックボンド・リプトン，伊藤忠商事などと合弁で，バンガロールに「Indo Nissin Foods Ltd.（インド日清）」を設立した。工場は，1991年11月に生産を開始している。

（左列下段）マルちゃん味の素（M&A）インド社外観

2014年12月，東洋水産は味の素と合弁で「マルちゃん味の素インド」を設立した。東洋水産は開発・生産，味の素は商品企画・販売を担当し，拡大する即席麺市場に対応する。2016年11月から生産・販売を開始している。

（右列上段）インド日清の生産ライン

工場の生産ラインを日本の本社役員が視察する風景。インド日清では，インド人にはスープの入った麺を食べる習慣がないため，スープを少なくし，麺も短くして，はしを使わずに済む焼きそばタイプの袋麺を開発している。

（右列中段）インド日清のカップヌードル（マサラ味）

インドでは，マサラ味（いわゆるカレー味）が最も人気が高い。インド日清でも，地元の消費者のニーズに合わせて商品開発し，マサラ味の袋麺を農村向けに，都市向けには同じマサラ味のカップヌードルを生産・販売している。

（右列下段）A&Mの袋麺（ベジマサラ味）

インド市場における特徴の1つに，ベジタリアンが多いことがあげられる。そのため，インドの「マルちゃん味の素」では，ベジタリアン向けにベジマサラ味の商品を開発し，提供している。

写真提供：日清食品ホールディングス株式会社，東洋水産株式会社。

ここまで，南北アメリカ，東南アジア，中国における日系即席麺メーカーの国際展開についてみてきた。これらの地域には日系人やアジア系の人々が多く住んでおり，ヌードルタイプの麺文化が多少なりとも存在し，即席麺が浸透する素地がもともとあったといえる。ところが，世界のなかではこうした麺文化があまり発展していないところも多い。

欧州ではパスタ文化が確立していた。このパスタは，中国からアラブを経由してイタリアに伝えられたといわれている。パスタは，小麦を原料としているが様々なかたちのものがあり，パスタソースをかけて食べるものとなった。このタイプは，イタリアを中心にヨーロッパの社会に普及した。

一方，ヌードルタイプは，もともとは小麦から作られ，基本的にはつゆをつけて食べるものとなっている。中国を中心に東アジアや東南アジアに広まった。さらに，現在ではヌードルというときには，紐状のものが中心で，うどんやそばなどもこれに含まれるようになっている。

インドやアフリカでは，コメ，ムギ，さらには根菜類を調理して手で食べる文化となり，麺類は生活のなかにあまり浸透していなかった[1]。中東や北部アフリカの即席麺市場は，韓国や台湾の出稼ぎ労働者などが切り開いた市場とも言われている。そのため，韓国，台湾をはじめタイやインドネシアといった東南アジアのメーカーが強い地域にもなっている。

本章では，こうしたヌードルタイプの麺文化のもともとなかった地域について考察する。まず第1節では，西欧・東欧地域について考察する。規模も大きく豊かな市場であった欧州へは，一部の日系企業の進出が比較的早かった。食生活の違いのため急速な展開がみられなかった西欧だけでなく，近年急速に発展している東・中欧市場についても触れる。第2節では，2050年には中国を超えて16億の世界第1位の人口大国になると予想されているインドを中心に議論するが，隣国のバングラデシュについても触れる。インドもバングラデシュも地理的にはアジアに位置するが，もともと麺文化がなかったことや中東やアフリカにも近いことから，この章に含めることにした。第3節では，近年一部の国々では急速な発展がみられ，最後のフロンティアと呼ばれるアフリカ諸国におけるにおける動きについて考察する。なお，ここでは，トルコを中心とする中東，バルカン，中央アジアの国々についても見る。

第1節　欧州への進出

1960年代の先駆的事例

日系即席麺メーカーの欧州市場への進出は遅かったが，欧州市場への関心がなかったわけではない。

明星食品では，1962年，社長の奥井清澄がパスタ事業部門の設立のための調査と，いろいろな交渉のため，ヨーロッパに出かけている。イタリアでは，パスタ製造機メーカーのパバン社の紹介でパスタ・リッチ社のリッチオッティ社長に会見した。同社との話し合いの結果，同社はまったくの無償でパスタの製造技術を明星食品に公開し，指導に当たってくれることになった。そのため，明星食品の社員を製造技術あるいは料理の研修のためにイタリアに派遣している。彼らからは，明星食品の即席麺がイタリア人に評判が良いという報告が日本になされた。

1963年7月には，八原昌元（後に社長）と安藤顧問弁護士がイタリアに出かけている。彼らは，イタリアの食品流通機構や食品衛生法のことを調べたが，同時に即席麺のための市場調査も行っている。その時，イタリア語のアンケートを持って，スーパーマーケットの仕入れ担当者，レストランのコックに対して即席麺の試食テストを行なってもらった。答えは良好であったという。また，リッチ社からは，「ブロード（インスタントスープ）」市場が広く存在するので，パスタとしてよりもブロードとして販売した方がよいとか，ラードよりもオリーブ油にした方がよいというアドバイスを受けている。とりわけリッチ社のリッチオッティ社長は即席麺事業に大変乗り気で，工場の敷地まで用意をするといったという。しかしながら，当時の明星食品はまだ関東中心の企業で，全国展開が差し迫った問題であり，このイタリアへの進出は結局見送られている[2]。

サンヨー食品は1978年1月，英国のケロッグ社向けに技術供与を行なっている。この時，ケロッグ社が英国における即席麺の現地生産計画に動きだし，製造・販売面で提携していた英ケロッグ社向けに製造機械の輸出を開始したのである[3]。

日清食品は1982年5月，同社の即席麺の1981年度海外売上高は40％増の約180億円であったが，これを3年後の1984年度までに約360億円へと倍増させる計画であると発表した。1981年度では総売上高1200億円に占める海外売上高の割合は15％であったが，これを30％程度に高めるというものであった。これは，簡単には実現はしなかった。しかし，即席麺の国内市場が成熟段階に入り，食生活の多様化，健康食品志向の中でインスタント食品全般が伸び悩み，高価格品路線，新製品の開発などの対応によっても，大きな需要の伸びを期待できなくなり，市場規模の成長に限界があるため，思い切った世界戦略に乗り出すことにしたのである。その一方，米国などでは即席麺が人々の食生活に浸透し始めた上，スナック食品として新しい用途での需要も急増してきたといった背景もあった[4]。

このような状況のなか，1981年4月になると，日清食品は西独最大の麺メーカーであるビルケル社と合弁で,「ビルケル日清」を設立し，マンハイムでカップ麺「ミニュート」の生産・販売を開始している。当時のヨーロッパ全体の即席麺の需要は60万ケースで，現地生産の採算ラインである100万ケースに満たなかった。一方，即席麺に馴染みのないヨーロッパの食文化の壁は厚く，消費者に受け入れられずに売れ行きは思い通りに伸びなかった。また，経営方針についてもビルケル社と日清食品の考え方は大きく食い違ったことから，日清食品は2年後の1982年7月に資本撤退と技術供与の関係への変更を余儀なくされた。

日清食品の『40周年誌』は，次のように述べている。

「･･･即席めんになじみのないヨーロッパの食文化の壁は厚く，消費者に受け入れられず，苦戦を強いられた。販売戦略面でもビルケル社と意見が対立し結局3年目の［昭和］57年には資本撤退し，技術供与の関係に変更した。」[5]

それ以後は，ヨーロッパ市場へは香港から製品を供給する体制となり，1989年当時では西欧10カ国に香港日清から年間1200万食が輸出されていた[6]。しかしながら，グローバル経営を推進する上では，日清食品にとっては欧州での現地生産の再開が戦略上の大きな課題として残った。

1990年代の欧州再進出

日本の即席麺メーカーが海外に進出して20年余りがたった1990年代の初めには，米国を皮切りに，南米やアジア各国で現地生産を進めた結果，日本で生まれた即席麺は世界中に広まった。新市場を求めて東洋系住民が少ない欧州などを睨んだ戦略も本格化してきた。1991年の日系各社の海外現地生産による即席麺の売上げは合計で約600億円であった。国内市場が46億食で成熟化してきていたため，海外戦略の強化が必要になっていた。また，米国や東南アジアでは日本国内と同様，厳しい競争を強いられ，韓国系や現地食品大手との競争が激化していた[7]。

その結果，日系即席麺メーカー各社は，欧州共同体（EC）の統合を控える欧州に熱い視線を向け始めた。ソ連・東欧を含めた大規模な市場は魅力的であった[8]。ベルリンの壁崩壊によるドイツの統一，東欧の市場経済への移行，そして1つのヨーロッパを目指すEU（ヨーロッパ連合）の成立（1992年）などの変革によって，ヨーロッパ市場の重要性が増していた。日清食品の欧州再進出は，1991年6月，日清食品100％出資でオランダのアムステルダム市に「Nissin Foods B.V.（オランダ日清＝欧州日清）」を，資本金2000万ギルダー（約15億円）で設立したことにより実現した[9]。

1993年7月には，同社がフェンロー市の西工業団地に総工費約30億円をかけて建設した即席麺工場が稼働している。フェンロー市はオランダ南東部にあり，ドイツとの国境に近くEUのほぼ中心部に位置していることから，物流面でも拠点都市となっている。オランダはまた税制面についても海外現地法人に対して英米並みに法人税分の35％が自動的に控除されるので，利益全体の65％にしか課税されない。また企業の海外送金の税率も低く，企業は保税倉庫を国内で自由に取得できるという利点もあった。

オランダ日清のフェンロー工場は，敷地面積6万8000平方メートル，建物は延床面積約1万平方メートルで，「TOP RAMEN」ブランドの袋麺と「CUP NOODLES」ブランドのカップ麺の各1ラインが設置された。従業員50人体制で製造を始め，最大生産能力は年間3億食で，EUの人口とほぼ同じであった。味も現地の食生活にマッチするよう，ビーフ，オリエンタル，ポーク，チキンの4タイプが生産されている。初年度約20億円，7年後の2000年には約

100億円の売上げを目標にしていた。日清食品は，1993年春からオランダ日清に食生活研究員を配置し，欧州市場向けの商品開発を進めている[10]。

オランダ日清の生産開始と合わせて，日清食品の全額出資でドイツのフランクフルト市に即席麺販売会社「ドイツ日清（Nissin Foods GmbH.）」を資本金5万マルクで設立している。社長は即席麺製造子会社であるオランダ日清の社長であり，後に日清食品ホールディングスの取締役になる笹原研が兼務し，従業員は50人で始めている。欧州日清が生産する袋麺やカップ麺4品目をドイツ国内で販売している。ドイツは，即席麺の市場として最も有望であり，欧州全域に販売を広げる拠点としても最適の地であることから，ドイツ日清をヨーロッパ販売戦略の中核としたものである。

オランダ日清の製品とは別に，日清食品では香港の生産拠点から商品を取り寄せて，インドでの合弁相手である英国のブルックボンド（ロンドン）などのルートを使い，英国，オランダ，スウェーデン，ドイツ，東欧などで販売しており，年間1200万～1300万食分の販売実績があった。将来的にはEU市場は12億食の需要がある米国並みに拡大するとみられており，ドイツで販売ノウハウを蓄積し，数年後には英国，フランス，イタリアなどへも販売会社を置き，欧州全体に販売網を広げようとしていた[11]。

カップ麺を欧州に根付かせるのはかなり難しかったようである。カップ麺はドイツ人にとってはスープであり，スプーンを手にとる。カップに口をつけてスープを飲むのに抵抗があったのである。こうした異なった習慣を乗り越えるために，ドイツ人モデルがカップから直接スープを飲むポスターを作り，パッケージにはフォークで食べるよう指示も入れた。環境意識の高まりに対して，従来の発泡スチロール容器は分別回収の対象になっているプラスチックに代えた。また，ドイツでは即席麺をパンにはさみ，ベルギーではミルクで煮るという食べ方が流行っていたという[12]。

こうした日清食品の欧州での動きに対して，明星食品は欧州進出に対して慎重であった。欧州には東洋系住民の比率が低く，明星食品では採算ベースの2ライン稼働はできないと判断していた。というのは，「保守的な国民性の国が多いだけに，即席麺の受入れに時間がかかる」という判断があったからである[13]。

ソ連・東欧への進出

1980年代の終わりになると，日系即席麺メーカー大手は米国，東南アジアに設立した現地法人の業績が徐々に軌道に乗り始めたことから，新たな国／地域に即席麺の輸出を行い，次の海外での事業展開を伺い始めた。

1990年2月，日清食品，東洋水産の即席麺2大メーカーが，民主化の進むソ連・東欧市場に向けて即席麺の輸出に踏み切ると発表している。日清食品は1991年1月，合弁会社のインド日清食品（バンガロール市）から年間400万食，東洋食品は1990年7月から米国子会社マルチャン・インクの東部リッチモンド工場から3000万～4500万食を輸出するとした。両社とも現地に近い海外法人を活用して当面は市場動向を探る狙いだったが，将来は合弁事業に発展する可能性があるとして，こうした輸出は直接進出を見通したソ連・東欧戦略の第一歩ととらえていた。

1989年11月ベルリンの壁の崩壊が報道されたころ，日清食品の安藤宏基社長宛てに，西独に出張していた同社の役員から「東ベルリンの市民がトイレットペーパーなどの日用品と一緒に即席麺を買い求めている」という内容のメッセージが届いた。こうしたメッセージから，即席麺は保存性が高く，長期輸送に向くという商品特性のうえ価格が安いので，食料品を中心に生活物資が不足しているソ連・東欧では大きな潜在需要が見込めると判断し，ソ連・東欧市場開拓に踏み切ったと思われる。

日清食品が輸出向け商品の生産拠点に選んだのは，1989年6月に設立した英国のブルックボンド社との合弁会社であるインド日清食品であった。インドはソ連・東欧に最も近い生産拠点で，マーケット調査をするには最適であった。また，合弁相手のブルックボンド社もソ連・東欧市場への本格進出に乗り気で，市場・嗜好調査や販売面で協力することを申し出ていた。

インド日清食品の生産拠点は，完成すれば即席麺を年間3900万食生産し，このうちの約1割をソ連・東欧に振り向ける予定であった。すでに日本から「出前一丁」などの即席麺数千食を送り込んでテスト販売を行っている。工場完成後はインドから1個約40円の即席麺が販売されることになるとした[14]。

1990年2月，東洋水産もソ連，東欧6カ国に即席麺を輸出すると発表している。同年9月に完成する米国バージニア州のリッチモンド工場で生産し，年間3000万～4500万食，9億～13億5000万円相当を輸出する計画であった[15]。

輸出するのはソ連の他にポーランド，ハンガリー，チェコスロバキア，東ドイツ，ブルガリア，ルーマニアである。販売ルートは同社の総販売元である三井物産を通じ，ソ連・東欧に販売網を持つ西欧の食品会社と提携して確保し，商業ベースに乗るまでは水産物などとのバーター貿易で行うという考えであった。もともと，ソ連・東欧への輸出は東洋水産の総販売元，三井物産の東欧関係者から話が持ち込まれたという。三井物産は，東欧から木材，水産品のタラバガニやキャビアなどを日本に大量に輸入しており，ソ連・東欧でのビジネスには強いとされていた。

ソ連・東欧では即席麺のような低価格の食料品に対する需要は大きいとみられた。東洋水産は即席麺を軍用食としても販売することを期待し，リッチモンド工場の年産能力は1億5000万食になるし，地理的にも欧州に近いので，同工場を輸出拠点として選んだのである。ソ連・東欧にはすでに日清食品がインド法人を通じて輸出することを決めていたが，東洋水産の方が輸出開始時期は早く，同工場を輸出量も大きく上回ると期待された[16]。

東洋水産は，1990年11月ソ連向けに即席麺の輸出を開始し，米国で生産したカップ麺を12月初旬までに合わせて20万食を出荷した。1991年早々にも第2便を送り出し，定期的な輸出につなげたい思惑があった。

モスクワに出荷したのは米国子会社マルチャン・インク製のカップ麺「インスタント・ランチ」である。1990年9月に稼働し始めたばかりのバージニア州のリッチモンド工場で生産したものである。ロシア語で説明などを書いたステッカーを張って輸出したが，将来的にはソ連向けの製品を開発することも考えるとしていた。ソ連での受け入れ先はロシア共和国の貿易公団であり，決済はドル建で，同公団は工場の社員食堂や売店に売り込むものとみられた。販売価格は日本国内の半額になる見込みであった。東洋水産は，1991年以降毎月2～3便のペースで輸出を続け，1992年にはリッチモンド工場の年間生産量の5分の1に当たる年間1500万食を出荷する計画で，生産可能ならこの5倍は出荷したいと考えていた[17]。

さらに，1991年11月には，東洋水産はハンガリーにリッチモンド工場から初めてカップ麺を輸出している。ハンガリーへは同国の卸業者向けとして輸出し，第1回分として3万食を船積みした。成約金額は約1万3000ドルであった。また，東洋水産は1991年8月のクーデター騒動後途絶えていたソ連向けにも輸出を再開した。ソ連向けは3万ドルで，ロシア共和国の公団に納入した。以前は10万ドル，25万食単位で輸出をしていたが，東洋水産はソ連の各共和国や公団などでは外貨を確保しているところも多いと判断し，以前の取引水準に戻るのも遠くないとみていた[18]。

1991年12月にソビエト連邦が崩壊し，ロシア連邦共和国が成立した。ロシアにおいて即席麺が一般的に消費者に受け入れられるようになったのは，1991年にロシア資本のANAKOMという会社が，ロシア初の即席麺工場を稼働してからではないかといわれている。その後，1999年ごろからロシアの即席麺市場は急激に拡大し始め，2000年には前年比で約70%も市場規模が拡大したといわれている。ロシアでは1998年夏に経済危機が勃発し経済状況が急激に悪化したが，そのなかで，安価な割に美味しい即席麺に対する消費者の関心が急激に高まったのである。その他，韓国ヤクルトが1999年から2000年頃にかけて，主力ブランドの「ドシラク」（韓国語でランチボックスの意味）のTVコマーシャルを積極的に展開し始めたことが，ロシアにおける即席麺の急激な販売増に貢献したという説もある。その後，市場の拡大テンポはやや鈍化するが，即席麺は市民権を獲得する。ロシアは2000年代の終わりには数量ベースで年間約20億が消費され，その後は消費量が減少しているが，2016年では16億2000万食で世界第12位の即席麺消費国になっている[19]。

日清食品は，2003年初めに国際部次長の宮崎好文をロシアに派遣し，市場開拓に乗り出している。彼は，スーパーや青空市場を巡り，ロシア人家庭に入り込んで試食をしてもらうなど，さまざまな角度から市場調査，フィールド・サーベイを行なった。1998年の経済危機以降，ロシアで即席麺の消費が大きく伸びているという情報も日本に入っていた。そして，2004年7月には，同社はサンクトペテルスブルクを中心に6大主要都市で即席麺のテスト販売を開始したのである。価格は，韓国製「ドシラク」と同じ16ルーブル（約16円）で売り出された。現地の調査機関で調査させた結果，2003年におけるロシアの即席麺の消費量は年間約15億食という結果が出た。その内訳は，袋麺13億食，カップ麺2億食であった[20]。

日本ではカップ麺というと縦型の容器が主流であるが，ロシアでは約2億食のうち90％がプレートタイプ（弁当箱型）であった。このタイプでは韓国ヤクルト製の「ドシラク」が市場の85％を占めていた。ドシラクは1999年ごろからロシアに浸透していき，年間約1億6000万食が売れているとのことであった。このドシラクを生産する韓国ヤクルトは，2004年8月から現地生産を行っている。ロシア市場ではドシラク以外には，韓国の農心が極東地区を中心に積極的に展開していた。韓国の企業は極東に強く，そこからシベリア鉄道を通して，商品がロシア全土に拡大していったという。また，ベトナムのメーカーも多く，即席麺市場上位5社のうち韓国ヤクルトとロシア資本の現地メーカーであるANKOM以外は，ベトナム資本の会社かベトナムとロシアの合弁会社であるといわれるほどである[21]。

ロシア人のライフスタイルはヨーロッパに近いが，味の嗜好は意外にアジアに近いといわれている。これは中国や韓国，そしてベトナムとの商品の行き来が盛んであることなどによる。調査段階で，日本のカップヌードルを直接持ち込んでも抵抗はなく，むしろ美味しいといわれたという。このため，日清食品は日本にある味をうまく使いながら，ロシア人の好みであるチキン，ビーフ，ポークの味を生かし，これにシュリンプなどシーフードを導入した[22]。

また，ロシアではカップ麺は主に昼食として食べられている。即席麺が最も売れるのは8月という。これは，夏にはロシア人が生活習慣としてダーチャ（小さな別荘）で過ごすことが多くなり，週末のダーチャではあまり料理に時間をかけず，ゆっくりした時間を過ごしたいと考えているからである。冬には，菓子類や飲料類が伸び，即席麺の売上げは夏より落ちるようである[23]。

販売面では袋麺が圧倒的に多かったが，カップ麺の伸び率の方が高いことと，今までの経験が生かせるということで，日清食品はまずはカップ麺市場を狙うことにした。そして，「ドシラク」に対抗するにはどういうものが売れるかを検討し，やはり縦型よりもプレートタイプにするべきだという結論に達している。

これはロシアでの食習慣を考え，カップ麺はヌードル・スープということで，テーブルの上に置いて食べるので，縦型だと食べにくい。容器に直接口を付けてスープを飲むということはしないからである。そのため，日清食品ではロシアで販売するカップ麺の容器を，日本での焼きそば用のものにしたのである[24]。

テスト販売に導入した商品の味は，チキンとマッシュルーム，ビーフ，そしてシーフードの3つであった。上海にある「上海日清」が生産した製品を船で極東ロシアの港まで運び，シベリア鉄道でモスクワまで運んだ。品質と製造コストを加味して上海工場の製品をモスクワに導入したという。

ロシア人消費者は，日本製品の質を高く評価しているので，日清食品は「いままでなかった新しい日本の商品」とパッケージに記して，パッケージそのものを宣伝媒体として使っている。サイズも通常サイズより20％大きくし，「ラーメン」という言葉をロシア人に浸透させるために，ロシア語で「PAMEH」とし，上に「NISSIN」と記した[25]。

販路については，ロシアにはいろいろな形態が存在する。まず，近代的な販路としてはハイパーマーケット，大型・小型のスーパーマーケットがある。最も数が多いのが，100平方メートル規模の一般食料品店あるいはパビリオン，10平方メートルのキオスクである。また，小売店舗の約3分の1を青空市場が占めている。そのため，こうした小規模店舗を通じた販路を確保するためには，ロシアのディストリビューター（仲介業者）を経由しないと難しい。商品を棚に並べさせるためのディストリビューターの選択が重要となる。ロシアの小売店は欧州の影響を受けているため，メーカーが新たに商品を小売業者に売ってもらおうとすると，高額の導入料を取られる。これをうまく交渉しないと，メーカーにとっては大変な負担になってしまうという。また，自社の物流センターを所有する小売チェーンは少なく，多くの場合ディストリビューターが各店に配送している。国土が大きいため，メーカー自身が配送するのはかなり難しい。この点でも，ディストリビューターの役割は大きいのである[26]。

輸入している場合には，物流費や輸出入経費がかさむ。また，各種証明書の提示の要求などで非常に規制が厳しくなっていた。そのため，本格的な販売を行う段階になった時には，現地生産が必要になると思われた。しかし，ロシアでの商売は，経済危機があったり，代金回収や売買契約など諸条件でロシア特有の問題があったりして，一般的に難しいといわれていた。代金が支払われなかったり，契約内容でもめたりして裁判になったら負けるというケースもある。また，現地企業からの妨害などもあり得るという。合弁事業を展開する場合は，パートナーが情報を開示しないといったことも生じる。市場があるとはいえ，本格的に参入するにはあまりにもリスクが多いと考えられた[27]。

さらに，本格的に現地生産する場合には，プラスチック容器の原材料の入手など現地調達の問題があった。ロシアでは商品の輸入税は15%であるが，原材料の輸入税率は5%である。例えば，中国から安い原材料を輸入する方が安くつく可能性もあった。プラスチック製品はロシアではあまり作られてこなかったし，作られても価格は高くなってしまった。原材料については，大量生産が可能になれば価格は低下すると期待されていた[28]。

2008年12月に，日清食品は，ロシアの即席麺最大手，マルベンフード・セントラルの持ち株会社アングルサイド（キプロス企業）と資本業務提携すると発表している。すなわち，既存の会社に資本参加するかたちでのロシア市場への進出を決めたのである。同社は，2009年1月に既存株式の購入および第三者割当増資の引き受けにより，約93億円を投じてアングルサイド社の発行済株式の14.99%を取得した。最終的には2011年度3月に約268億円を投じ，33.5%を取得した。日清食品は，即席麺の製造などに関する技術の指導，援助を行うことも視野に入れていた。これで，当時成長が期待されていたBRICsすべてへの進出を達成したことになった[29]。

アングルサイド社は設立が1998年と比較的若い会社であるが，ロシア国内で4割のシェアに相当する年8億食を販売しており，ロシア以外の国々においても10億食を売るナンバーワン企業である。ブランド力，マーケティング，流通などもしっかりしていた。また，世界ラーメン協会のメンバーであり，日清食品との関係は少なからずあったという。

日清食品が独自に進出するのではなく，現地企業への資本参加を選んだ理由としては，一から販路を作るのは難しく，メディア戦略を含め，現地の卸や小売との関係を作るには資金もかかる。そのため，良いパートナーが見つかったので資本参加を選んだという[30]。

日清食品は，2004年以降，それまでは海外での大型投資を控えて国内事業拡大に力を入れてきたが，再びM&Aによる海外事業拡大に軸足を移した。すでに第1章でみたように，米投資ファンドのスティール・パートナーズによる日清株買い増しや明星食品の買収もあった。また，2007年11月には日本たばこ産業と加ト吉の共同買収（後に撤回）を表明したほか，中堅のニッキーフーズ（大阪市）を買収するなど冷凍食品分野などへの事業多角化に一定のメドをつけた。食品全体にわたり国内需要が伸び悩むなか，今後の成長持続には再度の海外事業拡大が必要になってきたのである。しかしながら，同社の2007年度の海外売上高は約550億円と全体の2割弱にとどまっている。北米で国内2位の東洋水産に遅れを取るなど苦戦する地域もあった[31]。

ロシアへの進出理由としては，なによりも今後の市場の発展が望めることがあった。独立国家共同体（CIS）を含めれば人口は約3億人であった。ロシアではパスタ入りのスープ「ラプシャ」といった麺料理が親しまれていた。2008年頃の消費量はアジア諸国・地域と米国に続き世界9位で，1年に20億食強であった。しかし，1人あたりで換算すると約14食にすぎなかった。ロシア市場はまだ成長段階にあり，日清食品が製造技術や商品開発のノウハウを提供すれば，1人あたり年40食くらいまでには伸ばせると期待された。

2004年に日清食品がテスト販売を行った頃とは異なり，2008年頃には数量ベースでみた場合袋麺とカップ麺の販売量はほぼ拮抗するようになっており，さらに2000年代の終わりまでにはカップ麺の方がよく売れるようになっていた。価格が安い袋麺は地方で売れ，カップ麺は大都市でよく売れるという傾向は変わらないままであった。

この頃には，10以上のメーカーがロシア国内で即席麺を生産していた。その中で最大手が，2008年に日清食品が資本参加したアングルサイド傘下のマルベンフードであった。同社は，1998年頃にモスクワ郊外のセルプホフの工場（第1工場）で「ロルトン」や「ビッグボン」といったブランドの袋麺とカップ麺を生産しており，カップ麺はコップ型の容器に入った内容量65グラムのものが中心であった。その後2011年6月には，約3500万ドルを投入して，ウクライナのベーラヤ・ツェルコヴィに新工場を建設した。そこでは当面，「ロルトン」ブランドの製品だけが生産された。マルベンフードの親会社のアングルサイドはキプロス企業ということになっていた。しかし，2007年秋にセルプホフで行われた新工場（第3工場）の起工式にベトナムの首相が列席していたことから判断して，もともとはベトナム資本の会社である。同社の市場シェアは，2013年には40%を超えていた。ただ，これは数量ベースの数字であり，金額ベースの数字ではより安価な「ドシラク」などの製品を主力とする韓国ヤクルトのシェアの方が大きいという情報もある。

マルベンフードと市場トップの座を争っているのが，弁当箱タイプの容器に入ったカップ麺「ドシラク」を製造・販売する韓国ヤクルト（KOYA）である。韓国ヤクルトも，モスクワ郊外のラメンスコエに2004年頃から稼働している現地工場のほかに，リャザン州に2010年から稼働している現地工場を保有している。カップ麺のほか内容量70グラムの「KVISTI」という袋麺の生産も行っている。「ドシラク」はロシア極東地方で韓国から輸入されたカップ麺の人気が高まり，それが次第に西側に広がった結果，現地生産をするまでにいたったといわれている[32]。

「ドシラク」は，鶏，豚，牛，子牛，鶏辛口，きのこ，えびの7種類が販売されている。また，「ドシラク」の内容量は90グラムのものが主流でありかなりボリュームがある。このため，ロシアでは一般に，「ロルトン」のカップ麺は女性に好まれ，「ドシラク」は男性に好まれているようである。

マルベンおよび韓国ヤクルトに続く即席麺メーカーとして，マサンとキングライオンがあるが，両社ともベトナム資本である。この両社は，かつては業務提携契約を結び，共通ブランドの製品を生産・販売していた。マサンは1997年ごろにロシア市場に進出したが，当初はベトナムからしょうゆや「Mivimex」「アレクサンドラ＆ソフィヤ」というブランドの袋麺を輸入していた。1990年末頃からリャザン州のミサンガという工場で，即席麺の現地生産を開始している。2003年からはリャザン州に新設された工場に「アレクサンドラ＆ソフィヤ」ブランドの生産拠点が移され，ミサンガでは主として「Mivimex」ブランドの即席麺の生産が行われるようになった[33]。

キングライオンのロシア進出時期はマサンより早く，1990年代の半ばころからベトナム製食品のロシアへの輸出を開始していた。その後，キングライオンはレニングラード州のエクスプレス・フードというロシア資本の工場で即席麺の現地生産を開始した。1998年夏の経済危機直後に訪れた即席麺ブームの追い風に乗り，現地生産プロジェクトは一時成功したが，ブームの終焉とともに業績が悪化し，2002年には工場の閉鎖を余儀なくされた。しかし，キングライオンはこの失敗に屈することなく，逆に攻めの戦略を打ち出した。プロジェクト失敗の原因は生産設備の貧弱さにあったと判断した同社は，トゥーラに最新式の即席麺工場を建設することを決断した。約1000万ドルを投入して2003年に完成した新工場では，「Kukhnya-Bez-Grainits（KBG）」という新ブランドなどの即席麺の生産が開始された。この新工場建設のためにキングライオンは，マサンの幹部が経営する銀行から融資を受けたが，そのことが契機となり両社の間で業務提携に関する交渉が開始された。交渉は2004年にまとまり，両社は有限会社「KBG」を設立した。その際，キングライオンは「KBG」および「ビッグランチ」の使用権を譲渡したらしく，KBGはトゥーラ近郊のドンスカヤという町に建設された新工場で「KBG」ブランドの即席麺の生産を開始した。「KBG」ブランドの即席麺はマサンおよびキングライオンそれぞれの販売網を通して全国で販売され，急速に市場シェアを伸ばしていった。2005年時点で同ブランドの市場シェアは10%を超えていたといわれる。

2006年春には，マサンとキングライオンの合併計画が発表され，有限会社KBGが両社を買収するという形で実現されることになった。しかし，合併計画発表直後から合併の条件をめぐって両社の仲が険悪となり始め，互いに公然と批判するようになった。その結果，KBGのブランドイメージが急速に悪化し，その市場シェアは急落し始めたという。市場シェアの急落に驚いた両社は，和解に向けた協議を開始し，2007年春にブランドを分割することで和解が成立した。有限会社KBGが生産していた共通ブランドのうち，「KBG」と「ビッグランチ」はマサンの手に渡り，「ビジネスメニュー」と「ウームヌィ・アベード」はキングライオンの手に渡ることとなった。ただ，この和解の後も，KBGブランドの低迷は続いたようである。

ロシア資本の企業の中では，ロシア資本のANAKOMが健闘しているが，ベトナム，韓国をはじめとするアジア系企業の牙城を崩すまでには至っていないようである。同社はロシアで最も古い即席麺メーカーであるといわれている。1991年に元外交官であったアナトリー・シャマラエフとその家族によって設立された。ウラジーミル州のラキンスクに工場があり，社名と同じANAKOMというブランドの袋麺や「サン・レモン」というブランドのカップ麺を製造・販売している[34]。

2010年頃のロシア市場

ロシアや東欧での2009年度の即席麺の年間消費量は約30億食であった。ロシア・東欧市場は今後も成長が見込めると期待された[35]。ところが，経済危機の影響が最も強かった2009年には前年比で約2.5%の伸びを記録したが，その後市場は縮小に転じて，2011年の市場規模は2009年よりも3.7%少ない9万5550トンであった。金額ベースでも，物価の上昇率とほぼ同じテンポでしか増加していない。つまり，2008年に137億ルーブル，2009年に159億ルーブル，2010年に168億ルーブル，そして2011年に177億ルーブルであった。2008年までは即席麺市場は成長していたが，2009年以降停滞したというのが実態といえる[36]。

2010年における企業別のシェアは，第1位は日清食品が資本参加したアングル傘下のマルベンフードが35.4%，続いてKOYAが21.9%，マサンが13.6%，キングライオンが12.9%，ANAKOMが6.8%，ソストラが0.2%，その他9.3%となっている。ブランド別に見ると，ロシアで最も人気の高いブランドはマルベンフードの「Rollton」とKOYAの「ドシラク」で，2010年時点での金額ベースでみた市場シェアは，それぞれ29.9%，20.2%であった。以下，キングライオンの「ビジネスメニュー」7.4%，ANAKOMの「ANAKOM」6.3%，マサンの「ビッグランチ」5.9%，マルベンフードの「Big Bon」5.5%，マサンの「Mivimex」2.0%，マサンの「Goryachiy Polden」1.8%，キングライオンの「Umnity Obed」1.7%，KOYAの「Kwisti」1.6%の順であった[37]。

2011年時点での数量ベースでみた袋麺とカップ麺の割合は，袋麺が17%，カップ袋麺83%である。2006年では，袋麺18.6%，カップ麺81.4%であったので，ごくわずかではあるが，カップ麺の割合が高まっている。

価格は，メーカーや内容量によってさまざまであった。Rolltonのカップ麺は65グラムのチキン味で，2011年6月時点で16〜21ルーブル程度で販売されていた。また，ドシラクの90グラムのビーフ味は22〜24ルーブル程度で販売されていた。一方袋麺は内容量が60グラムのもので8〜10ルーブルが相場であった。また，ドシラクの「ドシラク・プレミアム」という内容量が140グラムのカップ麺は，セジモイ・コンチネントというオンラインショップでは59ルーブルで販売されていた。さらに，内容量が160グラムもあるライオンの「ビジネス・メニュー」は40ルーブル台後半の価格で販売されていた[38]。

2011年4月，サンヨー食品は，ロシアの即席麺3位のキングライオン・グループと資本業務提携し，ロシア市場に参入すると発表した。キングライオンは高価格帯のカップ麺や袋麺に強みがあり，同社の2010年12月の売上高は約23億ルーブル（約70億円）でロシア市場の約15%のシェアを占めていた。

当時サンヨー食品は，将来的には「サッポロ一番」などサンヨーの主力商品を現地で販売することも検討していた。ロシアの経済成長に伴い，高価格帯の即席麺の需要が拡大する見込みで，同国を含めた欧州での市場開拓につなげようとした。サンヨー食品は，タックスヘイブンとしてロシア投資の窓口となっているキプロス共和国にある同社の持ち株会社に49.99%を出資して，持ち分法適用会社化した。今後，3人を副社長ら役員として派遣し，技術交流や現地での市場調査なども進めるという。出資額は公表していない。

しかしながら，2010年代に入るとロシアにおける即席麺の業界は停滞した。その1つの要因として，即席麺が「健康に悪い」というイメージがあったようである。一般市民の健康志向の高まりにつれて，あまり健康のことを気にしないジャンクフード好きの人々が即席麺市場を支えている可能性もあったと考えられる。また，ごく一部ではあるが，衛生管理の不十分な劣悪な商品が市場に出回っているということも，見逃せない停滞要因だったのかもしれない[39]。その結果，ロシアでは2008年の24億食をピークとして即席麺の需要は減少し，2016年には16億2000万食まで低下している。

ポーランドとハンガリー

ロシア以外の東欧諸国のなかで日系即席麺メーカーが進出しているのは，ポーランドとハンガリーである。味の素は，1999年10月，ワルシャワに「ポーランド味の素（Ajinomoto Poland Sp.z.o.o)」を設立し，即席麺の輸入販売を開始している。当時，ポーランドは，ヨーロッパ地域のなかで即席麺の消費量が最大の国であり，味の素のベトナムにおけるパートナーであったビフォン社が，相当量の即席麺をポーランドに向けて輸出していた。

ポーランド味の素は，2004年11月には，ポーランド国内で即席麺を製造・販売していたサムスマック（SAMSMAK）食品（有）を吸収合併した。同国の家庭用即席麺市場の拡大に伴い，競合メーカーが増えることが予想されたため，同社は開発・生産・販売を一貫して行う体制を整える必要があった。そして同月，「SAMSMAK」ブランドの袋麺を，チキン，トマト，マッシュルーム味など5品種を発売し，翌2005年1月には，カップ麺4品種（チキン，トマト，マッシュルーム，スパイシーチキン）を発売したが，これらの内容量は1カップ63グラムで，お湯を注いで3分で食べられるものであった。後に，味の素がタイで展開しているアジア風味の袋麺「ヤムヤム」7品目も追加している。当面はポーランド国内で販売し，軌道に乗れば周辺地域への輸出も検討するとし，初年度は約10億円の売上げを目指した[40]。

一方，2004年11月に日清食品の取締役会はオランダ日清を清算することを決定した。これは，同年4月にハンガリーにおいて現地企業を買収して設立した製造子会社である「ニッシンフーズ Kft.」が本格稼働したことに伴い，ヨーロッパでの生産を同社に集中することにしたためであった。ニッシンフーズ Kft. はもともと，火薬・機械製造を中心とする韓国の中堅財閥ハンファ・グループが，1993年10月ハンガリーに770万ドルを投じて，即席麺の生産・販売を行う現地法人「Hanwha Foods Hungary, Ltd.」をケチュケメット市に設立したものであった。これを日清食品が買収したのである。

同社の工場の敷地面積は3万平方メートル，従業員は180人であった。即席袋麺製造ラインとカップ麺製造ラインをそれぞれ1ラインずつ設置して，日清の子会社としてスタートしたのである。オランダ日清に比べてより安価な労働力をはじめとして低コストの競争力のある製品によって，これまで以上にヨーロッパおよびロシア市場の販売拡大に努めようとしたのである[41]。

日清食品は，2005年4月に，ハンガリーの研究開発（R&D）子会社「NITEC Europe kft」を設立した。しかしながら，同社はこれを同年12月には解散し，清算した。ナイテックは，日本向けの新製品や新食材の開発の他，他社の生産技術等に関する情報を本社へ送ることを目的として設立された。インターネットなどを通じて瞬時に海外情報が入手できるようになったために解散に踏み切ったのである。同様の理由から「NITEC（USA）」と「NITEC（HK）」も同時に清算している[42]。

2014年1月，インドネシアのサリム・グループが即席麺事業で南東欧のバルカン半島やアフリカ東部に本格進出すると発表している。セルビアとケニアに工場を新設し，周辺国への輸出拠点としても育てる。サリム系の食品会社であるインドアドリアティック・インダストリーが，セルビアの首都ベオグラード北西のインジャ市で製麺工場を建設する。1100万ユーロ（約15億7000万円）を投じ，2014年内に着工し，2015年の稼働を目指すとしていた。新工場は2016年9月に操業を開始した。同工場ではサリム・グループの主力食品事業会社インドフード・スクセス・マクムルの「インドミー」ブランドの即席麺などを毎月5万ケース生産するという。サリムはこれまで，サウジアラビア系企業と共同出資する販売会社を通じ，インドネシアなどから輸入した商品をセルビアで販売し，近隣のマケドニアやブルガリア，ルーマニア向けにも販売していた[43]。この地域では，サリムのインドフードは，日系メーカーの強力なライバルになりつつある。

第2節　インドおよびバングラデシュ市場への進出

人口8億人のインドは，人口規模でいえば中国に次ぐ巨大市場である。さらに，国連の人口推計によれば，2050年には中国を超えてインドの人口は16億人と世界第1の規模になると予測されている。

インドでは，1991年に導入された「新経済政策（New Economic Policy）」以後，自由化と規制緩和が行われた。その結果，インドは高い経済成長を遂げ，女性の社会進出なども進んだ。しかし，2015年の即席麺の市場については，中国の404億3000万食に対して，32億6000万食でしかなかった。1人あたりの消費量でみると，中国は30食強であるのに対し，インドは2.5食ほどである。このことは，市場としてインドの伸びる余地がきわめて大きいことを示している。

日清食品の進出

日系即席麺メーカーのインドへの最初の進出は，即席麺の製造・販売ではなく，即席麺に使用する具材の加工分野への進出であった。1987年2月，日清食品はインドの食品加工会社「アクセレレイテッド・フリーズ・ドライング社（AFDC）」に資本参加し，フリーズドライ処理した小エビなどカップ麺の具材を現地で生産し始めている。海外工場を含め日清グループで生産するカップ麺用小エビの5割程度を供給するものであった。将来的にはAFDCから，ソ連など共産圏へ即席麺を輸出することも考えていた。

AFDCは，水産物や香料・スパイス類などのフリーズドライ加工品を製造する専業メーカーで，1986年の年商は日本円に換算して約18億円であった。日清食品はAFDCが生産設備の増強のために実施する増資の一部を引き受ける形で資本参加した。新資本金は1130万ルピー（1億4120万円）で，このうち日清食品の出資比率は30%であり，日清食品と取引関係の強い伊藤忠商事も10%出資している。

資本提携を機に，日清食品が技術者をインドに送りフリーズドライ技術を指導する。インド近海から水揚げした小エビをAFDCでフリーズドライ処理し，日本と香港，米国など海外10カ所の日清グループの工場に出荷している。それまでは，日清食品はインド近海で取れた小エビをインドで冷凍し，日本に運び解凍後，フリーズドライ処理していた。インドでフリーズドライ加工まで任せることにより，生産コストが安くなることが見込まれた[45]。

こうして，日清食品はインドの提携先から冷凍乾燥のエビを各国に供給し，「国際水平分業」を進める結果となった。第3章でみたように，すでにシンガポール日清は，1988年に乾燥スープの新工場を建設し，各国へのスープの供給拠点となっていた。こうした即席麺における国際水平分業を通じて，海外拠点の体力を蓄え，将来，総合食品企業に脱皮した時に備えようとしていたのである[45]。

日清食品は1988年8月，世界的な紅茶メーカーである英国ブルックボンド・リプトンのインド現地法人と伊藤忠商事，インド企業との共同出資でバンガロールに「Indo Nissin Foods Ltd.（インド日清）」を設立した。資本金は約2億円で，出資比率はブルックボンド社が40%，日清が40%で，残りは伊藤忠商事とインドの会社が出資した。社長はブルックボンド側から出している。その工場は，1991年11月に生産を開始し，年間約3900万食を生産した。

インドへの進出については，AFDCのパートナーがインド人としては珍しく，大の日本の即席ラーメン好きで，インドでも即席ラーメンを作ってほしいという要請があったという。そのため，即席麺工場はこのAFDCの工場の隣に設置されたのである[46]。

1991年1月時点では日清食品は，このインドの生産拠点からソ連・東欧6カ国に袋麺を年間400万食，約1億6000万円相当を輸出する計画であった。合弁相手のブルックボンド社がソ連・東欧に持つ販売ルートを利用する考えであった。安くて手軽に調達でき，長期保存できる即席麺は，食料品など生活物資の不足に悩んでいた現地では潜在需要が多いとみなされていた。しかしながら，1991年のソ連崩壊による混乱から，しばらく輸出は滞ってしまうことになった。

すでに，これより10年ほど前からネスレがインドには進出しており，同社の「マギー」が即席麺市場を独占していた。さらに，インド系ネパール人であり，ネパールで最初の，ビリオネアといわれるBinod Chaudharyがネパールで設立した即席麺の会社が生産する「Wai Wai」が，2013年当時ネパール市場の95%，インド市場の20%を占めていた。

Chaudhary一族は，カトマンズでビスケットを生産するために，製粉工場を所有していた。1980年にはビスケット製造に必要とする以上の小麦粉を生産するようになった。この余剰小麦粉をなにかのスナックに利用しようと考えていた。その時，ネパール人がタイを訪問すると土産として大量の即席麺を持ち帰ることに気付いた。こうして，即席麺事業に参入し，ネパールで最初のチキン味の即席麺を生産・販売したのである。ブランドの「Wai Wai」はタイ語の「早く，早く」から付けたものである。2013年までには，多様な味で1ルピーから15ルピーにわたる50種類の商品を販売していた。

Chaudharyはシンガポールにグループ会社を設置し，銀行，食品，セメント，不動産，ホテル，電力，小売り，電気電子分野に約80社を有していた。とりわけ，中東やアフリカに積極的に力を入れており，サウジアラビアでは即席麺の工場を有していた[47]。

日清食品側は，この合弁会社（インド日清）の設立を機に，ブルックボンド社との関係強化によって，統合を控えた欧州市場進出の足掛かりとしたい考えであった。日清食品は商品開発と生産管理を担当し，ブルックボンド社は紅茶で築いた流通網を生かして販売を受け持つ。販売地域はニューデリー，コーチン，マドラス，ボンベイなどインドの都市部が中心になった[48]。

1990年11月に，インド日清はインドのスタッフのみで作ったスープタイプの即席麺を発売している。しかし，これはさっぱり売れず発売3カ月で販売を断念した。問題はきわめて明確であった。どんぶりのないインド家庭にどんぶりの必要な麺を売ったためである。強力な地盤を確立していたマギーが焼きそばタイプを販売していたので，日清としては差別化を図ろうとしたが，これが裏目に出たという[49]。

手づかみで食事をする食習慣のあるインドで，即席麺をいかに定着させていくか，インド日清は，まず商品のマーケティングに工夫を凝らした。インドでは経済発展とともに，2億人ともいわれる中間層が台頭してきており，味付けなどを現地向けにすれば，潜在需要の掘り起こしが十分期待できる市場であった。時間と経費を節約するのが即席麺の役割であるが，インドでは1袋15ルピア（30円）の袋麺は依然高級品であった。25ルピアのカップ麺は超高級品で，裕福な家庭の子弟が学校の終わった後に学習塾へ行く前のおやつ食に一番利用されたという。

インド日清の立ち上がりには，日本で販売しているカップ麺である「カップヌードル」と袋麺の「トップラーメン」の生産でスタートした。しかし，インド人にはスープの入った麺を食べる習慣がないため，スープを少なくし，麺も短くして，はしを使わずにすむ焼きそばタイプの袋麺に切り替えている。

1991年11月に操業を開始したカルナタカ州バンガロールのジガニ工場の日産規模は，1万食に満たなかった。販売は伸び悩んだので，インド人スタッフの手を借りて研究を重ねた。シンガポールと日本から日清食品の研究員を呼び，プロジェクトチームを組み，独自の味を開発し，1992年からはインド人の好む焼きそばタイプの袋麺を開発したのである。長距離列車の食事用や，現地で人気のあるホッケーの試合で売ったりしながら販売を拡大していった。インドの鉄道では，列車に乗ると車内でカップヌードルにお湯を入れてくれるサービスがある。これは，インド日清の幹部が実際に社内に乗り込み，体を張って販売し実現したという。また，1994年11月からは，宗教上の配慮から牛肉を使わず，植物の茎や種，葉，根から作られた香辛料を使ったマサラ味と，トマト味，そしてチキン味の3種類を販売している。売上比率はマサラ味7割，トマト味2割，チキン味1割であった。

インドの食文化の特徴としては，以下の3点があげられる。⑴7〜8割もいるといわれる菜食主義者の存在，⑵カレーに代表される香辛料やハーブを多用した独特の味付けとそのメニュー，そして，⑶麺を食品とする文化が存在しないことである[50]。そこで，インド日清はマーケティング戦略を転換し，1995年半ば頃には味をインド人好みにした袋麺3種類とカップ麺2種類の本格生産をバンガロール工場で開始し，1日平均約4万5000食を生産していた。同年7月からはTVコマーシャルなどを通じて広告宣伝も強化し，2年後をめどに生産量をそれまでの2倍に引き上げる計画であった。主力である低価格の袋麺で，チキン味やトマト味の製品をスーパーや食料品店で3袋パック15ルピーで販売した。食べ方は日本と同じ，お湯をかけ3分間待つやり方である。こうして，ネスレがほぼ独占していた市場を開拓し，シェア2割を獲得するまでになった[51]。

もともと，インド日清はバンガロールに工場があったため南インドが主たる販売地域であった。これを列車や駅構内で売り出し，次第に北上する戦略を取り，1999年4月に北部ハリヤナ州に第2工場としてリワリ工場を竣工した。既存のジガニ工場と合わせて年間生産量は約5億食に上っていた。

2011年12月，日清食品は2013年末までに，インド日清の即席麺工場を倍増させると発表している。同国の東・南部にそれぞれ1工場を建設し，計4工場体制を構築するもので，生産能力を従来比3倍の年15億食に引き上げる。そのための投資総額は50億円程度とみられた。

このために，2012年7月日清食品は，東部オリッサ（オディッシャ）州の工業団地内に約2万6000平方メートルの用地を取得し，約20億円を投資して建設した新工場を2012年秋に稼働させると発表した。同工場では，焼きそば風の現地ブランド「トップラーメン」や「カップヌードル」を生産するとした。この工場によって東部に足場を築き，輸送費などのコストを削減する狙いがあった[52]。

インドの国立応用経済研究所によると，インドでは2010年時点で，中間層に当たる年収が20万ルピー（約36万円）から100万ルピー（約180万円）の世帯数が2844万であった。この世帯数は全世帯の13%を占め，5年で1.7倍になった。このような中間層の増大によって，便利で簡便な即席麺に対する市場が急速に拡大していったのである[53]。

結局，インド日清が20億円を投資して設立した第3工場（オリッサ州のコルダ工場）を稼働させたのは，2014年1月であった。これにより，東部地域での供給力・コスト競争力の強化を図るとともに，従来から販売している袋麺に加えて，現地の人々の嗜好を反映した新製品の袋麺「Scoopies（スクーピーズ）」を同年4月に発売し，新規需要の掘り起こしを狙った。スプーンで即席麺を食べることが多いインドの人々のニーズを汲み取り，3センチの短い麺に同国のスパイス「マサラ」を練りこみ，さらに外側にまぶしたものである。新工場の稼働で，インドでの即席麺の生産能力は従来比2倍の年10億食に高まった。当時，日清食品はインドの即席麺需要は2015年に2012年に比して約4割増の年60億食に高まるとみており，同年に販売シェア10%を目指していた。というのは，2013年でもインドの即席麺の1人当たり消費量は年間わずか3食に満たなかった。これは主に若者や子供といった一部の層からの需要が主流になっているためと考えられ，今後は，子供のころから即席麺に慣れ親しんだ世代が大人になり，需要がさらに拡大していくことが見込まれたからである[54]。南部，北部，東部と3カ所に工場を有することにより，先行するマギーを追撃する態勢を整えたといえる。

インドの加工食品市場――安全性と規制

ここで，即席麺のマーケティングにとって重要なインドにおける加工食品の流通・販売についてみてみよう。2011年のインドの食品小売売上高は23.7兆円で，小売総販売額39兆5000億円の60%を占めている。これらの食品小売業の売上高の多くは市場（バザール）や全国に1500万あるといわれる売場面積が5~20平方メートルの零細小売店（キラナ）であげられたものである。スーパーマーケットなどの近代的な大規模店の売上げは2%ほどである。そのため，多くの食品加工業者は一部の大規模小売業者との直接取引を除いて，一般的にはCarrying and Forwarding Agents（C&FA）と呼ばれる代理業者と取引を行っている。C&FAは，貸し倉庫機能，販売前商品の管理機能，販売後の代金回収機能などを行う。C&FA は小売店への販売や配送まで行うディストリビューターと取引を行い，ディストリビューターは大規模小売店や1次，2次の卸売業者と取引を行い，この卸売業者が小売商と取引を行う[55]。

日清食品は，販売はパートナーである現地日用品大手企業であるマリコ社と1998年に販売契約を結び，販売業務を委託していた。したがって，現地の多くの日本企業が苦労している資金回収，貸し倒れ損失が出ない方式と考えられた。当初の提携内容には，販売だけでなく市場調査とマーケティングも含まれていたが，2006年の契約改定時に，その提携内容は販売のみに変更されている。この理由は，インド日清が独自の販売網の構築を目指したためであった[56]。

2005年頃には，インド南部にはスーパーマーケットが年率40から50%で伸びていた。しかし北部では，商権の関係でなかなかスーパーマーケットは台頭しないという。インド日清としては近代的なスーパーでの販売の方が楽であった。スーパーマーケットではマギーと対等に渡り合える日清食品も，小規模なよろず屋的な店には弱い。なぜならば，よろず屋のカウンタービジネスには，長年の経験と蓄積がものをいったからである。インド日清が強みを発揮している鉄道の駅での販売も，小売店としてではなく出入り業者の立場で商売を行っている。これにも独特の商慣習があり，それほどうまみはとれない。その上，小売に関しては，インドでは公式・非公式の規制が多く存在しているという[57]。

そのため，2008年4月からインド日清は自社で構築した販売網をとおしての取引を始めた。全国に17カ所の自社営業倉庫を設け，500社のディストリビューターとの取引を開始した。さらに，同社は伝統的な小売店での販売だけでなく，急速に台頭しつつあった近代的なチェーン店に対しても積極的に取り組み，商品の共同開発を進めるなどした。当時，BRICsの一角として年率20%以上の経済成長を遂げていたインドでは，女性の社会進出に伴い，即席麺など簡便性が高く健康志向の食品の需要が増大していた。同社では，自社販売体制により，飛躍的な即席麺需要の増加に対応できると考えたのである。2008年頃までには，インド日清の資本構成は日清食品74.5%，伊藤忠16.5%，AFDC 8.7%となっていた[58]。

また，インド日清がインドでとくに力を入れているのが，衛生面である。インドでは，高温のため，衛生面に配慮しないと大変な問題が生じる。同社では，即席麺製造の前工程で徹底的に小麦をふるいにかけているという。即席麺づくりで最も重要なのが，原料のなかに品質の悪い小麦を混ぜないことである。そのため，抜き取り検査を頻繁に行うといったことも実施している。こうしたことは，地場企業ではできない。これが，マギーと日清食品が市場を二分するようになった大きな理由であると思われる。

しかし，インドの生産・販売環境ではどうしても不良品は出てしまう。インド日清に年間10件程度のクレームがあるという。このクレームに対してインド日清では，まず謝りのレターを出す。次に，日本でいう菓子折りのようなものを持って謝りに行く。最後に，即席麺，商品を大量にプレゼントする。こうした日本的なクレーム処理が大変好評であるという。また，日清ではクレームを引き起こした品質の原因は何か徹底して調べ，それをフィードバックして再発を防ぐようにしている[59]。

2015年3月に，三菱商事がインド日清の株式34%を取得すると発表された。この事業提携により，インド日清は自社ブランド「トップラーメン」の広告宣伝や販売促進をよりいっそう強化する。これにより，圧倒的なシェアを誇るネスレの「マギー」やインドの日用品大手であるITCの「Sunfeasta Yippee」に次いで第3位である日清食品は，シェア拡大を目指す。シンガポール，タイ，インドネシアなどと同じように，今後も即席麺市場は拡大すると予想されており，この提携により原材料調達の垂直統合を実現させ，コスト競争力の向上や販売網の強化，流通パートナーとの関係強化を図るものであった[60]。

2015年4月に，インドの即席麺業界を震撼させる事件が生じた。インド北部のウッタルプラデ州の州都ラクノーの食品安全局が，ネスレ・インディアに同社の即席麺「マギー」約20万袋の回収命令を出したのである。当局が抜き打ち調査を行ったところ，「マギー」の一部製品に許容量を超えた水準の鉛やうまみ成分であるグルタミン酸ナトリウム（MSG）が検出されたためという。ネスレ側は，品質に問題はないし，検査方法を共有してもらいたいと対決姿勢を示したが，6月にはマギーを小売店の棚から回収することを決めたと公表した。その後，当局による品質検査や販売停止命令の動きが約10州に広がり，さらに中央政府の食品安全基準局（FSSAI）もマギーの生産・販売の停止命令を出した。続いて，当局は日清食品，グラクソ・スミスクライン，ITCなど計7社の承認済み製品をも再検査すると表明した[61]。

さらに即席麺メーカー各社を驚かせたのは，同じ局内文書で「許可を得ていない全製品が違法」と明記し，回収と破棄を指示した点である。2012年のFSSAIの通達には登録を申請すれば，許可待ちの段階でも生産・販売できるとあり，今回の文書は矛盾していると指摘する向きもあった。このため，英蘭系ユニリーバのインド子会社，ヒンドゥスタン・ユニリーバは，「製品はすべて安全」「品質管理は厳格」と繰り返し，「未承認＝違法」というのは不可解であると思った。しかし，小売店の店頭から中華風即席麺「クノール」を自主回収し，FSSAIからの全面的な承認を待っていると発表している。同じように，日清食品も自主回収を行っている。ネスレは「MSG無添加」とした誤表示についても批判されていたが，これについては表示をラベルから外した[62]。

ネスレ・インディアのマギー即席麺の輸出先はシンガポール，オーストラリア，カナダ，ケニア，英国など多岐にわたっていた。そのため，シンガポール農畜産物管理庁（AVA）は，2015年6月に入って，インド製のマギー即席麺のサンプル検査の結果が出るまで，輸入業者に対し当該商品の販売停止を勧告した。カナダの食品安全局も，輸入されたマギーを独自に調査しており，もし製品が安全でないとの結果が出れば回収を警告するとした。同様に，英当局も同即席麺製品に安全基準を超える物質量がないか調査するとした。

その後，シンガポールでは安全基準を満たしていることが確認され，販売再開を許可している。マレーシア当局は，国内で販売されているマギー即席麺について消費者は懸念することはないとしている。その理由は，同国で販売されているマギー製品は同国製で，インドからの輸入ではないからであった。タイでは，「ママー」など国内メーカーが市場シェアを確立しているので，インドからの輸出はしていなかった[63]。

マギーは5億ドル規模とされるインドの即席麺市場で8割のシェアを握る。ネスレは，1912年濃縮ミルクの輸入販売によってインドに進出し，それ以来そのブランド力を確立していた。またマギーは，過去30年かけて即席麺市場を作ってきた一大ブランドである。ネスレ・インディアの年間売上高は，2014年12月期で985億ルピー（約1900億円）で，その2割強をマギーが稼いでいた[64]。

いかに，マギーがインド市場に浸透しているのかを示す例を挙げてみよう。例えば，大阪で日清食品のチキンラーメンを使用しているラーメン屋があるのと同じように，ニューデリーなどでは，マギー即席麺を調理し販売する専門屋台もあるという。手鍋に細切りのたまねぎ，ピーマン，ニンジン，インド風チーズを入れ少量の湯で茹でる。次に，ショウガ，ニンニク，トマトを使う自家製スパイスとバター，湯通し済みの即席麺を入れ加熱する。皿に盛り，チーズとオレガノを振りかけたら出来上がりで，調理時間はわずか3分といった具合である。1袋10ルピーのマギーを仕入れて調理し，1皿50ルピー程度で売る。月10万ルピーも売る店もあり，店名にも「マギー」を入れているという[65]。

一方で，ネスレはマギー即席麺やインスタントコーヒーにおいてインド市場で高いシェアを有していた。この背景には農村向けの製品を投入し，農村市場に浸透していることがあげられる。同様に，インドの都市部で高い販売シェアを握る大手消費財メーカー英蘭系ヒンドゥスタン・ユニリーバも，農村市場の開拓に力を入れている。同社は，2014年9月，インドで「シャクティ」と呼ぶプロジェクトを展開すると報道されている。農村に住む若い男女を販売員として活用し，小分けにした1個数円の石鹸など低所得者でも手が出しやすい格好で販売するものである。農村住民にとっては顔見知りが売りに来るため，購入しやすいという。女性の販売員である「シャクティ・アマ」を2013年末の6万5000人から7万5000人に増やす計画である。男性販売員である「シャクティ・マン」は，2013年中に3万人から5万人に増やしているが，さらに拡充するという。物流の仕組みなども工夫しながら，13万人を超える販売員で農村市場を開拓するという[66]。

2015年8月になって，食品安全基準局が承認した研究所CFTRI（インド南部マイソールにある中央食品技術研究所）が，すでにマギー即席麺を独自にテストして安全との結果を得ているインド西部ゴア州の食品医薬品局（FDA）から要請を受け，ネスレ・インディアが販売していた「マギー」ブランドの即席麺の安全性を確認したことを明らかにしている。

こうした動きのなか，ネスレ・インディアは，処分に対する司法の見解を求め，同年6月にムンバイ高等裁判所にこの問題を持ちかけている。これに対し，8月には，ムンバイ高裁は，販売禁止命令を撤回する方向に動いた。6週間以内に国内3カ所の認定検査施設でのマギーの鉛を検査し，含有量が2.5PPM以下であれば店頭に戻すことができるとの判決を出したのである[67]。

ところが，この後すぐにインド政府はネスレ・インディアに対し，不公正な取引，虚偽表示，誤解を招く広告を出した疑いで64億ルピー（約122億円）の支払いを求める訴訟を起こし，インドの消費者救済機関はこれを受理している。消費者保護法に基づいて1988年に設立された全国消費者紛争救済委員会は，同社に対して政府による告発に応じるよう通達を出し，9月30日の審理を告知した。インド政府は，同社がCMでマギー即席麺を健康な商品と謳っており，これが誤解を招く宣伝だと訴えている[68]。

10月になると，裁判所の命令をもとに実施した検査では鉛の含有量は基準値以下だったことが報道されている。ネスレは，「鉛の含有量は大幅に基準値を下回っていた」との声明文を発表し，改めて自社の即席麺の安全性を訴えた。今後，ネスレは即席麺の生産準備に入るが，今回の件で同国の即席麺市場は大きく目減りした。ネスレ・インディアの発表によれば，2015年4～6月期の売上高は198億7000万ルピー（約385億円）で，前年同期の245億ルピーから約20％減少している。その結果，前年同期の28億7000万ルピーの黒字に対し，6億4400万ルピーの赤字となった。また，6月上旬から1カ月間のインドでの即席麺の販売額は通常の9割減となり，3億ルピー（約5億4000万円）にまで減少した。今回の問題は，ネスレのみならず，即席麺業界全体に大きな影響を及ぼしたのである[69]。

今回のマギーを巡る騒動の背景には，食品の安全性に対する消費者の不安がある。インドにおいて中間層を中心に食の安全に対する意識は急速に高まっていることが，マギー問題が全国的に波及する背景となったといわれる。一方では，即席麺メーカーの製品販売に対する規制を突然変えた政府への批判も根強いといえる[70]。

バングラデシュと日清食品のBOP市場向け事業

次に，インドの隣国であるバングラデシュでの日系即席麺メーカーの事業展開を見ることにしよう。1986年末に，明星食品は現地食品企業の「エルファンフーズ」（本社ダッカ）に対して，即席麺の技術供与を契約し，1987年に実際に供与を開始している。当初，バングラデシュの市場性が不透明で，政情が安定していなかったため，リスクの少ない技術供与からスタートしたのである。

1988年2月，明星食品はエルファンフーズに対する即席麺製造技術供与を拡大すると発表している。新たに即席麺製造設備を輸出すると同時に，具材やスープなど周辺資材を現地生産化するための技術指導を始めている。これにより，バングラデシュ国内での即席麺の需要急増に対応し，将来は合弁事業にまで発展させていく考えであった。

明星食品がそのとき輸出した設備は2代目に当たり，エルファンフーズの生産能力はそれまでの2倍の日産10万トンになる。明星食品はバングラデシュの約1億人の人口規模から考えて，市場は3～4倍に拡大すると判断し，設備輸出に力を入れた。

即席麺に添付する具材やスープ，包装フィルムなどは，それまで明星のシンガポール工場から輸入したものを使用していた。これを日本からの技術輸出により，現地生産に切り替えればコストが削減できるうえ，即席スープや乾燥野菜など他の食品生産にも応用できるとみた。1987年の技術供与以後，販売も順調に伸びてきたため，関係を一段と緊密化することにした。また，これを足掛かりに，近隣のインドや中東諸国への進出を狙った[71]。

しかしながら，現地で最初に工場を設立して本格的にバングラデシュに進出したのは，タイ・プレジデント・フーズであった。同社は，2012年8月にはバングラデシュで工場を稼働させている[72]。

日清食品は2012年10月に，バングラデシュで貧困層「ベース・オブ・ピラミッド（BOP）」向けの事業に参画すると発表し，2014年にも栄養価を高めて即席麺を現地で生産し，非政府組織（NGO）などを通じて売り出した。価格は十数円に設定し，妊婦や幼児などの需要を見込む。採算性を見極めるため，現地の市場調査に着手し，早ければ2013年にも工場の建設を始めるという計画であった。当初は調理が簡単な栄養食として，袋麺を販売し貧困層の日常的な食事では不足しがちなビタミンやヨウ素，鉄分などの栄養素を多く入れる方針であった。また，生活物資を販売するNGOに供給することに加え，独自に現地の女性を組織化し，農村部などへの販路を確保するとした。さらにバングラデシュは洪水被害が多いため，避難所に即席麺を保管し，有償販売することも検討した[73]。

バングラデシュの人口は1億6000万人もあり，2016年の即席麺市場は2億8000万食である。2010年が9000万食であったので，5年間に3倍に伸びたことになる。今後も，年20～25%の伸びが見込まれている。日清食品は現地市場への参入後，5～6年をメドに15～20%のシェアを獲得することを目指し，将来の経済成長を見据えて現地でのブランド浸透を進めるとともにBOP市場向け事業のノウハウを蓄積し，アフリカなどでもその事業を手掛けていく考えである。

BOP市場への浸透については，いろいろな議論がなされてきている。まずそれは，1日10～20ドル以下で生活している人たちを資本主義的な意味での消費者に仕立てるという側面をもっている[74]。例えば，企業側としては，「マルチャン」はメキシコの貧しい人々に簡便で栄養のある食事として即席麺を提供している。またネスレは，ブラジルのアマゾン流域の不便なところに住んでいる人々にネスレの「マギー」を水上マーケットで販売して回ることによって，少量の薪で簡便に調理でき味の良い食料を提供している。この結果，BOP市場はネスレのブラジルでの販売の8%を占めるまでになった。このようにして，即席麺はBOP市場の創出に一役買っているという。この結果，こうした企業の動きは，企業が利益を上げることができるのみならず，社会の底辺にいる人々に生活改善の機会を与え，両者ともにメリットを享受することができるというものである[75]。

いうまでもなく，こうしたBOP市場についての議論に火をつけたのは，C. K. プラハラード著『ネクスト・マーケット』であった。1日2ドル未満で生活している人々が，地球上に40億人もいる。この大きな市場は，安価で利益の少ないものでも総数が大きくなるのでビジネスとして成り立つことを，プラハラードはいくつかの企業の事例を挙げて議論したのである[76]。

パプアニューギニアとネスレの戦略

ここで，ネスレのパプアニューギニアにおける即席麺のBOP市場浸透戦略についてみてみよう。1980年代前半に，ネスレは「マギー」をある企業を通してパプアニューギニアに輸出した。この企業は仲介業的な役割を果たした。最初商品はオーストラリアからパプアニューギニアへ輸送されたのである。その後，この企業はネスレの輸出部長であった中国系マレーシア人のErik Ganと知り合い，フィリピンのネスレ工場から直接輸入するようになった。さらに1985年，ネスレはフィージーに工場を建設し，そこからパプアニューギニアに輸出するようになった。

ネスレは，市場拡大のためには，マギーの味を浸透させ，ブランドを確立する必要があると考えた。そのため，販売員は島の隅々まで出かけて調理法などをビデオで紹介し，普及に努めた。1987年雇用機会を与えるということから，パプアニューギニア投資委員会からラエに工場を建設する許可がおりた。2009年までには，この工場では190人の労働者を雇用していた。

人口の85%がBOPに属するといわれるパプアニューギニアで，ネスレは即席麺事業でのビジネス活動を以下のように行っている[77]。

⑴　手ごろな値段での購入（価格および販売サイズの適正化）――主要な製品についてサイズを小さくした。

⑵　手に入れやすさ（製品が手に入れやすいように包括的な流通戦略の確立）――地元の販売業者のためにマギー即席麺とマギーブランドのテーブルと商品を提供することによって，オープン食品市場での存在感を高める，屋台を通してマギー即席麺の料理を提供する，マギー「食品」バーの数を増やす，そしてパプアニューギニアの奥地の村落に供給できるように新しい流通経路を開拓することである。

⑶　健康と栄養（製品が栄養的に優れていることを保証）――ブランド認識および教育活動。栄養のある料理の推進と栄養に関する情報提供を含む。マギー即席麺にはヨード処理したナトリウム塩（iodized sodium）を含んでいる。

そして，ネスレでは全国を回り村や町の女性たちに即席麺を購入するように勧めた。そして，貧しい多くの人々は，自分たちの日々の主食は，安価で，簡便で，おなかがいっぱいになる味のよい即席麺がよいと確信するようになったという[78]。

ネスレは，すでにインドのケースでみたように，ここでも人の集まる場所に同社の認定した屋台を出し，マギー印の大きな傘を立てて，ラーメンにニンジンやネギの野菜を加えて，人々に20セントで提供している。2009年にはこのような屋台が約45台稼働していた。マギー屋台から一杯の即席麺を購入し，スープを飲み，残りの麺をパンに挟んで食べるのが学生たちの間でよく行われているという[79]。

もっとも，パプアニューギニアの即席麺市場においても，多少の競争がある。例えば，中国系インドネシア人や中国系マレーシア人が経営するPapindo Trading やRH Hypermarketsは，アジアから「タイガー」ブランドの即席麺などを輸入し，マギー製品は取り扱っていない。しかし，パプアニューギニアの製品を扱っていないということで，これらについては物議を醸しているという[80]。

第3節　アフリカ・中近東市場への進出

先駆から本格進出まで

日本の即席麺メーカーとアフリカとの関係は，意外にも古い。1976年12月には，明星食品がケニアのクグル・コンソリデイテッド（Kuguru Consolidated Co., Ltd.）に技術供与をしている。この時，機械の設置，技術指導には明星食品の福島工場から服部新也が派遣されている。クグル社は1977年1月から「クグル・インスタント・ヌードル」3品を発売した[81]。

しかしながら，北部アフリカや中近東は韓国や台湾の出稼ぎ労働者などが切り開いた市場であるといわれている。また，この地域には，イスラム教徒の多い国もあり，ハラルといった食材や調理法の問題も存在する。そのため，こうした地域では韓国，台湾をはじめ東南アジアの各メーカーが強い地域となっており，日系即席麺メーカーは出遅れた感がある[82]。

この地域への進出が早かったのが，日清食品が出資しているタイのタイ・プレジデント・フーズやインドネシアのインドフード・スクセス・マクムルといった東南アジアの即席麺メーカーであった。そのため，日系メーカー，とりわけ日清食品はこれらの企業と東南アジアでは協調し，アフリカや中東地域では競争するような形となりつつある。

1991年8月，日清食品は9月からアフリカ向けに即席麺の輸出を始めると発表し，第1便をインド工場から出荷するとした。これにより，世界食となった即席麺が，最後に残された大陸に初めて本格上陸することになった。インド日清の新工場が同年9月下旬稼働するめどが立ったことから，生産の1割程度をアフリカなどの輸出用に振り向けるとしたのである。

実際にアフリカへの輸出は，日清食品のインド工場の稼働とともに，1991年9月に予定通り始まった。同工場の生産能力は1日8時間のシフトで，年産4000万食を予定していた。即席麺のフレーバーはカレー味を中心に辛い味付けにしており，当初はアフリカ東海岸に居住するインド人向けの輸出を考えていた。

このとき，東アフリカ，ケニアの港町モンバサの華僑の経営する店舗の棚には，すでに「出前一丁」など日清の製品が並べられていた。これらは，香港華僑が独自ルートで輸出したものであった。すでに「NISSIN」ブランドはこの地域にも普及していたが，さらに日清自身が本腰を入れて市場開拓に乗り出したといえる[83]。

1992年10月には，明星食品が日本とサウジアラビア両政府の要請にもとづき，日本国際協力機構（JICA）がサウジアラビアで進めている即席麺製造の合弁に参加すると発表した。同時に，同社は近隣のエジプト，旧ソ連でも即席麺需要を掘り起こしたいと考えていた[84]。

しかし，アフリカ・中東での日系即席麺メーカーの本格的な展開は，2010年代まで待たなければならなかった。2010年代に入ると，日系即席麺メーカーの成長はますます海外市場の開拓に依存することになった。とりわけアジアは世界の成長センターとなった。そして中国，東南アジア，インドのほか，アフリカ・中近東などにも力を入れるようになってきたのである。

とくに，2012年は，即席麺業界にとって大きな意味を持つ年であった。世界ラーメン協会によれば，2012年に世界で販売された即席麺は前年比3%増の

1014億食と，初めて1000億食を突破したのである。世界の即席麺の需要量は過去15年で2.5倍になったが，これはインド，タイ，ベトナムなどアジアの新興国が牽引してきたものであった。そしてメーカーにとっては，次のけん引役としてアフリカ・中東市場の攻略が共通課題になっていた。即席麺は，経済成長に伴って働く女性や共働きの夫婦が増えると，手軽に食べられる食品としてよく売れるようになる。まだ，2013年時点ではアフリカでは即席麺は普及していなかったが，2018年ごろにはアフリカの即席麺市場は，日本市場の約10分の1の年間5億食市場になると見込まれていた[85]。

2010年代に入ると，アフリカの人口増加と経済成長に注目が集まるようになった。2000年以降アフリカの人口は増加し，2010年には10億人を突破し，2030年には15億6000万人，2050年には21億9000万人になると予測されている。なかでも，ナイジェリア，コンゴ，エチオピア，タンザニア，エジプトの伸びが大きいとされている。また，1人当たりのGDPは2000年から2010年までの10年間に717ドルから1667ドルと2倍を超え，今後も拡大が予想される。1日の総収入が4～20ドルの中間層の人口は2010年には3億5000万人であったが，2020年には4億人に達する見込みである。こうした経済成長によって，この地域も食生活がバラエティー豊かになってきたのである[86]。

その結果，今まで口にしなかった即席麺も受け入れられるようになってきたという。アフリカと中東の即席麺の市場規模は，2011年に6億4070万ドルと2007年の約1.7倍に増加した。当時，英調査会社ユーロモニターインターナショナルは，2017年にはアフリカの即席麺市場は，9億2100万ドルになると予測している。

日本政府も，2013年に開催された第5回アフリカ開発会議で，今後5年間で官民合わせて約3兆円を支援する方針を表明している。安部晋三首相も現地の国々をたびたび訪問しており，日系企業の関心も高まっている。

日本政府と食品大手企業は，2016年の夏に，アフリカなど途上国の食品市場を開拓するための官民の新組織「栄養改善事業推進プラットフォーム」を発足させた。年収3000ドル以下の低所得層に安く栄養価の高い食品を提供し，日本企業の進出や食品の輸出拡大，貧困支援での国際支援につなげる。同年8月にケニアで開催されたアフリカ開発会議（TICAD）で安部首相がこうした構想を打ち出した。日清食品や東洋水産のようにアフリカでの展開をすでに行なっている企業のバックアップのみならず，将来的には中小企業などの進出も支援するという[87]。

ナイジェリアでの動向

とくに最近注目を集め，市場の伸びを牽引しているのが西アフリカのナイジェリアである。同国は，約1億7000万人と域内最大の人口を有する。2050年には人口2億人を超えるアフリカ最大の経済大国になると予想されているので，将来の市場の先取りを目指して日系即席麺メーカーも進出するようになった。

ナイジェリアの2015年の即席麺の需要規模は15億4000万ドルで，アフリカ全体の約8割を占め，2位の南アフリカ，3位のエジプトを大きく引き離している。これは，経済成長を遂げ，都市化したナイジェリアでの女性の社会進出や食生活の変化に合わせて，インドネシアのインドフード社がナイジェリアの即席麺市場を開拓した影響が大きい[88]。

また，即席麺が受け入れられるようになった他の要因としては都市化がある。即席麺は手軽に低価格で食べることができるので，都市生活者に好まれている。このほか，資源開発やインフラ建設などでアフリカに滞在する中国人が増加し，雑貨店などで即席麺の取り扱いが増えているという[89]。

中東・北アフリカ地域は30代以下の働き手が多いピラミッド型の人口構成で，約5億人の人口が2017年までには1割程度増加すると推測されている。民主運動「アラブの春」等を背景に，これまで抑えられてきた女性の社会進出や消費の活発化を予測する見方もあった[90]。

2013年におけるナイジェリアにおける即席麺企業のシェアは，第1位が「インドミー」ブランドを発売するディナイテッドフーズが71.4%，第2位は「チッキ」のチッキフーズの8.9%，第3位が「ゴールデンペニー」のゴールデンヌードルズが5.6%，第4位が「ハニーウエルスーパーファイン」のオーヌードルズの5.5%，第5位が「チェリエ」のクラウンフラワーミルズが4.8%となっている[91]。

1995年に，シンガポールに本社を持つインド系企業Tolaramグループは，ナイジェリアに100％の出資で「Multi-Pro Enterprises」（以下，マルチプロ社）を設立した。マルチプロ社は設立と同時に，インドフードの「インドミー」の輸入販売とナイジェリアの麺市場の調査を開始している。しかし，現在ではナイジェリアでは麺類の輸入が禁止され，同国で製造することが義務付けられている。

翌1996年には，インドネシアのサリム・グループと，ナイジェリアで石油化学製品，家電，自動車，繊維製品などの製造・販売を手掛ける傘下企業を持つTolaramグループとが，それぞれ50％ずつ出資してDufilグループが設立された。Dufilグループ傘下のDe United Foods Industriesが1997年にオグン州オタ市で，同じく傘下のDufil Prima Foods Ltd.が2004年にリバース州ポートハーコート市チョバ地区でインドミーの生産を開始した。2工場合わせて日産12万カートン（1カートン40袋）のインドミーを生産した。

2008年頃には，Dufilグループがナイジェリア市場に投入していた商品は6種類ある。1袋70グラムで約35ナイラ（約12円）の製品3種類（チキン味，チキン・ペッパースープ味，オニオン・チキン味と，1袋120グラムで45ナイラの製品3種類（チキン味，ペッパー・チキン味，チキンスープ味）である。

2008年頃，マルチプロ社の従業員は1200名，うちインド人は18名，営業部隊のナイジェリア人は300名を数えた。同社は，支所をラゴス州に3カ所，首都アブジャ，ポートハーコート市，カノ市，カドゥナ市，イバダン市など国内9カ所に設置し，全国に販売網を作り上げている。この300人の営業部隊がインドミーの車両広告が張られているバンを利用して国中を駆け巡っていた。街中の看板広告や警察官用スタンドにもインドミー広告がよく見かけられるという。ブランド浸透のために，イスラム教徒が多い北部地域では，ラマダン明けにモスクで調理済みのインドミーを無料配布したり，クリスマスや大きなイベントでも同様のことを行ったりしている。また，若者の囲い込みにも熱心で，5～12歳の小学生を対象にインドミーのファンクラブを設置して，月に1度ラゴスでパーティを開いている。インドミー20袋入りのダンボール1箱を購入すると誰でも参加でき，インドミーのロゴの入ったTシャツ，文房具などが配布される。また，マルチプロ社のプロモーションキットやウェブサイトではナイジェリア市場向けに開発された5種類のアニメキャラクターが見られるようになっていたり，パソコン用壁紙のダウンロードをすることも可能となっている。また，栄養学修士課程の奨学金を補助したり，オグン州オタ市に「Indomi Football Club」を設立して有能選手の発掘も手掛けたりしている[92]。

2008年当時では，アフリカでインドミーを製造しているのはナイジェリアのみで，ガーナ向けにはマルチプロ社がナイジェリアから輸出している。ベニンやトーゴといった隣国でもインドミーは，卸業者経由で輸出されている。

インドミーは，発売から10年ぐらいでナイジェリアの即席麺市場で60～70%のシェアを占めるまでになり，同時にナイジェリア人の食生活を大きく変えたといわれている。

なお，ナイジェリアでは現地系製造大手企業のHoneywell社（「オーヌードルズ」），同国財閥大手Dangoteグループも即席麺の製造・販売を行っている。また，Flour Mills of Nigeria社も即席麺製造の立ちあげに言及しているなど，即席麺市場の拡大に合わせて競争も激化することが予想される[93]。

日清食品のアフリカ戦略

2013年5月に，日清食品は2013年から15年度の中期経営計画を発表した。アフリカ，中南米などの各国に進出し，2015年度の海外売上高を12年度の1.8倍の985億円に増やすことが柱であった。海外売上増をてこにして，2015年度の連結売上高は同18%増の4500億円，営業利益は同29%増の310億円を目指した（売上高は2015年3月期が4315億円，2016年3月期が4680億円，営業利益はそれぞれ243億円，263億円となった[94]）。

同社は，アフリカでは北部と東部の2カ所にそれぞれ進出を考えており，エジプトやエチオピアなど人口が多い国を対象として検討している模様である。中南米や東南アジアではすでに進出している近隣の国から製品を輸出する形で，新たな国に参入する。もとより，現在の中核である米国と中国も強化するという。米国では麺を短く切ってスープ感覚で食べられる商品を本格投入する。中国では人口300万人の都市への営業拠点を増やす[95]。

2014年4月には，日清食品はさらに海外事業の強化に本腰を入れ，モロッコなど北アフリカに進出し，2025年度に連結売上高を1兆円，海外売上高比率50%（2012年度はそれぞれ3827億円，14%）を目指す長期構想もまとめている。この構想の背景には，まだまだ即席麺が普及していない地域があり，今後の経済発展とともに需要が生じると期待されると同時に，すでに消費されているところでも需要は増加するという判断があった。

日清食品は2013年5月，ケニアの国立大学であるジョモケニヤッタ農工大学（JKUAT）と共同出資で現地での事業会社を設立したと発表している。資本金は約6億円で，日清食品が70%，JKUATが30%を出資している。日清食品は，すでに2008年からケニアの学校で即席麺を紹介している。これは，「日清スポーツ振興財団（現安藤スポーツ・食文化振興財団）」によるアフリカ事業化自立支援「ケニアOishii（おいしい）プロジェクト」によるものである。このプロジェクトの推進者の1人が，日清食品陸上競技部のケニア出身のジュリアス・ギタス選手で，彼は故郷の小学校を訪れてチキンラーメン手づくり教室を実施し児童全員で試食をしている。

生徒たちの評判がよかったので，日清食品はジョモケニヤッタ農工大学に実験用のラボを作り，そこに1日1000食作れる生産ラインを寄贈している。栄養を強化するため，アミノ酸の一種であるリジンを加え，現地の食文化に合わせ，麺を食べなれないケニアの人たちが食べやすいように長さは10センチにし，ケニア人が好む汁のない薄味のしょう油味を採用した。これまで延べ6万3000人が即席麺を食べており，事業開始の下地が整ったと判断したのである[96]。

日清食品は，2013年9月に首都ナイロビに営業所を設け，インドの子会社で製造した袋麺を輸入し，ケニアの大手量販店の8割と取引がある食品卸会社を通じて販売する予定であった。2014年秋には5億円前後を投じて大学内に工場を新設し，現地生産に切り替える計画である。カップ麺も含めてケニアを拠点に東アフリカ5カ国に販売先を広げる。店頭想定価格は30〜40ケニアシリング（35〜45円）と日本の半分以下となる。

日清食品は，経済成長に伴って需要拡大が見込めるため，競合他社に先行して市場開拓に取り組もうとしたのである。

2013年の秋の販売開始から約1年はケニアを重点的に開拓し，2年目以降は関税がかからない東アフリカ共同体（EAC）全域で販売する。EACはケニア，タンザニア，ウガンダを中心に2001年に再結成され，2005年に関税同盟が発足し，2007年にはルワンダとブルンジが参画し5カ国で結成されている。域内の人口は2010年では1億3300万人で，同年から一部品目を除いて域内の関税を撤廃している。さらには将来的には通貨統合を目指しているといわれる。

ケニアの2011年の実質GDP成長率は年率4.4%で，15年まで同6%前後の成長が続く見通しである。EAC加盟国のタンザニアやウガンダも，7%前後の成長を続けている。こうした成長の背景には，東アフリカは資源開発や自動車関連産業などが盛んで，EAC域内で人とモノの交流が加速していることがあげられる。国内では当面袋麺を販売し，軌道に乗れば単価の高いカップ麺も発売する。2018年度には同地域で50億円の売上高を見込む。

また，日清食品は，ケニアの食文化や味の嗜好にあわせて新しく開発した麺には，現地の消費者になじみがあって健康にもよい全粒粉や雑穀「ソルガム」を練り込んでいる。また，ケニアでは平皿が一般的で熱いスープのメニューが少ないので，汁なし麺にしている。チキン味とケニアの焼き肉料理であるニャマチョマ味の2種類がある[97]。

アジアの有力企業のアフリカ進出

近年，アフリカや中東で活発な事業展開をしているのが，インドネシアのインドフード・スクセス・マクムルやタイのタイ・プレジデント・フーズである。2014年1月には，インドネシアのサリム系のインドアドリアティック・インダストリーが，ケニアに工場を新設すると発表している。サリムはすでに同社と現地企業が共同出資する即席麺工場をナイジェリアで運営している。同国市場で過半のシェアを握る人気で，周辺国でも拡販している。サリムはケニアに工場を追加し，アフリカ市場で東西に広く安定供給できる体制を築く考えである。

サリムは中核となる投資会社ファースト・パシフィックを香港に置き，同社が51%出資するインドフードをインドネシア市場に上場している。同社は即席麺の年産能力が160億食を上回る世界有数のメーカーであり，2013年では企業別シェアでは小売金額ベースでは世界第5位である。しかし，同社製品の価格は安いため，金額ベースでは低いが，年産能力は160億食と世界消費量の約15%，日清食品HDとほぼ同じレベルである。近年は，乳製品や栄養食品を強化して収益源を広げるほか，中国の食品会社やブラジルの製糖会社を相次ぎ買収するなど海外展開も積極化している。また，即席麺の国外製造拠点をマレーシアとナイジェリアの2カ所に有している。

ナイジェリアのマルチプロ社が生産するインドフード社の主力である「インドミー」ブランドの即席麺は，手ごろな価格と多様な味付けで各地で人気を博している。国民の大半がイスラム教徒のインドネシアやマレーシアで販売実績が豊富なため，イスラム教徒が多いアフリカや旧ユーゴースラビアでもイスラム教が禁忌とする豚肉の成分を使わない「ハラル認証」製品として信頼が高い。

インドフード社は，インドネシアでは主力即席麺市場で競争が激化し，健康食品などの利益率の高い製品へのシフトを急ぐと同時に，即席麺では新たな成長市場を開拓するために,「インドミー」ブランドの拡販で海外開拓を急ぎ，ケニアやセルビアでの現地生産に踏み切ったのである[98]。

また，最近ではトルコでもインドフード社の製品は人気が高いという。地元の関連会社が2014年に現地工場を開設している。売上高は公表していないが，同社では関連会社に技術・製法やブランドを供与し，ライセンス料を受け取る形をとっている。同じく別の現地企業と日清食品が生産・販売する即席麺,「マカルネクス」の強力な競争相手となっている。

インドフード社は，1990年代半ばに合弁工場を開設して進出を果たしたサウジアラビアには，現在3カ所の生産拠点を持つ。その他，エジプトやナイジェリアなど少なくとも9カ国で生産しており，販売先は60カ国に及ぶ。同社は,「インドミー」が世界の「ハラル麺」となるべく，ブランド力と販売力を強化し，インドフード社の海外事業比率を2015年の9%程度から15～20%と徐々に引き上げ，いずれは30%にしたいと考えている。2016年中にもモロッコに工場を開設する計画があるという[99]。

さらに，同社はカザフスタンでは工場建設へ向けて事業化調査を行っている。カザフスタンは中央アジアや中国西部を開拓する拠点になると考えている。カザフスタンは1650万人の国民の7割がイスラム教徒と言われ，同社はハラル商品として売り込む強みを持っている[100]。

一方2012年6月には，日清食品が2割出資しているタイ・プレジデント・フーズは，ガーナに工場を建設すると発表している。現地の麺メーカーと合弁会社の設立で交渉中という。交渉がまとまれば3億バーツ（約7億5000万円）を投じ，2013年中にも生産を始める計画であった。タイと同じ「ママー」ブランドでガーナ国内で販売するほか，周辺アフリカ諸国へ輸出する。タイ市場が伸び悩むなか，拡大するアフリカ市場やアジア周辺市場を取り込む。タイバーツ高で海外生産が有利になったという側面もある。

ガーナ向けはこれまで市場調査を兼ねて，タイから試験的に輸出している。2012年初めからは現地工場への委託生産も始めていたが，国民所得の向上に伴った即席麺消費の伸びが急なことから，自社工場の確保へと戦略を切り替えようとしたと言える。しかし，2015年8月にこのガーナについては政情不安と経済的混乱のため計画を延期するとしている[101]。

サンヨー食品の動き

2013年5月，サンヨー食品がナイジェリアに進出すると発表している。同年7月に，同国で食品販売を手掛けるシンガポールの農産物商社，オラム・インターナショナルと合弁会社「オラム・サンヨーフーズ」を設立し，共同で即席麺の製造・販売に乗り出した。アフリカ最大の人口を抱えるナイジェリアで，日系他社に先行して市場開拓を進めるものである。

合弁会社へのサンヨー食品の出資比率は25.5％で投資額は約20億円である。サンヨーは人材を派遣する方向である。まず低価格の即席袋麺を販売し，その後は付加価値の高いカップ麺を市場に投入する。アフリカで加工食品を強化させたいオラム社側から強い要請があったという。

オラム社は，ココアやゴマ，綿花などの取引を手掛け売上高は約1兆8000億円，世界65カ国で事業展開している。同社は，1989年にナイジェリアに進出し，自社工場で菓子や加工食品を製造・販売している。アフリカでは25カ国に製造や営業の拠点を持っている。このうち，同社が加工食品事業を展開するのはナイジェリア，ガーナ，マリ，ブルキナファソ，ベナン，トーゴ，南アフリカの7カ国に及んでいる。工場はナイジェリアに7拠点，ガーナに2拠点あった。ビスケットの「ピクニック」やトマトペーストの「テイスティ・トム」は，ナイジェリアやガーナでシェア2位であった。

オラム・サンヨーは当初，オラム社の既存工場を活用し，軌道に乗れば新規の工場建設も検討するという。オラム社はサンヨーの商品開発力を生かした現地の嗜好に合った新商品を開発できるとみており，他国での共同事業も視野に入れている。

ナイジェリアでは，小麦粉を原料とする即席麺は主食になっている。そのため，袋麺がよく売れるという。オラム・サンヨーでは，2014年6月には日本製の製造ラインが稼働しており，同国市場シェア第3位になった。さらに同社は，年間生産能力は5億食まで増やす予定で，シェア2位を目指すという。このために，ナイジェリア工場から近隣のガーナ，コートジボワールなど象牙海岸諸国を開拓する。2016年までには，「チェリー」という現地ブランドを年間2億食生産している[102]。

オラム・サンヨー社は，当面はサハラ砂漠より南のサブサハラ地域事業を強化し，オラム社が加工食品事業を展開している既存の7カ国の隣接地域等でも事業を展開していく方針であった。中国やベトナムで培った新興国開拓のノウハウも，サンヨー食品に期待されていた。

サンヨー食品は，3割強を出資する中国の康師傅と同じく，「金は出すが口は出さない」方式でこの会社を子会社にまではしないという。同社は，相手先の企業価値が高まり，配当をもらえばいいという。実際，すでに第5章でみたように，康師傅の売上高は1999年にサンヨー食品が210億円を出資した後に約18倍増え，2013年度には100億ドルを超えた。サンヨー食品には年60億円程度の配当収入が入り，同社の業績を底支えしている。新設する新会社について，サンヨー食品は7億5000万ドルの企業価値があると判断している。

2014年8月には，サンヨーとオラム・インターナショナルは提携関係をさらに発展させるとした。サンヨー食品はアフリカ7カ国で即席麺や調味料，飲料などの総合食品事業を始めるという。オラムが新設する持ち株会社に年内にも出資する。現物出資と合わせたサンヨー食品の投資額は約190億円となる。

オラム社との合弁企業の本社はシンガポールに置き，ナイジェリア，ガーナ，南アフリカなどで手掛けるビスケット，キャンディー，調味料，飲料といった食品事業を傘下に置く。これらの事業の合計規模は2013年度で350億円，サンヨーは持ち株会社に25％出資し，取締役計8人のうち2人を派遣している。即席麺事業は持ち株会社傘下の事業会社に組み込まれることになった[103]。

東洋水産の展開

一方，東洋水産にも新たな動きがみられた。2013年12月，味の素と東洋水産は，今後の有望市場とみなされているインドとナイジェリア2カ国で，即席麺事業に共同で取り組むと発表した。2カ国での両社の共同事業は共通のものが多いので，ここではインドのケースも含めて一緒に見ることにする。

両社の合弁事業は，ナイジェリアは2015年度，インドは2016年度から商品を生産・販売し，10年後には50億食，市場シェア15％を獲得することを目指すとした。即席麺でインドは世界5位，ナイジェリアは12位の消費量があり，高い伸びを示していた両社の強みを補完し合い，新興国市場を迅速に攻める狙いがあった。

インドでは，両社はチェンナイ市に資本金9億ルピー（15億円）で，東洋水産51％，味の素49％出資の合弁会社「マルちゃん味の素インド」を設立した。代表者は東洋水産が指名し，東洋水産は開発・生産，味の素は商品企画・販売を担当する計画で，販売については味の素グループの現地法人2社の販売基盤を活用するとした。タミル・ナードゥ州，カルナタ州，ケララ州，アーンドラ・プランデーシュ州の南部4州から販売を開始し，順次販売エリアを拡大する戦略であった[104]。実際に合弁会社は2014年12月に設立され，2016年11月から生産・販売を開始している。

インドは国連の人口推計では2050年には16億2000万人で世界1位，ナイジェリアは4億4000万人で3位になると予想されている巨大市場である。インドでは，2012年には，すでに日本の8割に相当する44億食の即席麺を消費し，それまでの3年の平均成長率は22％に上る。同年15億食のナイジェリアも消費上位15カ国中3番目となる7％成長を続けている。2018年ごろまでには日本の約10分の1の年間5億食市場になるとみられた[105]。

ナイジェリアでは，2015年1月に東洋水産49％，味の素51％の比率で資本金8億ナイラ（約2.5億円）の共同出資会社「マルちゃん味の素ナイジェリア」を設立し，味の素が代表者を指名した。それぞれ約10億円を投じて工場などを新設し，商品は共通のブランド「A&M」で販売する。

しかしながら，インドの即席麺市場はスイスのネスレ，ナイジェリアはインドネシアの食品大手インドフードがシェアの7割を握っている。味の素も東洋水産もともに，この両国は有望市場ではあるが，単独での開拓は難しいとの判断があった。東洋水産は，迅速な市場開拓のためには，すでに味の素が現地で構築している販路を利用する方が有利と判断したのである。

売上高は両国とも販売開始から5年後に50億円，10年後に80億円を計画し，市場シェアは，10年後のナイジェリアで15%，インドは主要販売地域の南部4州で15%を目指した。ところが，原油価格の下落により事業環境が大きく変わったことで，その後の見通しが不透明になり，ナイジェリアの合弁契約を解消し，解散・清算手続きを行った[106]。

日清食品とハラル商品

2014年3月には，日清食品が北アフリカで即席麺の販売に乗り出すと発表している。モロッコのカサブランカに全額出資（資本金4億円）の販売子会社「マグレブ日清」を設立し，アルジェリアやチュニジアでも事業を展開する。3カ国の人口は合計8000万人で，1人あたりの名目GDPも3000〜5000ドルとアフリカの中では高水準である。今後の経済成長で，同地域の即席麺消費量が2019年頃までには年3億食を超えるとみられる。北アフリカ地域の所得水準の向上や食生活の変化などを受け，現地の即席麺ニーズも高いと判断したことによる。2017年には，3カ国で年5000万食の販売を目指す。

日清食品は，2014年4月から3カ国で即席パスタ「ニッシン・パッティリコ」を発売している。これは，お湯に麺とソースを入れてかき混ぜると3分で出来上がるというものである。現地の消費者の味覚に合わせたトマト味2種類を用意している。卸商などを通じて小売店に供給し，3年後に年20億円強の売上げを見込んでいた[107]。モロッコでの希望小売価格は76円で，中国のメーカーが現地で販売する即席ラーメンの約2倍と高いが，現地ではパスタ食が定着しており，商機があるとみなしている。当面，シンガポールの生産拠点から，イスラム教の戒律にしたがうことを示すハラル認証を取得した商品を輸出する。年1億食以上の事業規模に育てば，現地生産を検討するという[108]。

トルコへの進出

最近では，ヨーロッパとアジアを結ぶトルコにも日系即席麺メーカーの進出がみられる。日清食品は2012年7月に，トルコに進出すると発表している。トルコもこの時期には急速な経済発展を遂げており，今後の市場拡大が期待された[109]。その結果，日清食品はトルコ食品最大手ユルドウズ・ホールディング（本社イスタンブール）傘下のパスタメーカーに出資し，2013年4月に即席麺の生産を始めた。現地にはまだ即席麺市場が確立していなかったが，パスタなどでなじみがあり，潜在需要は大きいと判断したのである。

トルコは1人当たりGDPが1万ドル強と新興国では比較的高く，人口は年100万人ずつ増えている。トルコでは手料理の慣習が強いが，経済発展に伴い共働き家庭も増加している。日清食品は2012年の進出後5年で年間10億食の販売を目指し，トルコから中近東や北アフリカへの進出も狙った。

2012年9月にユルドゥズ傘下のパスタメーカーの株式50%を取得し，社名を日清ユルドゥズに改称した。続いて，ラーメンなど即席麺の生産ラインを新設するため，年内に同社が実施する第三者割当増資を日清とユルドゥズが折半で引き受けた。日清の投資額は約24億円となった。

日清ユルドゥズは，2013年春にはカップ麺や袋麺，パスタなどを生産する計画を立てた。トルコの伝統的な麺「エリシテ」のインスタント版や，日清の主力商品「カップヌードル」の発売も検討していた。販売は，約3万店の小売店と取引があるユルドゥズの流通網を活用し，値段は中間層が手軽に買える水準に設定し，年間10億食の販売をめざす計画であった。同社は，計画どおりトルコで初のインスタントラーメンである「Mekerneks」の製造・販売を開始した[110]。

トルコにも，やはりインドネシアのサリム・グループの進出がみられる。インドフードの「インドミー」は，手ごろな価格と多様な味つけで，人気を博してきた。インドネシアは国民の大半がイスラム教徒で，インドネシアやマレーシアでの実績のみならず，イスラム教徒の多いアフリカや旧ユーゴスラビアでも，ハラル商品としての信頼性や評価が高い。そのため，カザフスタンでも工場建設を検討するという。カザフスタンは中央アジアや中国西部を開発する拠点になるという。同社は，今後はこうした地域に積極的に攻勢をかけ，世界市場を拡大していこうとしているのである[112]。

[注]

1　パスタ文化や麺文化については，以下参照。石毛直道（1991）『文化麺類学ことはじめ』フーディアム・コミュニケーション。

2　株式会社エーシーシー編（1986）『めんづくり味づくり―明星食品30年の歩み』明星食品株式会社，133-134頁。

3　「サンヨー食品，即席めん海外事業ゴー――英ケロッグと業務提携，米では日産30万食」『日経産業新聞』1978年9月28日。

4　「日清食品，即席めんの海外売上高を3年後の昭和59年までに倍増めざす」『日経産業新聞』1982年5月20日。

5　日清食品株式会社広報部編集（1998）『食創為世―日清食品・創立40周年記念誌』日清食品株式会社，97頁。

6　「日清食品，インドで生産，即席麺―ソ連・東欧に輸出」『日本経済新聞』1990年1月30日。

7　「食品大手海外フロンティアをゆく（2）即席麺，非東洋圏へ―味の定着には時間」『日経産業新聞』1992年10月27日。斎藤高宏（1992）『わが国食品産業の海外直接投資―グローバル・エコノミーへの対応』農業総合研究所，239頁。

8　同上。

9　「日清食品―欧州市場再攻略狙う（日本企業の海外戦略診断）」『日経産業新聞』1983年11月28日。「日清食品――気に4社買収で多角化戦略に突破口」『週刊ダイヤモンド』1991年6月22日。

10　「日清食品，欧州に初の工場―オランダで即席めん製造」「オランダ特集―日本企業の進出多様化，食品業にも広がる」『日本経済新聞』1992年4月30日。「日清食品，独に即席めん販社―数年後，英仏伊にも展開」『日経産業新聞』1993年4月8日。

11　日清食品株式会社広報部（1998）『食創為世』96-98頁。「日清食品，独に即席めん販社―数年後，英仏伊にも展開」『日経産業新聞』1993年4月8日。

12　「日清食品・独―”未開地“で乾麺（日本企業インザワールド）」『日経産業新聞』1993年11月6日。「日清食品社長安藤宏基―世界で違うレシピ（談話室）」『日経産業新聞』1994年3月21日。

13　「食品大手海外フロンティアをゆく（2）即席めん，非東洋圏へ」。

14　「日清，東水が輸出開始，即席めんソ連・東欧圏へ―保存性と安さ売る」『日経産業新聞』1990年2月9日。

15　「東洋水産，ソ連・東欧に即席めん―年間3000～4500万食輸出」『日本経済新聞』1990年2月6日。

16　同上。

17　「東洋水産，ソ連へ即席めん輸出―米で生産，年内に計20万食」『日経産業新聞』1990年11月28日。

18　「東洋水産，ハンガリーに輸出―カップめん，ソ連向け再開」『日本経済新聞』1991年11月18日。

19　「ロシアのインスタントラーメン市場」『ロシアNIS経済速報』第1457号，2009年3月15日号，2-3頁。

20　「ビジネス最前線　ロシアカップめん市場への挑戦―日清食品株式会社国際部次長宮崎好文」『ロ

シア貿易調査月報』第50巻第5号，2005年5月，46-47頁。以下，ロシアの即席麺事情については，全面的にこの記事による。

21　同上，47，50頁。

22　同上，49-50頁。

23　同上，50-51頁。

24　同上，47頁。

25　同上，48-49頁。

26　同上，51頁。

27　同上，51-53頁。

28　同上，54頁。

29　前掲，「ロシアのインスタントラーメン市場」1頁。

30　「ロシア即席めん会社に出資，カップヌードル展開検討，日清食品HDの安藤社長に聞く」『日経産業新聞』2008年12月29日。

31　「日清食品，海外M&Aに再び軸足，ロシア進出，成長持続のカギ」『日本経済新聞』2008年12月26日。

32　「ロシアのインスタントラーメン市場」3頁。「特集　ロシア・NISの消費市場と小売業―伸び悩むロシアのインスタントラーメン市場」『ロシアNIS調査月報』2013年2月号，46頁。

33　「ロシアのインスタントラーメン市場」4頁。「特集　ロシア・NISの消費市場と小売業」46頁。

34　「ロシアのインスタントラーメン市場」4-5頁。「特集　ロシア・NISの消費市場と小売業」47頁。

35　「『サッポロ一番』ロシアに，サンヨー食品，即席麺大手に5割出資」『日本経済新聞』2011年4月14日。「サンヨー食品，ロシア市場に参入，即席麺大手に5割出資」『日経産業新聞』2011年4月18日。

36　「特集　ロシア・NISの消費市場と小売業―伸び悩むロシアのインスタントラーメン市場」『ロシアNIS調査月報』2013年2月号，45頁。

37　同上。

38　同上，45-46頁。

39　同上，49頁。

40　味の素株式会社（2009）『味の素グループの百年―新価値創造と開拓者精神』味の素株式会社，566頁。林廣茂（2012）『AJINOMOTOグローバル競争戦略―東南アジア・欧米・BRICsに根付いた現地対応の市場開拓ストーリー』同文舘出版，38頁。「味の素，ポーランドでカップめん発売」『日経産業新聞』2005年1月26日。

41　日清食品株式会社，プレスリリース「子会社の清算に関するお知らせ」2004年11月12日。「ユニークアジア企業イン東欧（下）市場を作れ―将来の顧客にかける」『日経産業新聞』1997年3月5日。

42　「《日系進出》欧州における日本企業の動向（2005年12月）2」http//www.news.nna.jp/articles/show/972741（2016年9月8日アクセス）。

43　「インドネシアの華人財閥，サリム，即席麺で世界へ，セルビア・ケニアに新工場―周辺国へ輸出拠点に」『日経産業新聞』2014年1月20日。「即席麺のインドフード，セルビア工場が操業，欧州進出の足がかり」『日経産業新聞』2016年9月7日。

44　「日清食品，めんの具材，インドで―現地食品会社に資本参加」『日本経済新聞』1987年2月9日。

45　「国際化の研究―日清食品（1）食の文化への挑戦（進化論日本の企業）」『日経産業新聞』1989年5月29日。「国際化の研究―日清食品（4）総合食品へ脱皮，国際水平分業（進化論日本の企業）」『日経産業新聞』1989年6月1日。

46　増田辰弘（2005）「連載 アジアの創業事情［インド］―10億人のタフな市場に即席めん（ラーメン）で挑戦　日清食品」『技術と経済』6月号，44-45頁。「日清食品，即席めんでインド進出―ブルックボンド社と合弁」『日経産業新聞』1989年7月14日。「即席めん，インド日清，本格西安―2年後メドに日産倍増」『日経産業新聞』1995年6月30日。
47　Bhattacharya, S. (2013), "Binod Chaudhary uses his noodle to become Nepal's first billionair," *The National*, Augaust 11.
48　「日清食品，即席麺でインド進出」。吉田彰男（1997）「日本企業のアジア戦略（2）―日清食品」『実業の日本』12月号，127頁。
49　増田辰弘（2005）「連載 アジアの創業事情［インド］」45頁。
50　下渡敏治（2014）「第1章 経済発展とフードシステムの構造変化」下渡敏治・上原秀樹編著『インドのフードシステム―経済発展とグローバル化の影響』筑波書房，9-10頁。
51　「即席めん，インド日清，本格生産―2年後めどに日産倍増」『日経産業新聞』1995年6月30日。吉田彰男（1997）「日本企業のアジア戦略（2）」45頁。
52　「日清食品，越・タイ・印で増産，即席麺の新工場，総投資70億円」『日経産業新聞』2012年7月17日。「事業戦略レポート　自力でインド市場と向き合い始めた日系3社―ユシロ化学工業，ミクニ，日清食品」『アジア・マーケットレヴュー』2008年5月15日号，21頁。
53　「J-オイル，インド進出，脂質減らす食用油投入，現地最大手と合弁」『日本経済新聞』2013年6月6日。
54　「インドで第3工場稼働，日清食品，現地仕様の新商品」『日本経済新聞』2014年2月18日。「チェンナイ　インド即席麺」『ジェトロセンサー』第65巻第770号，2015年1月，12頁。「即席麺のアジア事業が加速―日清食品，東洋水産ら」『アジア・マーケットレヴュー』2014年10月1日号，22頁。日清食品ホールディングス「インド日清，同国東部に新工場を稼働―高成長市場開拓のため，新コンセプト即席麺を供給」ニュースリリース，2014年1月15日。
55　インドの食品流通については，以下参照。横井のり枝（2014）「第8章 インドにおける食品流通システムと流通組織」下渡敏治・上原秀樹編著『インドのフードシステム―経済発展とグローバル化の影響』筑波書房。
56　「事業戦略レポート―自力でインド市場と向き合い始めた日系3社」21頁。
57　増田辰弘（2005）「連載 アジアの創業事情［インド］」46-48頁。
58　「インド日清食品が日系企業初の全国自社販売網」JETRO『世界のビジネスニュース（通商弘報）』2008年4月24日。
59　増田辰弘（2005）「連載 アジアの創業事情［インド］」46-47頁。
60　「食品　三菱商事，日清食品と提携でインドの即席めん事業に参入『インド支援ポータル』2015年3月17日（http://www.india-bizportal.com/jacomp/p1584/）。
61　「ネスレ・インディア，即席麺20万袋の回収命令受ける（フラッシュ）」『日経産業新聞』2015年6月1日。「ネスレCEO『品質に問題ない』，インドで回収命令の即席麺」『日本経済新聞』2015年6月6日。「ネスレ『マギー』，販売停止命令，即席麺インドでピンチ―安全局が調査拡大，日清食品も対象（アジアFocus）」『日経MJ（流通新聞）』2015年6月14日。
62　同上。「ヒンドゥスタン・ユニリーバ，印で即席麺『クノール』回収（フラッシュ）」『日経産業新聞』2015年6月17日。「ネスレ即席麺騒動，インドで広がる食の不安，他メーカーにも波及（NIKKEI ASIAN REVIEWから）」『日経産業新聞』2015年。ヒンドゥスタン・ユニリーバもインドでのビジネス活動は古く，1888年ユニリーバの前身のリーバ・ブラザーズが当時のカルカッタ（現在のコルカタ）にサンライト石鹸を輸出したことに始まる。なお，ヒンドゥスタン・ユニリーバのインドでの活動については，以下を参照。小林啓志（2015）「ユニリーバとP&Gの比較経営史―インドと中国における海外子会社活動」『大東アジア学論集』第15号。

63 「印ネスレ即席麺の販売停止が波紋—東南ア，食品監視を再確認（Bangkok Post）」『日本経済新聞』2015 年 6 月 17 日。

64 「ネスレ『マギー』，販売停止命令」。

65 「ニューデリーから—即席麺専門の屋台，供給停止めげず（街角スケッチ）」『日本経済新聞（夕刊）』2015 年 8 月 4 日。

66 「消費財，インド農村開拓，ユニリーバ系，専従販売員 1 万人増，マルチ・スズキ，軽トラ基に新車投入」『日経産業新聞』2014 年 9 月 26 日。

67 「ムンバイ高裁，条件付きで販売禁止撤回へ（フラッシュ）」『日経産業新聞』2015 年 8 月 19 日。

68 「インド，122 億円支払い求め提訴（フラッシュ）」『日経産業新聞』2015 年 8 月 24 日。

69 「ネスレ・インディア，販売禁止響き，4〜6 月赤字」『日経産業新聞』2015 年 8 月 4 日。「インド食品規制，ネスレを翻弄，『基準適合』，即席麺の販売再開へ（India 40）」『日本経済新聞』2015 年 10 月 21 日。

70 「ネスレ即席麺騒動，インドで広がる食の不安，他メーカーにも波及（NIKKEI ASIAN REVIEW）」『日経産業新聞』2015 年 6 月 25 日。「インド食品規制，ネスレを翻弄，『基準適合』，即席麺の販売再開へ（India 40）」『日本経済新聞』2015 年 10 月 21 日。

71 「明星食品，バングラ社即席めんの具材技術も供与」『日経産業新聞』1988 年 2 月 15 日。

72 「即席麺，タイ最大手，アフリカに初の工場，ミャンマーにも新拠点，成長市場を開拓」『日経産業新聞』2012 年 6 月 15 日。

73 バングラデシュにおける即席麺市場，流通構造，そして日清食品のビジネス・モデルなど詳細については，以下を参照。独立行政法人国際強力機構（JICA）・日清食品ホールディング株式会社・財団法人アライアンス・フォーラム財団（2014）『バングラデシュ人民共和国ローカル開発食品による妊産婦と乳幼児の栄養改善事業準備調査（BOP ビジネス連携報告書）』。

74 「日清食品バングラで即席麺，貧困層向け事業参加」『日本経済新聞』2012 年 10 月 3 日。

75 Errington, F., Fujikura, T. and Gewertz, D. (2013), *The Noodle Narratives: The Global Rise of an Industrial Food into the Twenty-First Century*, University of California Press, pp. 83-84, 84-88.

76 Prahalad, C. K. (2006), *The Fortune at the Bottom of the Pyramid*, Upper Saddle River, NJ: Wharton School Publishing.（スカイライトコンサルティング株式会社訳『ネクスト・マーケット—「貧困層」を「顧客」に変える次世代ビジネス戦略』英治出版，2010 年（増補改訂版）。）

77 Errington et al., *The Noodle Narratives*, p. 96.

78 *Ibid*., p. 97.

79 *Ibid*., p. 91 および p. 163 の注 42 参照。

80 *Ibid*., p. 162，注 1 参照。

81 株式会社エーシーシー編（1986）『めんづくり味づくり』423 頁。

82 内田俊二（2002）「急成長するアジア・中国の即席麺市場—繁栄を続ける 21 世紀の“麺ロード”」『Asia Market Review』12 月 1 日号，30 頁。

83 「即席めん“世界”を制覇，日清，アフリカへも輸出開始—来月にもインド工場から」『日本経済新聞』1991 年 8 月 16 日。

84 「食品大手海外フロンティアをゆく（2）即席めん，非東洋圏へ」。

85 「日清食品，アフリカ進出—次の成長市場に先手，海外勢と競争激化」『日本経済新聞』2013 年 5 月 21 日。

86 経済産業省（2013）『アフリカビジネスに関する基礎的調査報告書』株式会社野村総合研究所，4，11，15 頁。

87 「途上国の食品市場開拓，味の素や明治—政府と組織，貧困支援や輸出増」『日本経済新聞（夕刊)』2016年3月9日。

88　ナイジェリアの経済発展や都市化と即席麺を含む加工食品の発展との関係については，以下のものが有益な情報を提供してくれる。閔普鮮（2015）「サハラ以南アフリカにおける伝統的調理法の簡略化とその社会的影響―ナイジェリアの事例を中心に」『Africa in Global Perspective』Vol. 5, No.1, 20頁。

89　中川美帆（2013）「変わるアフリカの食文化―経済成長で即席麺の需要増」『エコノミスト』6月11日号，77頁。

90　「消費財，中東に新工場，味の素，エジプトで調味料，ユニチャーム，中間層に的」『日本経済新聞』2012年10月26日。

91　同上，表8参照。

92　ナイジェリアにおけるインドミーについては，以下による。日本貿易振興機構（ジェトロ）アジア経済研究所「アフリカ成長企業ファイル：Multi-Pro Enterprises Ltd.」www.ide.go.jp/Japanese/Data/Africa_file/company/nigeria 08.html（2016年10月10日アクセス）。

93　同上。閔普鮮（2015）「サハラ以南アフリカにおける伝統的調理法の簡略化とその社会的影響」22頁。

94　日清食品ホールディングス『有価証券報告書』2015年度および2016年度。

95　「日清食品，アフリカ進出，中期計画，海外売上高1.8倍が目標」『日経産業新聞』2013年5月2日。

96　安藤宏基（2009）『カップヌードルをぶっつぶせ！―二代目社長のマーケティング流儀』中央公論新社，218-220頁。

97　「日清食品，アフリカ進出，即席麺，ケニアに工場，来週稼働，5ヵ国に販売」『日本経済新聞』2013年5月21日。中川美帆（2013）「変わるアフリカの食文化」。

98　前掲，「インドネシアの華人財閥，サリム，即席麺で世界へ」。

99　「インドネシアの即席麺，世界の『ハラル』ブランドに，インドフード，トルコでもヒット」『日経産業新聞』2016年6月24日。

100　「即席面で世界に挑む，インドネシア最大手・インドフード，セルビアで現地生産」『日本経済新聞』2014年6月28日。

101　「即席麺，タイ最大手，アフリカに初の工場」。

102　「サンヨー食品，ナイジェリアで即席麺，合弁で市場開拓」『日本経済新聞』2013年5月10日。「サンヨー食品社長井田純一郎さん―即席麺のシェア世界一―アジア・アフリカ攻める（トップに聞く）」『日経MJ（流通新聞）』2014年7月28日。「連載 変わるアフリカ変える日本企業―ナイジェリア即席麺市場に進出」『国際開発ジャーナル』2016年4月号。

103　「サンヨー食品オラムと提携強化，アフリカ市場に攻勢，康師傅に次ぐ大型投資」『日経産業新聞』2014年8月29日。「インドで即席麺販売へ―東洋水産と味の素」『日本経済新聞』2016年10月14日。

104　「トピックス　即席麺のアジア事業が加速―日清食品，東洋水産ら」『アジア・マーケット・レヴュー』2014年10月1日号，22頁。

105　「日清食品，アフリカ進出―次の成長市場に先手，海外勢と競争激化」『日本経済新聞』2013年5月21日。

106　「即席麺のアジア事業が加速」22頁。味の素および東洋水産，プレスリリース『味の素（株），東洋水産（株）とのインドで即席麺の生産・販売開始，ナイジェリアにおける合弁契約解」2016年10月14日。

107　「北アフリカで即席麺，日清食品，モロッコに販社，3年後，年5000万食めざす」『日本経済新聞』2014年3月14日。

108 「日清食品，即席めん海外拠点づくり急ぐ，インドで生産開始，アフリカ向け輸出も拡大」『日経産業新聞』1991 年 8 月 30 日。

109 トルコは，欧州，バルカン諸国，中央アジア・カフカス地域，中東・北アフリカに隣接する地政学的な優位性が強調されてきた。この優位性を求めて，この時期多くの日系企業がトルコに進出した。しかしながら，2014 年の「IS（イスラム国）」の台頭やクリミア危機などによって，この地政学的な位置は大きなリスクとなってしまった。日系企業のトルコへの進出については，以下参照。川邉信雄（2016）「第 4 章 日系企業のトルコ進出―存在感の薄い日系企業」関根謙司／ユスフ・エルソイ・ユドゥルム／川邉信雄編『トルコと日本の経済・経営関係』文京学院大学総合研究所。

110 「日清食品，トルコ進出，即席麺，大手と来春生産」『日経産業新聞』2012 年 7 月 25 日。「日清食品，トルコ進出，即席麺，来春にも合弁生産」『日本経済新聞』2012 年 7 月 24 日。

111 「即席麺で挑む，インドネシア最大手・インドフード，セルビアで現地生産」『日本経済新聞』2014 年 6 月 28 日。

終章

発見事実と今後への課題

以上，日清食品，明星食品，東洋水産，サンヨー食品，エースコックの5社を中心に，日系即席麺メーカーの国際展開について歴史的・地域的に考察してきた。最後に，序章で示した問題提起に照らし合わせて，まとめてみることにしたい。第1節では，なぜ，どのように日系即席麺メーカーが国際展開をしていったのか。どのような問題に直面し，それをどのように解決していったのかをまとめる，第2節では，本書の研究の成果と意義について触れる。そして第3節においては，日系即席麺メーカーの今後の国際展開を展望すると同時に，本書の研究で明らかにできなかった課題などについて考察することにする。

第1節　即席麺事業の国際展開の流れと要因

国際展開の進化

日系即席麺メーカーにとって国際展開の第一歩は，輸出から始まっている。即席麺の輸出は，日清食品が「チキンラーメン」を発売するのとほぼ時を同じくして始まった。輸出先は，日系人を含むアジア系移民が比較的多く存在する米国市場であった。この即席麺の輸出は，1960年代のベトナム戦争時から積極的になされるようになった。1969年が輸出量のピークで，1億2500万食，生産量の3.5%が輸出されている。しかしながら，1970年代に入ると，輸出は伸びなくなった。現在でも，日本からの輸出量は生産量のわずか数パーセントでしかない。

一方で，もともと日本で開発された即席麺は，海外からの輸入もそれほど多くはない。韓国などの即席麺メーカーからの輸入があったり，日本企業が進出した国から日本への逆輸入がおこなわれたりしているが，これも日本国内の消費量に占める割合はきわめて少ない。2012 年の輸入量がいままでで最大であるが，それでも 1 億 700 万食で，国内消費量の 1.2%を占めるにすぎない。

即席麺は商品が嵩張るので，販売価格に比して輸送コストが高くつく。そのため，もともと輸出入にはあまり向かない。市場が拡大すれば，現地生産を行なうようになり，そこから近隣諸国へ供給するようになる。同時に，輸出入の場合には，為替レートや運賃を考慮しながら供給元と供給先を決定していかなければならないという問題を常に抱えている。

国際展開の第 2 の形態は技術供与である。1963 年の明星食品の韓国の三養食品への無償の供与を皮切りに，日系即席麺メーカーの多くが他の国の企業に技術供与を行なってきている。なかでも，移動式乾燥機を開発し，当初は業界トップの地位にあった明星食品が，多くの技術供与を行なっているのが注目される。中国やアフリカの国々のように，その国の政府が国民のために栄養価の高い食品を製造しようとして，日系企業に即席麺の技術供与を求めるケースもあった。こうした状況は，第二次世界大戦後の日本の食料事情を思い起こさせるものである。

しかしながら，1989 年の明星食品のインドのビスレリー社への即席麺や具材の技術供与を最後に，日系即席麺メーカーの技術供与はなくなっている。これは，現地企業が発展したことや，製麺機を購入することによって，製麺機メーカーや製粉会社からの技術指導を受けることができた結果ではないかと考えられる。

日系即席麺メーカーの国際展開の第 3 の形態は現地に販売会社や製造会社，さらには研究・開発機関など，企業の多国籍化を進める海外直接投資である。海外直接投資については，進出対象となる地域や国の違いや，時代の経過とともに，単独，合弁，M&A といった進出形態が複雑に絡まり変化していることが興味深い。

現地生産の歩み

日系即席麺メーカーがまず現地生産に乗り出したのは，第 2 次大戦後，世界で最も豊かで大きな市場をもち，日系人や東洋系が比較的多く存在し，個食化の進んでいた米国であった。日清食品はパイオニア企業として，袋麺のみならずカップ麺においてもその製品の品質・製法において大きな強みを持っていた。そのため，その優位性を生かして最も早く1970年には現地法人を設立している。日清食品に続いて，1970年代末までには，東洋水産，サンヨー食品，明星食品が米国へ進出した。なかでも，日清食品と東洋水産が積極的に工場を設立して，米国の全国市場を制覇している。米国では，外国企業の進出についても規制は少なく，進出形態も米国日清のように日清食品と味の素や三菱商事との合弁形態をとってはいるが，基本的にはアジアの国々のように現地企業が参加する必要はなく，日本側の100%出資が可能であった。

当初は，米国の現地企業や韓国や台湾企業などと激しい競争を行なったが，次第に日本企業，なかでも日清食品と東洋水産が米国市場を支配するようになった。日清食品は，当初はトップ・シェアを有していたが，次第に東洋水産が追い上げ，逆転してしまった。米国からの輸出が中心であったメキシコ市場でも，東洋水産が圧倒的なシェアを確保するにいたっている。明星食品は現地生産を試みるが，独自路線をとりきれず中途半端な形になってしまう。サンヨー食品は，顧客を東洋系に絞り独自の路線を展開している。

続いて，日系即席麺メーカーはブラジルに進出した。日系人社会の規模が大きく，すでに即席麺市場が存在したことがその理由と考えられる。ここでは，日清食品と味の素が存在感を示している。ブラジルでの即席麺事業では，味の素が現地企業に資本参加し，そこに日清食品が参加して日清・味の素アリメントスが設立されるが，最終的には味の素の持ち分を日清食品がすべて取得する。味の素は，やはり日系人の多いペルーで子会社が即席麺を製造・販売している。サントリーは，一時期ブラジルやメキシコで即席麺の製造・販売を行なうが，現地の経済危機に直面して撤退している。

1970年代には，米国やブラジルとならんで，シンガポールや隣国のマレーシアへの進出がみられる。自由貿易港で規制も少なく東南アジア的な位置付けの強かった香港への進出もみられた。日系即席麺メーカーの100%出資も可能であったシンガポールや隣国のマレーシアに止まらず，1980年代には日系即席麺メーカーは経済発展とともに豊かになり，個食化の進んでいく他のアジア諸国への進出も積極的に図っている。アジアでは，明星食品の進出が先行し，日清食品が後を追って激しく争う構図ができる。しかし，他のアジア諸国は外資政策により国内市場向けの外資企業に対する規制緩和は，1997年の金融危機以後までまたなければならなかった。

そのため，日系即席麺メーカーが進出する際には現地の財閥企業との合弁形式による進出形態が多くみられた。タイでは明星食品と日清食品がサハ・グループ傘下企業と合弁企業を設立している。インドネシアでは，日清食品はロダマス・グループとの合弁で出発し，後にはそれを解消してサリム・グループのインドフードとの合弁に切り替え，結局インドフードとの合弁も解消して単独出資に切り替えている。フィリピンでは，日清食品はゴコンウェイ・グループの子会社であるユニバーサル・ロビーナ社と合弁企業を設立している。

遅れてASEANに加盟したベトナムでは，ベトナム政府が1986年の「ドイモイ政策」で外資の進出は1業種1社と決めていた。そこに，エースコックが丸紅の勧めで進出し，現地ビフォン社と合弁を設立し，市場を席巻する。規制の緩和とともに，ビフォン社の持ち分を引き取り，現在では100％出資となっている。2011年には，日清食品のベトナム単独進出がみられる。また，ミャンマーやカンボジアへのエースコックの支店や現地法人の設立など，ベトナム以外の新加盟国市場の発展が期待されている。ASEANでは，政府の規制のレベルや経済発展の段階や宗教などにもとづく食文化の違いが商品開発，進出形態の多様性を生み出しているといえる。

1990年代になると，日系即席麺メーカーの中国，ロシア，インドといった国々への進出がみられるようになった。1987年の「改革開放」以降中国が台頭し，13億人の市場を目指して上位5社の日系即席麺メーカーが進出した。中国の場合には，日系即席麺メーカーは現地国有企業との合弁でスタートするケースが多く，日本側はマイノリティ所有であった。制度的な問題と同時に，市場構造が日本と大きく異なり，底辺市場が大きい中国では，どの日系即席麺メーカーも苦戦を強いられた。例えば，エースコックはベトナムでは順調にビジネスを展開したが，中国では提携先が主導権を握り，ブランド管理もままならずわずか3年で中国から撤退している。

そのため，日系即席麺メーカーのなかには，現地での有力な企業と提携を模索する動きがでてきた。サンヨー食品は中国ビジネスをいったん清算した後，台湾系の「康師傅」に資本・経営参加した。日清食品は「今麦郎」に資本・経営参加したが，カップ麺市場の拡大とともに，今麦郎との提携を解消し，独自路線を歩み始めている。

インドでは，日清食品の事例にみられたように，具材の調達ための現地法人の設立が先行した。しかし，やがて1991年の「自由化政策」による経済発展にともない，市場として注目されるようになり，日系即席麺メーカーも進出するようになった。インドはまた，中東やアフリカ，ロシアや東欧などへの輸出基地ともなった。

日清食品のように欧州への進出は早かった企業もあるが，欧州への進出はあまり活発であったとはとはいえない。やはり，東洋系住民は少なく，麺文化ではなくパスタ文化が確立していることが大きな要因といえる。それでも1989年のベルリンの壁の崩壊や1991年のソ連の解体，さらには2004年の拡大EUの動きのなかで，ロシアや東欧諸国が即席麺市場として台頭しており，日系企業も2000年代の後半には，米国やインドなどからの輸出から現地生産への動きを強めている。

さらに，2010年代になってくると，中東やアフリカなどが経済成長をとげ，即席麺市場としても期待されるようになり，日系即席麺メーカーの進出もみられるようになった。この地域への進出については，現地企業への経営・資本参加や合弁形式での参入が多くみられる。

国際展開の促進要因

こうした日系即席麺メーカーの国際展開を促進した要因は何であったのだろうか。第1は，拡大する海外市場の取り込みがあげられる。日系即席麺メーカーの進出は，日系人や東洋系の人々の多く住む，もともと麺文化を有する国や地域で受け入れられる可能性が大きい。しかしながら，消費者の即席麺の受容には経済発展の段階が大きな影響を与える。というのは，経済成長をとげ所得水準が向上し，都市化が進み，中間層が台頭し，女性の社会進出などによる社会構造の変化によって，省力化された簡便な食事・スナックへの需要が高まるからである。現在では，1人あたりのGDPが1500ドルを超え，中間層が台頭しはじめると袋麺への需要が生れるといわれている。この段階で，家事や食事の省力化がもとめられるようになるからである。即席麺のなかでも，低価格の袋麺から高価格のカップ麺へと需要が移るのは，1人あたりのGDPが8000ドルに達したあたりからといわれるようになっている[1]。

さらに，日系即席麺メーカーを海外展開に駆りたてたのは，既存商品における国内市場の成熟と少子高齢化による国内市場の縮小傾向であった。即席麺のような商品は国内での競争は激しく，既存商品の市場はすぐに成熟化・飽和化してしまう。しかし，既存市場の拡大をもたらすカップ麺のような新製品の開発はそう簡単には行なわれない。既存製品が成熟するたびに，海外市場を拡大しようとする傾向がみられた。1990年代に入ると，日本の少子高齢化は顕著なものとなり，国内市場をターゲットとしていた小売業，日用品企業などの海外投資が顕著になる。国内市場依存では成長は望めなくなると考えられるようになってきたからである。

他にも，為替レートの変動による円高の影響も大きかった。1970年代後半の円高の際は，輸出から米国現地生産への移行が見られ，1980年代後半の円高に際しては，日本からの輸出から香港を欧州向け生産基地とする等の動きがみられた。円高によって日本からの輸出が難しくなり，現地生産する動きもみられた。また，マレーシアによる即席麺の関税引き上げのため，明星食品はマレーシアに製造・販売の現地法人を設立せざるを得ないといった動きもみられた。さらには，現地国政府の要請で進出する場合も見られた。しかしながら，やはり日系即席麺メーカーの海外直接投資を促進したのは，受入国の需要の取り込みや日本国内市場の伸び悩みといった市場的な要因が極めて大きいといえる。

もちろん，即席麺は麺のほかに，具材やスープなどの“部品”が必要になる。そのため，日清食品の場合のように，原材料・具材の調達のためのインドのAFDCへの資本参加や山東省への進出，さらには総合食品企業化戦略を実現するために，即席麺メーカーではない米国カミノ社や香港のウィナー社の買収による海外への進出も見られるのである。

グローバル化のプロセスを見ると，輸出によって市場の足掛かりをつくり，ブランドが浸透したタイミングを見計らって現地生産行う。さらに，そこから近隣市場へ，また為替レートなどを考えながら遠隔市場へも輸出を行い，機会をみて現地生産を行うという経緯をたどっていることが分かる。

即席麵メーカーには比較的新しい企業が多いため，海外進出については経験が乏しかった。そのため，海外ビジネスの経験を積んだ人物を取引企業から引き抜いたり，出向してもらったり，さらには各種の支援サービスを得たりしなければならなかった。例えば，日清食品の海外進出の場合は，国内で代理店契約をしている三菱商事，伊藤忠商事，東食の3社のサポートによるところが大きい。

最近では，日清食品と三菱商事の共同事業としてのインドやアフリカでの事業に見られるように，総合商社の役割が強くなっているようにみえる。これは，ロシア，東欧，ベトナムといった旧社会主義国への進出や，インド，中東，アフリカといった日本から心理的にも地理的にも遠い国々について当てはまるといえる。これらの国々についてのノウハウをあまり持たないメーカーは，こういった国々で政府との交渉やビジネスでの経験のある総合商社のノウハウが必要になると思われる。同時に，原材料の調達や販路の確保のうえでも，総合商社が大きな役割を果たしていた。総合商社が従来の川上産業から消費者へ近い川下産業へという事業戦略をとっていることも，こうした動きを反映したものであるといえる。とくに，1990年代に入ってからの中国をはじめとする各国への進出に際しては，現地の合弁相手先の選定や資材調達などで仲介者として多方面にわたって総合商社の支援を受けている[2]。

このようにして，日系即席メーカーは，2016年12月末現在，日系即席麵メーカーの製造，販売，統轄・投資会社は19カ国/地域で，44社存在するまでになり，日本の「国民食」であった即席麵は「世界食」へと発展したのである。

第2節　現地適応能力の重要性――研究の成果と意義

日本生まれの製品のメーカーの多様な国際展開

日系即席麵メーカーの国際展開を歴史的に考察してきた本書の成果と意義

は，どのようなものであろうか。

第１は，日本で生まれた製品を製造・販売するメーカーの国際展開を体系的に研究したことである。従来の日本企業の多国籍化の研究については，繊維，電機，そして自動車などの製品が中心であった。これらの製品やそれを製造する技術などは海外から導入され，それを日本の状況に合うように改良を加えながら，その後国際展開を行なうようになったものである。

確かに，味の素やキッコーマンなどについての研究はかなりあるが，その多くは総合食品メーカーとしての国際展開が中心となってきている。これらの企業の出発点となった「味の素」やしょうゆと比べて，主食的な要素をもっている即席麺が世界の人々の生活様式の変化に与えた影響は，まさにランドマーク商品に値するものであった。

以上のような意味合いから，日本発の即席麺のメーカーの国際展開を体系的に研究したことにより，産業革命以降大きな影響力をもつ西欧諸国以外の国で生まれた商品がなぜ，どのようにして世界に受け入れられていったのかが明らかになったといえる

日系即席麺メーカーの国際展開を要約してみると，今まで蓄積されてきた国際経営や多国籍企業に関する研究の成果を追認するような結果も多く得られた。一方で，本書では従来の研究ではあまり触れられてこなかった点がいくつか明らかになった。

第１は，本来国内市場をターゲットとする加工食品が，国内の市場の限界から海外市場を求めていく経緯を明らかにした点である。もともと国内市場が小規模なスイスやスウェーデンなどの企業の多国籍企業化の研究はあるが，日本のように国内市場が大規模化し，それが縮小していく故の海外市場の開拓についての研究はあまりない。そのため，国内市場に依存してきた多くの消費財のメーカーにとって，今後の生き残りをかけた戦略の在り方を示すきわめて実践的な示唆を与えるものである。同時に，中国や東南アジア諸国など少子高齢化の到来が予想される国々の企業にとっても，今後の戦略展開を考えるうえで有益であるといえる。

第２は，進出形態にはいろいろなパターンがあることが明らかになったことである。早くから進出した米国やブラジル，シンガポールなどはあまり規制が

なく，100％の完全所有の形で現地法人を設立することができた。ブラジルなどでの味の素アリメントスなどへの出資についても，日本企業との合弁の場合は，現地での経営において大きな問題はなかった。

しかしながら，東南アジアへの進出については，現地企業，多くは大規模な現地財閥企業との合弁が多い。これは，現地への進出の規制があるのと同時に，現地財閥が新たな事業展開を求めていることによるものであった。

また，旧社会主義国で計画経済から市場経済の導入に踏み切った移行経済においても，国によって異なる問題に直面している。ベトナムのエースコックの場合にみられるように，現地企業が合弁形態によっても日本企業の方式を率直に受け入れる場合がある。しかし，中国では現地パートナー企業との関係は，いろいろな難しい問題をもたらしている。そうした問題に対しては，日系企業のなかでも対応の仕方が異なっている。サンヨーは「康師傅」に資本・経営参加するが，相手企業に経営の実権を与えており，配当収入が入る限りあまり多くのものを要求しない。これに対して，日清食品は中国での事業展開で統一との提携をはかるがうまくいかない。中国現地企業の河北華龍（現・今麦郎）と提携し，しばらくはうまくいくように見えたが結局関係は解消し，独自の道を歩むようになる。

こうした違いは，日本企業同士の関係でも生じる。味の素と日清食品は当初，米国でもブラジルでも共同で合弁事業を展開しているが，やがて日清食品は単独路線をとるようになる。一方，東洋水産は味の素とインドやアフリカにおいて合弁で事業展開を進めつつある。

こうした，企業ごとによるさまざまな国際展開の形態の違いは，経済的要因や規制といった制度的なもののみならず，企業の経営者の性格やそれに基づく経営風土によって生み出されるものと考えられる。ここで取り上げた即席麺メーカーの多くは，創業者一族が2代目，3代目と経営を引き継いでいるので，それぞれの企業の特徴が色濃く出てくるのではないかと考えられる。

第3は，本書が日系即席麺メーカーの国際展開の具体的な経過と内容を明らかにしたことである。日用品的な要素を持つ即席麺の場合，第1章の問題提起で指摘したように，マーケティングの4P（製品 product，価格設定 price，流通経路 place，販売促進 promotion）に合わせて見ることが重要になる。次項でくわしく見よう。

成功の４要素

第１のＰである「製品」についてみると，加工食品としての即席麺の製造技術はグローバルに使用できるが，味はローカル化する必要があるということである。即席麺のような加工食品の場合，海外市場を開拓していくには，その国・地域の経済状態や，文化的な要素に十分配慮して，即席麺を受け入れてもらうように配慮することが重要であった。手軽さのなかに，いかにその国の食文化を取り込んでいくのかがカギとなったのである。というのは，国によって味の尺度が異なるからである。即席麺は新奇な商品とみなされたから，利便性や美味しさをそれぞれの国の人に理解してもらうためには，日系即席麺メーカーには多くの苦労があったのである。

例えば米国市場では，「ズルズル」と音を立てて食べるのを嫌うため，麺を短く切り“ヌードル・スープ”として，スープコンセプトで市場を開拓している。カップヌードルについても，“ホット・スナック”という新たな概念を生み出して市場を創出している。

しかし一方では，現地の「おふくろの味」に近づければ受け入れられるのだとも言え，商品のアレンジ次第で「世界食」となることができた。どの国でも具材は限られたものでありその差はあまりない。一方で，スープは各国の味になっていなければならなかったのである。

鶏がらスープの米国，トマトやチーズ風味のブラジル，伝統的なトムヤム味のタイ，宗教上の理由で牛や豚を食べないインドでは，野菜のラーメンなどが開発されている。日本では大衆食として普及した即席麺も，発展途上国や新興国ではまだ高級食に位置づけられる。「食品企業の海外展開は，自動車やエレクトロ機器と異なり，消費者の微妙な嗜好・趣味によって成り立つ市場である。」[3] まさに，グローバルな展開をするためにローカルに合わせるということが重要になるのである。「世界食」になるためには，各地域に合ったような商品開発と製造・販売コストの圧縮のための合理化が必要であったのである。それぞれの国や民族によって味覚は異なるが，“おいしさ”という感覚は世界共通と言えるものである。各国・各民族のこの“おいしさ”をどう追求するかが重要であったと言える。ネーミングやパッケージは世界統一ブランドを使いながらも，味の現地化を進める，まさにグローバルにしてローカルな，いわば「グローカル」戦略を展開していったといえる。

第2のPは「価格設定」である。価格に対する考え方も，国によって大きく異なる。日本では，高品質を求めるため，少し価格が高くても構わないとする。しかし，米国では品質が最低限守られていれば，低価格を好む。中国では，とにかく安いものがよいという。

現地の経済の発展段階により，細かな価格設定をする必要がある。ローカル企業の製品と差別化され，もっとも市場に受け入れられる価格はどのあたりかを見極めることが重要になる。また，一国のなかでも価格に対する考え方は大きく異なる。例えば中国では，都市に住む豊かな層は比較的価格の高い日系企業や台湾企業のものを購入する。中間層は，台湾企業などの中レベルの価格の商品を購入する。そして，農村の人たちは現地中国企業の生産する低価格の商品を購入するといった具合である。

したがって，低所得層の厚い国においては，日系企業は農村地帯まで販路を拡大することはできず，競争力を欠いてしまうのが一般的であった。これに対して，台湾企業や中国の現地企業はこうしたところにも，販路を拡大することができる。パプアニューギニアやインドなどにおいては，ネスレのマギーなど先進国の商品もこうしたBOP市場を開拓しているのが興味深い。さらに，通常は最初に袋麺市場が開拓され，所得水準の向上によりカップ麺へと移行する過程がみられることである。

第3のPは「流通経路」である。進出先の国ではどの店に商品を並べるかが重要である。スーパーマーケットなど近代的小売業が発展している場合は，比較的参入は容易である。日本でも，即席麺の成長はスーパーマーケットの発展と軌を一にしていた。スーパーマーケットのような近代的な大規模小売業の場合には，いくつものブランドを店頭に並べることができるので，消費者は自由に選択できる。ところが，伝統的なパパママストアのような小規模な食料品店や雑貨店の場合には棚スペースは限られているので，棚にならべられるかどうかが販売シェアを規定することになる。近年アジア，中南米，インド，アフリカ・中近東など多くの国々でも，スーパーマーケットの台頭がみられるようになってきた。しかしながら，スーパーなど近代的な販売経路は都市部ではみられるとは言え，全国的にはまだまだ，タイのタラート，フィリピンのサリサリストアをはじめ，メキシコ，インドネシア，インドなどでは伝統的なパパママストア的な小規模で零細な食料雑貨店等の伝統的な販売経路のウェイトが高い。これら伝統的な販路を，現地事情に疎い日系企業が独自に開拓するのは難しい。このことは，とくに中国やインドにおいて顕著であった。この点については，東洋水産が，米国市場ではウォルマートとの取引でトップになるきっかけをつかみ，メキシコでは零細店との緻密な取引を展開することによって，同国で圧倒的な市場シェアを確保しているのが興味深い。

また，中国やベトナムの場合には，伝統的な経路と近代的な経路の並存の問題の他に，社会主義から市場経済への移行に伴う国営企業相手の商売や，新興の民間企業の台頭という問題に直面することになった。この場合は，地方の隅々まで販路を押さえ代金回収能力を持った地元のパートナー選びがきわめて重要となる。日清食品のインドの場合のように，現地パートナーにこれを任せてうまくいく場合もあれば，中国のように合弁相手がこうした役割を十分に果たせないこともある。

第４のＰは「販売促進」である。即席麺のような薄利多売をせざるをえない大衆的商品は，発売と同時に一気にブランド認知を図らないと生き残れない。ハイ・インパクト型の宣伝と，プレミアム・キャンペーンなどによる購買促進策が重要になる[4]。

経済の発展段階に応じて，販促手段も変わってくることが明らかになった。TV などのマスメディアが発達していない段階での看板広告やラッピング広告等の利用，TV などの普及によるマス広告，そしてIT 技術の発展にともなうSNS などの利用とその手段も異なる。また，中国での日清食品の「兵馬俑」広告やベトナムのエースコックのキャラクターの変更など，現地に合った販売促進の動きがあることも明確である。

すでにみたように，即席麺という新しい食文化を世界各国で受け入れてもらうためには，その土地ごとの消費者の嗜好に合わせることが重要であった。しかし，初期の米国や麺文化のないドイツなどでは即席麺そのものを理解してもらわなければならなかった。そのため，米国でも当初は実演販売がなされ，ドイツでみられたように，カップヌードルの食べ方そのものを現地消費者に教えていかなければならないこともあった。この点における日清食品のグローバル展開の方法は，食品企業の国際化の1つのあり方を示している。同様に，きわめてドメスティックな他の食品企業，小売企業，サービス企業のグローバル展開にとって，大きな示唆を与えるものであるといえる。

現地適応力の重要性

日本の即席麺メーカーは，消費水準が高い海外の進んだ商品や製造技術を，中国をはじめとするアジア諸国や南米，さらには中東やアフリカの消費者の嗜好や購買力に合う形で持ち込む「経済発展段階適応（現地適応）」経営に優れているということができる。

おそらく，これは日本企業の多くが第二次世界大戦後欧米から進んだ技術や商品を持ち込み，それを日本の市場ニーズに合うように改良を重ねて，米欧先進国に輸出するようになったり，現地生産するようになったりした経験が生かされているのではないかと思われる[5]。食品や化粧品などのように国内市場においても嗜好の差の大きなものを製造するメーカーは，国際展開をするうえで，即席麺メーカーの国際展開の研究は大きな示唆を与える。

同じように本研究は，すでに経済発展を遂げ国内市場が伸び悩むようになった国々にも示唆を与える。例えば，タイにおいても国内市場が伸び悩むなか，拡大するアフリカのガーナやミャンマーや，カンボジア，さらにはバングラデシュなど周辺アジア市場を取り込むために，国際展開を進めるようになっている。

以上の議論を踏まえると，日系即席麺メーカーの国際展開を加速させる要因となったのは，日本国内が少子高齢化で頭打ちになるなか，経済発展の途上にある新興国の市場を取り込むことにより成長しようという動機であったといえる。この点は，従来の多国籍企業研究においては，ほとんど議論されていない。スイスやスウエーデンなど小国の多国籍企業の場合，もともと国内市場のみでは成長の限界があり，最初から海外市場を狙ったという議論が存在するのみである[6]。

第3節　今後の展望と課題

本研究を通じてきわめて明白になったのは，日本における少子高齢化による日本国内市場の縮小である。これまでの日本の産業基盤は，人口増を前提にしてきた。そのため，企業にとってはビジネス展開の考え方を逆転することが必要になっている。つまり，従来とはまったく異なる新しい事業構造へ転換を図らなければならない。それでも，国内市場に依存している限り，企業の成長という点からは限度がある。そのため，今後の企業の成長にとっては拡大する海外市場を取り込む必要がある。このために，今後日系即席麺メーカーはどのような経営戦略をとっていくのであろうか。近年，東洋水産が味の素と組んでインドやアフリカに進出をしている。また，サンヨー食品は，シンガポールの企業と組んで同じくアフリカへの進出を図っている。さらに，エースコックはベトナムから周辺の ASEAN 新加盟国への国際展開を積極化している。最近では，徳島製粉は「金ちゃんラーメン」を，マルタイは「棒状ラーメン」を台湾に輸出し始めている。このように，日系即席麺メーカー各社が独自の戦略を立案して，新たな市場を取り込むための国際展開を活発化している。

日清食品の世界共通ブランド化

こうした各社の動きがみられるなかで，日清食品グループは，従来の方針を改め，新たな方向を模索し始めている。これは，2016 年 5 月に発表された同グループの『中期経営計画 2020』にも示されている。また，同グループのトップである安藤宏基の著作のなかでも，こうした国際展開の今後の展望が示されている。日清食品グループの今後の国際展開の方向を検討することによって，今後の日系即席麺メーカーの国際展開の在り方を見通すことができると思われる。

日清食品グループの政策転換の重大な点は，従来の現地適応を重視した方向から，世界を統一的に攻めていく戦略を強化し始めたことである。いままでは，進出する国や地域の味覚や志向に合わせて，製品開発・マーケティングを全部変えてきた。「カップヌードル」は，ブランドイメージは同じでも国ごとに味が違っていた。こうしたマーケティングの柔軟性が同社の強みでもあった。また，より安全で品質の高いものを，より安く作るイノベーションの力もあった。これに加えて，今後はさらに健康や安全性など付加価値も大きな武器になると考えている。

2014年ごろから，このような新たな国際展開の動きが見られるようになった。2014年時点で海外事業会社は約20社あったが，これを30，40，50社へと増やしていく考えであった。これは，即席麺の総需要は2015年ごろまでには1300億～1400億食になると予想してのことである。そのために，その後の10年間には1年に3工場10ラインを作り続け，生産拠点のある国・地域は20程度増え40ぐらいになるとした。1ラインの投資は平均5億円ぐらいで，100ラインを作るには計500億円が必要になるが，それほど利益を圧迫することはないとみている。今後のグローバル展開を睨み，工程の標準化も進め，機械の仕様などを決めれば，海外でのライン導入期間の短縮と品質安定につなげることができる。日清食品グループを統括する持ち株会社には生産本部や営業本部などを設置し，海外事業を支援する態勢を整えている[7]。

また，日清食品は2014年春には東京都八王子市に，世界戦略を担う研究所「the WAVE」を新設している。この研究所は，滋賀県などに分散していた研究機能を集約し，2倍の規模に拡充したものである。とりわけ中核となるグローバルイノベーション研究センターを，最先端技術を導入し，革新的な製品を生み出す拠点にするという。すでにその成果として，4月に発売した「カレーメシ」では，米の処理法を工夫し水だけ入れれば調理できるようにしている。「カップヌードル トムヤムクンヌードル」は，研究員がタイの現地企業と開発した別添えの調味料を初めて付けたものである。商品開発力に加えて，WAVEは競争力に直結する量産技術の開発も担っている。このカップヌードの量産を支えたのは，固形の麺の上からカップをかぶせる画期的な製法であり，生産性を著しく高めた。

日清食品は2013年度で海外売上高比率は17.6％であった。長年トップを保った即席麺の世界シェアも同年，康師傅を傘下に持つ台湾系の頂新国際集団に抜かれた。こうしたことから，同社は世界を意識し，口とどんぶりをイメージしたコーポレートマークも国内外で統一した。カップヌードルはすでに世界80カ国で販売されており，グローバル企業としての認知度も高まっていると考えている[8]。

こうした世界への挑戦過程で，日清食品ホールディングスは「HUNGRY to WIN（世界に，くってかかれ）」をスローガンに，2014年に本格的にテニス，サッカー，ゴルフ，陸上でスポーツマーケティングを展開し始めている。同社は，テニスの錦織圭とは2012年4月から所属契約を結び，2014年7月にはイングランド・プレミアムリーグのマンチェスター・ユナイテッド（マンU）とスポンサー契約を結んでいる。海外でマンUを活用するという。マンUのファンは世界に約6億5000万人，そのうちアジアで3億人超といわれる。アジア事業を拡大したい同社のグローバル戦略と重なる。

日清食品は海外でのスポーツマーケティングを「認知獲得」「トライアル獲得」「ロイヤルユーザーの育成」の3段階に分け展開する。まず，認知獲得に取り組んだ。2014年9月「サムライ・イン・マンチェスター」という広告を，動画サイトを中心に配信した。赤いヨロイを着たサムライがサッカーをするもので，11月には主力選手のウェイン・ルーニーら3選手が登場する30秒の「クール・ジャパン」を代表するアニメ動画も作っている。このアニメには，ルーニー本人が声で出演している。

一定の認知度を獲得している地域では，認知獲得と試しに買ってもらうトライアル獲得の取り組みとを同時並行で進めている。タイでは，マンU選手の写真を商品パッケージに表記した「カップヌードル」などの即席麺を発売している[9]。

こうした動きのなか，日清食品は東南アジアや中国でみられた他社との合弁や戦略的提携を解消する方向を打ち出している。2014年8月には，日清食品はインドネシアの即席麺会社の株式を合弁相手のインドフード・スクセス・マクムルから取得すると発表し，出資比率を49%から98%へと高め，単独で現地に攻め込む形をとった。2015年11月には，日清食品は今麦郎との合弁契約を解消した。持ち分を今麦郎に譲渡し，独自に中国の販路を開拓することにしたのである[10]。

日清食品ホールディングスは，2015年2月，シンガポール，タイ，ベトナム，インドのアジア4カ国で，12月にはインドネシアで三菱商事と事業提携をすると発表した。これまでは，三菱商事は米国日清の一部に出資する程度にすぎなかった。この事業提携により，両社は戦略的アライアンス契約を締結し，日清食品ホールディングスが100％出資の現地子会社の株式を譲渡したり増資することによって，三菱商事が34％の株式を取得する。原材料調達や現地の小売りとの関係構築で三菱商事のノウハウを活用し，商品力向上や海外での販売強化につなげるものである[11]。

さらに，日清食品は世界戦略の強化を図っている。2016年5月に，当時国内でしか発売をしていない海鮮味の即席カップ麺「カップヌードル シーフードヌードル」を，世界戦略商品として販売すると発表している。コカ・コーラの「クラシック」やマクドナルドの「ビックマック」のような世界共通の商品を目指すという。「カップヌードル」を世界共通のブランドに育て，2020年度の海外売上高を2015年比で7割伸ばして1669億円に引き上げ，コカ・コーラのような「グローバルカンパニー」を目指す計画である。2016年中に米国や中国やタイなどの主要拠点で生産・販売し，パッケージも統一して2020年度までに世界展開を完了する計画である。インドネシアなどイスラム教圏でも風味を変えず，ハラル認証を得られるように改良する形でシーフードを投入するという。

カップヌードルの販売は，すでに数量ベースで7割を海外に依存している。海外でのいっそうの成長に向けて，カップヌードルのブランドをさらに広めるためには，地域ごとに味付けを現地化する商品と共に世界共通の商品が必要と判断したのである。調査の結果，日本風のしょう油味よりも中国で好まれている海鮮風の味の方が好まれることが分かり，この味にしたという。

日清食品では，シーフードの投入に合わせて，ブラジル，ロシア，インド，中国のBRICsを今後の重要開拓市場と位置付けている。これらの国々ではまだ即席麺の主流は袋麺となっている。1人あたりGDP 8000ドルが，即席麺からカップ麺への転換点になるという同社の基準から市場開拓を急ぐという[12]。

2016年9月，日清食品は海鮮味のカップ麺「カップヌードル シーフードヌードル」を全世界展開するのにあわせ，パッケージを統一すると発表している。これは，同社は中国や東南アジア等で，味の評価が高かった同製品をグローバルフレーバーと位置付けて海外市場を開発する。そのためのブランド認知度を高める為に，世界共通の広告宣伝も制作し，インターネットなどを通じて積極的に展開する。

パッケージにはひと目でイメージがわくように，出来上がった商品画像をパッケージの下部に配置している。すでに，中国，タイ，シンガポールには統一製品の導入を始めている。2020年度までには世界展開を終えるとしている[13]。

これは，具体的には日清食品の2017年3月から5カ年を対象とする「中期経営計画2020」に示されているものである。このなかで，同社は中期経営の方針を「EARTH FOOD CREATOR」として掲げている。これを実現するための戦略として，「100年ブランドカンパニー」の実現を目指して「国内収益基盤の盤石化」や即席麺以外の事業の成長による「第2収益の柱の構築」とならんで，海外事業についても，(1)カップヌードルの海外展開の加速化による「グローバルブランディングの促進」，(2)ブラジル，ロシア，インド，中国のBRICsを重点地域とする「海外重点地域への集中」，(3)「グローバル経営人材の育成・強化」をあげている。数値目標としては，IFRS（国際財務報告基準）基準で売上高5500億円，営業利益475億円，海外営業利益比率を50%以上として掲げている[14]。

一方で，日本国内はもちろん多くの国々で所得格差が広がり，価値観の二極化が生じつつある。買回り品としての大衆商品である即席麺も，あらゆる人が求めるものを充たすことができなくなりつつある。標準化がどのように食文化の違う国々や価値観の異なる人々に受け入れられるのか。また，日清食品のこうした動きに対して，競合他社はどのような戦略を展開していくのか，興味深いところである。

残された6つの研究課題

本書では，こうして今後の展望も含め，日系即席麺メーカーの国際展開を歴史的に考察してきた。こうした研究の過程で浮かびあがってきたり，本書では明らかにできなかった日系即席麺メーカーの国際展開に関する今後の研究課題について，最後にまとめることにしよう。

第1は，本来は国内市場を中心に発展してきた即席麺メーカーであるが，1970年代から日本市場の飽和や少子高齢化の動向が認識から，国内市場の発展は今後あまり期待できなくなった。そのため，寡占体制を築いた上位5社が，企業のさらなる成長のために海外市場を取り入れようとしたことである。従来の研究では，この点が指摘されることはあまりなかった。新興市場への進出が議論されるようになってから久しいが，先進国市場の飽和・成熟や人口減少と企業の海外展開の問題を明らかにし，理論化することが必要ではないかと思われる。

第2は，本研究の過程で，日本国内の即席麺産業をリードしてきた日清食品が，必ずしも世界の市場で他の日本企業をリードしているわけではない，という点から浮かびあがる問題である。よく，先行者利益ということが議論される。しかしながら，即席麺産業では必ずしもそうしたことは当てはまらない。日本の国内市場においては明星食品の転落がみられるし，とりわけ海外市場では，日清食品が優位性をもっていた米国市場では，現在東洋水産が圧倒的な市場を有している。なぜ，どのようにして，こうした業界内の地位の変動が起こったのか，改めて競争戦略的な視点から分析をする必要があると思われる。

第3は，国際競争における日系即席麺メーカーの地位の違いである。米国市場やメキシコやブラジルといった中南米市場では，日系即席麺企業が優位性を確保している。東南アジア諸国では現地企業との合弁をベースに現地生産・販売を行なっているが，同時に合弁相手が独自の即席麺事業を展開しており，競争と協調が同時に行なわれている。東南アジアでは，マレーシアのネスレ，タイにおけるタイ・プレジデント，インドネシアのインドフードなど，当初は日系即席麺メーカーによる技術供与や合弁によって技術を習得した企業が，日本企業に対する強力なライバル企業となっている。

一方中国では，台湾系や現地系に日系企業は押され，日系即席麺メーカーはかなり苦戦を強いられている。欧米的な影響を受けたインドでは，ネスレが圧倒的に強く，英蘭系のヒンドゥスタン・ユニリーバなども存在する。さらに，ロシアを含む東欧，アフリカ・中東など経済発展の遅れた国々においては，タイのタイ・プレジデント，インドネシアのインドフード，韓国のKOYAなどが市場を席巻している。

以上のように，後発地域になればなるほど，日系即席麺メーカーの地位は弱くなっている。こうした現象は，家電や自動車分野においてもみられる。後発の国々への日系企業の進出の遅れやBOP市場での競争力の欠如である。それに対して，先進国企業でもネスレ，P&G，ユニリーバは日用品や食品においてこうした後発地域についても存在感を発揮している。なぜ，こうした現象が起こるのか，なぜ日本企業はこうした市場において競争力を欠いているのか，国際経営や多国籍企業の研究の大きなテーマとして分析される必要がある[15]。

第4は，日系即席メーカーが進出していない麺大国があることである。とくに，台湾と韓国にはどの日系メーカーも直接進出してはいない。日本の即席麺メーカーからの技術供与により，強力な現地企業が育ったことと，当初はあまり市場規模が大きくなかったこと，さらには日本との複雑な関係などがあったことが要因と考えられる[16]。なぜ韓国や台湾について，こうした状況が生まれたのか，今一度検討する必要があると思われる。

第5は，即席麺産業を支える周辺産業についての研究の必要性である。本書では，即席麺メーカーを中心に取り扱ってきた。もちろん，自ら製麺機や製麺設備の開発を行なっている日系即席麺メーカーも存在する。しかし，即席麺産業の国際展開はこうした即席麺メーカーのみで行われたわけではないようである。製麺機メーカー，製粉企業，包装や資材メーカーなど周辺産業の役割も大きいと思われる。こうした周辺産業についての研究も今後の研究課題とすべきであろう。

第6の課題は，南北アメリカ，中国・インドを含むアジア諸国，ヨーロッパ諸国，ロシアや東欧，中東・アフリカと広範なグローバル事業を，どのように統括してきたのかという点である。例えば，1991年には，日清食品は国際部の中に米州，欧州，東南アジア総支配人室を作り，地域別の担当制度を新設している。その後，東南アジア，米国，中国，欧州の4地域で，域内の事業会社を支援する「リージョナル・ヘッドクォーター」の設置へと向かい，事業の意思決定のみならず，研究開発やマーケティング，人材採用・育成の機能も持たせ始めた。第一弾として，2011年4月には，アジア戦略を統括する「アジア戦略本部」をシンガポールに新設している。2012年には工場の生産ラインの標準化や世界調達システムの確立を図ろうとしている[17]。こうした事業の国際展開を統治するための組織構造の変遷についても検証することが必要である。

同時に重要なのは，国際展開をする場合，組織を支えるために必要となるのがグローバル人材である。当初，ほとんどの日系即席麺メーカーは，海外ビジネスの経験のある人材を外資系企業，大手食品メーカー，総合商社，そして大手金融機関から得ていた。東洋水産による米国での安易な現地人経営者の登用における問題のようなことも生じている。一方で，エースコックに典型的にみられるように，現地の人材を有意義に活用し，また，現地法人の発展段階に応じて，日本からも必要な人材を経営者として送り込んでいる例もある。こうしたグローバル人材の育成をどのように行ってきたのか，またこれからどのように育成しようとしているのかといった問題が大切になっているのである[18]。

［注］

1　安藤宏基（2016）『日本企業のCEOの覚悟』中央公論新社，28-29頁。

2　商社の機能や取扱商品についての議論については，川辺信雄（1982）『総合商社の研究―戦前三菱商事の在米活動』実教出版，とくに「結論」を参照。商社とメーカー，そして現地企業との「三人四脚型」の海外進出については，以下を参照。小島清（1997）「日本型多国籍企業のあり方―商社を中核とする三人四脚型を推進せよ」『世界経済評論』第19巻第8号。吉田彰男（1997）「日本企業のアジア戦略（2）―日清食品」『実業の日本』12月号，127頁。

3　日清食品株式会社社史編纂プロジェクト編集（2008）『日清食品50年史―創造と革新の譜』日清食品株式会社，117頁。

4　安藤宏基（2009）『カップラーメンをぶっつぶせ』中央公論新社，74頁。

5　第二次大戦後から生じたこうした動きについては，以下を参照。Kawabe, N.（1979）, "Made in Japan: The Changing Image, 1945-1975," Soltow, J. ed., *Essays in Economic and Business History*, Michigan State University Press.

6　田中重弘（1988）『ネスカフェは何故世界を制覇できたか』講談社，29，95頁。

7　「海外売上高5割目標，25年度，日清食品HD安藤社長に聞く，『10年間，毎年3工場作る』」『日経MJ（流通新聞）』2014年4月21日。

8　「即席麺，狙うは70億人，日清，新研究所で世界戦略―中国で試食3万回，アフリカにも進出（ビジネスTODAY）」『日本経済新聞』2014年8月21日。

9　「錦織選手ら，効果50億円，日清食品HD，スポーツ支援，海外はマンU（ケーススタディー）」『日経産業新聞』2015年1月29日。

10　「即席麺，狙うは70億人，日清，新研究所で世界戦略」。

11　「日清食品HD，三菱商事と事業提携，アジア4ヵ国で」『日本経済新聞』2015年2月19日。「日清食品，インドネシア即席麺で三菱商事と提携」『日本経済新聞』2015年12月24日。

12　「カップヌードル『シーフード』共通の味で世界販売，日清食品HD，ブランド訴求」『日本経済新聞』2016年5月26日。安藤宏基（2016）『日本企業のCEOの覚悟』24-30頁。

13　「世界共通パッケージ―『シーフードヌードル』」『日本経済新聞』2016年9月16日。

14　「日清食品グループ『中期経営計画2020』について」および「日清食品グループ中期経営計画2020」日清食品ホールディングス株式会社，2016年5月12日。

15　「日清食品，タイで低価格麺―日系メーカー，経営現地化が急務」『日本経済新聞』2013年8月1

日。

16　増田辰弘（1998）「連載アジアで動くリンケージ・ビジネス（35）〈最終回〉―世界の食卓に広がった“出前一丁”」『技術と経済』12 月号，51 頁。

17「食品各社，海外の体制強化，組織・人事の国際化急ぐ―キリン，日清食品」『日本経済新聞』2011 年 6 月 24 日。安藤宏基（2014）『勝つまでやめない方程式』中央公論新社，48-56 頁。

18　鶴岡公幸（2006）「日系即席麺製造業の海外事業展開」『宮城大学食産業学部紀要』第 1 巻第 1 号，8 頁。

巻末付表 1　日本における即席麺の生産量と 1 人当たり消費量

年次	生産量（1,000 万食）				JAS 格付数量（1,000 万食）				1 人当たり消費量（食）
	袋麺	カップ麺	生タイプ	合計	袋麺	カップ麺	生タイプ	合計	
1958年	1.3			1.3					0.1
1959年	7.0			7.0					0.8
1960年	15.0			15.0					1.6
1961年	55.0			55.0					5.8
1962年	100.0			100.0					10.5
1963年	200.0			200.0					20.8
1964年	220.0			220.0					22.6
1965年	250.0			250.0	29.9			29.9	25.2
1966年	300.0			300.0	176.5			176.5	30.3
1967年	310.0			310.0	221.5			221.5	30.9
1968年	330.0			330.0	224.3			224.3	32.6
1969年	350.0			350.0	235.3			235.3	32.9
1970年	360.0			360.0	263.5			263.5	33.6
1971年	365.0	0.4		365.4	295.5			295.5	34.0
1972年	370.0	10.0		380.0	280.3			280.3	34.7
1973年	350.0	40.0		390.0	285.2	20.5		305.8	35.2
1974年	330.0	70.0		400.0	277.0	40.5		317.5	35.7
1975年	300.0	110.0		410.0	257.5	44.5		302.0	36.0
1976年	285.0	120.0		405.0	237.4	38.5		275.8	34.9
1977年	280.0	135.0		415.0	241.6	101.5		343.2	35.6
1978年	272.0	139.0		411.0	234.8	104.5		339.3	35.0
1979年	290.0	140.0		430.0	257.1	122.8		380.0	36.3
1980年	270.4	147.0		417.4	243.1	133.3		376.4	34.9
1981年	277.0	140.0		417.0	249.6	126.3		375.9	34.7
1982年	285.2	151.5		436.7	252.5	127.4		379.9	36.3
1983年	270.2	159.1		429.3	242.0	135.1		377.1	35.3
1984年	257.4	172.4		429.8	228.7	147.2		375.9	35.2
1985年	256.8	201.4		458.2	231.4	169.9		401.4	37.2
1986年	258.0	204.4		462.4	232.3	172.6		404.9	37.8
1987年	247.3	206.0		453.3	222.9	174.7		397.5	36.9
1988年	234.9	219.8		454.7	208.2	190.5		398.7	36.9
1989年	222.5	240.5	1.5	464.5	199.6	212.0		411.6	37.3
1990年	218.0	235.6	6.0	459.6	194.9	208.2		403.0	36.8
1991年	219.7	240.7	15.0	475.4	196.4	212.7		409.2	37.9
1992年	219.5	248.5	19.0	487.0	194.9	224.2		419.2	38.7
1993年	222.7	245.4	27.4	495.5	197.8	222.1		419.9	39.3
1994年	209.5	249.2	48.9	507.6	184.5	227.6		412.1	40.3
1995年	205.3	265.3	48.7	519.3	181.8	242.5		424.3	41.0
1996年	205.5	281.1	46.0	532.6	181.5	260.6		442.1	42.5
1997年	202.0	281.5	40.7	524.2	178.9	260.7	7.6	447.1	41.5
1998年	199.9	277.7	39.4	517.0	179.6	254.4	20.7	454.7	40.9
1999年	201.0	296.5	32.6	530.1	180.6	272.9	15.0	468.5	41.8
2000年	194.2	298.8	27.7	520.7	172.3	270.5	13.8	456.6	40.5
2001年	193.5	310.3	27.8	531.6	171.5	277.6	11.1	460.2	41.3
2002年	193.7	316.0	23.4	533.1	171.2	276.1	6.1	453.4	41.4
2003年	206.0	320.3	22.7	549.0	177.1	278.7	3.5	459.3	42.7
2004年	203.1	327.9	22.2	553.3	160.3	282.8	3.5	446.6	43.1
2005年	193.7	331.0	19.5	544.2	156.5	284.3	3.6	444.5	42.4
2006年	189.3	323.0	18.2	530.5	153.9	277.0	3.4	434.3	41.3
2007年	194.7	323.2	17.0	534.9	149.5	270.6	2.9	423.0	41.5
2008年	186.2	320.6	17.7	524.5	141.0	253.3	2.2	396.5	40.8
2009年	181.1	335.4	18.4	534.9	140.3	261.1	1.8	403.2	41.8
2010年	168.8	347.0	15.0	530.9	136.5	279.7	1.0	417.1	41.7
2011年	177.1	360.4	15.4	553.0	145.2	287.7	0.7	433.6	43.7
2012年	183.4	349.0	15.1	547.6	158.7	278.2	0.4	437.3	43.3
2013年	186.0	346.2	15.3	547.5	160.7	282.2	0.4	443.3	43.1
2014年	171.7	354.1	15.2	541.0	142.5	289.1	0.3	431.9	42.4
2015年	169.1	380.1	15.4	564.5	139.6	308.2	0.3	448.1	44.3
2016年	168.4	384.4	14.4	567.2	134.0	323.8	0.2	458.0	44.6

注 1：生産数量は 4 月～ 3 月の合計である。
　2：非 JAS 商品の主なものは認定工場以外のもので，プライベート・ブランドのもの，JAS 企画に適合しないもの，及びその他輸出向け製品などである。
　3：1 人当たり消費量は，生産量から輸出量を引いて輸入を足して，人口で割ったもの。
出所：（社）日本即席食品工業協会（2017）「即席めんの生産数量と JAS 格付け数量及び 1 人当たりの消費量／年の推移」。

巻末付表2　各国別即席麺需要の推移

順位	国／地域名	1987年	1990年	1992年	1993年	1994年	1995年	1996年	1997年	1998年	1999年	2000年	2001年
1	中国／香港	13.5	16.0	15.7	27.7	42.7	135.4	152.7	162.8	151.8	150.8	162.0	212.0
2	インドネシア	14.0	17.0	30.0	40.0	70.0	76.5	79.7	86.0	80.0	84.0	92.3	99.0
3	日本	45.2	45.5	48.2	50.2	50.4	51.9	53.3	52.4	51.7	53.0	52.0	53.5
4	ベトナム	n.a.	n.a.	6.4	5.5	8.0	9.0	9.0	9.0	9.0	10.0	10.5	11.4
5	インド	0.5	0.8	0.7	0.5	0.8	1.0	1.0	1.7	1.7	1.6	1.7	1.8
6	アメリカ	6.0	12.0	14.0	14.0	18.0	20.0	20.0	24.8	26.0	27.2	28.5	30.0
7	韓国	31.1	38.0	38.0	36.0	37.1	37.3	37.3	38.9	36.0	37.8	37.8	36.4
8	フィリピン	1.8	1.8	2.5	4.8	9.2	10.0	10.4	11.3	14.4	15.6	16.5	18.0
9	タイ	6.0	7.5	5.5	9.5	12.0	13.4	13.4	13.7	12.0	15.1	15.9	16.5
10	ブラジル	1.2	1.5	1.0	1.6	3.2	4.7	5.8	6.7	7.9	8.1	8.6	10.4
11	ナイジェリア	n.a.	n.a.	n.a.	n.a.	n.a.	n.a.	n.a.	n.a.	n.a.	n.a.	n.a.	n.a.
12	ロシア	n.a.	n.a.	0.3	0.3	n.a.	n.a.	3.0	3.0	2.5	5.0	5.5	6.0
13	マレーシア	2.0	2.0	2.0	3.0	3.0	3.3	3.6	3.6	3.6	3.8	5.8	5.8
14	ネパール	n.a.	0.1	n.a.	0.4	0.4	0.5	0.5	0.5	0.5	0.5	0.5	0.7
15	メキシコ	0.2	0.1	0.2	0.4	0.4	0.4	0.4	0.9	1.5	2.0	3.5	5.3
16	台湾	4.0	5.5	7.5	11.7	7.8	8.1	8.4	8.0	8.6	8.9	9.0	9.0
17	ミャンマー	n.a.	0.1	n.a.	n.a.	n.a.	n.a.	0.7	0.7	0.7	0.7	0.7	0.7
18	サウジアラビア	n.a.	n.a.	0.1	0.1	0.3	0.5	0.5	0.5	0.6	0.6	0.6	0.6
19	オーストラリア	0.2	0.2	0.5	0.8	0.8	0.9	1.3	1.3	1.4	1.5	1.5	1.5
20	イギリス	1.1	0.8	1.1	1.4	1.2	1.2	1.5	1.5	1.7	1.7	1.7	2.3
21	ポーランド	n.a.	n.a.	n.a.	n.a.	n.a.	n.a.	0.1	0.1	0.3	0.3	0.3	1.6
22	バングラデシュ												
23	ウクライナ												
24	カンボジア	n.a.	n.a.	n.a.	n.a.	n.a.	n.a.	n.a.	n.a.	0.6	0.6	0.6	1.3
25	グアテマラ												
26	カザフスタン	—	—	—	—								
27	エジプト												
28	ドイツ	0.4	n.a.	0.6	0.6	0.7	0.7	1.3	1.3	1.3	1.3	1.3	1.4
29	南アフリカ	n.a.	n.a.	n.a.	n.a.	n.a.	n.a.	n.a.	n.a.	0.5	0.5	0.5	0.5
30	カナダ	n.a.	n.a.	0.6	0.7	0.7	0.8	0.8	0.8	0.9	1.0	1.0	1.5
31	パキスタン												
32	ペルー	n.a.	n.a.	0.1	0.1	0.1	0.1	0.1	0.1	0.1	0.1	0.1	0.1
33	シンガポール	1.5	1.7	0.5	10.5	0.6	0.7	1.0	1.0	1.0	1.1	1.2	1.2
34	ウズベキスタン												
35	チェコ												
36	ニュージーランド	n.a.	n.a.	0.1	0.1	0.1	0.1	0.1	0.4	0.4	0.4	0.4	0.4
37	スペイン												
38	フランス	0.1	0.1	0.2	0.2	0.2	0.2	0.2	0.2	0.2	0.2	0.2	0.4
39	ケニア												
40	エチオピア												
41	イラン												
42	トルコ												
43	スウェーデン	n.a.	n.a.	0.1	0.1	0.1	0.1	0.3	0.3	0.3	0.3	0.3	0.3
44	ハンガリー												
45	チリ												
46	オランダ	n.a.	n.a.	0.1	0.3	0.3	0.3	0.3	0.3	0.3	0.3	0.3	0.3
47	イタリア												
48	ベルギー	n.a.	n.a.	0.1	0.1	0.1	0.1	0.1	0.1	0.1	0.1	0.1	0.1
49	デンマーク	n.a.	n.a.	0.1	0.3								
50	フィンランド												
51	スイス												
52	コスタリカ												
53	コロンビア												
54	アルゼンチン												
	フィージー・周辺諸島	n.a.	0.2	n.a.	n.a.	n.a.	n.a.	0.8	0.8	0.8	0.8	0.8	0.8
	その他	0.3	0.5	0.6	0.5	0.5	0.7	0.3	1.5	1.0	1.7	1.7	2.0
	合　計	129.1	151.5	176.7	221.3	268.7	375.8	407.9	434.2	419.4	436.6	463.4	532.8

注1：順位は2016年のもの。
　2：1987～93年については，ロシアではなく旧ソ連。
　3：1994～2008年のサウジアラビアには，アラブ首長国連邦が含まれている。同期間のポーランドには，ハンガリーと
出所：世界ラーメン協会（2017）「インスタントラーメンの世界総需要」。

（単位：億食）

2002年	2003年	2004年	2005年	2006年	2007年	2008年	2009年	2010年	2011年	2012年	2013年	2014年	2015年	2016年
231.0	320.0	390.0	442.6	467.9	501.1	425.3	408.6	423.0	424.7	440.3	462.2	444.0	404.3	385.2
109.0	112.0	120.1	124.0	140.9	149.9	137.0	139.3	144.0	145.3	147.5	149.0	134.4	132.0	130.1
52.7	54.0	55.4	54.3	54.4	54.6	51.0	53.4	52.9	55.1	54.1	55.2	55.0	55.4	56.6
17.0	23.0	24.8	26.0	34.0	39.1	40.7	43.0	48.2	49.0	50.6	52.0	50.0	48.0	49.2
2.3	3.0	4.3	4.5	8.0	10.0	14.8	22.8	29.4	35.3	43.6	49.8	53.4	32.6	42.7
33.0	37.8	38.0	39.0	40.4	42.4	41.5	42.9	41.8	42.7	43.4	43.5	42.8	42.1	41.0
36.5	36.0	36.5	34.0	33.7	32.6	33.4	34.8	34.1	35.9	35.2	36.3	35.9	36.5	38.3
20.0	22.0	25.0	4.8	25.0	24.8	25.0	25.5	27.0	28.4	30.2	31.5	33.2	34.8	34.1
17.0	17.2	17.8	19.2	20.5	22.2	21.7	23.5	27.1	28.8	29.6	30.2	30.7	30.7	33.6
11.9	11.1	11.5	12.6	13.8	14.3	16.9	18.7	20.0	21.4	23.1	23.7	23.7	22.7	23.0
n.a.	n.a.	6.0	7.0	7.0	10.0	14.0	11.3	11.8	12.6	13.4	14.3	15.2	15.4	16.5
15.0	15.0	15.2	16.0	16.0	16.0	24.0	21.4	19.0	20.6	20.9	21.2	19.4	18.4	16.2
7.4	8.2	8.7	8.9	10.6	11.8	12.1	12.0	12.2	13.2	13.0	13.5	13.4	13.6	13.9
0.7	0.7	0.7	0.7	3.9	4.3	5.1	5.9	7.3	8.2	8.9	10.2	11.1	11.9	13.4
6.4	7.5	10.0	10.0	9.0	9.0	8.6	8.6	8.3	8.5	8.9	9.2	9.0	8.5	8.9
9.4	10.0	9.5	8.9	8.7	8.5	11.1	10.7	10.2	10.1	7.8	7.5	7.1	6.8	7.7
0.7	0.7	0.7	0.7	0.7	2.2	2.1	2.1	2.4	2.4	3.0	3.4	4.1	4.6	5.1
0.6	0.6	5.0	6.0	6.0	6.7	n.a.	n.a.	4.3	4.6	6.4	6.6	4.9	5.1	3.8
1.5	1.5	1.5	1.5	1.5	1.5	3.2	3.3	3.4	3.4	3.5	3.5	3.6	3.7	3.6
2.5	2.6	2.6	2.6	2.6	2.6	2.6	3.1	3.2	3.4	3.5	3.7	3.0	3.7	3.1
2.0	2.2	2.3	2.3	3.5	3.5	n.a.	3.0	3.0	2.9	2.7	2.6	3.6	3.1	2.9
							0.6	0.9	1.0	1.6	2.2	2.5	2.7	2.8
							5.2	5.4	5.4	5.6	5.8	5.8	4.1	2.7
1.3	1.3	1.7	1.7	1.7	2.1	2.4	2.4	3.3	2.6	2.6	2.4	2.5	2.7	2.4
							n.a.	n.a.	n.a.	n.a.	0.8	2.1	1.9	2.1
							1.2	1.2	1.3	1.3	1.4	1.4	1.4	2.0
							0.6	0.7	0.9	1.5	1.7	1.9	2.0	2.0
1.4	1.4	1.4	1.4	1.8	1.8	1.8	1.8	1.8	1.8	1.8	1.8	1.8	1.9	1.9
0.5	0.5	0.5	0.5	0.5	0.5	0.8	0.6	0.9	0.9	1.7	1.7	1.9	1.9	1.7
1.5	1.5	1.8	1.8	1.9	2.0	2.0	2.0	2.1	2.1	2.1	2.1	1.9	1.9	1.3
							1.1	1.1	1.2	1.3	1.3	1.5	1.6	1.3
0.2	0.2	0.2	0.2	0.2	0.2	n.a.	n.a.	0.5	0.6	0.7	0.8	1.2	1.3	1.0
1.2	1.2	1.2	1.2	1.2	1.2	1.1	1.2	1.2	1.2	1.3	1.3	1.3	1.3	0.9
							0.9	1.0	1.0	1.1	1.1	1.1	1.1	0.8
							0.5	0.5	1.0	0.9	0.9	0.6	0.9	0.7
0.4	0.4	0.4	0.4	0.4	0.4	0.6	0.7	0.7	0.7	0.8	0.7	0.8	0.8	0.6
							n.a.	n.a.	n.a.	n.a.	n.a.	0.4	0.5	0.5
0.4	0.4	0.4	0.4	0.4	0.4	0.4	0.4	0.4	0.5	0.5	0.6	0.6	0.6	0.4
										n.a.	n.a.	0.4	0.4	0.4
							n.a.	n.a.	n.a.	n.a.	n.a.	0.4	0.5	0.4
							n.a.	n.a.	n.a.	n.a.	n.a.	0.4	0.4	0.4
							0.2	0.2	n.a.	n.a.	n.a.	0.2	0.3	0.3
0.3	0.3	0.3	0.3	0.3	0.3	n.a.	0.0	0.0	0.2	0.2	0.3	0.3	0.3	0.3
							0.2	0.2	0.2	0.2	0.2	0.2	0.2	0.2
							n.a.	0.1	0.2	0.2	0.3	0.4	0.4	0.2
0.3	0.3	0.3	0.2	0.2	0.2	0.2	0.2	0.2	0.2	0.2	0.2	0.2	0.2	0.2
							n.a.	n.a.	n.a.	n.a.	n.a.	0.1	0.2	0.1
0.1	0.1	0.1	0.1	0.1	0.1	0.1	n.a.	n.a.	0.1	0.1	0.1	0.2	0.2	0.1
							0.1	0.2	0.2	0.2	0.2	0.2	0.2	0.1
							0.2	0.2	0.2	0.2	0.2	0.1	0.1	0.1
							n.a.	n.a.	n.a.	n.a.	n.a.	0.1	0.1	0.1
									0.1	0.1	0.1	0.1	0.1	0.1
									n.a.	0.04	0.04	0.1	0.1	0.1
												0.1	0.1	0.1
0.8	0.8	0.8	0.8	0.8	0.8	n.a.								n.a.
2.0	2.0	2.0	2.0	2.0	2.0	21.5	8.4	3.1	2.2	2.3	2.5	9.4	9.4	9.3
587.0	695.5	796.7	856.6	919.6	978.7	921.1	922.2	958.2	982.0	1014.7	1055.9	1039.6	976.5	974.6

チェコが含まれている。同期間のスウェーデンには，ノルウェー，フィンランド，デンマークが含まれている。

参考文献

【日本語文献】

アサツーディ・ケイ社史編纂委員会（2007）『ADK50年史』株式会社アサツーディ・ケイ。

味の素株式会社（2009）『味の素グループの百年―新価値創造と開拓者精神』味の素株式会社。

安部悦生編著（2017）『グローバル企業―国際化・グローバル化の歴史的展望』文眞堂。

安保哲夫・上山邦雄・公文溥・板垣博・河村哲二（1991）『アメリカに生きる日本的生産システム』東洋経済新報社。

新井ゆたか編（2010）『（食品企業のグローバル戦略―成長するアジアを開く』ぎょうせい。

安西洋之・中村鉄太郎（2011）『「マルチャン」はなぜ，メキシコで国民食になったか』日経BP。

安藤宏基（2005）「講演 中国即席麺市場の現状と将来性」『第31回産研公開講演会―中国とどう向き合うか』早稲田大学産業経営研究所。

安藤宏基（2009）『カップラーメンをぶっつぶせ―創業者を激怒させた二代目社長のマーケティング流儀』中央公論新社。

安藤宏基（2014）『勝つまでやめない方程式』中央公論新社。

安藤宏基（2016）『日本企業CEOの覚悟』中央公論新社。

安藤百福（1983）『奇想天外の発想―日清食品の奇跡の秘密』講談社。

安藤百福（2008）『魔法のラーメン発明物語―私の履歴書』日経文庫，日本経済新聞社。

池上重輔・井上葉子（2016）「第12章 新興市場における異文化マネジメント―成長期の中国における台湾発祥の康師傅控股有限公司の展開」太田正孝編著『異文化マネジメントの理論と実践』同文舘出版。

石川健次郎（2004）「第1章 何故、商品を買うのだろうか―商品史のドア」石川健次郎編著『ランドマーク商品の研究―商品史からのメッセージ①』同文舘出版。

石川健次郎（2011）「第1章 1970年代日本の生活変容」石川健次郎編著『ランドマーク商品の研究④―商品史からのメッセージ』同文舘出版。

石川健次郎（2013）「第1章 高度経済成長とランドマーク商品」石川健次郎編著『ランドマーク商品の研究⑤―商品史からのメッセージ』同文舘出版。

石毛直道（1991）『文化麺類学ことはじめ』フーディアム・コミュニケーション。

石毛直道（1994）『石毛直道の文化麺類学 麺談』フーディアム・コミュニケーション。

井田純一郎（2004）「サンヨー食品」立教大学経済学部産業連携教育推進委員会・立教経済

人クラブ産学連携委員会編『成長と革新の企業経営―社長が語る学生へのメッセージ』日本経営史研究所。
一ノ井一夫（2002）「麺づくり味づくり in Singapore（シンガポールにおける即席麺について）」シンガポール日本人商工会議所『月報』10月号。
井上隆一郎（2003）「躍進 中国企業（22）華竜食品（ファロン・フード）―即席麺で台湾勢に挑戦する郷鎮企業」『ジェトロセンサー』第53巻第630号。
上野明（1988）『新・国際経営戦略論―日本企業16社にみる成功の条件』有斐閣。
内田俊二（2002）「急成長するアジア・中国の即席麺市場―繁栄を続ける21世紀の“麺ロード”」『Asia Market Review』12月1日号。
大島一二監修／大島一二・菊池昌弥・石塚哉史・成田拓未編著（2015）『日系食品産業における中国内販戦略の転換』日本農業市場学会研究叢書，No. 15，筑波書房。
大塚茂（1995）「インスタントラーメンの国際化」『島根女子短期大学紀要』第33号。
大橋照枝（1988）『世代差ビジネス論―新時代をとらえるマーケティング』東洋経済新報社。
岡本忠廣（1968）「インスタント・ラーメン・マーケティングの新展開（一）」『近畿大学短大論集』第1巻第1号。
片山覚（2008）「第5章第2節 消費財メーカーの中国市場での流通戦略―日清食品」川邉信雄・櫨山健介編『日系流通企業の中国展開―『世界の市場』への参入戦略』産研シリーズ第43号，早稲田大学産業経営研究所。
加藤正樹（2011）「日本が生んだ世界食インスタントラーメン―その発展の歴史と知的財産」『月刊フードケミカル』8月号。
加藤正樹（2013）「日本が生んだ世界食―インスタント ラーメン その歴史と知的財産戦略」『知財研フォーラム』第95号。
加藤正樹（2014）「日本が生んだ世界食インスタントラーメン」『明日の食品産業』6月号。
株式会社エーシーシー編（1986）『めんづくり味づくり―明星食品30年の歩み』明星食品。
川辺信雄（1982）『総合商社の研究―戦前三菱商事の在米活動』実教出版。
川辺信雄（1994）『セブン-イレブンの経営史―日米企業・経営力の逆転』有斐閣。
川辺信雄（2003）『新版 セブン-イレブンの経営史―日本型情報企業への挑戦』有斐閣。
川邉信雄（2011）『タイトヨタの経営史―海外子会社の自立と途上国産業の自立』有斐閣。
川邉信雄（2012）「日系コンビニエンス・ストアのグローバル戦略―2005年以降のアジア展開を中心に」『文京学院大学経営学部経営論集』第22巻第1号。
川邉信雄（2014）「マーケティング―辻本福松と森永太一郎」宮本又郎・加護野忠男・企業家研究フォーラム『企業家学のすすめ』有斐閣。
川邉信雄（2014）「即席麺の国際経営史―日清食品のグローバル展開」『文京学院大学経営学部経営論集』第24巻第1号。
川邉信雄（2016）「第4章 日系企業のトルコ進出―存在感の薄い日系企業」関根謙司／ユスフ・エルソイ・ユドゥルム／川邉信雄編『トルコと日本の経済・経営関係』文京学院大

学総合研究所。
川満直樹（2011）「第6章 ランドマーク商品の海外展開」石川健次郎編著『ランドマーク商品の研究④―商品史からのメッセージ』同文舘出版。
河明生（2002）「マイノリティの企業者活動―重光武雄・安藤百福」宇田川勝編『ケーススタディ―日本の企業家史』文眞堂。
木島実（1989）「第4章 食品工業における寡占形成と広告の機能」日本大学農獣医学部食品経済学科編『現代の食品産業』農林統計協会。
木島実（1999）『食品企業の発展と企業者活動―日清食品における製品革新の歴史を中心として』筑波書房。
木島実（2004）「第2章 食の商品史」石川健次郎編著『ランドマーク商品の研究―商品史からのメッセージ』同文舘出版。
木島実（2014）「第13章 海外即席麺市場における特許出願動向とイノベーション」斎藤修監修／下渡敏治・小林弘明編『グローバル化と食品行動』フードシステム叢書第3巻，農林統計出版。
北井弘（2009）「エースコック―現地人材の活用でベトナム即席麺トップシェア」『人事実務』第45巻，1049号。
橘川武郎・黒澤隆文・西村成弘編（2016）『グローバル経営史―国境を超える産業ダイナミズム』名古屋大学出版会。
公文溥・安保哲夫編著（2005）『日本型経営・資産システムとEU―ハイブリッド工場の比較分析』ミネルヴァ書房。
経済産業省（2013）『アフリカビジネスに関する基礎的調査報告書』野村総合研究所。
河野昭三・村山貴俊（1997）『神話のマネジメント―コカ・コーラの経営史』まほろば書房。
小暮真弘・岩坪友義（2008）「消費者評価から見た主要即席麺メーカー5社の位置づけ」『経営行動科学』第21巻第2号。
小島清（1975）「日本型多国籍企業のあり方―商社を中核とする三人四脚型を推進せよ」『世界経済評論』第19巻第8号。
小島清（1985）『日本の海外直接投資』文眞堂。
小菅桂子（1987）『にっぽんのラーメン物語―中華ソバはいつどこで生まれたのか』駸々堂。
小林啓志（2015）「ユニリーバ社とP&Gの比較経営史―インドと中国における海外子会社活動」『大東アジア学論集』第15号。
斎藤修監修／下渡敏治・小林弘明編（2014）『グローバル化と食品企業行動』フードシステム学叢書第3巻，農林統計出版。
斎藤高宏（1992）『わが国食品産業の海外直接投資―グローバル・エコノミーへの対応』農業総合研究所。
斎藤高宏（1993）「わが国食品企業の国際化―即席めん企業のパイオニア，日清食品」『農総研究』第18号。

佐古井貞行（1994）『消費生活の社会学』筑波書房。
佐藤学（2001）「研究最前線―日本の食文化を世界へ」『Food Style』第5巻第11号。
サントリー株式会社編（1990）『夢大きく―サントリー90年史』サントリー株式会社。
賈志聖（2016）「即席麺の消費行動分析と『康師傅』のファジィ経営戦略分析」博士論文，大阪国際大学。
下渡敏治・上原秀樹編著（2014）『インドのフードシステム―経済発展とグローバル化の影響』筑波書房。
下渡敏治・小林弘明編（2014）『グローバル化と食品企業行動』フードシステム学叢書第3巻，農林統計出版。
白水和憲（2003）「独自の販売網を模索する日清食品の中国展開―需要に追い付かない生産規模（新年中国特集　ラッシュとなった日本企業の中国進出）」『アジア・マーケットレヴュー』1月1日号。
白水和憲（2008）「自力でインド市場と向き合い始めた日系3社―ユシロ化学工業，ミクニ，日清食品」『アジア・マーケットレヴュー』5月15日号。
杉田俊明（2010）「新興国とともに発展を遂げる経営―ケース研究エースコックベトナム」『甲南経営研究』50巻4号。
高田正澄（2010）「第Ⅱ部第1章 ネスレ株式会社―すべてのステークホルダーに信頼される，だれもが認める，栄養，健康，ウエルネスのリーダー企業へ」新井ゆたか編著『食品企業のグローバル戦略―成長するアジアを開く』ぎょうせい。
田口信夫（1982）『日本の海外投資と東南アジア』長崎大学東南アジア研究所。
多田和美（2014）『グローバル製品開発戦略―日本コカ・コーラの成功と日本ペプシコ社の撤退』有斐閣。
田中重弘（1988）『ネスカフェは何故世界を制覇できたか』講談社。
沈金虎（2011）「グローバル化と少子・高齢化時代の日系食品企業の海外進出」『京都大学生物資源経済研究』第16号。
鶴岡公幸（2006）「日系即席麺製造業の海外事業展開」『宮城大学食産業学部紀要』1巻1号。
東京新聞・中京新聞経済部編（2016）『人々の戦後経済秘史』岩波書店。
戸田青兒（1999）「インタビュー 日本企業の対アジア戦略―日清食品」『ジェトロセンサー』12月号。
鳥羽欽一郎「日本のマーケティング―その伝統性と革新性についての一考察」『経営史学』第17巻第1号。
中川美帆（2013）「変わるアフリカの食文化―経済成長で即席麺の需要増」『エコノミスト』6月11日号。
中島正道（1997）『食品産業の経済分析』日本経済新聞社。
日刊経済通信社調査出版部（2015）『酒類食品産業の生産・販売シェア―需要の動向と価格変動（2015年版）』日刊経済通信社。

日清食品株式会社社史編纂室（1992）『食足世平―日清食品社史』日清食品株式会社。
日清食品株式会社広報部編集（1998）『食創為世―40周年記念誌』日清食品株式会社。
日清食品株式会社社史編纂プロジェクト（2008）『日清食品創業者・安藤百福伝』日清食品株式会社。
日清食品株式会社社史編纂プロジェクト（2008）『日清食品50年史―創造と革新の譜』日清食品株式会社。
日本即席食品工業協会監修（2004）『インスタントラーメンのすべて―日本が生んだ世界食！』日本食糧新聞社。
日本即席食品工業協会（2015）『競争と協調の50年―創立50周年記念誌』日本即席食品工業協会。
日本貿易振興機構（ジェトロ）アジア経済研究所（2008）「アフリカ成長企業ファイル：Multi-Pro Enterprises Ltd.」（www.ide.go.jp/Japanese/Data/Africa_file/company/nigeria 08.html，2016年10月10日アクセス）。
野地秩嘉（2013）「連載チャイナ・プラス・ワンの現状―case 2　エースコック@ベトナム，シェア6割の秘密」『日経Associe』9月号。
長谷川信次（2002）『多国籍企業の内部化理論と戦略提携』同文舘出版。
長谷川礼（2008）「第3章 国際ビジネスの諸理論」江夏健一・太田正孝・藤井健編『国際ビジネス入門』中央経済社。
林廣茂（2012）『AJINOMOTOグローバル競争戦略―東南アジア・欧米・BRICs』同文舘出版。
速水健朗（2011）「インスタントラーメンと共産ゲリラを巡る話」『本』11月号。
速水健朗（2011）『ラーメンと愛国』講談社現代新書。
二神恭一（2008）『産業クラスターの経営学―メゾ・レベルの経営学への挑戦』中央経済社。
香港日本人商工会議所三十年記念誌編集委員会（1999）『香港日本人商工会議所三十年史』香港日本人商工会議所。
増田辰弘（2005）「連載 アジアの創業事情［インド］―十億人のタフな市場に即席めん（ラーメン）で挑戦 日清食品」『技術と経済』6月号。
松尾伸二・田中充（2008）「世界発“宇宙食ラーメン”の開発」『日本食品科学工学会誌』55巻，11号。
閔普鮮（2015）「サハラ以南アフリカにおける伝統的調理法の簡略化とその社会的影響―ナイジェリアの事例を中心に」明治大学アフリカ研究会『Africa in Global Perspective』Vol. 5，No. 1（www.africakenkyucai.org./15_Min.pdf）。
茂木雄三郎（2007）『キッコーマンのグローバル経営―日本の食文化を世界に』生産性出版。
森枝卓士（1998）「インスタントラーメンはいかにして，国際的に受け入れられたか―あるいは，インスタントラーメンの変容」『文化交流』第20巻第3号。
山崎正和（1984）『柔らかい個人主義の誕生』中央公論社。

吉田彰男（1997）「日本企業のアジア戦略（2）―日清食品」『実業の日本』12月号。

李雪（2014）「激変する中国の流通―メーカー，卸，小売に見る流通システムの変化」『流通情報』第510号。

「製品開発強化は日本で（中国）―華竜集団の経営戦略」『通商弘報』2002年3月15日。

「特集　ロシア・NISの消費市場と小売業―伸び悩むロシアのインスタントラーメン市場」『ロシアNIS調査月報』2013年2月号。

「日清食品――気に4社買収で多角化戦略に突破口」『週刊ダイヤモンド』1991年6月22日号。

「ビジネス最前線　ロシアカップめん市場への挑戦―日清食品株式会社国際部次長宮崎好文」『ロシア貿易調査月報』第50巻第5号，2005年5月。

「香港　昭和産業がラーメン工場―乱戦模様の食品市場」『世界週報』1969年8月26日。

「連載 変わるアフリカ変える日本企業―ナイジェリア即席麺市場に進出」『国際開発ジャーナル』2016年4月号。

「ロシアのインスタントラーメン市場」『ロシアNIS経済速報』第1457号，2009年3月15日号。

【外国語文献】

Barclay, E. (2006), "Mexican Fast-Food Craze: Japanese Instant Noodles," *Fortune International* (Europe), May 15.

Bartlett, C. and Ghoshal, S. (1989), *Managing Across Borders: The Transnational Solution*, Boston, MA: Harvard Business School Press.（吉原英樹監訳『地球市場時代の企業戦略』日本経済新聞社，1990年。）

Bhattacharya, S. (2013), "Binod Chaudhary Uses His Noodle to Become Nepal's First Billionair," *The National*, August 11.

Caves, R. E. (1996), *Multinational Enterprise and Economic Analysis*, Cambridge University Press.（岡本康雄・周佐喜和・長瀬勝彦・姉川知史・白石弘幸訳『多国籍企業と経済分析』千倉書房，1992年。）

Cavusgil, S. T. and Knight, G. (2009), *Born Global Firms: A New International Enterprise*, Business Press.（中村久人監訳／村瀬慶紀・萩原道雄訳『ボーングローバル企業論―新タイプの国際中小・ベンチャー企業の出現』八千代出版，2013年。）

Chandler Jr., A. D. (1990), *Scale and Scope: The Dynamics of Industrial Capitalism*, Harvard University Press.（安部悦生・川辺信雄・工藤章・西牟田祐二・日高千景・山口一臣訳『スケール・アンド・スコープ―経営力発展の国際比較』有斐閣，2005年。）

Dumaine, B. (1988), "Japan's Next Push in U.S. Markets," *Fortune*, September 26.

Dunning, J. H. (1977), "The Location of Economic Activity and the MNE: A Search or an Eclectic Approach," Ohlin, B. et al. eds., *the International Allocation of Economic*

Activity, London: Macmillan.

Errington, F., Fujikura T. and Gewertz D. (2013), *The Noodle Narrative: The Global Rise of an Industrial Food into the Twenty-First Century*, University of California Press.

Fitzgerald, R. (2016), *The Rise of the Global Company: Multinationals and the Making of the Modern World*, Cambridge University Press.

Hymer, S. (1976), *The International Operations of National Firms*, MIT Press.（宮崎義一訳『多国籍企業論』岩波書店，1979年。）

Ivy, M. (1993), "Formations of Mass Culture," in Gordon, A. ed., *Postwar Japan as History*, University of California Press.

Johanson, J. and Vahlne, J. E. (1977), "The Internationalization Process of the Firm: A Model of Knowledge Development and Increasing Foreign Market Commitments," *Journal of International Business Studies*, Vol. 8, No. 1.

Jones, G. (2005), *Multinationals and Global Capitalism: From the Nineteenth to the Twenty-First Century*, Oxford University Press.（安室憲一・梅野巨利訳『国際経営講義―多国籍企業とグローバル資本主義』有斐閣，2007年。）

Jones, G. (2010), *Beauty Imagined: A History of the Global Beauty Industry*, Oxford University Press.（江夏健一・山中祥弘監訳／ハリウッド大学院大学ビューティビジネス研究所訳『ビューティビジネス―『美』のイメージが市場を作る』中央経済社，2011年。）

Jones, G. and Wilkins, M. eds. (1994), *Adding Value: Brands and Marketing in Food and Drink*, Routledge.

Kawabe, N. (1979), "Made in Japan: The Changing Image, 1945-1975," Soltow, J., ed., *Essays in Economic and Business History*, Michigan State University Press.

Kawabe, N. (1989), "The Development of Distribution Systems in Japan before World War II," Hausman, W. J. ed., *Business and Economic History*, Business History Conference.

Kinugasa, Y. and Inoue, T. eds. (1984), *Overseas Business Activities*, University of Tokyo Press.

Kushner, B. (2012), *Slarp!: A Social and Culinary History of Ramen-Japan's Favorite Noodle Soup*, LEIPEP-Boston, Global Oriental.

McCarthy, J. E. (1960), *Basic Marketing*, Richard D. Irwing, Inc.

McCraw, T. K. (1986), *America Versus Japan: A Comparative Study of Business-Government*, Harvard Business School Press.（東苑忠俊・金子三郎訳『アメリカ対日本』TBSブリタニカ，1989年。）

Prahalad, C. K. (2006), *The Fortune at the Bottom of the Pyramid*, Wharton School Publishing.（スカイライトコンサルティング訳『ネクスト・マーケット―「貧困層」を

「顧客」に替える次世代ビジネス戦略（増補改訂版）』英治出版，2010 年。）

Prahalad, C. K. and Doz, Y. (1987), *The Multinational Mission: Balancing Local Demands and Global Vision*, New York: Free Press.

Raskin, A. (2009), *Ramen King and I: How the Inventor of Instant Noodles Fixed My Love Life*, Gotham.

Rugman, A. M. (1981), *Inside the Multinationals*, Croom Helm.（江夏健一・中島潤・有澤孝義・藤沢武史訳『多国籍企業と内部化理論』ミネルヴァ書房，1993 年。）

Schullz, D. E., Tannenbaum, S. I. and Lauterborn, R. F. (1993), *Integrated Marketing Communication*, NTC Business Books, a dividison of NTC Publishing Group.

Solt, G. (2014), *The Untold History of Ramen: How Political Crisis in Japan Spawned*, University of California Press.（町下祥子訳『ラーメンの語られざる歴史』図書刊行会，2015 年。）

Strasser, S. (1989), *Satisfaction Guaranteed: The Making of the American Mass Market*, Pantheon Books.（川邉信雄訳『欲望を生み出す社会―アメリカ大衆消費社会の成立史』東洋経済新報社，2011 年。）

Watson, J. (1997), "McDonald's in Hong Kong," in Watoson, J. ed., *Golden Arches East*, Stanford University Press.（前川啓治・竹内恵行・岡部曜子訳『マクドナルドはグローバルか―東アジアのファーストフード』新曜社，2003 年。）

Yamashita, S. (1991), *Transfer of Japanese Technology and Management to ASEAN Countries*, University of Tokyo Press.

"The Smoke Clears in the Noodle Wars," *Business Week* (June 14, 1999).

あとがき

本書の構想を思いついたのは，10年以上前に遡る。2000年3月から2003年5月にかけて，早稲田大学から与えられた特別研究期間を利用しながら，ロンドン大学ロイヤルホロウエイ校に客員教授として滞在し，「ヨーロッパの日本企業」や「変革期の日本企業」という講義を担当した。同時に，ドイツのボンにあった早稲田大学のヨーロッパセンターの所長代行を兼務していたため，ロンドンとボンの間を月2回ほど往復した。

この間，ドイツの著名なビジネス・スクールであるWHUオットー・バイスハイム経営大学をはじめ，メキシコのイベロアメリカーナ大学，タイのチュラロンコン大学，リトアニアのビリュニス大学でも，客員教授として学期単位あるいは集中講義の形で教鞭をとる機会を得た。

こうした状況のなかで，EUの台頭やユーロの導入，ASEANの急速な発展，北米自由貿易協定（NAFTA）の影響，そして東欧の台頭など，世界の経済システムと様々な地域がそれぞれ大きく変動を遂げつつあることを肌で感じることができた。

こうした経験をへて，いったん帰国した2002年に商学学術院の産業経営研究所長であった宮下史明先生やグローバル経済や国際ビジネスに関心を持たれている先生方に，グローバルな経済の動きと同時に地域的な経済の変動も研究する必要があるのではないかと提案させていただいた。その結果，産業経営研究所の公開講演会を利用して，研究フォーラムを立ち上げようと言うことになった。

第一弾として2002年10月に，第28回産研公開講演会「ユーロ時代における日本企業の対欧戦略」を開催した。厚東偉介先生と私がオーガナイザーとなり，ヨーロッパで活躍された企業のトップの方たちに講演をお願いした。この方式を踏襲して，翌2003年10月には第二弾として，第29回産研公開講演会「日本とASEAN—国境を超えるビジネスの将来」を池尾愛子先生，大田正孝先生をオーガナイザーとして開催した。第三弾は，鵜飼信一所長の下で，2005年10月に第31回産研公開講演会「中国とどう向き合うか」を宮下史明先生，櫨山健介先生をオーガナイザーとして開催した。

この第31回産研公開講演会のときに，講師のお1人として日清食品ホールディングスの安藤宏基社長CEOに参加していただき，同社の中国での展開についてお話を伺った。その時，安藤氏に同行されていた米国日清，シンガポール日清，欧州日清の社長を歴任され，後に同ホールディングスの取締役になられた故笹原研氏との知己を得ることができた。その後，同氏から日清食品の海外事業について，いろいろと教えていただくことになった。

その頃，中国での日本企業の苦戦が伝えられるなかで，日本精工のように現地で成功を収めた企業もあることも分かった。すでに産業経営研究所で櫨山健介先生を主査とした中国研究プロジェクトが進行中で，私もそのメンバーになっていた。さらに，中国での日本企業を中心に研究を進めようということになり，学内で「中国ビジネス研究所」を立ち上げた。そして，2010年に研究所を閉鎖するまでに，3つの研究プロジェクトを実施した。これらの研究プロジェクトの研究成果は，以下のような形で発表されている。

鈴木宏昌・川邉信雄編『移行経済における日系企業―日本精工（株）の事例研究』早稲田大学産業経営研究所，産研シリーズ41（2007年6月）。

川邉信雄・櫨山健介編『日系流通企業の中国展開―「世界の市場」への参入戦略』早稲田大学産業経営研究所，産研シリーズ43号（2008年3月）。

櫨山健介・川邉信雄『中国・広東省の自動車産業―日系大手三社の進出した自動車産業集積地』早稲田大学産業経営研究所，産研シリーズ45号（2011年1月）。

これらのプロジェクトを実施するために，中国やポーランドでフィールド調査を行なった。とりわけ，「日系流通企業の中国展開」プロジェクトでは，上海の日清食品を訪問し，現地の責任者から同社の中国での展開について聴き取りを行なうことができた。

こうした経緯を経て，日清食品のみならず日系即席麺メーカーの国際展開について次第に興味をもつようになった。即席麺は日本生まれの加工食品であるが，そのメーカーの国際展開については，体系的な研究はほとんどなされていないことが分かった。そこで，「『国民食』から『世界食』へ―日系即席麵メーカーの国際展開」をテーマに，学術書を執筆しようと考え始めたときに，早稲田大学を退職し文京学院大学に移ることになった。新たな職場で忙しくしているなかで，とりあえず当時比較的資料の集まっていた日清食品の事例研究を行ない，「即席めんの国際経営史―日清食品のグローバル展開」『文京学院大学経営学部経営論集』第24巻第1号（2014年12月）を発表した。

次に，この論文で組み立てた枠組みを利用して，東洋水産，明星食品，サンヨー食品，そしてエースコックの事例を加えて，2015年10月に開催された経営史学会第51回全国大会で，「『国民食』から『世界食』へ―日系即席麵メーカーの国際展開」と題して，自由論題報告を行なった。その際の質疑の内容を踏まえて，1年以内くらいには学術書を出版したいと考えていた。

ところが，いざ本書の執筆を始めて見ると，予想外の苦戦を強いられた。即席麵の歴史は60年ほどしかないが，各社の活動はまさに5大陸にわたっており，縦軸に時間としての歴史を，横軸に地理的な幅を設定し，そのなかに断片的な資料を使って各社の具体的な活動を組み込んで歴史のストーリーを見出していかなければならなかった。もちろん，このテーマは私自身にとっても新しいものであったので，新たに勉強しなければならないことも多くあった。そのため，思ったよりも時間がかかってしまった。その意味では，このたび，本書を上梓することができたことは，研究者として喜ばしい限りである。

本書を上梓する上で多くの方々にお世話になっている。本書の研究経緯のなかで，すでにお名前を挙げた方々に加えて，上記3つの研究プロジェクトに参加していただいた早稲田大学名誉教授の片山覚先生，早稲田大学商学学術院の尹景春先生，宇野和夫先生，ハリウッド大学院大学の今井利絵先生，山梨学院大学経営情報学部の野村千佳子先生，日本大学商学部の井上葉子先生，山梨大学生命環境学部の竹之内玲子先生，早稲田大学大学院商学研究科博士課程のゼミ生であった李雪氏，そして小原朋広氏には改めて感謝したい。これらの先生方とのフィールド調査は毎回楽しく，私の生涯の思い出ともなった。また，櫨山健介先生の後を継いで，産業研究所の中国研究プロジェクトの主査となっておられる小川利康先生にも，この場を借りて謝意を表したい。

なお，本書の作成にあたっては，私の長年にわたる友人であり，プロの編集者でもある伊東晋氏に大変お世話になった。本書の構成，論理展開，さらには文章表現などについて多くの助言をいただいた。おかげで，本書が学術書の割には内容がすっきりとし，読みやすいものになったのではないかと思う。改めて感謝の意を表したい。

もし，本書に何らかのメリットがあるとすれば，それは以上の人々の指導・援助のおかげである。もちろん，広範な問題を扱っている本書には多くの独断と偏見，誤謬などがあると思われるが，それらはすべて筆者の責任である。こうした点については読者のご批判・叱正を率直に受け入れて，研究に励みたい所存である。

最後ではあるが，本書の出版を快く引き受けてくださった株式会社文眞堂の前野隆社長，面倒な編集作業を熱心に行っていただいた編集部第一課課長代理の山崎勝徳氏には衷心より感謝する次第である。

2017 年 6 月 17 日

早稲田大学商学学術院名誉教授室にて

川邉信雄

事 項 索 引

[数字・アルファベット]

[ア行]

［サ行］

［タ行］

［ナ行］

［ハ行］

［マ行］

［ヤ行］

企業名索引

［カ行］

［サ行］

[タ行]

[ナ行]

［ヤ行］

［ラ行］

［ワ］

人名索引

著者紹介

川邉 信雄（かわべ・のぶお）

1945年広島県生まれ。早稲田大学・文京学院大学名誉教授。早稲田大学第一商学部卒業，同大学院商学研究科修士・博士過程，オハイオ州立大学大学院（フルブライト奨学生）に進む。博士（商学）早稲田大学，Ph. D.（オハイオ州立大学）。広島大学助教授，早稲田大学教授，文京学院大学学長を歴任。

著　書

『総合商社の研究―戦前アメリカにおける三菱商事の海外活動』（実教出版，1982年）

Education and Training in the Development of Modern Corporation (co-ed., University of Tokyo Press, 1992)

『セブン－イレブンの経営史―日米企業・経営力の逆転』（有斐閣，1994年）

『アメリカ経済―世界をリードする原動力』（共編著，早稲田大学出版部，1994年）

Economic Development and Societal Transformation in Asian Countries, Research Series No, 39 (co-ed., Institute of Asia-Pacific Studies, Waseda University, 1997)

『新版　セブン－イレブンの経営史―日本型情報企業への挑戦』（有斐閣，2003年）

『成長の持続可能性―2015年の日本経済』（共編著，東洋経済新報社，2005年）

『タイトヨタの経営史―海外子会社の自立と途上国産業の自立』（有斐閣，2011年）

『東日本大震災とコンビニ―便利さ（コンビニエンス）を問い直す』（早稲田大学出版部，2011年）

『日本の成長戦略』（共編著，中央経済社，2012年）

『日本とトルコの経済経営関係』（共編著，文京学院大学総合研究所，2016年）

訳　書

アルフレッド・D. チャンドラー，Jr. 著『スケール・アンド・スコープ―経営力発展の国際比較』（共訳，有斐閣，2003年）

マンセル・G. ブラックフォード著『アメリカ中小企業経営史』（文眞堂，1996年）

スーザン・ストラッサー著『欲望を生み出す社会―アメリカ大量消費社会の成立史』（東洋経済新報社，2011年）

「国民食」から「世界食」へ
――日系即席麺メーカーの国際展開――

2017年10月31日　第1版第1刷発行　検印省略

著　者　川　邉　信　雄
発行者　前　野　　　隆
発行所　株式会社　文　眞　堂
東京都新宿区早稲田鶴巻町533
電　話　03（3202）8480
FAX　03（3203）2638
http://www.bunshin-do.co.jp/
〒162-0041 振替00120-2-96437
印刷・製本　モリモト印刷

定価はカバー裏に表示してあります
ISBN978-4-8309-4963-0　C3034